内 容 简 介

组合空间结构定义为刚-刚、刚-柔、柔-柔体系组合或杂交而成的空间结构，一般的索杆梁混合单元体系均属于组合空间结构，而广义的空间结构囊括了几乎所有的大跨、高层和桥隧等结构。

本书共五章，上册内容包括概论、体系构成分析，下册内容包括物体运动分析基础、空间结构计算方法和结构形态生成分析。本书从实际工程出发，以体系创新为主线，注重基础理论、计算方法和程序编制。

本书可供建筑与土木工程领域的相关学者、工程师和建设者等科技人员参考，亦可作为高等院校相关专业高年级本科生和结构工程专业研究生的参考用书。

图书在版编目(CIP)数据

组合空间结构. 上册 / 张志宏著. —— 北京：科学出版社，2024.6.
ISBN 978-7-03-078835-1

Ⅰ. TU399

中国国家版本馆 CIP 数据核字第 20242TX450 号

责任编辑：牛宇锋　乔丽维 / 责任校对：任苗苗
责任印制：肖　兴 / 封面设计：蓝正设计

科学出版社 出版
北京东黄城根北街 16 号
邮政编码：100717
http://www.sciencep.com
三河市骏杰印刷有限公司印刷
科学出版社发行　各地新华书店经销
*
2024 年 6 月第 一 版　开本：787×1092 1/16
2024 年 6 月第一次印刷　印张：26
字数：614 000
定价：248.00 元

序

  作为衡量一个国家建筑科学技术水平的重要标志之一——大跨空间结构，在我国过去的四十余年来发展迅速，各类百米及以上结构跨度的新型空间结构如雨后春笋般涌现出来。其中，尤以组合空间结构如斜拉、悬索、张弦、弦支等结构体系方面的发展、应用和自主创新最为突出。组合空间结构定义为刚-刚、刚-柔、柔-柔体系组合或杂交而成的空间结构。组合空间结构兼具不同类型、层级结构体系的优点，刚柔相济、造型优美，往往成为城市或地区标志性建筑，在服务国家建设中起到了应有的作用。张志宏研究员的著作《组合空间结构》系统阐述了组合空间结构的基础理论、计算方法和工程应用，是一本非常有意义的科技新著。

  纵观该书各章内容，既相对独立也相互联系，体系创新是贯穿各章节内容的主线。第 1 章概论、第 2 章体系构成分析、第 3 章物体运动分析基础和第 4 章空间结构计算方法构成了第 5 章结构形态生成分析的基础。该书内容具有以下显著特点：①从基本原理出发并采用严格的数学、力学描述，如引入图论阐述体系构成的定量分析方法、大位移情况下的余能原理，从统计力学建立开放系统的控制方程，基于曲线和曲面的微分几何建立壳体力学的微分方程等；②从大自然获得启示并去粗存精、去伪存真，例如，从生物形态演化及人类建造房屋这一基本需求出发，将结构形态生成问题分解为找拓扑分析、找形分析、找力分析等基本问题并提出了结构形态生成的变分原理；③从工程实践而来并到工程实践中去，如单纯找力分析中对称性问题、弦支体系下部索杆系统找形和找力混合形态生成问题的一般算法等。

  张志宏研究员是我早年指导的优秀博士研究生，其代表性的设计作品包括济南奥体中心体育馆(目前世界上结构跨度最大的球面弦支网壳结构)、乐清体育中心一场两馆(世界上第一例环索非封闭且分叉的月牙形空间索桁体系和世界上第一例弦支自由曲面网格结构)和建设中的乐清市都市田园公园玉箫路人行桥(世界上第一例单元装配式张拉整体结构)等，均为我国由大跨空间结构的大国向强国迈进的标志性工程。他在空间结构科技领域中是一位善于创新并付诸工程实践的中青年学者。《组合空间结构》一书写作始于2009 年，历经岁月沉淀和成果积累，书中涉及图论、变分原理和微分几何等内容，其深度和广度均属罕见，在学术理论和计算方法方面具有开拓性和创新性。这是科技界和工程界的一本难能可贵的著作，具有无可非议的价值。

  最后，我衷心希望有更多的空间结构专著问世，进一步推动和促进我国空间结构事业的发展和应用，为尽早实现把我国建成全面的空间结构强国而添砖加瓦。

中国工程院院士

董石麟

2023 年 10 月于求是园

前　言

在波澜壮阔的土木工程建设中创造舒适经济、安全可靠和环保节能的大跨建筑空间、新型结构体系是土木工程领域发展的时代要求。同时，与时俱进、服务国家建设是当代学者、工程师和建设者们共同的社会责任之一。

从事土木工程领域的科研、设计和施工不仅需要具备必要的数学、物理和计算机知识，学以致用，注重实践，更重要的是要有创新思维。理论是创新实践的基础，创新实践是知识的源泉。"会当凌绝顶，一览众山小"是诗人的豪迈，惟学无际，一如浩瀚的宇宙，勤奋谦虚才会进步，热情创新才有动力，严谨执着才会有成果。学而思，所思而成文。在非结构工程专业人员眼中，结构设计或许是枯燥生硬、呆板无趣的，但在结构工程师看来却是飘逸恣肆、气势磅礴的写意山水。既有啁啾的鸟鸣，也有潺潺的流水；既有巍峨的高山，也有蜿蜒的藤蔓。

大跨空间结构在我国过去的四十余年中获得了长足的发展，新型空间结构体系逐渐被建筑师采用。百米量级跨度的空间结构已比较常见，未来空间结构的跨度或将是千米量级。因此，我国工程设计人员和相关学者需在高效率空间结构体系自主创新方面做更大努力。同时，为相关标准进一步修订做准备，结合重大工程实例的建筑结构设计、模型试验、风洞试验、施工张拉和结构健康监测等工作，凝练新型空间结构设计施工和使用中的共性科学问题，追本溯源从而形成系统的基础理论非常必要，也是当务之急。

组合空间结构是由两种或两种以上的空间结构体系(如单层曲面网格结构和索杆张拉体系)通过一定的方式组合或杂交而成的新型空间结构体系，如斜拉网格结构、悬索网格结构、平面/空间张弦(梁、桁架和网壳等)体系、规则曲面(如球面、椭球面、悬链面)和自由曲面弦支体系等在世界范围内已有多个工程实例。组合空间结构的基础理论和工程实践经验散落于为数众多的文献中，初学者及想了解或解决某一具体问题的工程师常常难以分辨。本书对刚性体系和柔性体系的分类、体系构成分析、物体运动分析基础、空间结构计算方法、结构形态生成分析等方面由浅入深地逐步阐述，以体系创新为主线，注重工程设计思想、数学力学基本概念、数值算法和程序编制。

受篇幅所限，对组合空间结构设计中风致效应、大气边界层风洞试验技术等气动弹性力学问题、非线性振动问题、屈曲问题、施工张拉可行性及其数值模拟、日照以及温度效应和多场耦合分析、地震波振动台试验和地震作用效应模拟、断索及换索、节点分析和可靠度分析等与设计和施工联系更为密切的其他专题将另外著述。

本书主要由张志宏执笔完成，其中 2.2.3 节由陈贤川执笔完成。本书第 1 章插图线模型、描图等工作主要由研究生刘海、赵恺、王新冉和陈健凯依据公开的资料、文献完成，在此一并表示诚挚的感谢。

本书初稿完成后即呈送浙江大学董石麟院士审阅并请先生题序，先生渊博的知识、敏锐的学术洞察力、严谨的治学态度、丰富的工程实践经验以及谦和的学者风范都给学生莫大的鞭策和激励,先生无私的教诲让学生终生受益,祝愿先生身体健康。

"日日月月流经年,山山水水耕作田。为学点滴虽成文,雕虫涂鸦大空间",浅学陋识,抛砖引玉,不足之处在所难免,敬请读者批评指正。

张志宏

2023 年 8 月

目 录

序
前言
第1章 概论 ···1
　1.1　发展点记 ··1
　　1.1.1　组合空间结构及预应力的特点 ···1
　　1.1.2　建筑材料的发展 ···2
　1.2　刚性、柔性和组合体系工程实例 ··4
　　1.2.1　刚性体系 ···4
　　1.2.2　柔性体系 ···21
　　1.2.3　组合体系 ···123
　1.3　大跨空间结构分类 ··259
　1.4　空间结构设计中的若干概念 ··260
　　1.4.1　体系、构件和节点 ···260
　　1.4.2　性能化结构设计 ···260
　　1.4.3　生命周期全过程设计 ···261
　1.5　计算力学的发展轮廓 ···261
　　1.5.1　力学发展点记 ··261
　　1.5.2　计算力学的若干学术前沿 ···262
　1.6　结语 ···263
　参考文献 ···264
第2章 体系构成分析 ···286
　2.1　体系选型 ···286
　　2.1.1　体系选型的根本出发点 ···288
　　2.1.2　体系选型的意义、原则 ··289
　2.2　形状几何建模方法 ···295
　　2.2.1　规则曲面网格划分和自动建模 ···295
　　2.2.2　自由曲面网格划分和自动建模 ···297
　　2.2.3　几何建模的基本数学问题——多边形填充和多面体填充 ···························297
　2.3　体系构成分析的定量方法 ···299
　2.4　结语 ···382
　参考文献 ···382

附录 ··388

第1章 概　论

本章内容提要

(1)发展点记和组合空间结构的定义，预应力的特点，建筑材料的发展；
(2)刚性、柔性和组合体系及代表性工程实例不完全统计；
(3)大跨空间结构的分类；
(4)空间结构设计中的若干基本概念；
(5)计算力学的发展轮廓。

1.1　发 展 点 记

"大土木[①]"一词着重强调岩土工程、结构工程、道路与桥梁工程、水利工程、海洋工程与机械工程、航空航天工程等工程领域的统一而不可分割。连续介质力学(包括理论力学、材料力学、结构力学、土力学、流体力学等)、统计力学、量子力学和相关的概率统计学、矩阵分析、微积分、变分学、微分几何及泛函分析、离散数学和图形学等力学数学知识是工程计算分析的基础。学科门类在不断发展且越分越细越多，学科交叉和统一已被许多学者所重视且在所难免。信息科学技术已融入各行各业，不仅改变了世界，改变了人类生产生活，而且创造了一个虚拟的网络空间，真实和虚无的界限也已变得模糊。通晓计算机知识、会用软件、会编程开发已成为结构工程师必备的专业素养。

"大空间结构"一词包含了所有的三维构筑物和建筑物[②]。习惯上，高层建筑结构、桥梁结构、大跨屋盖结构，以及特种结构如塔桅结构、筒仓、烟囱、水塔和海洋平台等可统称为空间结构。"大"字是形容词、是修饰、是广义的，其意义在于区别通常对土木工程和空间结构的狭义理解。

1.1.1　组合空间结构及预应力的特点

组合空间结构是由两种或两种以上的空间结构体系通过一定的方式组合在一起形成的新型空间结构体系。混合空间结构是由两种或两种以上的结构材料结合在一起形成的结构体系[1-3]。

---

① 土木工程是一门古老、传统、综合的学科，是人类赖以生存与发展的基础，而作为土木工程学科中最有代表性的分支——建筑工程，主要解决社会和科技发展所需的"衣、食、住、行"中"住"或"行"的问题，表现为形成人类活动所需要的、功能良好和舒适美观的几何空间、平面或曲面，满足人类物质和精神方面的需求。

② 建筑通常认为是艺术与工程技术相结合，营造出供人们进行生产、生活或者其他活动的环境、空间、房屋或者场所，一般情况下是指建筑物和构筑物。建筑物是指供人们生活居住、工作学习、娱乐和从事生产的建筑，而人们不在其中生产、生活的建筑则称为构筑物。

组合空间结构往往采用预应力技术，预应力技术具有如下优点：

(1)部分可主动预应力体系①可以调节或改变被动预应力构件的内力分布和大小，并结合在一起共同工作变为新型结构体系，如球面弦支穹顶结构等。

(2)整体可主动预应力体系①通过预应力技术形成并维持建筑设计几何②，通过应力刚化效应，体系具有初始几何刚度，如索穹顶结构等。

(3)预应力的施加同时可作为施工装配方法，避免高空安装作业，如预制构件(单元杆件或组合构件)的装配手段，索杆张拉体系的地面拼装并牵引张拉到高空成型。

(4)合理、适度的设计预应力可充分利用高强度结构材料从而降低结构③体系的自重，改善体系的动力特性和稳定性，结构设计灵活，使用时易于控制，同时结构构件布置简洁，建筑效果美观。

大尺度的空间结构按照在空间维数上的延展有大跨(平面一维或二维占优)和大高(竖向高度一维占优)两种，本章主要介绍大跨组合空间结构。一方面，结构体系首先必须克服结构自身质量所引起的重力效应，因此轻质高强、多功能且低成本、节能环保的建筑材料研究开发一直备受关注。另一方面，充分利用各种建筑材料的力学、声学、热学等特性，安全耐久、效率高、满足建筑使用功能和审美要求的结构体系也在不断发展。再者，创新思维与结构设计概念、理论和计算方法也在不断进步，融合形态分析、结构分析、图形处理技术、跨平台的 CAE/CAM 软件功能也越来越强大。

1.1.2 建筑材料的发展[4]

无论是宋代李诫《营造法式》和清工部《工程做法》中材与料作为具体的"材分八等"和计量的"料"，还是西方《建筑十书》中的材料均与"坚固"相关联，可见建筑材料这一基本问题的研究贯穿了整个建筑史。建筑材料按用途可分为结构材料④和功能材料两大类，结构材料包括墙体材料、屋面材料和结构构件材料，常见的有泥、石、木竹、砖、混凝土、钢、铝、塑料、玻璃等。功能材料包括防水密封材料、保温吸声材料和其他装饰装修材料。国外 20 世纪 60 年代开始研究由纤维与结合物组成的复合材料(FRP)，如玻璃纤维增强树脂(GFRP)、碳纤维(CFRP)、石墨烯等。

纤维增强复合材料及钢材、混凝土等材料性能参数如表 1.1 所示[5]。由表可见，复合

---

① 部分/整体可主动预应力体系：施工安装中可直接主动施加预应力的构件或单元称为可主动预应力构件。只有部分构件为可主动张拉的结构体系称为部分可主动预应力体系，所有构件均可主动张拉的结构体系称为整体可主动预应力体系。若仅有一个独立自应力模态的索杆张拉体系，所有索单元和杆单元均可通过千斤顶方便施加预拉压力，而弦支穹顶的上部单层网壳构件为梁单元描述，只能被动张拉产生预应力。

② 建筑设计几何：满足建筑功能要求和美学要求的建筑空间几何形状一般由建筑师给出或设定。

③ 结构：广义的结构是指一种观念形态，又是物质的一种运动状态。结是结合之义，构是构造之义，合起来理解就是主观世界与物质世界的结合构造之意。因而，在主观世界和物质世界得到广泛应用，如语言结构、建筑结构等。这是人们用来表达世界存在状态和运动状态的专业术语。狭义的结构概念是从力学角度而言，结构是可以承受任意荷载的构件组合形态。每种事物都有它的架构形态，这种架构形态体现着它的结构。一个较复杂的结构由许多不同的部分组成，这些组成部分通常称为构件。综上，结构是刻画事物组织与合成的思想语言。既有意识形态上的，也有物质实在状态的。结构指物质系统内各组成要素之间的相互联系、相互作用的方式。客观事物都以一定的结构形式存在、运动、变化。物质结构多种多样，可分为空间结构和时间结构。

④ 以强度、硬度、塑性、韧性等力学性质为主要性能指标的工程材料统称为结构材料。以力学性能为基础，可以制造受力构件的材料。结构材料对物理性能或化学性能也有一定要求，如光泽、热导率、抗辐照、抗腐蚀、抗氧化等。

表 1.1　纤维增强复合材料及钢材、混凝土等材料性能参数[5]

种类	碳纤维 PAN 基底 高强度	碳纤维 PAN 基底 高模量	碳纤维 Pitch 基底 普通	碳纤维 Pitch 基底 高模量	芳纶纤维 Kevlar	芳纶纤维 Technora	玻璃纤维 E-glass	玻璃纤维 S-glass	玻璃纤维 AR-glass	玄武岩纤维	钢丝	混凝土
密度/(g/cm³)	1.7~1.8	1.8~1.9	1.6~1.7	1.9~2.1	1.45	1.49	2.5~2.6	2.5~2.6	2.7	2.63~2.8	7.8	1.95~2.5
抗拉强度/MPa	3530~6600	3820~4700	780~1000	3000~5000	2800	3500	1600~2100	2800~4000	1500~1900	2000~4500	400~2000	1.54~2.74
弹性模量/GPa	230~324	343~588	38~40	400~800	130	74	72~77	75~88	21~74	85~120	200	20~38
比强度/(10⁶N·m/kg)	2.07~3.67	2.12~2.47	0.49~1.43	1.58~2.38	1.93	2.35	0.64~0.81	1.12~1.54	0.56~0.70	0.76~1.61	0.05~0.26	—
比模量/(10⁶N·m/kg)	135~180	190~309	24~25	210~381	90	50	29~30	30~34	7~27	32~43	26	10~15
导电性	导电				绝缘		绝缘			绝缘	导电	导电
磁性	非磁性										有磁性	有磁性
抗紫外线能力	×	×	×	×	×	×	×	△	○	○	×	○
耐酸性	●	●	○	●	○	○	×	○	○	○	×	△
耐碱性	●	●	●	●	○	○	×	△	○	○	△	△
耐海水性	●	●	●	●	○	○	×	△	○	○	×	△

注：●表示卓越，○表示良好，△表示一般，×表示缺乏。

材料的优点是单位密度的强度指标很优越,可用于建造连续的壳体、折板或制作索、拉杆和管材等单独构件。碳纤维、芳纶纤维和玻璃纤维等都具有比普通材料高很多的抗拉强度和弹性模量,有优异的耐高温性能、难燃性和突出的化学稳定性,例如,建筑织物膜由强度较高的基材和表面涂层制作加工而成。目前常用的基材有聚酯纤维和玻璃纤维,表面涂敷防护涂层,如聚氯乙烯、聚四氟乙烯或有机硅树脂等。承重作用和围护作用合二为一,结构材料自重发生了巨大变化,并且在耐久、防火、自洁、透光方面都具有良好的性能。

1.2 刚性、柔性和组合体系工程实例

大跨[①]空间结构发展迅速,所采用的结构形式丰富多彩,世界上结构跨度最大的各类空间结构如表 1.2 所示。表中不包括桥梁建筑(1998 年建成的日本明石海峡悬索大桥主跨已达 1991m),刚性体系[②]的结构跨度已经突破 310m,柔性体系[②]的结构跨度已经突破 210m,组合体系的结构跨度已超过 128m,但球面弦支穹顶最大跨度(122m)与球面单层网壳最大跨度(187.2m)相差较远,还有很大的发展余地。百米量级跨度的空间结构已比较常见,未来空间结构的跨度或将是千米量级。

空间结构的发展经历了一个漫长的演变过程,其发展历史主要分为三个阶段:古代空间结构、近代空间结构和现代空间结构,其分割的时间节点为 1925 年和 1975 年前后[1]。此外,狭义的空间结构局限于屋盖结构方面的应用,一般的结构构件大致包括梁(桁架-格构梁)、板壳(网架、网壳)、柱(格构柱)和墙四种。

下面将大跨空间结构分为刚性体系、柔性体系和组合体系三大类,分别讨论其常见的结构形式和优缺点,并对代表性或有特色的工程进行初步统计或较为详细的说明。

1.2.1 刚性体系

1. 薄壳结构

壳,是一种曲面构件,主要承受各种作用产生的中面内力。薄壳结构就是曲面的薄壁结构,按曲面生成的形式分为筒壳、圆顶薄壳、双曲扁壳和双曲抛物面壳等,结构材料可采用砖石木、钢筋混凝土、金属以及纤维复合材料。壳体能充分利用材料强度,同时又能将承重与围护两种功能融合为一。实际工程中还可对空间曲面进行切削与组合,形成造型奇特新颖且能适应各种平面的建筑,但较为费工或费模板。薄壳结构的优点是可以把受到的压力均匀分散到物体的各个部分,许多穹顶建筑都运用了薄壳结构的原理。

---

① 大跨度的划分不仅与人的感觉有关,而且和所采用的结构材料、结构形式密不可分。当采用钢筋混凝土材料来跨越 18~30m 跨度的厂房时,感觉跨度已经很大,而采用钢门式刚架或钢桁架时,该厂房结构设计方面并不具有任何挑战。

② 刚性/柔性体系:习惯上将采用坚硬的结构材料(如砖石、混凝土、钢)或构件的体系称为刚性体系,反之将采用柔软的结构材料(如索和柔软的建筑织物膜)或构件的体系称为柔性体系。刚性/柔性构件:刚性构件是指在一定的荷载作用下没有显著变形的构件或者形态与外荷载不直接或不完全相关的构件,如钢筋混凝土梁、板、柱、墙等。柔性构件是形态与外荷载完全相关,当荷载性质改变后形态也会急剧变化的构件,如索段、膜片等。

表 1.2 世界上结构跨度最大的各类空间结构

工程名称	竣工年份	平面尺寸或跨度/m	体系类型	备注
巴黎国家工业与技术展览中心	1959	三角形平面，边长 218	装配整体式钢筋混凝土薄壳结构	
金县穹顶	1975	φ201.168	球面现浇钢筋混凝土加肋薄壳	
东京"后乐园"棒球馆	1988	φ202	气承式索膜结构	
大阪海岸穹顶	1989	φ210	球面索穹顶结构	
亚特兰大乔治亚穹顶	1992	192.02×240.79	非球面索穹顶结构	2017 年拆
名古屋体育馆	1996	φ187.2	单层球面网壳结构	
佛山世纪莲连体育场	2006	圆形 φ310，悬挑 92.5	空间索桁体系	
济南奥体中心体育馆	2008	φ122	球面弦支穹顶结构，下部索杆体系助环型布置	
乐清体育中心体育馆	2012	椭圆形平面，148×128	索桁式张弦支自由曲面网格结构	
绍兴体育场	2013	226	张弦桁架结构	
新加坡国家体育场	2013	φ310	可开合双层球面网壳	
北京国家速滑馆	2018	椭圆形，178×240	双曲抛物面单层索网结构	
乐清市都市田园公园玉箫路人行桥，又名"蝴蝶桥"	—	总长 280，主跨 154	张拉整体体系	2021 年 9 月～2023 年 3 月完成设计

注：截至 2023 年初，不完全统计。

薄壳结构的形式有以下几种：

(1)按曲面几何的生成方式可分为旋转壳(图1.1)与移动壳(图1.2)。

(2)按结构材料分为钢筋混凝土薄壳、砖薄壳、钢薄壳(如金属拱形波纹屋盖)和复合材料薄壳等。

(3)按曲面是否有简单的代数方程(一次曲面旋转形成锥面，二次曲面旋转形成球面、旋转抛物面、旋转双曲面等，一次曲线平移形成平面，二次曲线平移形成柱面等)可分为规则曲面壳和自由曲面壳。其中，为了节省材料或达到最大的空间刚度，表面积或扰动应变能最小的曲面壳体一度最受结构工程师的喜爱。

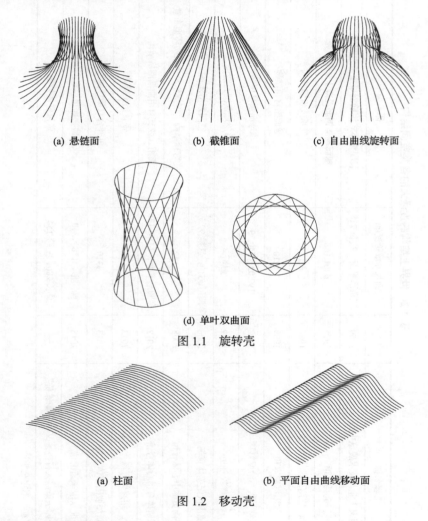

(a) 悬链面　　　　　　　(b) 截锥面　　　　　　　(c) 自由曲线旋转面

(d) 单叶双曲面

图1.1　旋转壳

(a) 柱面　　　　　　　　　(b) 平面自由曲线移动面

图1.2　移动壳

薄壳结构的主要特点如下：

(1)壳体结构的强度和空间刚度主要利用了其中面几何形状的合理性，以结构材料直接受压来代替弯曲内力，从而达到结构材料的充分利用，是一种强度高、刚度大、用料省的经济合理的结构形式。

（2）从建筑功能上，薄壳结构可同时作为围护结构。虽然网格结构在结构材料使用上比较节省，但用于围护系统的屋面或墙面往往造价不菲。

（3）缺点是施工时要架设大量的模板，屋盖自重大、施工速度慢且稳定性问题突出。

表 1.3 给出了世界上有代表性的大跨连续实体薄壳结构工程实例。薄壳结构的发展和大规模应用仍然取决于结构材料及其制造加工和施工技术的发展，方便工程施工、造价合理的轻质高强复合材料将促进薄壳结构的复兴。

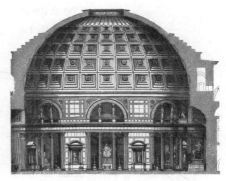

图 1.3　罗马万神殿

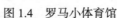

(a) 平面图　　　　　　　(b) 施工中　　　　　　　(c) 侧立面

图 1.4　罗马小体育馆

图 1.5　墨西哥城霍奇米洛克餐厅

(a) 正立面图   (b) 施工中

图 1.6 纽约肯尼迪机场第五航站楼

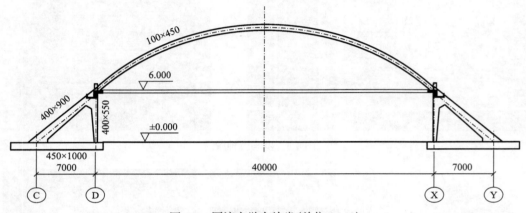

图 1.7 同济大学大礼堂(单位：mm)

图 1.8 金县穹顶

(a) 实景   (b) 室内效果

图 1.9 天津大学新校区综合体育馆

表 1.3　世界上有代表性的大跨连续实体薄壳结构工程实例

工程名称	竣工年份	平面尺寸或跨度/m	体系类型/结构特征	备注
罗马万神殿	118～126	约 43	砖石穹顶，如图 1.3 所示	堆砌
南京无梁殿	1381	高 22，宽 53.80，纵深 37.85	砖石拱券结构	堆砌
都灵展览馆 B 厅	1948	100×80	波形装配式薄壳结构	装配整浇
罗马小体育馆[6]	1957	59.13	装配整体式薄壳，如图 1.4 所示/采用 1620 块用钢丝网水泥预制的菱形槽板拼装而成，板间布置钢筋现浇成“肋”，上面再浇一层混凝土，形成整浇层。36 个“Y”形斜撑承托，外直径 78m，内直径 58.5m，高度 21m	装配整浇
墨西哥城霍奇米洛克餐厅	1958	32	现浇钢筋混凝土薄壳/4 组交叉拱跨度 32m，平面外直径 42m。如图 1.5 所示	浇筑
巴黎国家工业与技术展览中心	1959	平面三角形，每边长 218	双层双曲装配整体式薄壳/高度约 46m，两层壳体总厚度 120mm	装配整浇
阿拉内塔体育馆	1960	108	装配整体式薄壳	装配整浇
罗马大体育馆	1960	半球形 98.4	装配整体式薄壳/放射形拱肋，顶厚 60mm	装配整浇
纽约肯尼迪机场第五航站楼	1960	翼展 100	仿生现浇钢筋混凝土薄壳，如图 1.6 所示/由 4 块双曲扁壳拼成飞鸟形状，每瓣壳体都有 2 个支座和 3 边肋梁，在中心角点交叉刚接，缝隙采用玻璃	浇筑
同济大学大礼堂[7]	1962	40	装配整体式柱面薄壳结构，如图 1.7 所示/网格的网片连接在混凝土纵向水平大梁上，主结构钢筋混凝土三角架下用 2 根“[”形 12 型钢拉条进行拉接，材料为 3 号钢。屋面水平方向通长设置ϕ22mm 或ϕ25mm 拉条。三角架斜杆和立柱均采用变截面，斜杆最小截面为 400mm×900mm，立柱最小截面为 400mm×550mm，三角架顶纵向水平大梁采用异型截面，与网片连接方向剖面尺寸为 450mm×1000mm，网片截面为 100mm×450mm 和 150mm×450mm。屋面板为 10mm 预制水泥砂浆钢丝网，配两层ϕ0.9mm、100mm×100mm 方格冷拉钢丝网，400#水泥	装配整浇

续表

工程名称	竣工年份	平面尺寸或跨度/m	体系类型/结构特征	备注
伊利诺伊州立农场中心；香槟大会堂[8]	1963	121.9	后张预应力钢筋混凝土薄壳	浇筑
诺福克穹顶[9]	1970	99.5	球面钢筋混凝土加肋薄壳/球冠顶距地面 29.7m。壳体厚度 143～191mm，其中预制厚度 51mm。肋宽 114～338mm，肋高 364～558mm，边梁 4.5m×(0.67～1.18)m，后张预应力环梁 6.43m×0.91m。24 个 V 形支座沿 φ134.1m 圆环向布置	装配整浇
金昌穹顶[10,11]	1975	φ201.168	球面现浇钢筋混凝土薄壳/矢高 76.2m。40 个单元采用十字形金属旋转胎膜浇筑，壳厚 125mm。如图 1.8 所示	2000 年 3 月 26 日爆破
天津大学新校区综合体育馆[12]	2015	34.6	现浇钢筋混凝土交叉锥面、柱面壳，如图 1.9 所示高度 23.35m，开口锥筒柱高 19.29m，下部为框架剪力墙结构	浇筑
荣成青少年活动中心[13-16]	2019	—	现浇钢筋混凝土薄壳结构，如图 1.10 所示/拱形通道样板为异形双曲面结构，直径 20m，长约 32m，两侧分别有 1 个高约 10m，长约 3.5m 的耳门，西侧耳门开口向外。T8 构件为高 19.5m，底面端内半径 10m，底面端外半径 10.4m，端厚 400mm 的圆筒建筑，与拱形通道 T5 交圈门洞高度 10.3m，与拱形通道 T6、T9 交圈门洞高度 9.8m，与拱形通道 T7 交圈门洞高度 6m	

注：折板薄壳结构还包括梅里马特里马特体育中心（2015 年），其他薄壳结构如科罗拉多多拉斯第一座浸礼会教堂（1860 年）等皆未查找到相关结构设计相关文献。

(a) 建筑剖面图

(b) 模板系统施工

(c) 室内效果

图 1.10　荣成青少年活动中心

2. 网架结构

由多根杆件按照某种规律的几何图形通过节点连接起来的空间结构称为网格结构[①]，其中双层或多层平板形网格结构称为网架结构。杆件通常采用钢管或型钢制作而成[1]。

网架结构的基本单元和常见形式如图 1.11 所示。

(1)平面桁架系组成的网架结构，主要有两向正交(斜交)正放(斜放)、三向斜交斜放等形式。

(2)四角锥体组成的网架结构，主要有正放四角锥网架、斜放四角锥网架、正放抽空四角锥网架、棋盘形四角锥网架、星形四角锥网架、单向折线型网架等形式。

(3)三角锥组成的网架结构，主要有三角锥网架、抽空三角锥网架(分Ⅰ型和Ⅱ型)、蜂窝形三角锥网架等形式。

(4)六角锥体组成的网架结构，主要形式有正六角锥网架。

(5)折板网架结构，如杭州陈经纶体育学校网球馆、济南奥体中心热身馆和训练馆等。

(6)多边形(多面体)空间刚架结构，如国家游泳中心(水立方)和上海世博会国家电网企业馆等。

---

① 网架和网壳结构统称为网格结构。网架结构从体系整体上类似实体板，体系(非构件)截面以抗弯和抗剪为主，可理解为格构板。网壳结构整体上仍然表现为连续壳体的力学性能，以平面内的薄膜内力传递荷载为特点，以利用壳体的空间曲面刚度为目的，可理解为格构壳。普通钢结构中有格构柱，如输电铁塔、重型吊车厂房柱都为格构柱。同理也存在格构梁，如三角桁架，因此对应连续的实体梁、柱、板和壳，有离散的格构梁、柱、板和壳，网格结构也可称为格构结构。这启示结构工程师确定网格形式时可根据连续实体模型分析的力流走向如主应力分布来布置。

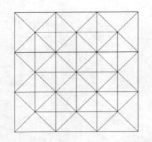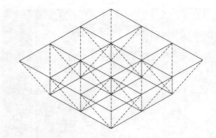

(a) 四角锥单元3×3拼接

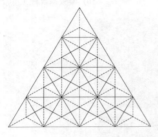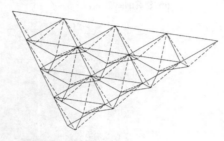

(b) 三角锥单元拼接

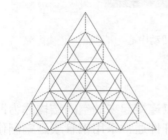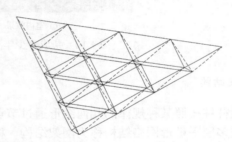

(c) 抽空三角锥单元拼接

图 1.11　网架结构的基本单元和常见形式

网架结构的主要特点如下：

(1)空间工作，传力途径简捷。

(2)重量轻、刚度大、抗震性能好。

(3)施工安装简便。

(4)网架杆件和节点便于定型化、商品化制作，可在工厂中成批生产，有利于提高生产效率。

(5)网架的平面布置灵活、屋盖平整，有利于建筑装饰吊顶、设备管道安装。

(6)网架的建筑造型轻巧、美观、大方，便于建筑处理和装饰。

表 1.4 给出了有代表性的网架结构工程实例。1964 年建成的上海师范学院球类馆(现上海师范大学徐汇校区球类馆)屋盖为我国第一个网架结构，发展到今天，网架结构已遍布神州大地，不计其数。除常规的三角锥网架、四角锥网架(四面体、五面体的棱线)及六角锥网架外，近年来如国家游泳中心(水立方)、上海世博会国家电网企业馆等空间网格不再局限于正角锥，而发展到不规则多边形或多面体。

表 1.4 有代表性的网架结构工程实例

工程名称	竣工年份	平面尺寸或跨度/m	体系类型/结构特点	备注
巴黎世界博览会机械馆[17]	1889	115×420	三角钢桁架拱系/20 榀，桁架高 3.5m，宽 0.75m，支座反力约 1200kN，采用玻璃墙面和屋面	
上海师范学院球类馆	1964	31.4×40.5	正放四角锥平板网架，如图 1.12 所示/高度 8.5m，占地 1575m^2	我国第一个网架结构
北京首都体育馆[18-20]	1966	99×112.2	正交斜放桁架系，角钢/厚度 6m，支座均为上承式，构造钢环梁封闭，支承于四周 64 个间距 6.6m 的钢筋混凝土框架柱顶，沿长边和短边网格划分 15×17，正方形网格边长约 4.667m。上弦标高 29.045m，四坡式排水 4.2%，中心起拱 2.1m，设计附加恒荷载 142kg/m^2。共分解为 544 榀 3 种(长度分别为 4.669m、9.338m、14.007m)规格小桁架，采用高强度螺栓拼装而成，结构用钢量 65kg/m^2	长期为我国矩形平面网架跨度最大
上海体育馆比赛馆[21,22]	1973	平面圆形 110 挑 7.5	斜交斜放三向桁架系，钢管/厚度 3.6m，屋顶中心标高 33.600m，沿直径网格划分 18×6.111m，即正三角形网格边长 6.111m，双面弧形可动铰支座 36 个，结构用钢量 47kg/m^2	圆形平面跨度最大
国家游泳中心(水立方)[23-26]	2005	176.5389×176.5389×29.3789	多面体空间刚架，如图 1.13 所示/比赛大厅净跨度 126m×117m，屋盖厚度 7.211m，墙体厚度 3.472m 和 5.876m。7 种基本单元，采用焊接球和相贯节点。外表面覆盖 ETFE，气囊中最大面积 71m^2，跨度 9m。结构总用钢量约 6300t	
国家体育场(鸟巢)[27]	2006	332.3×296.4	斜交桁架系或可看成单层加肋网格结构，如图 1.14 所示/马鞍面最高点 68.5m，最低点 40.1m。24 榀桁架，间距 37.958m，开孔平面尺寸 185.3m×127.5m。构件截面尺寸：上弦杆□1000mm×1000mm~□1200mm×1200mm，下弦杆□800mm×800mm~□1200mm×1200mm，腹杆□600mm×600mm~□750mm×750mm。结构模型总用钢量 41853t，实际结构总用钢量约 53000t	

图 1.12 上海师范学院球类馆
竣工蓝图档案中手绘建筑透视图

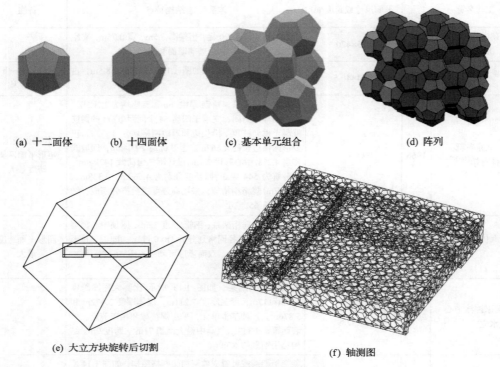

(a) 十二面体　　(b) 十四面体　　(c) 基本单元组合　　(d) 阵列

(e) 大立方块旋转后切割　　　　　　　　(f) 轴测图

图 1.13　国家游泳中心(水立方)

水立方多面体空间刚架的基本单元是类 Weaire-Phelan 多面体，简称类 WP 多面体。采用图形解析和数学解析两种方法均可得到类 WP 多面体的十二面体单元(图 1.13(a))和十四面体单元(图 1.13(b))。基本单元组合(图 1.13(c))可以沿晶格立方体表面上三个相互垂直的中线方向进行阵列(图 1.13(d))，从而形成由类 WP 多面体填充的大立方块。与普通网架结构不同的是，这种由多面体形成的大立方块的外边界是凹凸不平的，若要形成平整的建筑表面，必须用平面对它进行切割。出于建筑表面视觉效果的需要，也可先将大立方块旋转后再进行切割(图 1.13(e))。十二面体、十四面体在切割平面上切出的边线就分别构成了屋盖结构的上、下弦杆或墙体结构的内、外表面弦杆，而切割面之间所保留的原有各单元体的棱边构成了结构内部的腹杆，最终形成的多面体刚架如图 1.13(f)所示

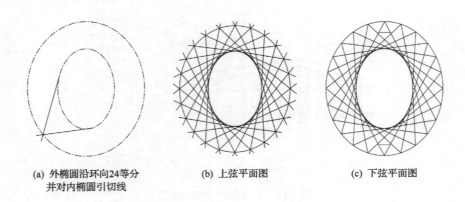

(a) 外椭圆沿环向24等分　　(b) 上弦平面图　　　　(c) 下弦平面图
　　并对内椭圆引切线

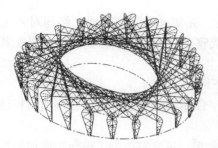
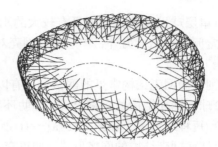

(d) 24对主桁架交叉投影到建筑曲面   (e) 上弦次构件

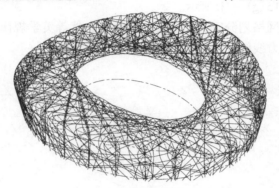

(f) 主次构件拼装后

图 1.14   国家体育场(鸟巢)

3. 网壳结构

曲面形状的网格结构称为网壳结构。网壳结构的形式有以下几种:

(1)按照弦杆层数目可分为单层网壳、双层网壳或多层网壳以及介于单层和双层之间的分数层网壳。

(2)按照结构材料可分为钢筋混凝土网壳、钢网壳、竹木网壳、复合材料网壳等。

(3)按照曲面形状可分为球面(椭球面)网壳、双曲面网壳、柱面网壳、双曲抛物面网壳和自由曲面网壳等。

(4)按照高斯曲率可分为正高斯曲率网壳、负高斯曲率网壳和零高斯曲率网壳。

(5)折面网壳结构(铰接或刚接的网格板片结构),如广州歌剧院,深圳市大运中心体育场、体育馆和游泳馆等。

网壳结构的主要特点如下:

(1)兼有杆系结构和薄壳结构的主要特性,杆件比较单一,受力比较合理。

(2)结构刚度大、跨越能力强。

(3)可采用小型构件组装成大型空间,小型构件和连接节点可以在工厂预制。

(4)安装简便,不需大型机具设备,综合经济指标较好。

(5)造型丰富多彩,无论是平面还是空间曲面,外形都可根据建筑创作要求任意选取。

(6)单层球面网壳壳面内具有较大的刚度,壳面外的刚度较弱,结构对初始缺陷敏感,稳定问题突出。另外,单层球面网壳对支座有较大的水平力,往往需要在其周边设置环梁。

规则曲面网壳结构常见的网格划分有以下两种:

(1)球面网壳结构的网格形式,如肋环型、凯威特型、联方型、肋环加斜杆型、三向网格型和短程线型等,如图1.15(a)~(f)所示。

(2)柱面网壳结构的网格形式,如正交正放型、正交斜放型、正交正放加斜杆型、三向网格型等,如图1.15(g)~(j)所示。

自由曲面网壳的网格划分宜遵循对称、渐变和自然等美学规律,亦可根据曲面的主曲率线或者主薄膜应力线等进行网格划分,值得进一步研究。

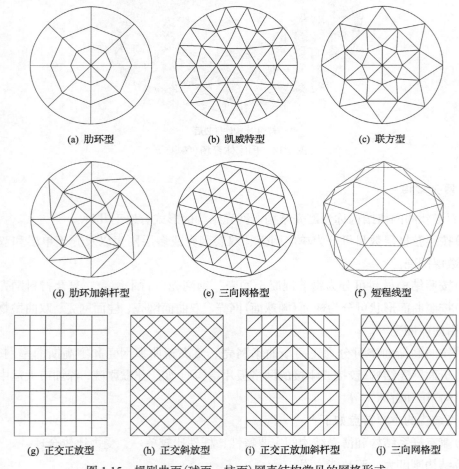

图1.15　规则曲面(球面、柱面)网壳结构常见的网格形式

表1.5给出了世界上有代表性的网壳结构工程实例。从建筑功能上,网壳结构已经从固定式屋盖发展到可开合式屋盖,从规则的曲面形状发展到自由曲面网壳结构,从光滑的连续曲面发展到弯折不连续曲面,如造型奇特的折板网壳结构在广州歌剧院及深圳市

表 1.5 世界上有代表性的网壳结构工程实例

工程名称	竣工年份	平面尺寸或跨度/m	体系类型/结构特征	备注
夏洛特体育馆[28]	1955	φ101.5(332ft) 矢高 34.138(112ft)	铟结构球面弯顶	2007 年拆
贝尔格莱德国际旅游博览会1 号厅[29]	1957	φ109	预应力混凝土球面网壳/内净空 30.78m	
佐治亚大学斯特格曼体育馆[30]	1964	121.92	交叉平面抛物线拱支撑钢筋混凝土网壳结构/拱跨度约 117.043m。三角形钢筋混凝土铺装现场预制板。主拱及其基础为钢筋混凝土,锚固于嵌在实心岩石中的混凝土基础中。钢筋混凝土三角形网格单元近 4000 个。顶面覆盖合成橡胶涂层	
林斯康天文馆[31]	1964	φ195.580	交叉薄片状桁架系球面网壳/跨度 195.58m,矢高约 28.3m。平面网格为凯威特型 K12-6,即沿环向分为 12 个扇区,径向 6 圈(含边坡环,不包括中心风嘴 1 圈)环向放置。片状桁架竖向放置,上弦和下弦之间总厚度为 1.524m。屋顶距场地平面约 63m,结构用钢量约 78.1kg/m²。桁架总重 2150t+376t(外拉环即最外侧一圈)	2008 年关闭
新奥尔良超级弯顶[32]	1975	φ210	球面双层网壳/网壳厚度 2.2m,高度 82.3m,内净空 77.1m,内直径 207.3m。结构用钢量 126kg/m²	
劳伦斯·沃克普天空弯顶[33]	1977	φ153	胶合木结构 K6 型球面网壳	
塔科马弯顶[34]	1983	φ161.5 圆形	木结构球面网壳/建筑立面高度 45.7m,主网壳采用 200mm×762mm 的胶合木梁,节点采用 Varax 铰连接。木檩搭在主网格构件上,采用 2mm×6mm 凹槽面板。屋面板下的隔声板上喷涂厚度 76mm 聚亚安酯泡沫,达到 R26 级隔声效果且热熔线性较好。生产过程能耗:木材 453kW/t,钢材 3780kW/t。生产过程中 CO₂ 排放量:钢材 5320kg/m³,混凝土 120kg/m³,而木材的成长吸收 CO₂	
平壤五一体育场[35]	1989	450×350	阵列柱面双层网壳,如图 1.16 所示/螺体外形呈降落伞状或木兰花状,16 个环向沿环布列,每个单元由两个落地点和看台顶部倾斜的半圆形平面拱支撑。结构总用钢量约 11000t	
秋田天空弯顶[36]	1990	130×100	截球双层网壳/矢高为 32m,按日本建筑规范,弯顶上的雪荷载为 4.5kN/m²,弯顶由受拉的屋面膜结构组成	
马凯特优胜者弯顶[36]	1991	φ163.4,矢高 44	木结构球面网壳/共使用 781 根美国松木梁和 174.6km 杉木面板。结构设计雪荷载 2.9kN/m²,设计风速 130km/h	
福冈体育馆[37]	1993	φ213	可开启球面双层网壳/短程线型网格,厚度 4m,矢跨比 1/5,高度 84m,开或合 20min/次,设计风速 130km/h	
天津游泳馆[38]	1994	φ108	双层球面网壳/悬挑 13.5m,球壳底面直径 108m+13.5m×2=135m,矢高 35m,厚度 3m。结构总用钢量约 9000t。结构用钢量 42kg/m²	

续表

工程名称	竣工年份	平面尺寸或跨度/m	体系类型/结构特征	备注
名古屋穹顶[39]	1996	φ187.2	球面三向网格型单层网壳，如图1.17所示短程线型网格。平面圆弧10等分生成三角形网格边长9.94m。采用φ950mm，壁厚50mm，小计1400t。结构总用钢量5800t。主屋面采用圆钢管φ650mm，底部拉环直径183.6m，矢高32.95m，矢跨比0.179。由中心壳、环状拉环，小计4400t。拉环	
大阪穹顶	1997	φ134	球面网壳型建筑平面直径为166m，矢高为42m，由中心处分φ134mm的球面网壳。中心壳顶几何形状规则的俯网壳单元构成（在中心处设一个受压内环），外围环状锥形凸出36个斜放相同的"Y"形钢梁组成。中心壳与外壳的连接处在连接成较压形成铰接支座。Y形钢梁的根部与台顶环状拉压梁形成铰接支座。屋盖结构总用钢量约5500t	
福建漳州后石电厂煤仓[40]	1999	φ122.6	双层球面网壳/四角锥，厚度2m，高度48m，支座数36。结构用钢量34.1kg/m²	
国家大剧院[41]	2004	212.2×143.64×46.285	双层空腹椭球网壳，如图1.18所示曲面方程：$\left(\dfrac{x}{105.963}\right)^{2.2}+\left(\dfrac{y}{71.663}\right)^{2.2}+\left(\dfrac{z}{45.203}\right)^{2.2}=1$。由顶部的60m×38m中心环梁，148榀径向平面空腹桁架和内外82道水平环向连系杆等组成。径向平面空腹桁架分两种形式，采用60mm厚钢板护板而成，另一种由H型钢和T型钢拼焊而成。水平系杆采用φ194mm×5mm与φ194mm×8mm等钢管，支座间距3.87m。屋面围护系统部分采用玻璃0.105kN/m²，其余采用钛合金板0.063kN/m²，结构用钢量280kg/m²	
广州大剧院(大石头)[42]	2009	135.9×128.5	单层折面网壳/64面体，104条棱线，41个角点，相邻三边形或四边形平面夹角79°~177.5°，三角形网格边长约6m。长向跨度127m，短向跨度125m，屋顶标高42.500m。支座数65个，其中固定铰支座56个，滑动支座9个。棱线构件□400mm×（800~1450）mm，次构件□300mm×1000mm或800mm，壁厚12~50mm。屋面围护系统采用石材3.4kN/m²或玻璃1.7kN/m²。结构理论用钢量4050t（不含48个铸钢节点）	
深圳市大运中心体育场[43,44]	2009	270×285	外观上为折面网壳，本质上是空间折向结构单杆结构，如图1.19所示。每个单元共13个三角面，24条棱线，整体呈马鞍形，建筑平面274m×289m。由20个折状相近的径向结构单元组成，每个单元平均高度44.1m，悬挑前端高度34.89m，悬挑最高点45.90m，后端向段增加2根折向杆份为26条。8个角点，中间开洞尺寸180m×130m，悬挑长度51.9~68.4m。内环高差8.57m，外环高差12m。楼线主构件φ700mm，次构件φ1400mm，次构件（450~600mm）×（250~350mm），壁厚8~30mm。固定铰支座20个，间距40m左右。共采用铸钢节点120个，单件最重达90t，总重4000t。结构总用钢量约3100t。结构总用钢量18000t	1~2层之间
江阴市民水上活动中心[45-47]	2010	156.16×125.242	阶梯式曲环面型球面网壳结构，如图1.20所示高度约32m。屋盖由柱网分隔成两个跨度较小的屋面结构，其中大屋面计算跨度69.8m，戏水池屋面计算跨度约43.2m。初步设计方案只有径向杆件，上弦只有径向环向杆件。上、下弦杆件通过剪力键连接，每一个剪力键都类似楼板网格步。结构用钢量约3100t	1.5=3/2层
新加坡国家体育场[48]	2013	φ310	球面双层网壳/椭圆形，矢高73m，矢高网壳屋面大面85m，巨型三角形桁架交叉网格，主次桁架截面6000mm×1500mm。后张预应力钢筋混凝土采梁，次桁架高度2.5~5m。可开合屋盖平面尺寸220m×82m。结构用钢量约120kg/m²	

注：折板网格结构还包括青岛国信体育馆，2009年建成。

大运中心体育场、体育馆和游泳馆中得到应用，从纯粹的单层网壳或双层网壳发展到介于单层和双层之间的加肋自由曲面网壳，如阶梯式肋环型球面网壳结构，如图 1.20 所示，工程实例为江阴市民水上活动中心等。

　　另外，采用竹、木等结构材料的小型网壳结构应用十分广泛，如印度尼西亚巴厘岛的竹屋(图 1.21)等，来自大自然原生的绿色建筑材料经过简单加工、装配之后又与大自然融为一体，创造了令人赞叹的非工业艺术。

图 1.16　平壤五一体育场

图 1.17　名古屋穹顶

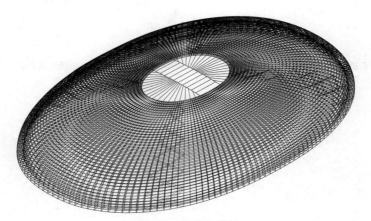
图 1.18　国家大剧院

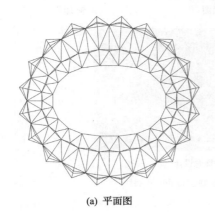
(a) 平面图

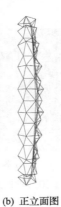
(b) 正立面图

(c) 侧立面图

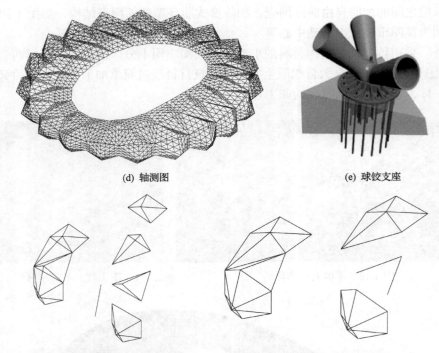

(d) 轴测图　　　　　　　　　　　(e) 球铰支座

(f) 角锥拆分施工图阶段的基本单元　　　　(g) 角锥拆分方案阶段的基本单元

图 1.19　深圳大运中心体育场

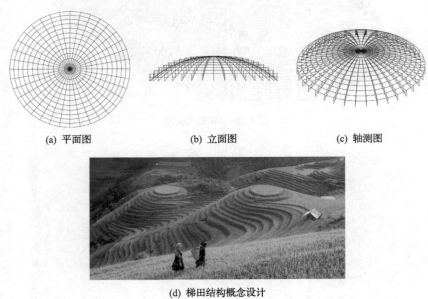

(a) 平面图　　　　　　　(b) 立面图　　　　　　　(c) 轴测图

(d) 梯田结构概念设计

图 1.20　阶梯式肋环型球面网壳结构

(a) 侧视图　　　　　　　　　　　(b) 俯视图

图 1.21　印度尼西亚巴厘岛竹屋

1.2.2　柔性体系

1. 索网体系

索网体系[①]由一个、两个或三个方向的单索正交或斜交构成，如图 1.22 所示。单向索系现在已很少采用。

索网体系的形式有以下几种：

(1) 按照是否与边缘支承体系形成自平衡体系可分为自平衡索网体系和非自平衡索网体系。

(2) 按照构成索网的单索方向、相互连接方式和与支承构件的连接可分为双向或三向索网体系、正交或斜交索网体系、正放或斜放索网体系。

(3) 按照索网曲面几何形状可分为双曲抛物面索网体系、悬链面索网体系或单叶双曲面索网体系等。

(4) 按照支承体系的结构形式可分为刚性边界索网体系、水平梁支承索网体系、柔性边界索网体系和点支承索网体系等。

(5) 按照索网曲面的层数可分为单层、双层和多层索网体系等。

索网体系的特点如下：

(1) 建筑外形美观，结构效率高，经济。

(2) 双向或多向正交或斜交索网体系一般为负高斯曲率曲面，如马鞍形双曲抛物面。

(3) 索网体系宜与边缘支承体系自平衡。

(4) 索网曲面的形态问题是结构设计的关键，索网体系的设计和计算分析理论复杂，不易被一般设计人员所掌握。

表 1.6 给出了几个有代表性的索网体系工程实例。连续张力分布的索网必须由边缘支承构件或体系来平衡或约束锚固。不仅索网曲面存在形态分析问题，若设计为自平衡体系，其边缘支承体系同样需要形态分析。索网体系从单向到双向，从正交到斜交，从被

---

① 由两向、三向或多向单索构成的单层格构曲面称为索网体系。索网节点采用夹具固定连接，各向单索在节点区不宜滑动。索网体系习惯上是指单层索网格体系或单向索，一般为负高斯曲率曲面或零高斯曲率曲面。自平衡的索网体系的索网曲面网格和边缘支承体系一起构成组合空间结构。

动锚固到主动自平衡, 从单片索网到多片索网拼接, 从单层到双层、多层, 从柔性索网到劲性索网, 从民用建筑屋盖到工业建筑, 如图 1.23 所示的冷却塔[49]、天文观测设备(如贵州 500m 口径射电望远镜(five-hundred-meter aperture spherical radio telescope, FAST))等, 发展很快, 造型优美。

(a) 单向单层索网体系　　　　　(b) 双向正交斜放单层索网体系

图 1.22　早期索网体系的基本形式

图 1.23　Schmehausen 单层索网结构冷却塔(1968 年)

(a) 舒霍夫穹顶施工过程室外一　　　　　(b) 舒霍夫穹顶施工过程室外二

(c) Oval Pavillion外景　　　(d) Oval Pavillion街景　　　(e) Oval Pavillion内景

图 1.24　全俄展览会建筑工程展览馆

表 1.6　有代表性的索网体系工程实例

工程名称	竣工年份	平面尺寸或跨度/m	体系类型/结构特征	备注
全俄展览会建筑工程展览馆[50]	1895	ϕ68，ϕ25	薄钢条回转单叶双曲面单层索网体系和中央下凹式钢薄膜结构，如图 1.24 所示/建筑高约 67.97m。外环ϕ68m，内环ϕ25m，内外环之间为薄钢条交叉而成的类似单叶双曲面的单层索网体系，覆盖铁皮。沿内环设立柱支撑，内环内为下凹式钢薄膜结构，与该穹顶一起建成的两栋矩形平面长×宽×高=68m×30m×8m 的展览馆以及 98m×51m 的长圆形平面(两端为半圆半径 25.5m，中部矩形 51m×47m)展览馆均采用类似的结构体系，如图 1.24(c)～(e)所示	1 层，1980 年左右拆除
柏林工业展览会瑞士馆[50]	1952	25×32 椭圆形	木拱支马鞍面双向正交单层索网体系/由 10 层薄木板胶黏而成，木基梁截面宽×高=95mm×255mm。72 根立柱截面宽×高=95mm×190mm，柱距 1.24m。斜放的木拱由 15 层椴木薄板胶合而成，截面宽×高=375mm×120mm。承重索垂直于长轴，间距 2m，共 15 根ϕ12.3mm 钢索，中间最大垂度 1.75m。稳定索平行于长轴，间距 1m，共 24 根ϕ15mm 钢索，中央最大矢高 1.75m。屋面围护系统采用双层棉织帆布	1 层
道顿竞技馆[51-53]	1952	92×97 近似圆形	以两个斜放的抛物线拱为边缘构件的拱支马鞍形双向正交斜放索网体系，如图 1.25 所示/两个钢筋混凝土槽形截面宽×高=4.3m×0.75m 的平面抛物线拱与地面夹角为 21.8°，最高点距地面 27.4m，两拱交叉点离地面 7.5m，两拱顶之间距离为 91.44m。马鞍面最大下挠 9.36m。网格尺寸为 1.83m×1.83m，两正交方向各 47 根索。承重索ϕ19mm～ϕ33mm，从拱脚两端到中间逐渐增大，中央承重索垂度 10.3m，垂跨比约 1/9。稳定索ϕ13mm～ϕ19mm，矢高 9.04m，矢跨比约 1/10。钢索抗拉强度 700MPa。每对拱脚基础采用 14 根ϕ50.8mm 钢绞线连接。屋面围护系统采用波形钢板	1 层
西瓦尔茨瓦尔脱大厅[54]	1953	73.5×48.6 近矩形	马鞍面单层索网体系，如图 1.26 所示/承重索间距 0.4m，中央承重索垂度 3.5m，垂跨比 1/21。稳定索间距 5.0m，中央稳定索矢高 1.5m，矢跨比 1/32.5。边缘构件为空间曲梁。屋面围护系统采用现浇混凝土，厚 60mm	1 层
苏联水泥浆料池屋盖[55]	—	ϕ44 或ϕ42	下凹式中心立柱支撑的单层索网体系，如图 1.27 所示/辐射状高强度钢丝束两端分别锚固在内外圈梁上，外圈梁采用箱形截面，内圈梁放置在中央立柱上。屋面围护系统采用预制钢丝网水泥板整浇。预应力施加方式：施工时先吊装钢丝网水泥板，然后在屋面板上加置附加荷载，钢丝束伸长，板缝加大，此时将混凝土浇灌到缝隙中，混凝土硬化后卸去附加荷重，钢丝束缩短，钢丝网水泥板受压，形成自平衡预应力。径向索规格ϕ5mm×24，共 40 根，钢内拉环ϕ1.3m，比外环梁高 4.6m。屋盖结构用钢量约 10.3kg/m^2	1 层
蒙得维的亚体育馆[55]	1956	ϕ94.5	下凹式辐射状单层索网体系，如图 1.28 所示/屋盖由圆柱形外墙支承，外墙厚 100mm，直径 94.55m，高 25.9m。屋盖由 256 根ϕ15mm 的高强度钢丝束辐射状布置而成，一端锚固于外墙顶部的受压环梁(宽×高=2000mm×457mm)内，另一端锚固于内径 5.49m、宽×高=305mm×50mm 的钢内拉环上。屋面围护系统采用预制钢筋混凝土板，共 9000 块。预应力施加方式：采用砖块压在预制混凝土板上，使钢索获得 50%的超载，钢索伸长，板缝加大，然后在板缝下用铁丝挂石棉水泥板后灌浆，当砂浆凝固后均匀地撤去砖块，钢索收缩从而使混凝土板产生面内预压应力	1 层

续表

工程名称	竣工年份	平面尺寸或跨度/m	体系类型/结构特征	备注
伍珀塔尔游泳馆[55]	1956	65×44 矩形	单向单层索网体系，如图 1.29 所示/承重索采用ϕ24mm 的 1#钢丝(37#钢)，间距 200～240mm，垂跨比 1/21。边梁截面宽×高=6500mm×(180～240mm)。屋面围护系统：钢丝穿ϕ30mm 的铅铁皮，管内灌沥青，在钢丝上用铅丝绑扎镀锌密眼钢网板，然后在板上现浇 50mm 厚浮石混凝土，下面则喷射 6～8mm 厚的水泥砂浆保护层	1 层
柏林国会大厅[55,56]	1957	拱脚间距 78.06×拱顶间距 61	双向单层索网体系，如图 1.30 所示/屋盖主要承重构件为 2 个平面拱和一个环。钢筋混凝土拱平面与水平面夹角 28.4°，全跨为等截面五边形。厚 0.4m 内拉环为一空间曲线，宽度自上而下逐渐增加，最高点处宽 2.5m，最低点处宽 6m。屋面围护系统采用厚 70mm 预应力钢筋混凝土，在承重方向施加预应力，每间隔 850mm 设一根 St145/160 预应力钢丝束，每根钢丝束预应力值为 25t。拱支座永久荷载作用下水平推力约 13000kN，设 100m 长的拉杆与其平衡，拉杆由 480 根椭圆形 30#钢丝组成	1 层
静冈市会议厅[54]	1957	114	双向单层索网体系，如图 1.31 所示	1 层
维也纳市政厅[54]	1953~1958		双向单层索网体系，如图 1.32 所示	1 层
布鲁塞尔世界博览会美国馆[50,55]	1958	圈梁外ϕ104，圈梁内ϕ92，正三十六边形平面	轮辐式双层索网体系，如图 1.33 所示/周边沿环向设置 2 圈钢管立柱各 36 根，长度 22m，截面规格ϕ318mm×24mm，立柱顶端为 6m 宽的外环钢桁架，上径向索 72 根ϕ32mm 钢索，下径向索 36 根ϕ54mm 钢索，破断强度 1500MPa，上、下径向索倾斜度均为 1:8 锚固于外压环和中心轮毂上。高 8.5m、ϕ20m 轮毂由上下环梁、36 根小立柱及交叉连杆组成，下内拉环采用 6 层宽 400mm、厚 20mm 的钢板(标准荷载下拉力 6800kN)。屋面围护系统采用半透明尼龙波形屋面板，固定于环向檩条上，檩条间距 3m。屋盖结构总用钢量 53kg/m^2，其中外环桁架 38kg/m^2，中心轮毂 10kg/m^2，索和锚头 5kg/m^2。上径向索采用千斤顶施加预应力 226kN。屋盖结构用钢量 118kg/m^2	2 层
布鲁塞尔世界博览会法国馆[55,57,58]	1958	150×72	双曲抛物面单层索网体系，如图 1.34 所示/屋盖由 2 个对称的马鞍形索网和边桁架组成。钢索采用ϕ7mm×6 高强度钢丝束，索网网格 1.3m×1.3m。两个双曲抛物面索网离地最高点 33m，最低点 16m，支承在一叉体上，叉体又平衡了一个倾斜角为 45°、高 65m 的悬臂，近 80%结构总重集中在中央支点上。基础采用平均深 18m 的桩支承(80%的桩在中央支点下)。每一对角梁长 102m 端部的 A 点和 C 点各有一抗风压的两脚柱。屋面围护系统采用钢板，钢板底层铺设涂有柏油的玻璃纤维夹板 7kg/m^2 和涂铝的沥青油毛毡防水层。玻璃纤维夹板通过 100mm×100mm 网眼的钢丝网悬挂在索网上。屋盖结构用钢量约 8kg/m^2	1 层
多特蒙德展览大厅-Ⅳ[55]	1959	80	下凹式单向单层索网体系，如图 1.35 所示/屋盖底层平面轴线尺寸 80m×110m，横向下凹单索垂度 5m，跨度 80m，垂跨比 1/16。钢丝束锚固在宽 5.5m 的边板中，边板外侧连接斜拉杆连接地锚。斜拉杆宽×高=640mm×300mm，内设三层每层 4 股的应力配筋。边板沿纵向亦施加预应力。屋面围护系统：ϕ8mm×12 的高强度钢丝束穿过标号 600 的矩形截面宽×高=220mm×120mm 预制钢筋混凝土肋，肋间距 1.25m，每条肋段长 2m。肋和肋之间铺设 50mm 厚预制浮石混凝土板，板和肋由预埋伸出钢筋连接，再在板缝内设置纵长钢筋，然后灌浆整浇	1 层

续表

工程名称	竣工年份	平面尺寸或跨度/m	体系类型/结构特征	备注
莱斯科瓦茨纺织博览会展览馆[55]	1959	72.68×59.85 卵形	以两个斜放的抛物线无铰拱为边缘构件的马鞍形双向正交斜放索网体系，如图 1.36 所示/索网锚固于两倾斜的平面拱上。拱截面宽×高=3000mm×700mm，承重索ϕ5mm×8 的 160/180 号钢丝分两行排成矩形截面，采用钢板和夹子固定钢丝间距和形状。中央承重索垂度 11.6m，垂跨比 1/6.3。稳定索ϕ5mm×3 排成三角形截面，采用钢丝绑扎固定形状。中央稳定索矢高 5.7m，矢跨比 1/10.5。屋面围护系统采用ϕ6mm@200mm 双向钢筋网浇筑厚 60mm 轻质混凝土	1 层
华盛顿杜勒斯国际机场候机楼[55]	1961	195.2×51.5 矩形	单向单层索网体系，如图 1.37 所示/建筑底层平面 182.88m×45.6m，16 榀斜柱加单向单层索网，屋面覆盖材料采用预制钢筋混凝土板拼缝连接，斜柱高度 21.7m。屋面围护系统采用预制轻质混凝土板，堆砖法施加预应力	1 层，1996 年扩建至 77.952m×45.6m
布拉迪斯拉发体育馆[54,59]	1961	72×66 近圆形	双向单层索网体系，如图 1.38 所示	
西条市体育馆[54]	1961	48×43.2	双向正交马鞍形单层索网体系，如图 1.39 所示/网格尺寸 1.2m×1.2m，承重索为两根 PC 钢棒，稳定索ϕ16mm 圆钢。中央承重索垂度 6.4m，垂跨比 1/7。中央稳定索矢高 3.2m，矢跨比 1/13.5。边缘构件为 2 根倾斜的抛物线拱在 4.500m 标高处相交，拱截面宽×高=(2.4～3.9)m×(0.3～0.45)m。屋面围护系统采用 1.0m×1.05m 预制混凝土板	1 层
热那亚体育馆[54]	1962	ϕ68	轮辐式双层索网体系，如图 1.40 所示/上径向索 144 根ϕ27mm 钢丝绳，下径向索 48 根ϕ56mm 钢丝绳。上钢内拉环ϕ14m，下钢内拉环ϕ6m，上、下内拉环之间竖向距离为 10.6m，上、下内拉环之间为倒悬链面单层网格结构。屋面围护系统采用透明增强的聚酯纤维，平均厚度 3.5mm。屋盖结构用钢量 21.5kg/m^2	1 层
克拉斯诺亚尔斯克车库[54]	—	84×78 矩形，索网跨度 78	单向单层索网体系/索截面规格ϕ40mm 圆钢，间距 1.5m。屋面围护系统采用厚 25mm 预制带肋混凝土板，堆砖法施加预应力。边梁采用 I 形截面，高 2.2m。下部支承结构为倒 V 形钢筋混凝土平面框架，间距 12m，直柱和斜柱 I 形截面分别为 1000mm×700mm 和 700mm×700mm	1 层
布鲁斯体育馆[54]	—	104×79 矩形	单向折板索网体系/索在竖向间隔错开，形成 V 形折板索网。屋面围护系统采用 50mm 厚钢筋混凝土板。下部支承结构为倒 V 形斜拉杆和斜压杆，斜拉杆拉力达 3500kN，斜压杆压力达 8000kN	1～2 层
香川县立体育馆[54]	1964	67×46 船形	马鞍形双向正交单层索网体系，如图 1.41 所示/中央承重索垂度 3.1m，垂跨比 1/22。中央稳定索矢高 5.65m，矢跨比 1/8。索网长向为间距 1.2m 的钢索(6 根ϕ12.4mm 为一束)，钢索外包薄钢板；索网短向为间距 1.2m 的ϕ14mm 预应力钢筋，方便与大梁连接。屋面铺设 1.1m×1.1m 厚 50mm 的预制混凝土板，作为风吸下配重的同时也增加了屋面整体刚度，最终屋面板的板缝和主索用半圆形混凝土肋浇筑在一起	1 层

续表

工程名称	竣工年份	平面尺寸或跨度/m	体系类型/结构特征	备注
不来梅市政厅[60,61]	1964	100	单向单层索网体系，如图1.42所示/屋盖基挂两端顶所标顶高差分别为31.150m和13.000m，即悬索支座高差约17m，沿南北向平行布置索水平间距约4.15m，4根一组，其中2根高度略高。悬索穿过矩形截面宽×高=700mm×300mm的预留孔洞制混凝土助梁段长4.35m，方便铺设屋面折板。索力范围820～3310kN，安全系数取2.5，风吸力约1kN/m²	1层
亚利桑那退伍军人纪念体育馆[62]	1964	长轴122	双曲抛物面单层索网体系/每根索张拉力约195.09kN	1层
俄克拉荷马城竞技场[54,63]	1965	外椭圆形平面尺寸97.536×121.92，内(净跨)平面尺寸92.0496×116.4336	马鞍形双向正交单层索网体系，如图1.43所示/41根立柱高19.812m，柱顶环宽2.7432m，高0.762～0.9144m。正交网格尺寸3.048m×3.048m，中心垂度为5.1816m。屋面围护系统采用预制的预应力轻质混凝土板，加预应力后形成椭圆物面薄壳，预制板平面尺寸2.921m×2.921m，放置在正交索网格内，板厚0.0762m，周边助高0.3048m。采用8个ϕ50.8mm×3.175mm钢管抗剪键支承于钢丝束。沿长轴方向的承重索规格为ϕ6mm×50 高强度钢丝束，沿短轴方向的稳定索规格为ϕ6mm×32 高强度钢丝束。屋盖结构用索量6.17kg/m²	1层
路德维希港里德里希·艾伯特大厅[54]	1965	60×60 矩形	双曲抛物面单层索网体系，如图1.44所示	1层
天津大学健身房[54]	1965	24.6×36.6 椭圆形	双曲抛物面单层索网体系/我国第一个单层索网体系，经历1976年唐山大地震考验	1层
古川(现改名"大崎")市民会馆[54]	1966	41×41 方形	柔性边界双向正交单层索网体系，如图1.45所示/网格尺寸1.8m×1.8m，屋面网格索规格ϕ20mm，4条边索规格ϕ42mm。边索锚入4个角部沿斜角线方向布置的扶壁中，屋面围护系统采用单层交承于ϕ9mm@200mm钢筋网现浇混凝土。通过网格节点对斜向地面的方法施加预应力	1层
阿拉米达郡比赛馆[54]	1966	ϕ128	下凹式辐射状单层索网体系/96根径向索ϕ56mm，钢内环ϕ13.7m，拉力达20400kN。预制钢筋混凝土外环梁正方形截面边长1.83m，轴向压力达21770kN，外环梁支承于交叉形钢筋混凝土柱上。屋面围护系统：径向索上均放置预制混凝土助，环向设6道预制混凝土助，中央凸起部分为设备ϕ79.3m。采用钢框架结构，支承在预制混凝土助上。屋盖结构用索量6.64kg/m²	1层
麦迪逊广场花园[54]	1967	ϕ123	下凹式辐射状单层索网体系，如图1.46所示/48根径向索ϕ95mm，屋盖结构用索量约8.01kg/m²	1层

续表

工程名称	竣工年份	平面尺寸或跨度/m	体系类型与结构特征	备注
浙江人民体育馆[64]	1967	80×60 椭圆形	双曲抛物面单层索网体系，如图 1.47 所示。在圈梁与副索（稳定索）投影平行的拉杆，以增强圈梁在水平面内的刚度。同时，把圈梁固定在平面不同高度的柱子上，以充分发挥柱子下部由支承柱、看台梁和构件加建时对圈梁所产生的弯矩内变形的能力。索网在施加预应力时对圈梁和在加载时到屋盖体系阻止圈梁在施工和使用过程中产生的弯矩的办法来达到屋盖中的弯矩，二者相互抵消，采取分两次施加预应力，分两套网格尺寸的办法来达到屋盖中的弯矩最大值。正交网格尺寸 1.0m×1.5m，主索垂度 4.4m，垂跨比 1/18，副索矢高 2.6m，矢跨比 1/21。主副索规格均为 6 股 φ4mm×(7~12) 高强度钢绞线。在恒载作用下，主索拉力 250kN/根，安全系数 3.4，副索拉力 180kN/根，安全系数 4.7。矩形截面空间曲线圈梁 2m×0.8m，竖向高差 7m，支承于 44 根 0.8m×0.4m 柱上。屋面围护系统采用 50mm×70mm 木格栅同距 750mm 搭设主索上，短轴端部弯矩最大值为 2200kN·m，短轴端部弯矩最长轴端部弯矩为 3800kN·m，木格栅上斜铺 20mm 厚杉木屋面板，油毡一层，最外层铺 26# 白铁皮一层。结构用索量 8.82kg/m²，圈梁钢筋用量 7.2kg/m²	1 层
约翰迪尔公司拖拉机站[54]	1967	40×40×26.7 扇形	单向单层三联跨索网体系，同图 1.48 所示索网索截面规格 φ38mm，同距 1.905~2.438m。屋面围护系统采用预制轻质混凝土板	1 层
墨西哥城奥林匹克游泳馆[54]	1968	70×(99.6+6.4) 矩形	单向单层双跨索网体系，如图 1.48 所示垂跨比 1/9	1 层
瓦尔纳体育文化宫[54]	1968	φ80 圆形	双曲抛物面双向正交单层索网体系，如图 1.49 所示/外环梁为空间曲同线梁	1 层
斯堪的纳维亚体育馆[65]	1969~1971	—	双曲抛物面单层索网体系，如图 1.50 所示/钢筋混凝土空间曲线环梁截面 3.5m×1.2m，承重索垂度 10m，稳定索挠度 4m。环索支承于 40 根圆柱和 4 个刚性塔架上，索网格尺寸 4m×4m	1 层
美国航空竞技场	1973	φ122 圆形平面	双曲抛物面单层索网体系，如图 1.51 所示/马鞍形钢筋混凝土环梁截面 2.4m×2.4m	1 层 1997 年关闭，2002 年拆除
基辅汽车库[54]	1973	φ160 圆形平面	下凹式伞状单层索网体系，如图 1.52 所示/84 根径向索 φ65mm，支承于中心伞柄立柱与外环梁上。钢内环 φ8m，屋面围护系统采用预制混凝土加肋板，钢筋混凝土外环梁截面宽×高=3000mm×800mm。屋盖结构用钢量 24kg/m²	1 层
笠松运动公园体育馆[54]	1974	88.5×69.7 近菱形	双曲抛物面双向正交索网体系，如图 1.53 所示/中央承重索采用立体钢桁架，屋面围护系统为聚酯板，板缝间填充氨酯现场发泡	1~2 层之间

续表

工程名称	竣工年份	平面尺寸或跨度/m	体系类型与结构特征	备注
米兰圣西罗体育馆[54]	1976	φ126	马鞍形双向正交斜放单层索网体系，如图1.54所示正交索网格2m×2m，索截面规格φ45mm高强度钢丝束。空间曲线钢环箱形截面宽×高=6525mm×2600mm，支承于38根斜柱上，由12mm厚钢板焊接而成。采用千斤顶张拉稳定索施加预应力，屋面围护系统采用镀锌压型钢板	1层 1985年被雪压坏
新疆化肥厂俱乐部[55]	1977	36×50椭圆形	双曲抛物面单层索网体系	1层
乌斯季伊利姆斯克载重汽车库[54]	1979	φ206圆形平面，跨度94	下凹式伞状单层加肋索网体系圆形伞状结构直径206m，采用厚6mm的钢板带作为索，两端分别固定在18m中心支承和外环索上，构成辐射式单索体系，通过施加临时荷载张拉钢板。在径向，环向加焊钢肋使钢板带形成负高斯曲率的曲面，施加预应力使其充分发挥薄膜作用。这个结构直接使用钢板作为结构构件，成为悬挂钢板薄膜壳	1.5层
莫斯科奥运会游泳馆[55]	1979	126×104卵形	马鞍面劲性索网体系，如图1.55所示承重索方向采用2.5m高的格构式拱形桁架。同距4.5m，跨度40~104m，垂度最大18m平行布置且较接于两倾斜布置的钢铰拱上。作为刚性边界的一对拱，与地面夹角27°16'，与地面荷载来确定其曲线方程，与钢模板夹角27°16'，与地面荷载可上下移动304.8mm，采用钢模板现浇现实且钢模板参与受力。拱截面最大弯矩达80000kN·m。屋面围护系统采用压型钢板直接敷设在桁架上弦。用混凝土量138kg/m²，用混凝土量16kg/m²	
卡尔加里体育馆[66,67]	1983	135.300×129.252椭圆形	双曲抛物面双向正交斜放单层索网体系，如图1.56所示正交索网格尺寸6m×6m，屋面围护系统采用391块厚50mm预制钢筋混凝土板拼缝整浇。32根肋筋整浇。成空间环索4.2m×1.5m，27.432m²/段共16段预制高空拼接。采用开口箱形钢管混凝土半径67.7m双曲抛物面面相交成圈梁和柱顶通过同每个轴承连接，水平移动304.8mm，圈梁圆平面φ120m。底层圆平面152.4mm。屋盖两端最高点41.148m，最低点17.3736m。承重索垂度14m，采用2根12×φ15mm钢绞线；屋盖两端最大高6m，采用1根19×φ15mm钢绞线	1层
希腊和平友谊体育馆[68]	1985	φ120	双曲抛物面单层索网体系，如图1.57所示1.5万个座位，建筑立面高度25m，正交索网格尺寸4m×4m，预制钢筋混凝土空间环梁外径130m	1层
淄博市体育馆[54,69]	1986	比赛厅54×38矩形	下凹式单向单层索网体系，如图1.58所示主索支座高差3m，截面规格φ5mm×54高强度钢丝束，同距1m，初始垂度3.82m，最终垂度4m，垂跨比1/13.5。屋面围护系统采用预制混凝土槽板，与主索正交布置的副索φ18mm共39根，索伸长，板伸长，同距1.5m，采用螺栓紧固。预应力施加方法：挂索吊板装后堆砖，施加临时荷载130N/m²，板缝，待缝混凝土灌缝，然后用400#混凝土灌大，待灌缝混凝土达到强度后搬去临时荷载，形成预应力薄壳，最后做屋面保温和防水层。边缘水平梁和压杆形成闭合的钢筋混凝土水平框架，封闭大部分水平拉力。屋盖结构用钢量约35kg/m²，其中用索量5kg/m²	1层

续表

工程名称	竣工年份	平面尺寸或跨度/m	体系类型和结构特征	备注
上海杨浦体育馆[70]	1989	45×48.6 矩形	有横向桁架加劲的下凹式单向单层索网体系建筑平面尺寸为51.2m×61.9m。32根悬索采用φ5mm×18高强度钢绞丝，跨度45m，同距1.5m平行悬挂在南北两侧三层看台框架的顶部大梁上，两个悬挂点的标高分别为19.200m和16.900m，高差2.3m。在悬索上方设置9榀跨度为48.6m的双坡坡形桁架，与索建筑的标高18高，桁架下弦用特制的卡具与索体连接，无缝钢管φ60mm～φ108mm焊接而成，破断强度1568MPa。预应力施加方法：悬索在贴靠桁架下弦时采用1t神仙葫芦张拉，当索与索同用U型卡子卡紧后，不再张拉。悬索内的预应力通过9榀钢桁架下弦节点对下压而获得，施工状态索力:斜拉索76.10kN，悬索54.75kN。屋盖结构用钢量24.36kg/m²	1层
安徽省体育馆[71]	1989	不等边六边形 84×69/72	单向横向加劲单层索网体系，如图1.59所示。主索采用六股φ4mm×7钢铰线，同距1.5m，单向平行布置，跨度72m。与索正交布置平面钢桁架加劲，端部高度3.2m，上、下弦杆件2L125mm×80mm×10mm角钢组成，桁架同距6m。索盖结构即屋面，跨中高3.2m，端部高1.6m，其中用索量22kg/m²，屋盖结构用钢量3.7kg/m²。将桁架端部强行下压至桁架顶并锚固，索与桁架即成为整体共同受力	1层
潮州体育馆[72,73]	1992	56×56 方形平面倒角成八边形，跨度 51.7	双曲扭壳索网体系，如图1.60所示。建筑平面尺寸为61.4m×61.4m，14榀钢桁架沿方形平面对角线方向平行布置，同距3.96m或4.95m。24条单重索截面规格φ15mm×5强度等级1570MPa)，与钢桁架正交布置，同距2m。屋面围护系统采用玻璃纤维混凝土板加铝合金板。屋盖结构用钢量21.9kg/m²，其中用索量3.2kg/m²。通过钢桁架将整体下压方法施加顶应力	1层
泰州师范学院体育场[74,75]	1999	近菱形平面，对角线尺寸 69.6×67.2	双曲抛物面马鞍形索网体系，如图1.61所示。平面面积约为3459.5m²，正交斜放索网悬挂在4根直线形斜形边索上，边索截面宽约1800mm×1400mm，混凝土强度等级C50。承重索40束，每束索为2根φ15.24mm钢铰线，稳定索41束，每束为1根φ15.24mm钢铰线。正交布置，承重索和稳定索间距均为6m。索面围护系统：索网成形后安装檩条和屋面板，檩条采用中央承重度和中央稳定索进行支承，檩条之上铺设隐式卡扣固定彩钢板。厚1.6mm的内卷边镀锌钢架设于索网节点立柱上，檩条之间间距200mm，厚1.6mm钢架。设计预应力：承重索和稳定索设计平均顶张力分别为每束180kN和90kN	1层
贾比尔·艾哈迈德国际体育场	2009	280×260 椭圆形	马鞍形单层单圈加劲环型索网体系/54根主径向索，如图1.62所示。屋盖边缘的空间环桁架支承至下部结构。屋面围护系统采用PTFE膜材，环索1圈分10根。屋面围护系统采用PTFE膜材	1层 2015年平放
伦敦奥运会自行车馆[76]	2011	120×100 椭圆形	马鞍形双向正交斜放单层索网体系，如图1.62所示的空间环桁架采用了约40%的索力。其余约60%的索力通过正交斜放斜桁架柱传至下部结构。屋面围护系统采用1m×1.44m可再生木板，索网体系总重930t，屋盖结构用钢量30kg/m²。单根索最大索力约650kN	1层

续表

工程名称	竣工年份	平面尺寸或跨度/m	体系类型/结构特征	备注
佛山(国际)家居博览城[77,78]	2012	ϕ82	轮辐式三层索网体系/环桁架外上弦最大直径为 88m，屋盖矢高约 25m。主体结构由外环桁架、内环飞柱及上中下三层索网组成，表面为波浪形覆盖膜结构。外环桁架截面为宽和高都为 6m 的倒三角形，上层索系分为上脊索和上谷索，上脊索采用ϕ5mm×73 的 PE 索共 32 根，上谷索采用ϕ5mm×85 的 PE 索共 32 根，下层索系采用ϕ5mm×187 的 PE 索共 32 根。施工张拉结束时上脊索索力为 343kN，上谷索索力为 405kN，下层索索力为 1334kN，飞柱竖向最大变形为 22mm。圆心内拉环钢结构重 92t，铸钢节点重 25t，拉索重 133t，小计 250t	3 层
盘锦红海滩体育中心锦绣体育场[79]	2013	238.4×270，内开口 196.502×135.880	轮辐式马鞍形三层索网体系，如图 1.63 所示/建筑立面高度 57m，马鞍面环索自封闭，悬挑跨度 29～41m。主索系(高钒光面索强度等级 1670MPa)由三层径向索和一圈环索 10ϕ115mm 或ϕ110mm 组成，三层径向索分别为上层 144 根ϕ65mm～ϕ120mm 联方型布置、中层 72 根ϕ60mm 或ϕ65mm(膜脊索)和下层 72 根ϕ70mm 或ϕ80mm(膜谷索)。外压力环为复杂的立体桁架结构，含内外两层 X 型桁架立柱系统、6 层环向水平桁架和顶层三角空间桁架。屋面围护系统覆盖中层和下层径向索采用 PTFE 膜材。环索设计预应力 28500～33000kN	3 层
苏州工业园区体育中心体育场[80]	2016	260×230 椭圆形	马鞍形单层单圈肋环型索网体系，如图 1.64 所示/40 根主径向索，悬挑跨度 51～54m。外压环ϕ1500mm×(45～60)mm，截面中心线标高 27.000～52.000m。40 对 V 形斜柱(ϕ950mm～ϕ1100mm)×(15～35)mm 与水平面夹角 55°～70°。支撑膜小拱圆管ϕ203mm×8mm。钢材强度等级 Q345C 或 Q390C。径向索 1 根ϕ110mm～ϕ120mm，环索 8 根ϕ100mm，强度等级 1670MPa。屋面围护系统为 PTFE 膜材，环索最大索力 38568kN	1 层
苏州工业园区体育中心游泳馆[81,82]	2016	ϕ107	马鞍形双向正交斜放单层索网体系，如图 1.65 所示/高度 32.8m，正交网格尺寸 3.3～3.5m，空间外压环钢管截面ϕ1050mm×35mm 或 40mm 的平面投影为圆形ϕ107m，截面中心线标高 22.000～32.000m。28 对 V 形斜柱ϕ850mm×(15～30)mm 与水平面夹角 49.14°～60.52°。钢材强度等级 Q390-C。双向各 31 根索，均采用双索 2ϕ44mm，强度等级 1670MPa。金属刚性屋面围护系统。施工张拉预应力 66.9～1350kN	1 层
枣庄奥体中心体育场[83]	2017	260×233 椭圆形	马鞍形双层索网体系，如图 1.66 所示/悬挑 48.5m，上层索网为联方型布置，下层索网为肋环型单圈布置。上环索 8 根ϕ85mm，下环索 8 根ϕ95mm，上、下环索沿环向设置离散布置的抗滑移索，即环索索夹之间 48 段单根ϕ60mm。上径向索 96 根，下径向索 48 根，均采用ϕ90mm。压杆ϕ375mm×12mm，斜索ϕ80mm，屋面围护系统为 PTFE 膜材。马鞍形环梁ϕ2000mm×52mm，最高点和最低点标高差约 4.75m，支承于下部“拉花”和 26 根环向梭形斜柱截面ϕ500mm～ϕ800mm×20mm、梭形斜撑截面ϕ500mm～ϕ1000mm×25mm 上，设计预应力分布不均匀，上环索 11700～15500kN、下环索 14000～23400kN、上径向索 436～3120kN、下径向索 2040～2790kN	2 层

续表

工程名称	竣工年份	平面尺寸或跨度/m	体系类型结构特征	备注
叶卡捷琳堡中央体育场[84]	2017	—	劲性肋环索下凹式开口正高斯曲率单层索网体系，如图1.67所示屋盖顶标高45.500m，54根径向劲性索、立面支撑体系为8根钢筋混凝土柱。单层劲性索网体系约1000t。屋盖高于设计高度，拆撑后在重力作用下内环高度降低160mm引入初始内力	1层
国家速滑馆[85,86]	2019	178×240 椭圆形	马鞍形双向正交斜放索网体系，如图1.68所示东西两侧入口处主入口大厅处，看台斜柱间距约64m，斜柱尺寸为2000mm×3150mm，其余间距9~11m，尺寸为1000mm×3000mm，由南北两极向中间逐渐加大。斜柱顶标高随马鞍形屋盖形状变化，位于主入口大厅两侧，最高柱顶标高为6.237m，位于南北两极。斜柱顶标高最大跨度南北向约141.5m，东西向约214.5m，屋面索网顶最大跨度(东西向)为承重索，跨度124m，屋面索网长轴(南北向)为稳定索，跨度198m，拱度7m；屋面索网短轴(东西向)为承重索，跨度124m，垂度8.25m；网格平面投影间距4m，周边固定于巨型环形桁架内侧弦杆，屋面索网采用1570MPa强度等级高钒封闭索。稳定索采用2根φ74mm的平行钢丝索，承重索采用2根φ64mm的平行双索，初状态几何下承重索和稳定索的预拉力约为1800kN和3000kN。环桁架采用立体桁架结构，东西向最大外轮廓尺寸为153m，南北向最大轮廓尺寸为226m。环桁架下弦采用固定较支座支承于下部混凝土斜柱顶，南北向最大跨度为148m，东西向最大跨度约215m。环桁架最高点位于东西两侧，宽度约10m，高度约11.5m；环桁架最低点位于南北两侧，宽度约14m。环桁架中心线高度约5.2m，桁架中心线高度约10m，环桁架东西中间部位为64m的大跨度区域，其他部位支座间距约11m。构件采用圆钢管，最大钢管规格为φ1600mm×60mm，材质为Q460GJC。外斜拉索采用1570MPa强度等级钢绞线封闭索，下端拉接于下弦混凝土悬挑梁，与下端拉接于环桁架中间弦节点处，外斜拉索长约7.3m，与水平面夹角约64°，最低区域斜拉索长约20.7m，与水平面夹角不同可分为300kN和350kN两种边缘。东西两侧索φ48mm，φ56mm两种，斜拉索最高点区域为300kN和350kN两种，索径分φ48mm，点区域最大值分别控制为300kN和350kN两种，水平面夹角约47°，索间距4m，根据拉索位置不同可分为300kN和350kN两种	1层
长春奥林匹克公园体育场[87]	2020	254.5×249.2	马鞍形双层肋环型索网体系，如图1.69所示/体育场屋盖结构平面呈圆形，东西高，南北低，最高处60m，径向索平面为圆形，直径230m，最低处10m。屋面维护系统采用Q390GJDZ15，膜材料采用PTFE膜材。周边由三角形截面立体桁架，桁架和斜撑杆组成环桁架，内填C80高强混凝土，弦杆钢材采用Q345B。上弦杆截面为φ1400mm×80mm，下弦杆截面为φ1200mm×40mm，腹杆和斜撑面为φ700mm×25mm，φ600mm×20mm，钢柱截面为φ750mm×30mm，下内径面为φ135mm，脊索φ110mm，环索φ135mm，内环索φ120mm，背索φ120mm，侧背索φ65mm。结构内环呈椭圆形，长轴180m，短轴146m，高差16m，外环上弦平面为圆形，直径230m，最低处45.7m，最高处47m，内环为马鞍线，高差15m，高差30.7m，高差37m，高差10m。下弦脊索φ1200mm×50mm，下内弦杆截面采用φ1200mm×50mm，下内弦截面为φ135mm，脊索φ120mm，内环索（包括上外脊索φ65mm），外环索φ85mm，外拉索φ85mm，内拉索φ120mm。内环索的初拉力控制在30000kN左右	2层

续表

工程名称	竣工年份	平面尺寸或跨度/m	体系类型/结构特征	备注
临沂奥体中心体育场[88]	2022	288.6×286.7	马鞍形单层肋环型索网体系，如照 1.70 所示。东西侧标高 55.000m（外高内低），南北侧标高 28.800m（外低内高），草棚平面近似为圆形，南北向约为 288.6m，东西向约为 286.7m，东西向结构跨度为 244.6m。40 根径向索，平面长度为 45～50m。外索受压压形架为水平面桁架，东西侧桁架宽度 15m，南北侧桁架宽度 8m。构件截面规格：径向索封闭索 2φ120mm、2φ105mm，环索封闭索 10φ120mm，外环桁架撑杆 Q390D-φ600mm×16mm、φ500mm×16mm，外环桁架斜杆 Q390D-φ1600mm×40mm、φ1000mm×32mm，环索封闭索 10φ120mm，外环桁架斜杆 Q390D-矩形钢管□700mm×1500mm×40mm×50mm，□600mm×1200mm×32mm×40mm，柱间刚性支撑 Q355C-φ500mm，恒载下环索索力 32000kN，径向索索力 5900kN。体育场外围采用 80 根梭形钢柱支撑索膜屋盖和外环受压桁架，结构总用钢量约 18000t。	1 层

注：其他索网体系包括芬兰坦佩雷冰球场（1965 年）、蒲都市民体育中心（1968 年）、维尔纽斯音乐体育宫（1971 年）、塞维利亚奥林匹克体育场（1997～1999 年）、布拉加市政球场，希腊小和平与友谊体育场（2004 年）等，暂未查找到相关结构设计相关文献。

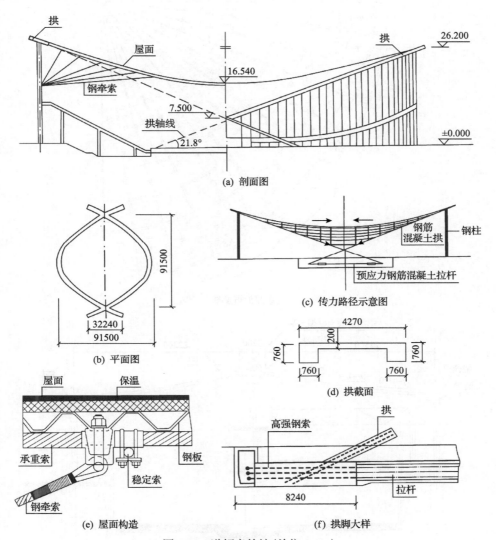

图 1.25　道顿竞技馆(单位：mm)

(a) 室外效果

(b) 室内实景

图 1.26　西瓦尔茨瓦尔脱大厅

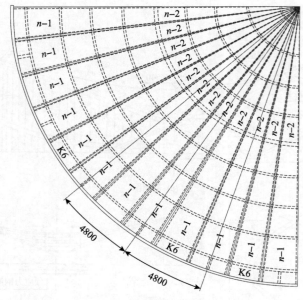

(a) 平面布置图

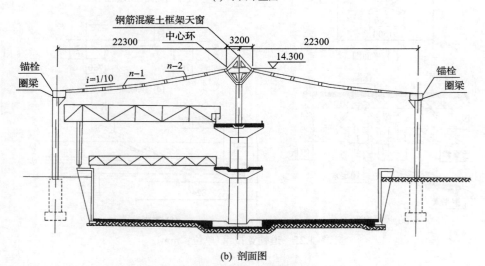

(b) 剖面图

图 1.27　苏联水泥浆料池屋盖(单位: mm)

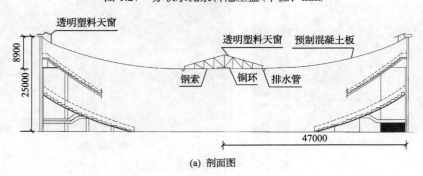

(a) 剖面图

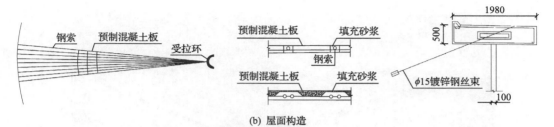

(b) 屋面构造

图 1.28　蒙得维的亚体育馆(单位：mm)

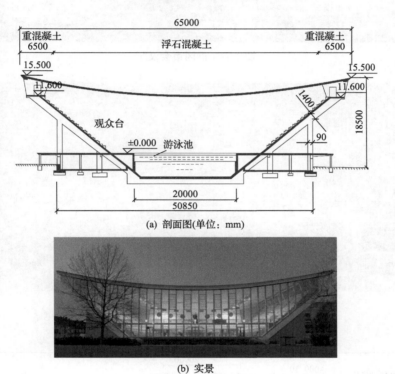

(a) 剖面图(单位：mm)

(b) 实景

图 1.29　伍珀塔尔游泳馆

(a) 1960年照片

(b) 倒塌后重修的新屋盖

图 1.30　柏林国会大厅

图 1.31　静冈市会议厅

图 1.32　维也纳市政厅

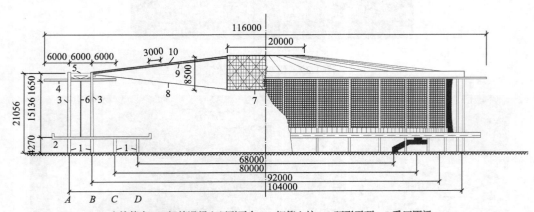

1-支柱管套；2-钢筋混凝土环形平台；3-钢管立柱；4-环形平顶；5-受压圈梁；
6-圆裙；7-中心索环；8-下索；9-上索；10-透光屋面

(a) 平面图

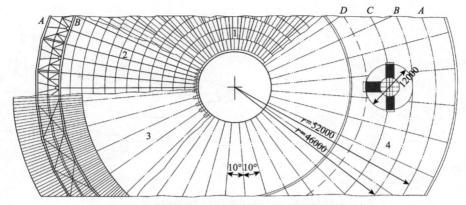

1-屋面；2-受压圈梁；3-上索和檩条；4-钢筋混凝土环形平台

(b) 剖面图

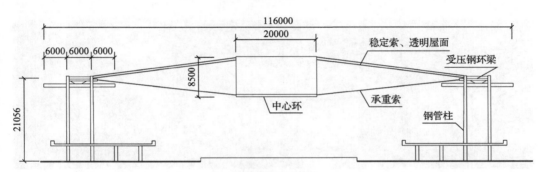

(c) 体系构成示意图

图 1.33　布鲁塞尔世界博览会美国馆(单位：mm)

(a) 实景

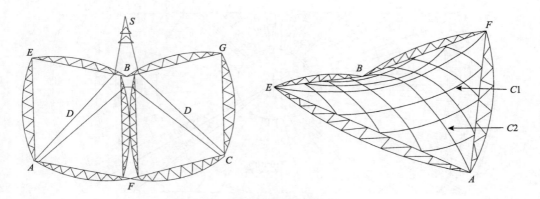

(b) 屋盖平面图和轴测图

图 1.34　布鲁塞尔世界博览会法国馆

图 1.35　多特蒙德展览大厅-Ⅳ

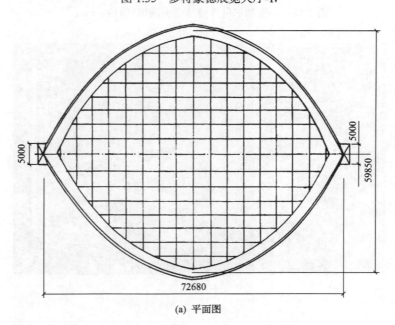

(a) 平面图

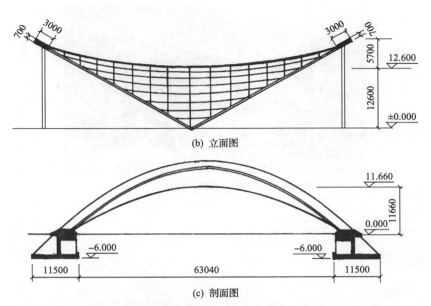

(b) 立面图

(c) 剖面图

图 1.36 莱斯科瓦茨纺织博览会展览馆(单位:mm)

(a) 实景

(b) 施工过程图片

图 1.37 华盛顿杜勒斯国际机场候机楼

图 1.38　布拉迪斯拉发体育馆

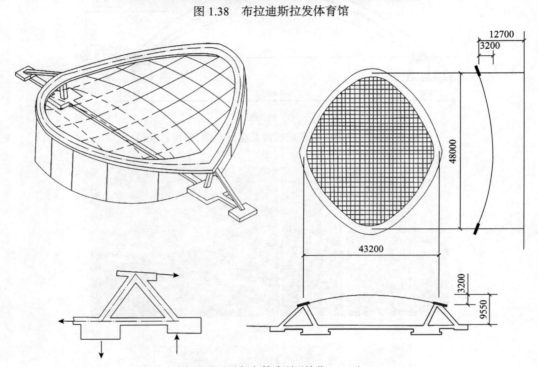

图 1.39　西条市体育馆(单位：mm)

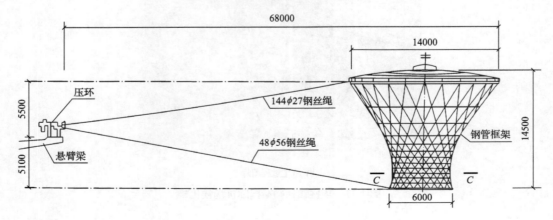

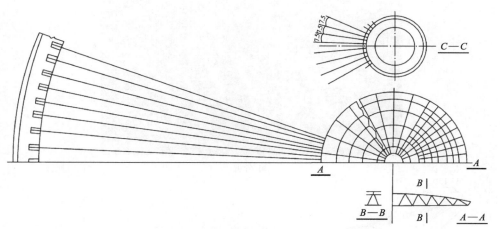

(a) 结构体系构成(单位: mm)

(b) 鸟瞰图

(c) 内景

图 1.40 热那亚体育馆

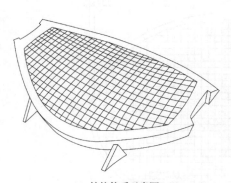

(a) 结构体系示意图

(b) 实景

图 1.41 香川县立体育馆

(a) 外观

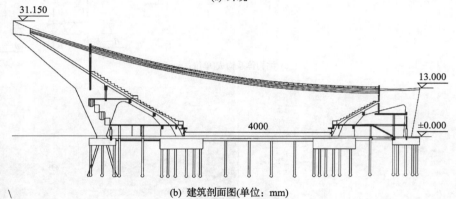

(b) 建筑剖面图(单位：mm)

图 1.42　不来梅市政厅

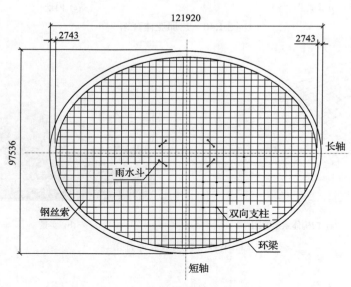

(a) 平面图

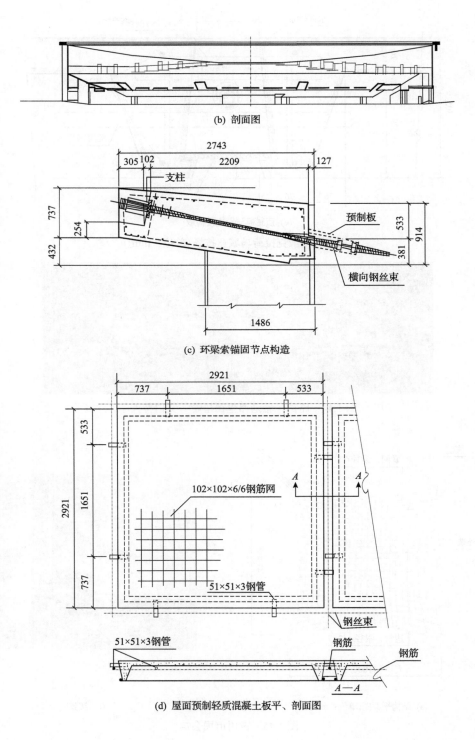

(b) 剖面图

(c) 环梁索锚固节点构造

(d) 屋面预制轻质混凝土板平、剖面图

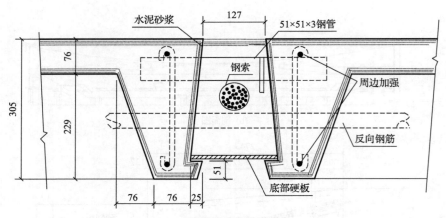

(e) 预制板与索连接构造

图 1.43　俄克拉荷马城竞技场(单位：mm)

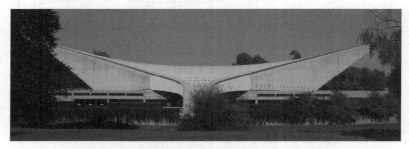

图 1.44　路德维希港弗里德里希·艾伯特大厅

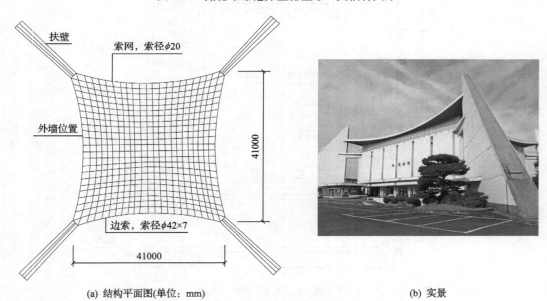

(a) 结构平面图(单位：mm)

(b) 实景

图 1.45　古川市民会馆

图 1.46　麦迪逊广场花园

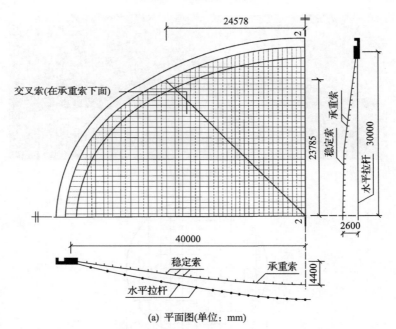

(a) 平面图(单位：mm)

(b) 实景

图 1.47　浙江人民体育馆

图 1.48　墨西哥城奥林匹克游泳馆

(a) 实景

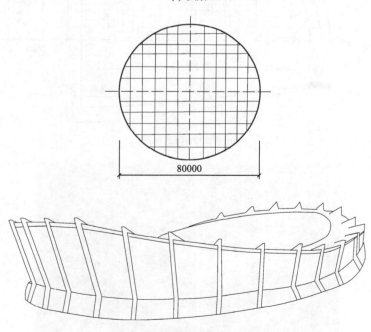

80000

(b) 平面图和侧视图(单位: mm)

图 1.49　瓦尔纳体育文化宫

图 1.50 斯堪的纳维亚体育馆

图 1.51 美国航空竞技场

图 1.52 基辅汽车库

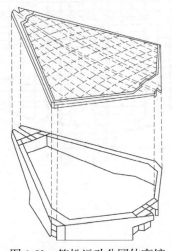

图 1.53 笠松运动公园体育馆

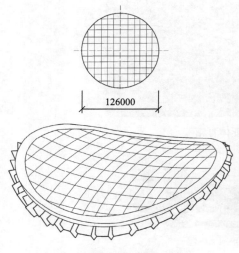

126000

(a) 平面图和俯视图(单位：mm)

(b) 实景

图 1.54　米兰圣西罗体育馆

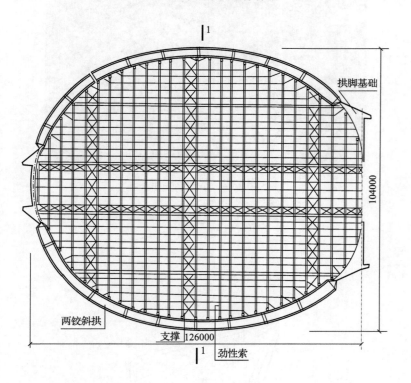

拱脚基础

104000

两铰斜拱

支撑 126000

劲性索

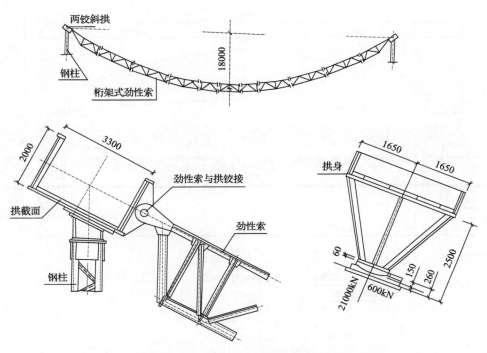

图 1.55 莫斯科奥运会游泳馆(单位：mm)

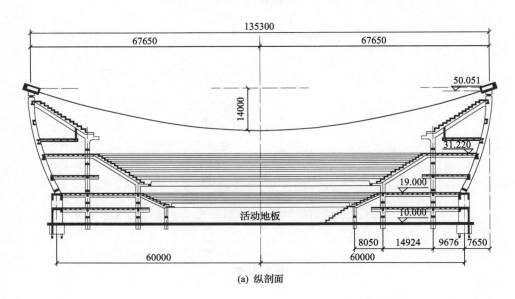

(a) 纵剖面

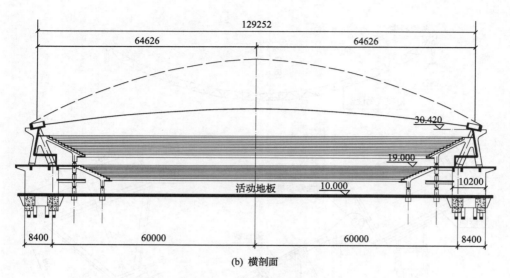

(b) 横剖面

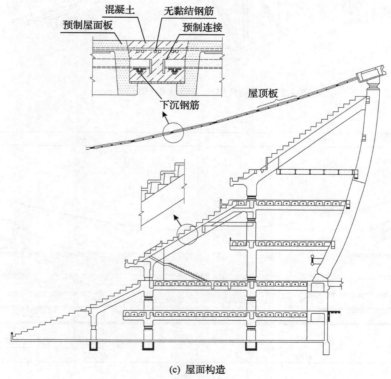

(c) 屋面构造

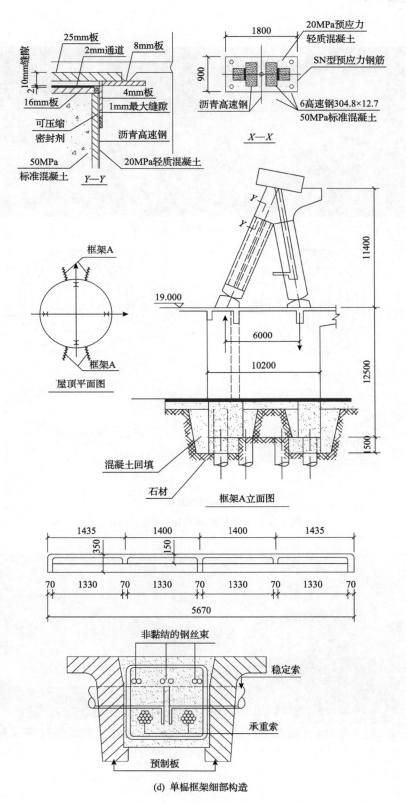

(d) 单榀框架细部构造

(e) 实景

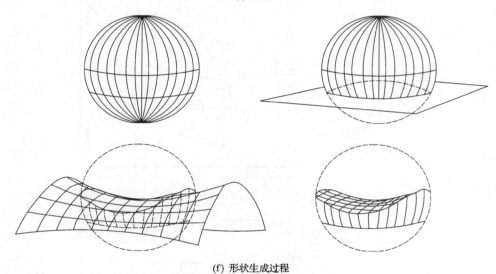

(f) 形状生成过程

图 1.56 卡尔加里体育馆(单位：mm)

图 1.57 希腊和平友谊体育馆

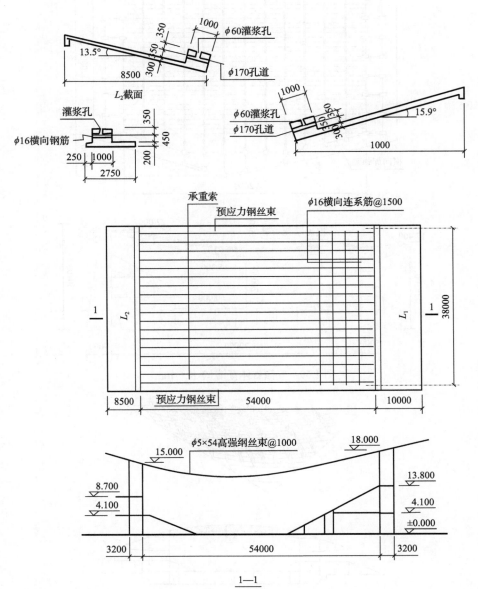

图 1.58　淄博市体育馆(单位：mm)

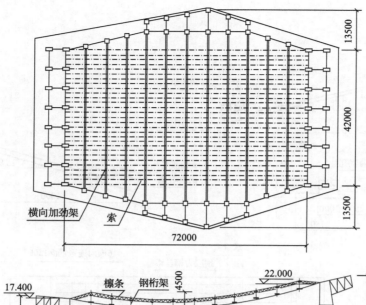

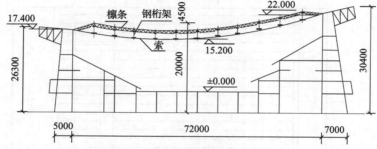

图 1.59 安徽省体育馆(单位：mm)

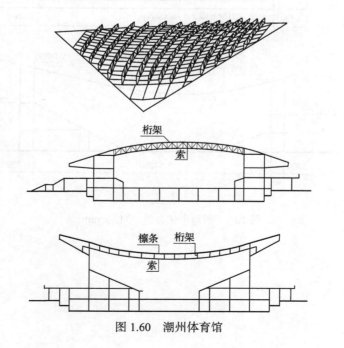

图 1.60 潮州体育馆

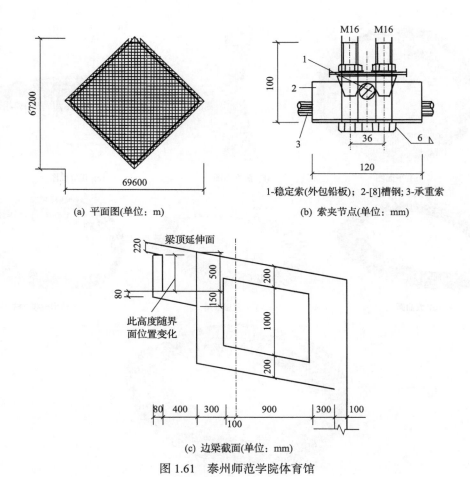

(a) 平面图(单位：m)

1-稳定索(外包铅板)；2-[8]槽钢；3-承重索

(b) 索夹节点(单位：mm)

(c) 边梁截面(单位：mm)

图 1.61　泰州师范学院体育馆

图 1.62　伦敦奥运会自行车馆

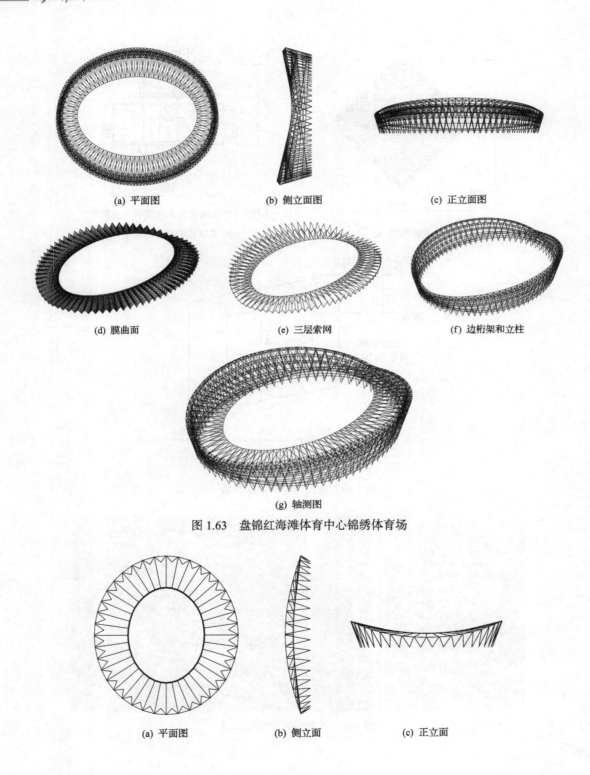

(a) 平面图　　　　　　　(b) 侧立面图　　　　　　　(c) 正立面图

(d) 膜曲面　　　　　　　(e) 三层索网　　　　　　　(f) 边桁架和立柱

(g) 轴测图

图 1.63　盘锦红海滩体育中心锦绣体育场

(a) 平面图　　　　　　　(b) 侧立面　　　　　　　(c) 正立面

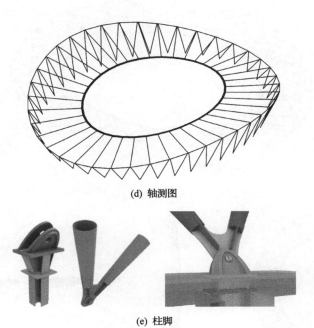

(d) 轴测图

(e) 柱脚

图 1.64　苏州工业园区体育中心体育场

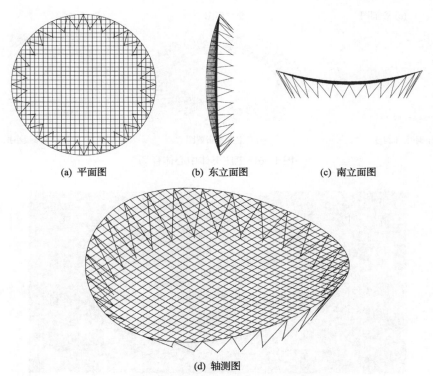

(a) 平面图　　　　(b) 东立面图　　　　(c) 南立面图

(d) 轴测图

图 1.65　苏州工业园区体育中心游泳馆

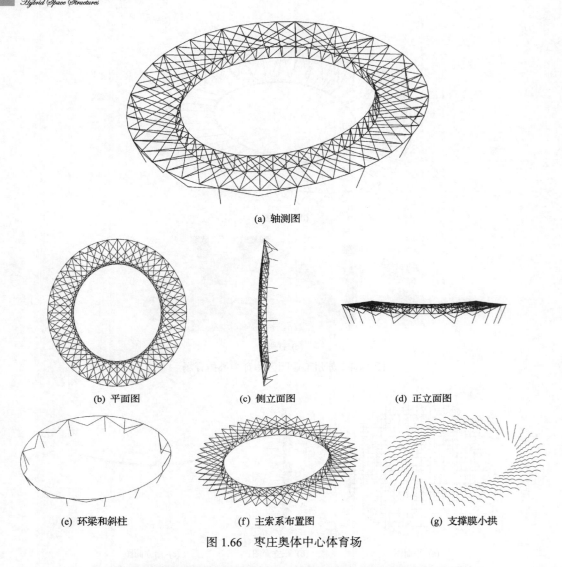

(a) 轴测图

(b) 平面图　　　　(c) 侧立面图　　　　(d) 正立面图

(e) 环梁和斜柱　　　　(f) 主索系布置图　　　　(g) 支撑膜小拱

图 1.66　枣庄奥体中心体育场

(a) 场外效果

(b) 施工过程

图 1.67　叶卡捷琳堡中央体育场

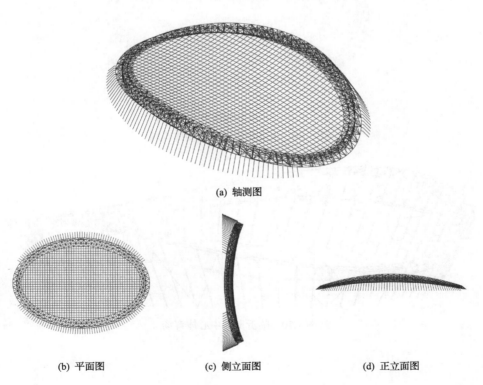

(a) 轴测图

(b) 平面图　　　　　(c) 侧立面图　　　　　(d) 正立面图

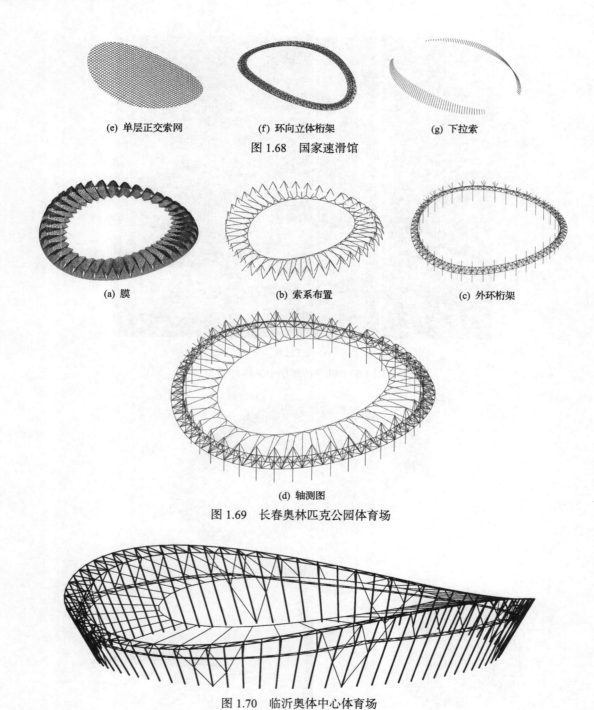

(e) 单层正交索网　　　　(f) 环向立体桁架　　　　(g) 下拉索

图 1.68　国家速滑馆

(a) 膜　　　　(b) 索系布置　　　　(c) 外环桁架

(d) 轴测图

图 1.69　长春奥林匹克公园体育场

图 1.70　临沂奥体中心体育场

2. 平面或空间索桁体系[①]

由平面或立体的三角形或梭形索桁架沿环向阵列并开内孔形成的双层或多层索杆张拉体系习惯上称为空间索桁体系，它兼具曲面索网和桁架结构的几何特点与力学性能。

空间索桁体系的基本形式如图 1.71 所示。由图可知：

(1)内张口上凸下凹型环索有两条，这样各环索的直径比外张口上凸下凹型单根环索要小。

(2)外张口上凸下凹型有两个支座平衡环索的等代水平力，即支座环梁或环向桁架的局部受力较为有利，适用于环梁或环向桁架竖向高度较大的情况。

(3)外张口上凹下凸型在初状态几何下没有受压构件，腹索和上下弦的曲率有关，在和环索相交处上、下弦索的水平夹角比较小，线性找力分析的精度较差。

(4)内张口上凹下凸型区别于外张口上凹下凸型的地方不仅是支座形式，其右端连接上下弦的构件在初状态几何下必然受压，该受压构件同时又是腹构件中最长的。

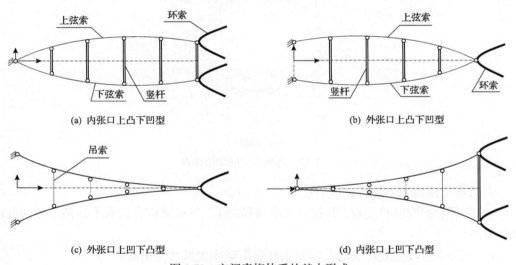

(a) 内张口上凸下凹型　　　　　　　　　　(b) 外张口上凸下凹型

(c) 外张口上凹下凸型　　　　　　　　　　(d) 内张口上凹下凸型

图 1.71　空间索桁体系的基本形式

图 1.71 仅给出了单榀平面索桁架的基本形式，若上下弦不在一个平面内，则仅外张口上凹下凸型和内张口上凹下凸型较容易实现，从而成为空间索桁体系。釜山体育场和斯图加特纳卡体育场即为由单榀平面索桁加环索构成的空间索桁体系，佛山世纪莲体育场、日照奎山体育场径向上、下弦索不在一个平面内，建筑造型更为美观。大连梭鱼湾足球场类似图 1.72 所示的鸟巢型空间索桁体系，但其下弦索采用肋环型布置。

---

① 空间索桁体系：有一圈环索或刚性拉环且腹杆或腹索沿下弦索连续布置的双层索杆张拉体系习惯上称为空间索桁体系。由车/轮辐式双层索网体系添加腹杆或腹索变化而来。空间索桁体系通常覆盖膜材，但与索穹顶结构一样，膜材具有一定的蒙皮效应但主要用作建筑围护系统，对结构体系而言可忽略，因此空间索桁体系和索穹顶结构一样不可被简单归类到膜结构。

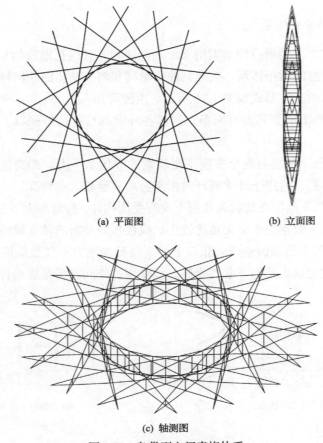

(a) 平面图　　　　(b) 立面图

(c) 轴测图

图 1.72　鸟巢型空间索桁体系

空间索桁体系的主要特点如下：

(1)内环(内开孔边)受拉，其拉力大小与径向上、下弦索内力的水平夹角及环向分段数有关。

(2)外环支座环梁受压，通常需要大环形桁架或大尺寸宽扁梁。

(3)通常采用膜材围护，体系柔软、自重轻、透光性好，跨度大，抗震性能好。

(4)抗风性能差。

(5)施工下料、安装精度和同步或分级施工张拉技术要求高。

(6)上弦索和下弦索所在曲面体系形态问题突出，盲目追随建筑设计几何的体系构成可能效率不高。

(7)环索圈数等于 1，竖向腹杆或腹索宜连续布置。

表 1.7 列出了世界上平面或空间索桁体系代表性工程实例。从最初的平面索桁体系到有环索拉结的空间索桁体系是一个巨大的进步，概念上与轮辐式索网体系是相近的，釜山体育场的内开孔处环索不在一水平面内，设计理念有所突破。佛山世纪莲体育场、日照奎山体育场则真正实现了空间协同工作，建筑效果美观。

表 1.7　世界上平面或空间索桁体系代表性工程实例

工程名称	竣工年份	平面尺寸或跨度/m	体系构成及结构特征/设计预应力	备注
纽约州尤蒂卡市讲演厅[50,55,89]	1959	φ73.15	辐射布置内开口上凸下凹型空腹空间索桁体系，如图1.73所示72榀，每榀由在一个平面内上、下径向索和径向压杆(7根/每榀共504根钢管)组成。上径向索φ41mm，下径向索φ50mm，预应力794.5kN，索破断强度1582MPa。上下内拉环φ7m，竖向间距5.5m，上下内拉环之间的钢立管φ127mm。钢筋混凝土外环梁截面宽×高=1.52m×1.83m，由24根方柱300mm×300mm，高9.1m支撑。预应力施加方式：利用8个液压千斤顶将中心上下顶环上下撑开到5.5m，上、下径向索中预应力达到设计值的80%左右，剩余20%由各榀竖向压杆撑开时获取。屋盖总用索量72t，屋盖结构用钢量约68.35kg/m²	
北京工人体育馆[90,91]	1961	φ96圆形	轮辐式空间索桁体系，如图1.74所示/中心顶部标高36.500m，上、下径向索各144根沿环向阵列2.5°布置，平面投影相互错开1.25°相间布置，索间距在内环处为350mm，外环处为2050mm。上下径向索采用72φ5mm平行钢丝束，拱跨比1/19。下径向索采用曲线形状的拉条(与吊索作用不同)。下环梁采用72φ5mm平行钢丝截面，垂直度1/15.7。上径向索采用40φ5mm平行钢丝束，轴向压力达23000kN，内钢拉环φ16m，高11m，由上、下环向索(工字形截面900mm，钢板厚20mm)达8200kN，下环梁(工字形截面宽1100mm，钢板厚32mm)达15300kN。屋盖结构用钢量约54kg/m²(含外环梁钢筋用量14kg/m²)	
斯德哥尔摩约翰尼绍夫滑冰馆[54,92-94]	1962	118×(72~83)近似矩形	单向上凹下凸型平面索桁体系，如图1.75所示/上、下弦索在中间相连，吊索斜向布置	
赫尔辛基冰上运动场[54,95]	1966	93	单向上凹下凸型平面索桁体系，如图1.76所示/上、下弦索在中间相连，吊索斜向布置	
贝灵厄姆体育馆[54]	1967	68×40矩形	单向上凹下凸型平面索桁体系，如图1.77所示/上、下弦索在中间相连，吊索斜向布置	
斯奇夫运转大厅[54]	1967	128×77	单向上凹下凸型平面索桁体系，如图1.78所示/上、下弦索在中间相连，吊索斜向布置	
列宁格勒体育馆[54]	1967	φ93	轮辐式内张口上凸下凹型空间索桁体系，如图1.79所示/钢内环φ12m，预制钢筋混凝土外环梁截面宽×高=2800mm×620mm，外压索承于48根钢柱上。屋面围护系统采用4mm加肋钢板。屋盖结构用钢量99.3kg/m²	
加州英格尔伍德体育馆[54]	1965~1967	φ124.0536	内张口上凸下凹型空间索桁体系，如图1.80所示/钢内拉环φ9.75m，高9.06m，钢筋混凝土外环梁宽×高=2.44m×1.22m，承重索垂跨比1/16，稳定索拱跨比1/85。屋面围护系统采用玻璃纤维板，钢筋混凝土外环梁厚88mm，熟石膏屋顶	
犹他盐湖城市民会堂[54]	1969	φ109.7	外张口上凹下凸型空间索桁体系，如图1.81所示屋盖结构用钢量11.72kg/m²	

续表

工程名称	竣工年份	平面尺寸或跨度/m	体系构成结构特征设计预应力	备注
弗吉尼亚汉普顿体育馆[54,96-98]	1970	φ98	内外张口上直下直型空间索桁体系，构造系杆，如图1.82所示48幅，上、下弦索在1/3半径处交叉，外张口大，内张口小，索截面规格φ50.8mm。屋面围护系统采用压型钢板和乙烯基薄膜材料。屋盖结构用钢量约66.3kg/m²	
鹿特丹阿侯伊体育馆[54]	1970		单向上凹下凸型平面索桁体系，如图1.83所示上、下弦索平面内交叉，吊索和压杆斜向布置。设计灵感来自水，建筑布局像一艘船	
霍尔利储备库[54]		56.5×37.5矩形	单向上凹下凸型平面索桁体系/屋盖结构用索量5.0kg/m²	
法兰克福技术检查局机动车检修场[54]	1971	44×42.5矩形	单向上凹下凸型平面索桁体系，如图1.84所示上、下弦索在中间相连，吊索斜向布置	
海宁体育馆[54]	1972	φ80	外张口上凹下凸型空间索桁体系，如图1.85所示/外张口竖向高度7.1m，竖向吊索间距5m，有中心上下内拉环φ4m	
布加勒斯特文体宫[54]	1974	88×70矩形	单向上凹下凸型平面索桁体系，如图1.86所示上、下弦索在中间相连	
成都市城北体育馆[99]	1979	φ61	轮辐式空间平面索桁体系，如图1.87所示径向索贯穿中心，外环钢筋混凝土梁承于新加的24根钢筋混凝土柱上。内环即中心点，呈圆筒形，由上、下环及16根工字形柱组成，直径8m，高6m。屋盖结构用钢量32.57kg/m²(含圆梁)	
吉林省滑冰馆[100]	1986	67.4×76.8矩形	单向索桁架体系，如图1.88所示稳定索与承重索均取二次抛物线且相互错开半个柱距，同距均为4.8m，室内净高12.75m，索平面曲线方程为 $$\begin{cases} z_1 = \dfrac{-4f_1}{l_1^2}x^2 + \dfrac{C_1}{l_1}x \\ z_2 = \dfrac{4f_2}{l_2^2}x^2 + \dfrac{C_2}{l_2}x - h \end{cases}$$ 其中，承重索跨度 l_1=59m，稳定索跨度 l_2=56.6m，矢高 f_2=4.0m，支座高差 C_2=3.0m，两索跨中高差 h=3.75m。矢高 f_1=4.5m，支座高差 C_1=3.5m，索跨中高差 h=3.75m。索截面规格：承重索为18×φ15mm(7φ5mm)高强度钢绞线，稳定索则分成两股，股缆1m，每股为5×φ15mm(7φ5mm)钢绞线。钢绞线碳断强度1500MPa。拉力为2145。屋盖结构用钢量约26kg/m²，计入钢拉杆则为37kg/m²；承重索与稳定索设计预应力分别为520kN和538kN，各工况下承重索最大约1450kN，拉杆1拉力最大达2600kN。索安全系数取2.5	
罗马奥林匹克体育场[101,102]	1990	307.98×237.26椭圆形	外张口上凹下凸型索桁体系，如图1.89所示78幅，外压环为平成的三角形截面立体桁架，两根下弦索面φ1000mm×(16~18)mm。径向索上弦截面φ1400mm×(60~70)mm，标高36.490m。截面规格φ64mm~φ74mm，内环索12φ87mm，内拉环在一个平面内。索强度等级1600MPa，内环索最大张拉力40000kN	

续表

工程名称	竣工年份	平面尺寸或跨度/m	体系构成/结构特征/设计预应力	备注
广汉市文体馆[103]	1991	φ44	轮辐式上凹下凸型空间索桁体系，如照1.90所示外径50m，共144榀，上弦索采用φ11mm钢丝绳(19φ6mm)，强度等级1750MPa，每两根索环向夹角1.25°，下弦索采用φ21.5mm钢绞绳(37φ6mm)，强度等级1850MPa，每两根索环向夹角2.5°，共288根，设计预应力53kN/根。上、下弦索之间设置3圈竖向钢加劲，角钢上连接斜索φ7.7mm钢丝绳，强度等级1750MPa，斜索每榀一道下弦索布置。配筋率1%的钢筋混凝土外环梁宽×高=700mm×600mm，支承于36根钢筋混凝土柱上，柱距3.835m，总高度15.5m。钢内环为塔形，上内环采用厚15~20mm的钢筋混凝土，19根一级钢φ25mm钢筋焊接而成，重8t。下内环为厚20mm钢板，直径2m，焊有72个下弦索拉环φ32mm钢筋。上内环采用厚15~20mm的钢丝水泥瓦。屋盖结构用钢量14.3kg/m²。上、下弦索张紧	
无锡县体育馆[104,105]	1991	44×43矩形，跨度42	单向上凹下凸型空腹平面索桁体系，如图1.91所示平面索桁架平行布置同距5m，上、下弦索在中间相连。上弦索规格为50φ5mm高强度钢绞线，垂度2.4m。下弦索规格为24φ5mm高强度钢绞线，拱度1.6m。屋盖结构用钢量14.5kg/m²，上弦索水平分力169kN，下弦索水平分力254kN	
纳卡体育场[106,107]	1999~2003，2004~2005	200×280，两端为半径104的半圆，平面曲率半径104~248	外张口上凹下凸型空间索桁体系/平面环索自封闭，40榀平面空腹索辐射状布置，最大悬挑58m。环索8φ79mm，40根箱形钢斜柱间距20m，马鞍形上。下环梁之间标高差12~18m。PVC膜材，结构用索量13kg/m²	
吉隆坡武吉加里尔国家体育场[108]	1997	286×225.6	内张口上凹下凸型空间索桁体系/36榀呈放射状布置，悬挑跨度均为62m，平面环索自封闭，环梁φ1400mm×35mm，上环索、下环索(密封索)4497mm，径向处36根压南高度均为20m。36对V形斜柱，上环索、下环索两端都是铰接。屋面围护系统为膜材覆盖上弦索	
汉堡 AOL 体育场[109,110]	1953，1998~2000重建	近似矩形平面252.88×215.15，内开孔约108.76×68.89	无上环梁外张口上凸下凹型空间索桁体系/上弦索水平分力由竖直椭杆和背索等斜拉系统平衡。40榀，内张口竖向高度22m，悬挑跨度最大60.85m，环索标高44.400m。外环索竖向高度22m，平面环索自封闭	
釜山亚运会主体育场[111-113]	2001	圆形φ228，开口椭圆形平面尺寸180×152	内张口上凸下凹型空间索桁体系，如图1.92所示48榀，内张口内环索自封闭，马鞍面环索自封闭。支撑结构由48根人形斜柱和垂直混凝土柱组成。屋架高度长向为13.6m，短向为21.6m。上环索3φ94mm，下环索φ52mm，东西向3φ71mm，下环索3φ43mm~φ52mm，南北向φ68mm，东西向25mm，高度13.6~21.6m。吊索39m。吊索每根2根φ18mm，压杆每根2根，截面规格φ355mm×25mm，高750~1200mm，厚30mm的钢形钢管构成。外环梁在混凝土柱顶上半径斜钢柱连接。环梁和柱的连接采用14根φ36mm的预应力合金钢筋，每根施加700kN预应力。上下表面用PVC涂层聚酯纤维膜，上表面用氟涂层高分子保护层，跨向10.64~13.6m。膜材采用φ36mm的预应力合金钢筋，小拱φ177.8mm×11mm，膜材厚度0.8mm，允许张力5800kPa，东西向吊索预应力150kN，下弦索预应力8600kN	

续表

工程名称	竣工年份	平面尺寸或跨度/m	体系构成/结构特征/设计预应力	备注
阿布贾国家体育场[114,115]	2000～2003	265×207，内开孔ϕ72	内张口上凹下凸型空间索桁体系/悬挑跨度约47m，36榀，马鞍面环索自封闭。压杆高度12～15m。钢筋混凝土外环箱梁□2500mm×2000mm×350mm(高×宽×壁厚)。索的破断强度等级为1570MPa，弹性模量1.6×10^5MPa。屋盖自重800t，屋面围护系统采用膜材28000m^{2}覆盖上弦索	
法兰克福商业银行体育场[116,117]	2004	近似矩形平面229.65×191.25，可开合部分近似矩形平面122.68×78.70	汇交于中心的梭形上凹下凸型空间索桁体系，如图1.93所示/上、下平面环索封闭部分径向索水平分力，平面外环梁□1500mm×1000mm连接44榀索桁架，内圈有32榀(每个角部减少3榀)平面索桁架，压杆高度12m，近似矩形平面的4个角部另有一对下拉索直接锚固于混凝土看台顶部，共8根，即角部为三层索系。内圈32榀径向平面索桁架汇交于中心并吊挂斗屏。上环索4根，下环索6根。44根立柱截面ϕ355mm×6mm。内外圈膜材均覆盖下弦索，外圈固定屋面采用PTFE膜材约22000m^2，内圈可开合屋面采用PVC膜材约8500m^2。开或合耗时约15min。标准足球场地尺寸为68m×105m。媒体塔高度65m。总混凝土用量约80000m^3，结构总用钢量约12000t	
汉诺威AWD球场[118-121]	2004改建	210.8×237.69，内开口97.27×136.69	外圈为斜拉肋环型单层加肋网格结构，内圈为刚性上弦空间索桁体系(不是弦支，因有上、下环索存在)。外圈沿径向和环向的平面刚性张弦梁可看成单层网格结构的肋，同时外圈单层加肋网格结构作为内圈空间索桁体系的压环，如图1.94所示/斜拉网格结构和空间索桁体系拼接，外上压环代替桅杆封闭径向斜拉索的水平分力。最大悬挑跨度 57.71m。图1.94(a)为整体结构体系构成和各构件截面规格；图1.94(b)为西东剖面和南北剖面以及尺寸标注，可见体系并不对称；图1.94(c)为内圈刚性上弦的三角形索桁架施工过程；图1.94(d)为体系构成的简化示意；图1.94(e)为肋环型单层加肋网格结构的施工过程。屋面围护系统内圈采用ETFE膜材/设计预应力可由上下环索的根数和规格近似估计	
佛山世纪莲体育场[122,123]	2006	外ϕ311，内ϕ125	外张口上凹下凸型空间索桁体系，如图1.95所示/上压环标高49.000m，圆平面直径311m；下压环标高29.000m，圆平面直径276.15m。40榀，上、下弦索不在一个竖向平面内，悬挑跨度均为92.5m。上、下径向索采用半平行钢丝束PE索ϕ5mm×337，分叉索ϕ5mm×241，吊索ϕ5mm×19。平面环索采用10×ϕ90mm密封钢丝绳自封闭。上环梁ϕ1400mm×25mm，下环梁ϕ1400mm×28mm，均内灌C50混凝土，上、下环梁之间斜腹杆ϕ1100mm×20mm。钢材强度等级Q345B，膜材PVC，屋盖结构总用索量约995t/索设计预应力：谷索1600kN，脊索2640kN，吊索26kN，分叉索1300kN，内环索24560kN。膜设计预应力3.5kN/m	
成都金沙遗址博物馆[124]	2006	ϕ23.5圆形	内张口上直下直型空间索桁体系/水平投影为直径23.5m的圆，设计预应力：上弦索160kN、下弦索50kN、环索50kN。构件截面规格：上、下弦索均为ϕ26mm，环索ϕ20mm，采用的高强钢绞线破断强度等级为 1450MPa。压杆ϕ76mm×5mm，材质为Q235B，外圈梁ϕ50mm×16mm、内圈梁□200mm×200mm×16mm×16mm，材质均为Q345B。索总用钢量为2.044t，约4.92kg/m^2。压杆加内环节点总重4.04t，约9.75kg/m^2，外环梁总重12.61t	

续表

工程名称	竣工年份	平面尺寸或跨度/m	体系构成或结构特征/设计预应力	备注
尼赫鲁体育场[125,126]	2010	335×289	外张口上凹下凸型空间索桁体系，主索布置与佛山世纪莲体育场类似，如图1.96所示。最高点离地面45m，外张口高度19m，内环索高36.310m。44幅共88根径向索，平面环索自封闭，上、下弦径向索不在一个竖向平面内，悬挑跨度43.310m。上环梁标高69.154m。上环梁标高为平面曲梁且各自具有独立的钢立柱支撑系统，上环梁X形立柱，下环梁V形立柱。上、下环梁平面曲梁在竖向的偏移距离均为19m。采用密封钢绞线索φ56mm～φ95mm。环索8根。屋盖围护系统采用PTFE膜材，经纬向撕裂强度大于160kN/m。结构总用钢量约8500t	
基辅奥林匹克体育场[127,128]	2011	300×220	外张口上凹下凸型空间索桁体系。建筑立面高度51m，80幅，平面环索自封闭，上、下环梁平面曲梁。径向索φ55mm～φ85mm，环索10φ115mm，吊索φ13mm，平面箱形上环梁—800mm×1200mm。壁厚30～70mm，标高约40.000m，下环梁标高约22.000m，即张口竖井高度18m。80根折线立柱间距10.5m。钢材强度等级C335。屋面围护系统采用PTFE膜材覆盖。设计预应力状态结构基础频率0.25Hz。结构用索量765t（3000根，总长度40km），结构总用钢量约6000t/径向索施工张拉力最大内力4000kN，环索最大内力55000kN	膜场内效果好
温哥华卑诗体育场[129-131]	1983年建成，2011年改造	227×186	无上环梁、无内环索的外张口上凹下凸型空间索桁体系，如图1.97所示。上弦索水平拉力由36根桅杆和内环索提供支承平衡，36幅索桁架呈辐射状布置。于中心刚性拉杆，无内环索。独立高度近50m桅杆和内环索提供支承平衡，36幅索桁架下弦径向索，采用充气膜结构，固定环盖部分采用PTFE膜材覆盖下弦径向索。可开合部分盖面积7500m²，采用充气膜结构，气枕式500～2000Pa。展开或收起前可充放气，中心节点处膜收纳装置φ20m。斗屏式4面18m×11m屏幕，中心处环包括膜体设备和开合装置等重215t	
深圳宝安体育场[132]	2011	外环 237×230，内环 129×122。幕端柱投影平面为圆 φ245	内张口上凹下凸型空间索桁体系，如图1.98所示。最高点标高35.200m，外压环索水平拉力之间高差为9.95m。内张口高度18m。内张口空间索桁体系，36幅，内张口空间索桁体系。悬挑最大跨度54m。上径向索1φ75mm。马鞍面环索自封闭，36幅，上径向索1φ95mm，吊索1φ20mm，下径向索6φ90mm，压杆φ375mm×12mm，下径向索6φ70mm，上环索6φ70mm，其中8根为人形φ800mm×30mm，其余为φ650mm×12mm，36根斜柱顶标高18.800～25.450m，其中8根为人形φ220mm。支撑膜小拱φ220mm×8mm。钢环梁截面呈"目"字形，截面尺寸一1800mm×1100mm×25mm×35mm。幕端柱188根。钢材强度等级Q345B，索破断强度1670MPa，PTFE膜材。设计温差取±35℃，基本风压0.9kPa设计预应力状态：上径向索1788～2071kN，下径向索22178～22232kN，环索轴力-32932～-32647kN，上环索10958～10976kN，下径向索3765～4073kN，吊索30kN，压杆609～540kN	
布加勒斯特国家体育场[133,134]	2008～2010	210×190	二级空间索桁体系，如图1.99所示。上凹下凸型空间索桁体系40幅，二级在一级环索节点处加密向压杆，形成梭形空间索桁架有内外2圈，内圈为外张口上凹下凸型，外圈为内张口三角形索桁架，无内套或压杆，内圈与外圈合并成梭形索桁架40幅，一级的上弦与二级外圈索桁架的下弦曲线重合。环索与下弦梁均为平面曲梁。索φ20mm～φ135mm，结构总用钢量约9000t	

续表

工程名称	竣工年份	平面尺寸或跨度/m	体系构成结构特征/设计预应力	备注
伦敦奥林匹克体育场[135-138]	2011	315×256	二级空间索桁体系。一级空间索桁体系为外张拉口三角索桁体且是主受力索系，二级空间索桁体系为内张口三角索桁架采用倒V形压杆(压杆接触)/外张拉型平面布置12m，一级索桁架上弦1φ80mm，下弦1φ70mm，平面环索10φ60mm索(肋环型布置1圈共28福)，二级索桁架上弦1φ25mm，平面环索2φ25mm索(肋方型平面布置28福)。一级索桁架的上弦作为二级索桁架的下弦。一、二级索桁架平面叠加。悬挑跨度约30m。上、下两条平面自封闭环索系分别用于平衡一、二级三角形索桁架的径向水平分力。另外，一级索桁架下弦环向平面布置84条环次径向索1φ35mm，环间同距6m用于PVC膜杆安装。水平外压杆布置2500t，28组V形立柱φ1081mm，斜杆φ324mm，环间布置φ508mm环向布置φ914mm，下弦φ660mm。结构总用钢量约10700t/主环索设计预应力13072kN	2014年改造
乐清体育中心体育场[139-142]	2012	214×229	外张口上凹下凸型空间索桁体系，月牙形中8福上下径向索交叉，环索分叉，如图1.100所示上环梁截面中心最高点标高42.000m。空间环索向分叉且不封闭，上、下径向弦索平面交叉，上、下梁均在斜平面内，即平面曲梁。柱脚中心定位于平面圆，斜腿40根沿径向向外倾斜12°。38福，最大悬挑跨度57m，外张口竖向高度14m，采用国产光面索(大扎角钢丝绳)。其中环索8φ7mm×199，每根直径约120mm，上、下径向索φ7mm×121，每根直径约100mm，吊索1φ7mm×19，每根直径约38mm。2根角柱φ2100mm×70mm，38根斜柱φ1300mm×40mm，上、下环梁φ1500mm×50mm，均内灌C50混凝土。屋面围护系统采用G8-PTFE膜，钢材强度等级Q345B。结构总用钢量约4000t，其中结构用索量(含索夹)约470t/环索系统设计预应力22500kN	国产光面索自主生产并应用
华沙国家体育场[143-145]	2008~2012	280×245	外张口上凹下凸型空间索桁体系，上、下径向索交叉又后变三角桁架内张口，如图1.101所示立面高度46m，72福，其中60福(72-3×4=60，平面4角各收单3福)中的上径向索穿过上环索(3根，上环索只平衡径向水平分力)后集中连接到中心张力环，支承10m宽悬挑玻璃顶和悬挂伸缩式PVC膜。下径向索贯通中心外，其余均接到下环索(6根)。平面环索和环，上环索φ820mm×80mm。无雨日气温高于5℃时PVC膜打开，开或合一次约20min。结构总索量约1200t，结构总用钢量约10000t。屋盖围护系统固定部分采用PTFE膜约55000m²，可开合部分采用PVC膜约10000m²，玻璃屋面约4000m²	
马拉卡纳体育场[146-148]	2013	298×260，内开孔 160×122	梭形上凹下凸型空间索桁体系，如图1.102所示，建筑立面高度约37m，悬挑最大约68m，60福，梭形桁架中间高13.5m。索φ35mm~φ110mm，3圈平面环索自封闭，下环索6根，外压环钢梁2300t。屋面围护系统采用膜约46500m²，屋盖结构用膜材约□2100mm×850mm×44.5mm	改造

续表

工程名称	竣工年份	平面尺寸或跨度/m	体系构成结构特征设计预应力	备注
新水源体育场[149-151]	2010~2013改造	长轴250 椭圆形	内张口上凹下凸型空间索桁体系，建筑立面高度约35m，32 榀，悬挑最大跨度约63m，内张口竖向高度 19m。平面环索自封闭。屋面围护系统采用上、下弦索之间的水平压杆和支撑膜小环组成的杂交次结构覆盖 PTFE 膜材/风吸作用下上环索内力最大约 25560kN，下弦索内力最大约 16350kN，环梁内力最大约−38950kN	
东莞篮球中心[152]	2009~2014	约φ160 圆形	内张口上平下平型柔性空间索桁体系/28 榀，内张口高度约 10m。马鞍形屋盖结构平面直径为 158.55m，直径 119.76~26.789m，内环最大高度 27.22m。外环支承采用 28 根落地 V 形柱，直径 119.76~128.22m，近似椭圆上设 28 根摇摆柱。屋盖由 3 部分组成：内外两排柱之间的径向单跨梁（跨度 15.165~19.39m），跨度为 44.88~49.11m 的平面桁架，直径 30m（高度 10m）的内环。屋盖的实际跨度为平面桁架和内环跨度之和，即 119.76~128.22m。上弦构件截面为膜面为膜板上伸的箱形截面 500mm×600mm×（10~50）mm，便于屋面天沟的安装。下弦构件截面为形截面截面 300mm×500mm×（12~30）mm，竖膜杆截面 φ273mm×7.1mm，斜膜杆为单向布置 φ65mm 的刚性拉杆。外围 V 形支撑柱截面 φ610mm×25mm，幕墙环索截面 φ711mm×45mm。屋盖含檩条用钢量 2748t，外围 V 形柱及支座节点用钢量 770.6t，约 38.5kg/m²。钢材强度等级采用 Q345B、Q390C、Q390C-Z15 及 45 号锻造体	
浙江丽水体育馆[153]	2016	φ105.54	外张口上凹下凸型空间索桁体系，如图 1.103 所示/建筑立面高度 30.6m	
克拉斯诺达尔球场[154,155]	2016	190×230	外张口上凹下凸型空间索桁体系，如图 1.104 所示/56 榀，悬挑跨度约 52m，外张口高度约 12.6m。内环索 16 根，上弦层覆盖折面 PTFE 膜材，下弦层覆盖膜。宽玻璃覆盖屋面。悬挑端部另有 6m 宽玻璃网格层。每榀设根 φ95mm，上径向索 φ70mm~φ115mm，下径向索 φ55mm~φ75mm，均采用密封钢丝绳。每榀设 3 根吊索 φ17mm，交叉索 φ55mm，斜索 φ31mm，索和索夹自重约 500t。上钢外压环箱形截面宽×高=1200mm×700mm，下钢索环箱形截面宽×高=1200mm×650mm	
西里西亚国家体育场[156]	2009~2017	332×273	外张口上凹下凸型空间索桁体系，如图 1.105 所示/立面高度 49m，40 榀	
伏尔加格勒竞技场[156]	2018	φ303 圆形	内张口上凹下凸型空间索桁体系，如图 1.106 所示/建筑立面高 49.5m。屋盖总面积 77000m²，外环桁架采用 44 榀三角钢桁架，覆盖蓝色和白色的 ETFE 棱形气枕。屋盖覆盖 PTFE 膜和透明聚碳酸酯板	
下诺夫哥罗德体育场[157]	2018	φ288 圆形	内张口上凸下凹型刚性空间索桁体系，如图 1.107 所示/屋盖高度 54m。共 132 根柱，内圈 44 根，外圈 88 根，外压环采用 44 根内撑圈，44 榀径向桁架的上弦径向桁架上方的受压环中心上方的受压环向桁架，而其下弦刚则汇交于次于屋顶中心下方的受拉环向桁架。屋面围护系统采用 PTFE 膜材	

续表

工程名称	竣工年份	平面尺寸或跨度/m	体系构成/结构特征/设计预应力	备注
铜仁奥体中心体育场[158,159]	2016~2022	283×265 椭圆形平面，内开孔约 148×125	内张口上凸下凸型空间索桁体系，如图 1.108 所示建筑立面高度 53.3m。平面为四心椭圆，悬挑跨度 56.5m，36 榀，马鞍面环索光面采用国产密封钢丝绳光面采用 PTFE 膜材。内张口竖向自封闭，内张口竖向高度 21m。屋面围护系统采用 φ130mm，吊索 φ20mm，跨度向索 φ75mm，上弦径向索 φ115mm 或 φ20mm，下弦径向索 φ450mm×16mm，马鞍面外压环向桁架面中心标高约 12~13m，弦杆（飞柱）φ1600mm×50mm，下环索 6φ120mm，φ1200mm×32mm，腹杆 φ500mm×16mm，桁架外竖杆截面宽约 12~13m，弦杆 φ1600mm×50mm，φ1200mm×32mm，腹杆 φ500mm×16mm，外压环外压环截面中心标高差 41.820-33.960=7.860m。外压环内外外竖杆分别支承于内竖直钢柱 φ700mm×16mm 和 A 形钢柱 φ700mm×32mm 及外斜柱 φ700mm×16mm 上设计预应力：上环索 20733~20819kN，下环索 7159~7180kN，上径向索 1125~1634kN，下径向索 3314~4370kN，吊索 20~65kN，压环 -665~-505kN	
托特纳姆热刺球场	2016~2018	—	内张口上凸下凹型空间索桁体系，外张口竖向索自封闭，箱形截面环梁悬挑跨度 35~50m，箱形截面环梁悬挑跨度 35~50m，54 节，20m/节	
海口五源河体育场[160]	2017~2018	φ260	月牙形非封闭环索，外张口上凹下凸型空间索桁体系 环索设计预应力最高点为 34.5m，20 榀，环索设计预应力最高点 34.5m。力大于 3000t	
青·罗斯维尔竞技场	2019	φ100 圆形平面	内张口上凸下凹型空间索桁体系/24 榀	
三亚(国际)体育产业园体育场[161]	2020 年底实施工张拉结束	305×270 五边形平面，172×134 内开孔	内张口上凸下凹型空间索桁体系，如图 1.109 所示钢结构平面投影为不规则的倒角四边形，互边形最小边为 162.4m，最大边长 262.8m，开口为四心圆，短口为 134m。外侧钢结构与屋顶结构交界为中心开口的四心圆，短口为 224m，长轴为 261.8m。屋顶最高点标高约 46.000m，径向平面桁架共设 52 榀，飞柱高度约 17m，径向索和环索破断强度 1570MPa 封闭索。上环索采用 8 根 φ80mm 索双层并排，下弦索采用 8 根 φ110mm 索双层并排。上弦索有 φ85mm（南北侧）和 φ75mm（东西侧）两种规格，下弦索有 φ120mm（南北侧），索体有效φ105mm（东西侧）两种规格。内环交叉索采用碳纤维增强复合材料拉索（简称 CFRP 索），索体构成平面交叉索组，外侧钢结构由内环索、外环索、交叉梁系构成平面交叉索组，公称破断力不低于 2880kN。外侧钢结构由内环索、外环索、交叉梁系构成平面交叉索组，72 根外环钢柱及局部设置的 18 根中部支撑钢柱组成。立面支承结构交界为 72 根内外 V 形钢柱 V 形钢板，钢柱与屋顶环桁架均采用铰接连接。钢柱通过固定铰支座连接于下部混凝土结构的不同楼层，其他构件采用 Q355B 级钢板。内环梁采用 Q345GJC 级钢材，其他构件采用 Q355B 级钢板。内环梁采用 1200mm×1200mm×35mm 箱形截面，外环梁采用□1200mm×1200mm×20mm 箱形截面，交叉梁采用箱形截面，梁宽 400~600mm，梁高 800~1200mm，内环 V 形钢柱采用φ1200mm×20mm 圆钢管，环柱采用鱼腹式箱形变截面□(900~1500) mm×600mm×20mm，中部支撑柱采用 φ600mm×20mm 圆钢管	
雪城大学凯利穹顶	2020	173.736×151.4856	外张口上凹下凸空间索桁体系与双向正交索桁体系的混合体系，如图 1.110 所示新屋盖利用原有的气承式膜结构的钢筋混凝土环梁，覆盖面积为 23250m²。屋面围护系统采用 PTFE 膜材	改造

续表

工程名称	竣工年份	平面尺寸或跨度/m	体系构成及结构特征/设计预应力	备注
乐山市奥林匹克中心体育场[162,163]	2021	244×235	单、双层内开口上凸下凹型混合空间索桁体系，如图 1.111 所示。罩棚西侧高约 45m，呈外高内低倾斜状。罩棚东侧高约 30m，呈外高外低倾斜圆形。南北向约为 244m，东西向约为 235m。东西向跨度 205m。悬挑长度 44m。罩棚混合空间索桁体系由三部分组成：①单双层混合空间索桁体系的立面钢构；②外环钢索；③支承外环受压杆件的立面钢构。单双层混合空间索桁体系由西侧单层索桁体系和东侧双层组成，其中西侧双层部分支设 16 榀径向索，东侧双层部分支设 26 榀平面索桁架，压杆利东侧平台为体育场主入口，采用三角形桁架，环桁架多数跨度约 18m，东侧双层多数跨度约 17m。外环桁架跨度较大，约 58m，采用矩形桁架，南、北侧采用矩形桁架，高 3.5m。高 7~8m，外侧支承采用斜交平衡环与水平环梁。斜柱：着台支承柱组成，共周支承采用斜撑。规格：单层部分——径向索 2φ70mm，2φ110mm，2φ95mm，环索 4φ120mm + 6φ130mm，上环索 4φ120mm，下环索 6φ130mm，压杆 φ100mm×6mm～φ450mm×16mm。外围钢管节大截面与水平环尺寸为 φ1700mm×60mm，双层部分——上径向索 2φ70mm，下径向索 4φ130mm。外环桁架钢管节点最大截面尺寸为 φ700mm×28mm。支承柱截面尺寸为 φ800mm×32mm，支承柱最大截面尺寸为 φ700mm×28mm。设计预应力水平约 35000kN	
鞍扬体育场[164]	2021	225×194，内开孔 125×85	内张口上平下平劲性空间索桁体系的平面形三角形，索共 48 榀。前端与上压环和下拉环相连接，最大高度 14.9m。上压环为 1000mm×35mm×35mm 箱形截面，下拉环每跨由 8 根 φ105mm 的拉杆组成，所有的连接均采用螺栓或轴连接。后端置于 48 根钢结构构摇摆柱上，上压环为 1000mm×35mm×35mm 箱形截面。主压环间布置檩条和横向斜撑，通过拉环销节点形成一圈。	
卢赛尔体育场[165-161]	2021	φ309 圆形平面，主索系 274×278	内张面内张口上凸下凹型空间索桁体系，如图 1.112 所示。屋盖整体呈双曲抛物面形，外圈最高点马鞍面最高点与最低点高差约为 15.565m。主体钢结构标高于 20.700m，在高度方向上与星顶马载顶高标一致。东西侧马鞍面的高点标高 76.600m，结构高度 55.9m；南北侧马鞍面的低点标高 61.035m，结构高度 76m。马鞍面最低点与马鞍面的高点高差为 40.335m。48 榀。48 榀，最大悬挑约 76m	
日照奎山体育中心体育场[167]	2021	249×218	外张口上凸下凹型空间索桁体系/罩棚悬挑挑长度 43.1~43.6m，由 48 道承重索（上径向索），48 道稳定索（下径向索）。1 道内环索，6 道构造索，PTFE 膜材及椭圆形立体环索组成。环桁架高 12m。铰接于地上看合型钢混凝土巨柱柱顶上，杆件采用圆钢管，最大密封规格为 φ1600mm×40mm。承重索规格 φ138mm，φ114mm，稳定索规格 φ110mm，φ80mm，环索为 10φ118mm，构造索 φ22mm。环桁架上弦杆采用 Q460GJB，竖向斜撑杆、外斜撑杆采用 Q460B，下弦杆、外斜撑杆采用 Q355B。内环采用进口破断强度 1570MPa 的高机强度钢丝；索采用进口破断强度 1770MPa 高机索。索夹采用 G20Mn5QT 低合金铸钢，承重索、稳定索和构造索采用国产破断强度 875N/mm² 的高机索。承重索、稳定索采用又耳热锻锚，锚具采用合金铸钢，铰向弹性模量 5.3kN/5cm；稳定索破断强度标准值 5.0kN/5cm，PTFE 膜厚度 0.7mm，径向弹性模量 1400N/mm²，极限抗拉强度标准值。承重索 2660~4740kN，内环索 40900~41000kN。设计预应力：承重索 1020~2530kN，内环索 2660~4740kN，环向构造索 18~41kN	

续表

工程名称	竣工年份	平面尺寸或跨度/m	体系构成/结构特征/设计预应力	备注
大连梭鱼湾足球场[168]	2022	主索系 235×253.5 椭圆形	内张口鸟巢型空间索桁体系，如图 1.113 所示/平面投影为四心圆 (268.5m×250m)，主索系外环长轴 253.5m，短轴 235m，内环长轴 133.2m，内环长度 123.4m，索桁架悬挑长度 55.8~60.2m。上弦采用斜交索网，索长 79~86m，下弦采用径向拉索，索长 56~62m，上、下弦索在平面交点处设置竖向压杆。外部环梁半径 126m，PTFE 内边缘半径为 58m，内环 ETFE 内边缘半径 48m。压杆φ400mm～φ110mm，环梁全长 767.2m，标高 57.400m，截面规格□1600mm×2200mm×80mm，材质为 Q345GJC，节点区最大板厚 100mm (Q345GJC-Z35)，支承于 56 根直钢柱上，上、下端均采用销轴连接。钢柱间设置 16 组柱间支撑，通过向心关节轴承连接	

注: 其他工程实例包括塞维利亚奥林匹克体育场、明斯克克技场 (2009 年)、米利体育场 (2012 年)、万达大都会球场 (2017 年)、新托特纳姆热刺球场 (2019 年)、豪菲体育场 (2020 年)、乌鲁木齐奥林匹克中心综合体育馆 (2017~2020 年) 等暂未检索到相关结构设计相关文献。

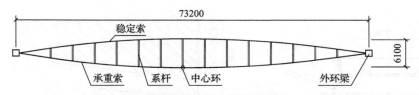

图 1.73　纽约州尤蒂卡市讲演厅（单位：mm）

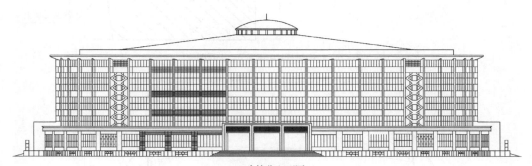

(a) 建筑北立面图

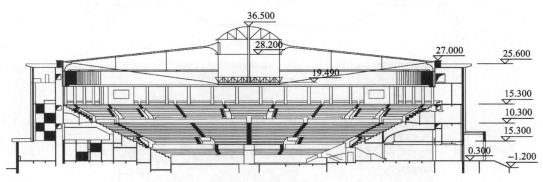

(b) 建筑剖面图

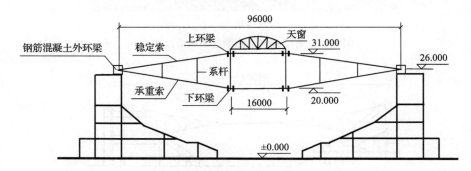

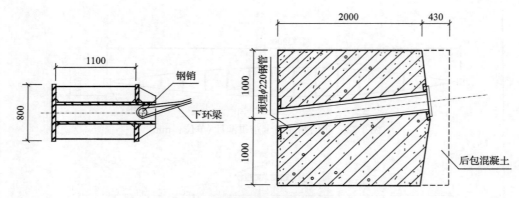

(c) 结构剖面图和环梁节点大样图

图 1.74　北京工人体育馆(单位：mm)

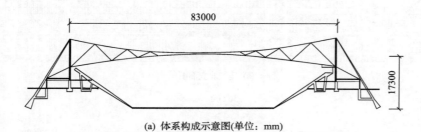

(a) 体系构成示意图(单位：mm)

(b) 实景

图 1.75　斯德哥尔摩约翰尼绍夫滑冰馆

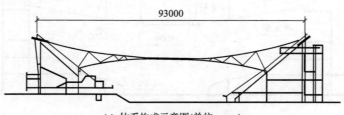

(a) 体系构成示意图(单位：mm)

(b) 实景

图 1.76　赫尔辛基冰上运动场

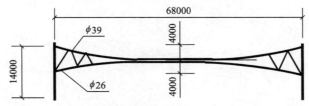

(a) 体系构成示意图(单位：mm)

(b) 实景

(c) 施工过程

图 1.77　贝灵厄姆体育馆

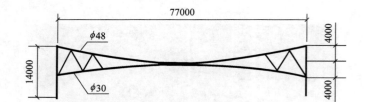

图 1.78 斯奇夫运转大厅(单位：mm)

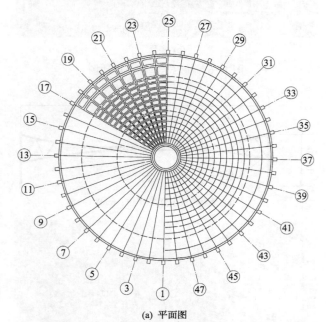

(a) 平面图

(b) 剖面图(单位：mm)

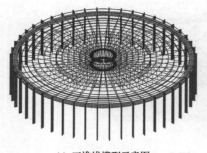

(c) 三维线模型示意图

(d) 实景

图 1.79 列宁格勒体育馆

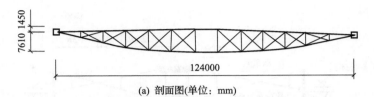

(a) 剖面图(单位：mm)

(b) 实景

图 1.80　加州英格尔伍德体育馆

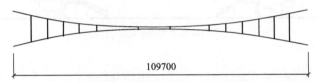

图 1.81　犹他州盐湖城市民会堂(单位：mm)

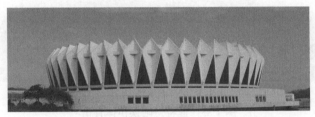

(a) 实景

(b) 施工过程

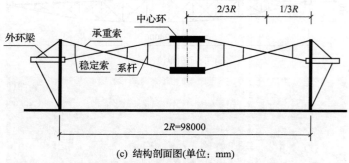

(c) 结构剖面图(单位：mm)

图 1.82　弗吉尼亚汉普顿体育馆

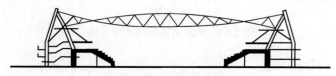

(a) 体系构成示意图

(b) 实景

图 1.83　鹿特丹阿侯伊体育馆

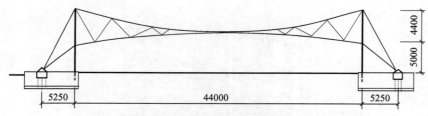

图 1.84　法兰克福技术检查局机动车检修场(单位：mm)

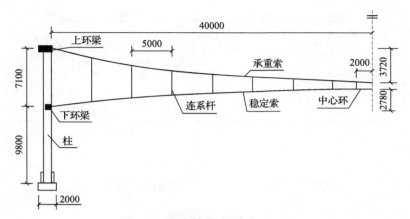

图 1.85　海宁体育馆(单位：mm)

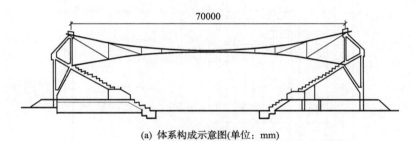

(a) 体系构成示意图(单位：mm)

(b) 实景

图 1.86　布加勒斯特文体宫

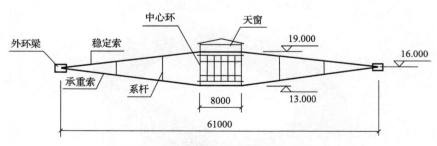

图 1.87　成都市城北体育馆(单位：mm)

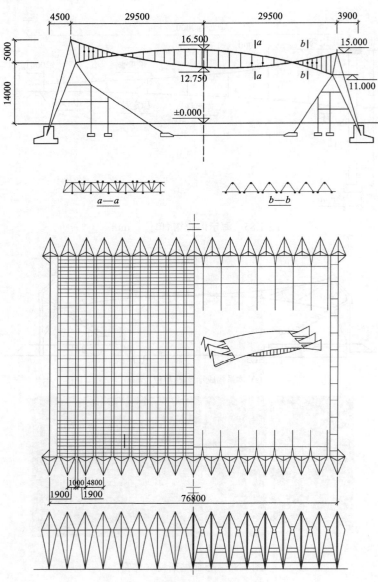

图 1.88　吉林省滑冰馆(单位：mm)

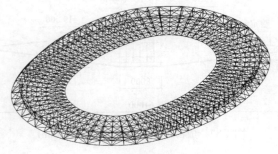

(a) 三维线模型

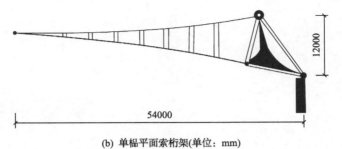

(b) 单榀平面索桁架(单位：mm)

图 1.89　罗马奥林匹克体育场

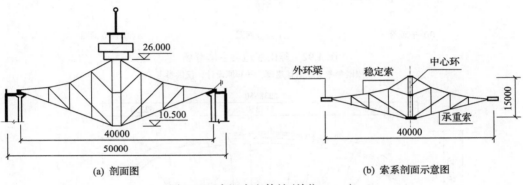

(a) 剖面图

(b) 索系剖面示意图

图 1.90　广汉市文体馆(单位：mm)

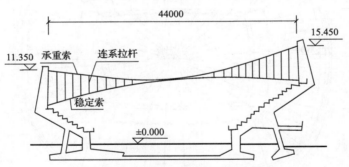

图 1.91　无锡县体育馆(单位：mm)

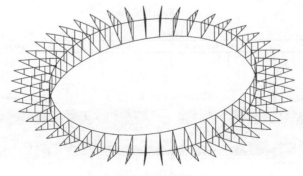

(a) 主索系示意图

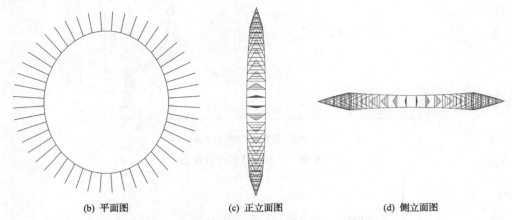

(b) 平面图　　　　　　　(c) 正立面图　　　　　　　(d) 侧立面图

图 1.92　釜山亚运会主体育场

依据参考文献信息建模，并非原设计，仅供参考

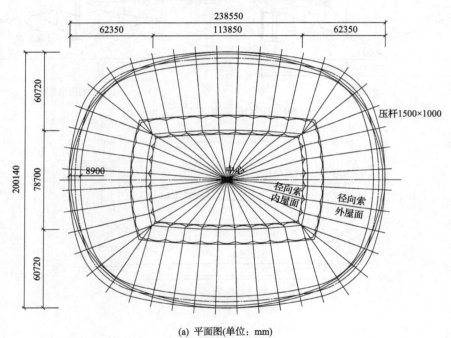

(a) 平面图(单位：mm)

(b) 剖面图(单位：mm)

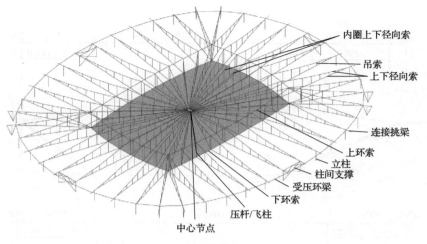

内圈上下径向索

吊索
上下径向索

连接挑梁

上环索
立柱
柱间支撑
受压环梁
下环索
压杆/飞柱
中心节点

(c) 轴测图

(d) 膜开合机械装置　　　(e) 滚轮节点构造　　　(f) 中心节点索夹

图 1.93　法兰克福商业银行体育场

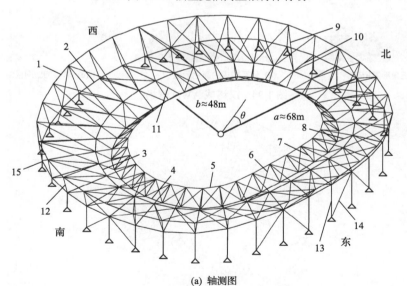

西

北

东

南

$b \approx 48\text{m}$　　θ　　$a \approx 68\text{m}$

(a) 轴测图

1-外上主压力环梁A, ϕ1220mm; 2-外下封边环梁B, ϕ813mm; 3-加劲环C, ϕ620mm; 4-内下拉环索D, 2ϕ102mm; 5-内上拉环索E, 2ϕ92mm; 6-DE间斜索, ϕ50mm; 7-DE间压杆, ϕ457mm; 8-CD间拉索, ϕ50mm; 9-AC间斜拉索, 1ϕ90mm; 10-BC间径向张弦梁, 上弦ϕ508mm, 下弦ϕ219.1mm; 11-CE间径向张弦梁, 上弦HEA 320, 下弦ϕ193.7mm; 12-AB间立柱, ϕ610mm; 13-柱, ϕ660mm和ϕ711mm; 14-构造拉索, ϕ110mm; 15-伞状构造, 方钢管300mm

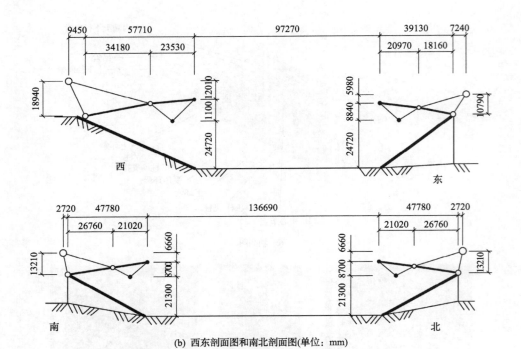

(b) 西东剖面图和南北剖面图(单位: mm)

(c) 内圈三角形索桁架

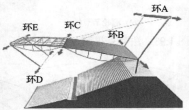

(d) 体系构成的简化示意

(e) 单层加肋网格结构

图 1.94 汉诺威 AWD 球场

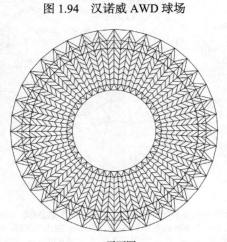

(a) 平面图

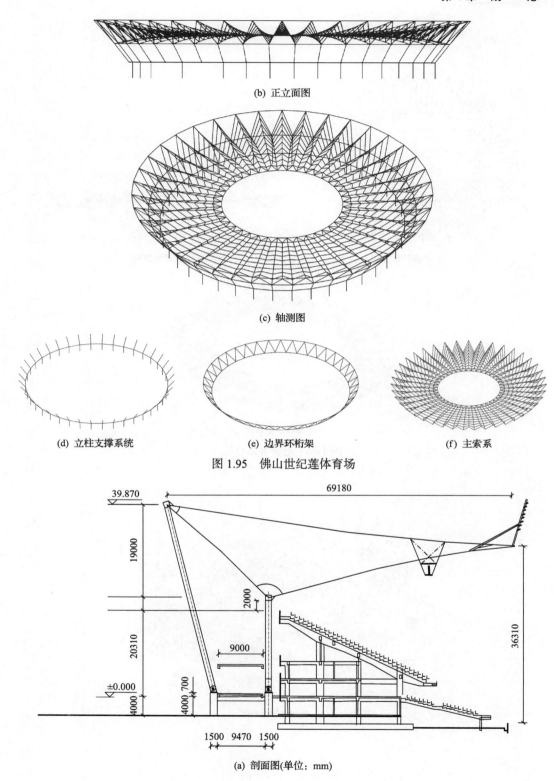

(b) 正立面图

(c) 轴测图

(d) 立柱支撑系统　　(e) 边界环桁架　　(f) 主索系

图 1.95　佛山世纪莲体育场

(a) 剖面图(单位：mm)

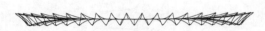

(b) 索系平面图　　　　　　　　　　　　(c) 索系立面图

(d) 覆膜后主索系

图 1.96　尼赫鲁体育场

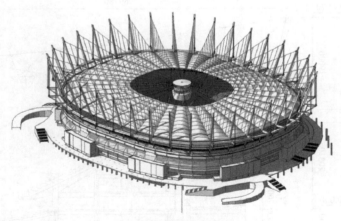

(a) 整体模型轴测图

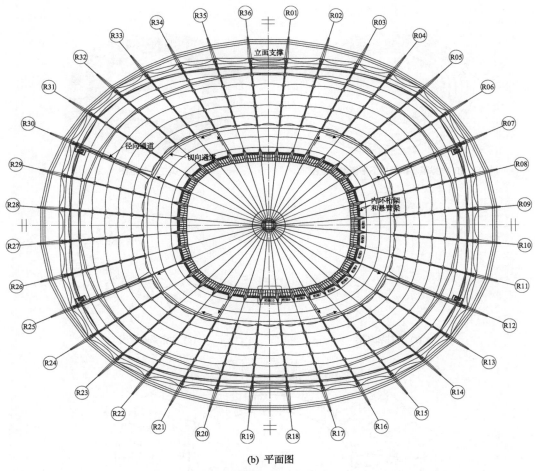

(b) 平面图

图 1.97 温哥华卑诗体育场

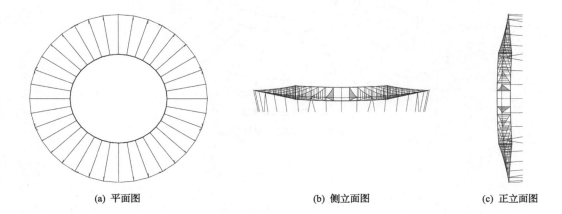

(a) 平面图　　　　　(b) 侧立面图　　　　　(c) 正立面图

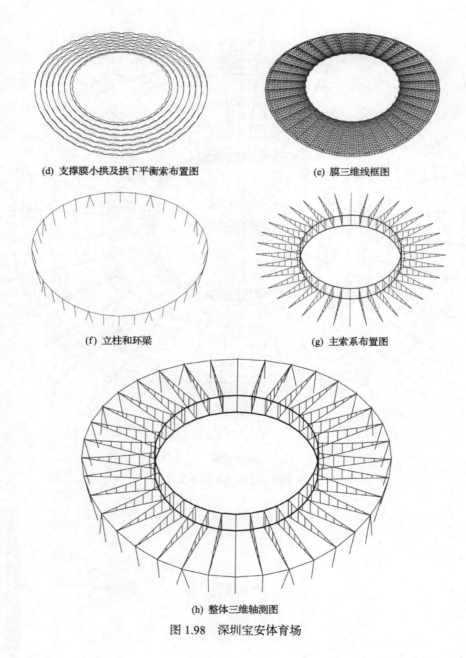

(d) 支撑膜小拱及拱下平衡索布置图

(e) 膜三维线框图

(f) 立柱和环梁

(g) 主索系布置图

(h) 整体三维轴测图

图 1.98　深圳宝安体育场

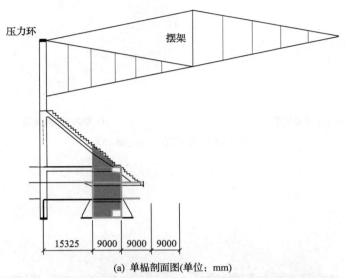

(a) 单榀剖面图(单位: mm)

(b) 实景

图 1.99 布加勒斯特国家体育场

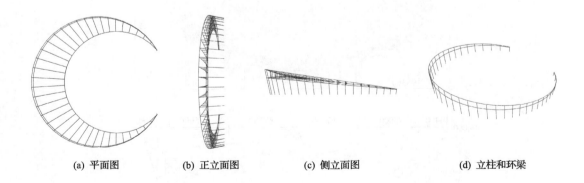

(a) 平面图   (b) 正立面图   (c) 侧立面图   (d) 立柱和环梁

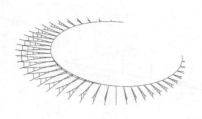

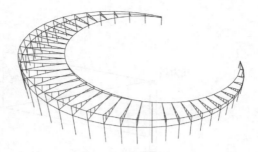

(e) 主索系布置图　　　　　　　　　　　　(f) 整体三维轴测图

图 1.100　乐清体育中心体育场

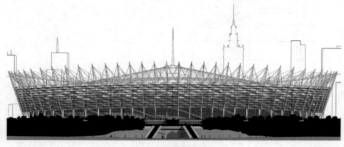

(a) 立面效果图

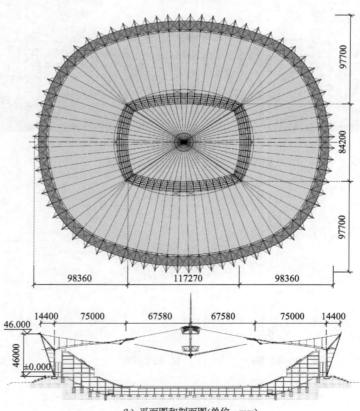

(b) 平面图和剖面图(单位：mm)

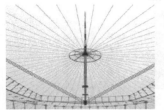
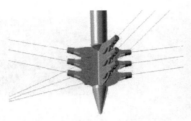

(c) 中心桅杆　　　　　(d) 中心下节点索夹三维实体模型　　　　(e) 中心下节点索夹

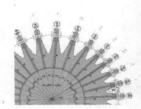

(f) 中心上节点索夹

(g) 环梁法兰连接　　　　　(h) 角部上下环索索夹和径向索交叉索夹

图 1.101　华沙国家体育场

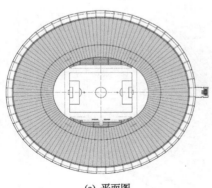
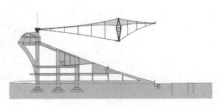

(a) 平面图　　　　　　　　　　　　(b) 剖面图

(c) 剖面效果图

(d) 下环索索夹

图 1.102　马拉卡纳体育场

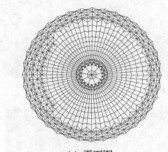
(a) 平面图

(b) 立面图

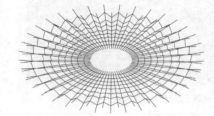
(c) 索系布置图

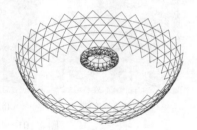
(d) 刚性体系

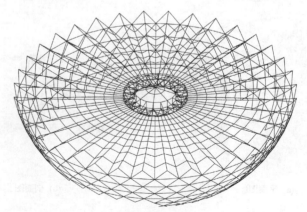
(e) 轴测图

图 1.103　浙江丽水体育馆

(a) 实景

(b) 剖面图(单位：mm)

图 1.104 克拉斯诺达尔球场

(a) 实景

(b) 短轴方向侧立面图

图 1.105 西里西亚国家体育场

(a) 外环桁架和竖向支撑系统

(b) 索桁体系施工

(c) 场内

图 1.106　伏尔加格勒竞技场

(a) 场外

(b) 场内

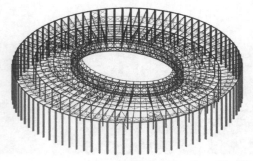

(c) 体系构成

图 1.107　下诺夫哥罗德体育场

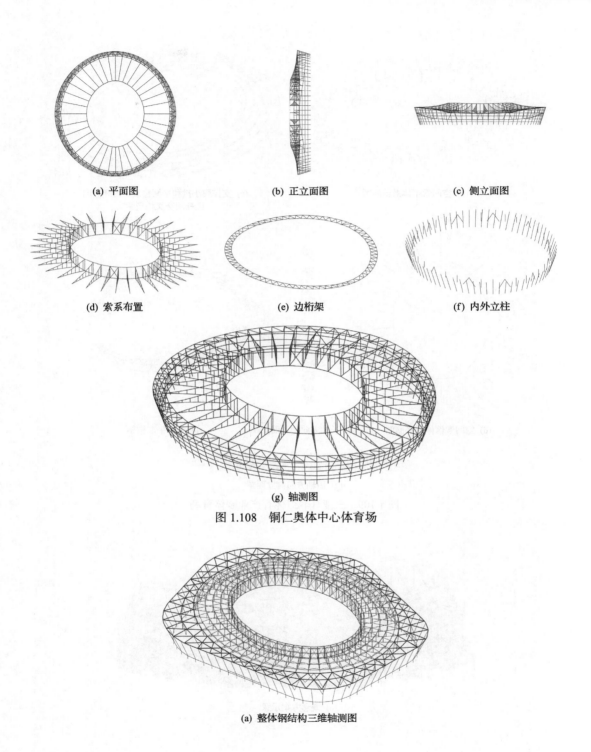

(a) 平面图　　　　　　　(b) 正立面图　　　　　　　(c) 侧立面图

(d) 索系布置　　　　　　(e) 边桁架　　　　　　　(f) 内外立柱

(g) 轴测图

图 1.108　铜仁奥体中心体育场

(a) 整体钢结构三维轴测图

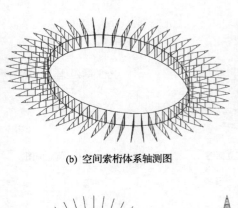

(b) 空间索桁体系轴测图

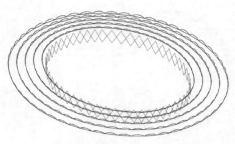

(c) 支撑膜小拱和平衡拉索、内环竖向
压杆间交叉构造索

(d) 空间索恒体系平面图

(e) 长轴方向侧立面图

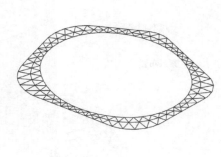

(f) 外环平面桁架

(g) 短轴方向侧立面图

图 1.109 三亚(国际)体育产业园体育场

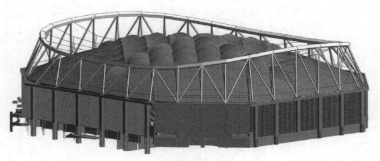

(a) 概念方案示意

(b) 实景

图 1.110 雪城大学凯利穹顶

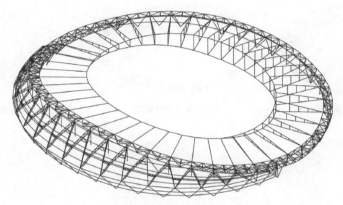

图 1.111 乐山市奥林匹克中心体育场

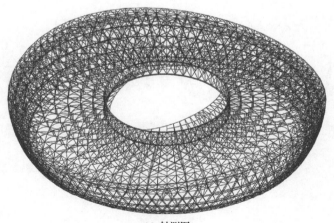

(a) 轴测图

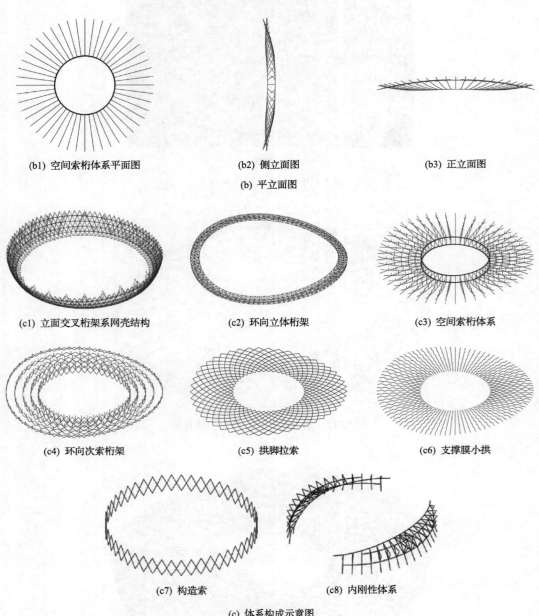

(b1) 空间索桁体系平面图　　　　(b2) 侧立面图　　　　(b3) 正立面图

(b) 平立面图

(c1) 立面交叉桁架系网壳结构　　　(c2) 环向立体桁架　　　(c3) 空间索桁体系

(c4) 环向次索桁架　　　(c5) 拱脚拉索　　　(c6) 支撑膜小拱

(c7) 构造索　　　(c8) 内刚性体系

(c) 体系构成示意图

图 1.112　卢赛尔体育场

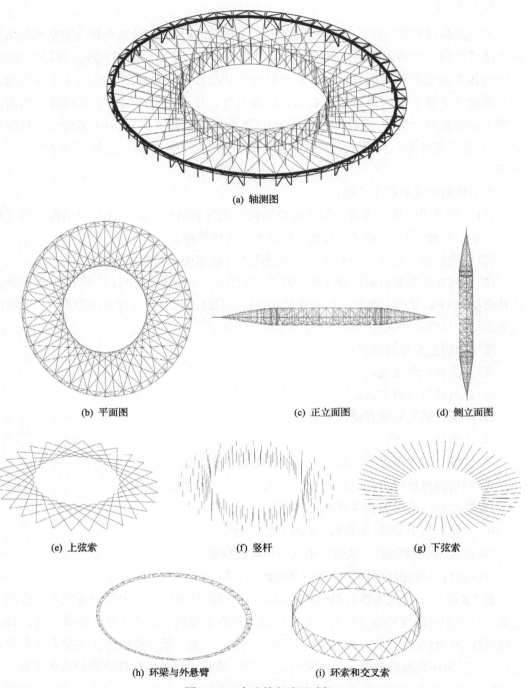

(a) 轴测图

(b) 平面图　　　　　　　　　　(c) 正立面图　　　　　　　(d) 侧立面图

(e) 上弦索　　　　　　　　　　(f) 竖杆　　　　　　　　　(g) 下弦索

(h) 环梁与外悬臂　　　　　　(i) 环索和交叉索

图 1.113　大连梭鱼湾足球场

3. 膜结构

利用薄膜材料的轻质、柔软(可大变形)、抗拉性能及气密性来跨越一定空间的结构称为薄膜结构,简称膜结构。薄膜材料同时具有遮阳、防水、保温和隔音等围护功能,从结构体系构成的角度而言,主要利用膜材围护功能的结构体系不应归类为膜结构,如密骨架支承膜、索穹顶结构、空间索桁体系等,这是对膜结构的狭义理解。然而,习惯上往往忽略主结构与围护结构之间的区别和联系,如主次关系(力流传递、材料功能)、局部与整体等,而将采用膜材的建筑结构笼统称为膜结构,这是对膜结构的广义理解。

膜结构的形式有以下几种:

(1)按照薄膜结构定义可分为张拉膜结构和充气膜结构,其中充气膜结构包括气承式、气囊式两种[169],气囊式又包括气肋式和气枕式两种。

(2)按照边界支承条件的不同可分为刚性边界膜结构、柔性边界膜结构。

(3)按照建筑薄膜材料可分为聚酯纤维(PVC)膜、玻璃纤维(PTFE)膜和乙烯-四氟乙烯共聚物(ETFE)膜等。此外,金属板(如钢板、铝板)不仅可作为建筑围护系统,也可成为薄膜结构材料。

膜结构的主要特点如下:

(1)自重轻,跨度大。

(2)建筑造型自由丰富。

(3)运输、施工安装方便。

(4)造价低,经济。

(5)抗震、耐火等级高,具有一定的透光和自洁功能。

(6)织物膜材使用寿命一般是 15～25 年,需定期更换。

(7)单层膜结构保温和隔音效果不理想。

(8)对局部集中荷载(如积水、积雪)效应敏感。

(9)抗强/台风性能差,风致、雨致噪声问题显著。

(10)膜材不可循环利用,非绿色环保建筑材料。

表 1.8 给出了有代表性的膜结构工程实例,张拉膜结构除作为围护系统外,多用于建筑小品或中小跨度的屋盖结构。充气膜结构是真正应用于跨越大空间的膜结构,其工程应用在 20 世纪 90 年代达到顶峰。然而,一方面,充气膜结构的整体主受力体系并非膜材,一般为正高斯曲率曲面单层索网结构[170],膜材也仅提供局部的围护系统功能。另一方面,由于充气膜结构抗积雪、积水和抗风性能差且日常维护费用高,目前已较少采用。严格意义上的膜结构发展仍然取决于薄膜材料力学、声学、热学性能(如强度等级、隔音、热传导、耐久性和抗褶皱性)的提高。

表 1.8 有代表性的膜结构工程实例

工程名称	竣工年份	平面尺寸/m	体系构成/结构特征/设计参数	备注
纽约州奥尔巴尼(Albany)仓仓	1932	四个坡面，每坡面为 36×82	悬链线形单曲铁皮薄膜结构	
萨格勒布展览会法国馆	1937	φ30	下凹式圆锥面铁皮薄膜结构/2mm 厚铁皮一端与外刚性压环连接，另一端与镶有玻璃的内拉环相连	
巴黎机械工业研究所大厅	1951	180×200	马鞍面铁皮薄膜结构/悬挂在两榀倾斜大拱之间	
大阪世博会美国馆[171-173]	1969	79.8576×140.208 平面环梁外边线方程为超椭圆 $\left(\dfrac{x}{71.0}\right)^{2.5}+\left(\dfrac{y}{41.75}\right)^{2.5}=1$	气承式充气膜结构，本质上是正高斯曲率单层索网体系，如图 1.114 所示。净跨平面尺寸 138.6m×78.0m，矢高约 7.0104m。索网为 16m×16m 菱形，水平间距 6.1m，两向夹角 60°斜交斜放（两个方向索长轴均夹角均为 30°）。索截面 φ38m～φ56m，安全系数 2.6。钢筋混凝土上环索近似直角梯形，截面内侧清（下底）1.2m，水平宽（高）2.9m，内外侧配筋均为 24φ35m。膜材采用 PVC 涂层的玻璃纤维织物。环索和地基之间的摩擦系数取 0.4。屋盖自重约 6.224kg/m²/内外压差 206.843Pa，文献[5]中为 215.1Pa	1层，大阪世博会后拆除
大阪世博会富士馆[169]	1969	圆形平面 φ50	苍穹形气承式充气膜结构/由 16 根 φ4m，长 78m 的拱形气肋围成。气肋间每隔 4m 采用宽 500mm 的水平系带环箍在一起。中间气肋呈半圆拱形，端部气肋向圆形平面外突出，最高点向外突出 7m	大阪世博会后拆除
庞蒂亚克银色穹顶[173]	1975	220.0×168.25	气承式充气膜结构/矢高 15.2m，斜交斜放索网，拉索 φ79.4mm，间距 12.6m，屋盖自重 5kg/m²内外压差 215.1Pa	2017 年拆除
优尼穹顶[173]	1974～1976	129.2×129.2	气承式充气膜结构/矢高 14.6m，拉索 φ73mm，间距 12.9m，屋盖自重 5kg/m²/内外压差 215.1Pa	1994 年损毁
列宁格勒体育综合体[174]	1979	φ160	下凹式球面钢制薄膜结构，如图 1.115 所示/屋盖为球面壳体，垂度为 8m，钢板厚度为 6mm。整个壳体由每块面积为 350m² 的 56 块钢膜组成，呈放射状的固定系统由 56 幅预应力悬索架组成，桁架悬挂在每幅索下的一端固定在中间的钢环上，另一端固定在环形柱子上。T 型截面桁架作为骨架在每幅钢膜各部件的连接装轴，借助斜拉膜杆把受压钢缆与钢膜连接在一起。用弯曲槽钢制成的环向放射状助和放射状结构件共同组成辐设钢膜的"床架"。中心钢环直径 24m。装配成整体的钢筋混凝土外梁截面宽×高=5m×1m	

续表

工程名称	竣工年份	平面尺寸/m	体系构成/结构特征/设计参数	备注
莫斯科奥林匹克体育场或室内竞技场[174,175]	1979	椭圆形 224×183	钢薄膜结构或钢膜悬垂壳体，如图 1.116 所示/采用 5mm 的高强钢板制成的正高斯曲率悬垂壳体，垂度为 12.5m，整个悬垂壳体由 64 块长 90m、宽 1.7～10.4m 的梯形钢板组成，每块板展开后面积为 500m^2。64 条放射状肋为柔性弧形钢桁架，高 2.5m，在外环处间距为 10m，在内环处间距为 1.34m。放射状肋用铰链连接在外缘上，以保证其在垂直面上的转动自由度。轧制槽钢构成的环状肋之间的间距为 6m。环状肋与放射状桁架一起共同保证钢膜“床架”的空间刚度。在屋盖的中间部位把 30m×20m 的平板铺成椭圆形(从平面上看)，其上再铺厚 8mm 的钢板。外缘支座为整体浇灌的钢筋混凝土环梁，横截面为 5m×1.75m。屋盖结构用钢量 107kg/m^2，混凝土用量 17.4kg/m^2	
凯利穹顶[176]	1980	173.736×151.4856	气承式充气膜结构/这是一个实质上影响了建筑的结构设计。织物屋顶，由 14 根ϕ73mm 的索连接宽 4m、高 1.4m 的 U 形环梁。环梁水平径向可动，垂向和切向上进行约束(通过将环梁刚性连接到 18.3m 高的立柱上，并在其底部径向铰接立柱来实现这一设计目的)。柱之间的墙单元由两个 0.6m 深的双 T 形件组成，它们在环梁底部和基础壁的顶部之间浮动。在建筑物的拐角处，两个 12.2m 宽的双 T 形墙的隔板被加固并刚性地连接到柱、环梁和基础壁上以形成横向剪力墙。箱形柱由两个 2.4m 宽和 0.9m 深的双 T 形截面组成。环梁与立柱的外表面齐平，朝着建筑中心悬臂 1.8m。环梁由两个 1.4m 高的预制梁，形成 U 形支架的直立支腿部分，76mm 板，跨越 1.4m 深的预制梁形成了 U 形结构的水平拉结。现浇面层厚 203mm。屋盖索间距为 12.2m。外柱间距在 12.2～18.3m 变化。支撑座位和大厅层的内部结构完全独立于外墙框架	2020 年改建
休伯特 H.汉弗莱大都会体育馆[177]	1981	180×215	气承式充气膜结构/矢高 22.86m	2014 年拆除
温哥华卑诗广场体育场[178,179]	1983	椭圆形平面 189.9×213.6	气承式充气膜结构/矢高约 27.5m。两向斜交斜放索网，两个方向均有 11 根拉索(9 根ϕ70mm 和 2 根ϕ76mm)，破断强度分别为 4100kN 和 4880kN。屋面外层 PTFE 膜材厚 0.81mm，膜的重量 1.27kg/m^2，抗拉强度 91kN/m，内层为吸声玻璃纤维织物，厚 0.31mm，重量 0.41kg/m^2。平面椭圆形预制圈梁由 54 段拼装而成。设计基本风速 30m/s/内外压差 225～598Pa	2011 年改建
RCA 穹顶	1982～1983	—	气承式充气膜结构/PTFE 膜材，屋盖总重 233.38t。屋顶离场地平面约 59m，随气候变化约 1.524m。PTFE 膜材	2008 年拆除
伯斯伍德超级穹顶	1987	118×74.5	气承式充气膜结构/PTFE 膜材，35m 高	2013 年拆除

续表

工程名称	竣工年份	平面尺寸/m	体系构成/结构特征/设计参数	备注
东京穹顶[180]	1988	四边长180，对角线201，近似倒角正方形的超椭圆平面	气承式充气膜结构/屋盖结构。北侧的屋盖坡度为1/10，北侧的屋顶边坡比南侧的屋顶边缘低20m，形成了一个倾斜的薄膜屋顶。两向正交斜放索网，沿两对角线方向均有14根拉索ϕ80mm，间距8.5m。采用内外两层PTFE膜材厚度（内）0.3mm+（外）0.5mm=0.8mm，屋盖自重12.5kg/m²在正常情况下，加压充气系统通过将内部压力提高到外部压力以上300Pa来维持充气，在强风或积雪时，内部压力可根据外力水平分阶段提升高至最大900Pa	
熊本市公园穹顶[181]	1997	107	气囊式充气膜结构/双层充气膜形成了一个直径107m，以锥合状框架为中央支撑的"浮云"。在中央的锥台状框架与外围的环形桁架之间，上、下各有48根辐射状的索相连。采用PTEE膜。双层膜同气压在正常情况下达30mmHg。外径125m的碟状屋顶支撑在沿环形桁架的8个点上，每个点由"3-柱"型的组合柱支撑	

注：气承式膜结构其他工程实例还包括圣路易斯路易斯科学中心(1963年开放、2013年拆除)、达科他穹顶(1979年开放、2001年改建)、奥康奈尔中心(1980年开放、1997年改建)、南佛罗里达大学云岭中心(1980年开放、2012年改建)、新泽西州贝内特室内特室内运动中心、达尔豪斯大学达尔普莱克斯运动中心、曼西蒙体育中心弯顶、哈里·杰罗姆体育中心、克利夫兰州立大学会议中心(1985年开放，在用)等。

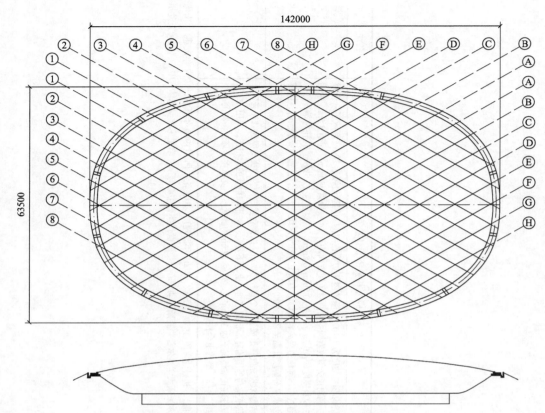

图 1.114　大阪世博会美国馆(平、立面图)(单位：mm)

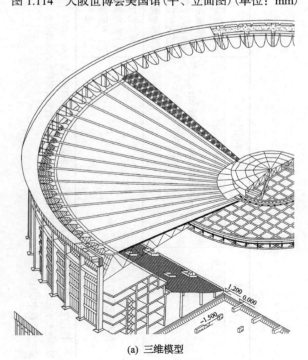

(a) 三维模型

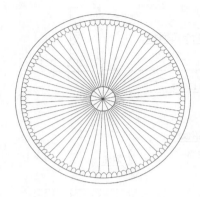
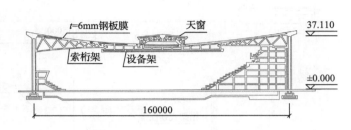

(b) 平、剖面图(单位: mm)

(c) 立面实景

图 1.115　列宁格勒体育综合体

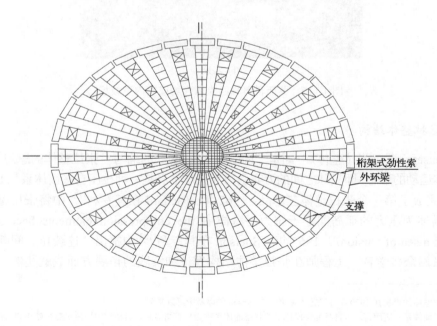

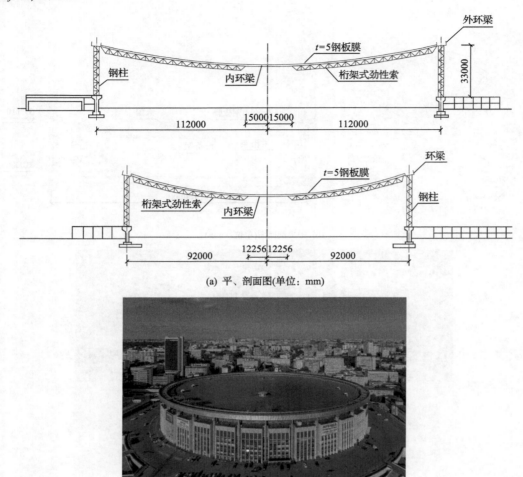

(a) 平、剖面图(单位：mm)

(b) 实景

图 1.116　莫斯科奥林匹克体育场或室内竞技场

4. 张拉整体结构

"tensegrity"（张拉整体）一词是"tensile integrity"的缩写。张拉整体的思想[1]来源于宇宙天体运动的形态，即星球之间的万有引力和星球本身是一种拉压自平衡体系[2]。1948 年，Snelson 完成了第一个张拉整体艺术品。1962 年，Richard 在其专利[182]中将张拉整体结构形象地描述为压力的孤岛漂浮于拉力的海洋中（the compression elements become small islands in a sea of tension）。1965 年，Snelson 在其专利[183]中提出"连续拉、间断压"的概念。虽然众多学者、工程师在张拉整体结构理论和实践的拓展方面成就斐然，但迄今

---

① 张拉整体的思想在 1920 年苏联艺术家 Karl Ioganson 的雕塑中可以看到。

② 自平衡体系：简而言之，自身能够保持平衡状态的体系称为自平衡体系。运动学中平衡状态有静止和匀速直线运动两种，自平衡体系受到外部扰动作用后自身具有恢复到静止或匀速直线运动状态的能力；静力学中平衡状态是指体系的自平衡应力状态；动力学中平衡同时包括体系的运动状态和应力状态的平衡。另外，从有无约束以及约束的种类区分，体系可分为无约束体系、完整约束体系和非完整约束体系。约束也可分为外部约束和内部约束、必要约束和多余约束等。

为止完全意义上的张拉整体结构在实际工程中的应用并不多见。

一般意义上的自平衡体系至少涵盖如下几个基本问题，如图 1.117 所示。

（1）自平衡体系的分类问题。按照描述体系运动特征即空间位置的独立几何参数可分为一维、二维、三维、……、无穷维等。对应体系自应力状态中应力的维数，可分为单向应力自平衡体系、双向应力自平衡体系、三向应力自平衡体系。按照独立主拉压应力场的数目及其内外空间分布关系，可分为拉在内、压在外和压在内、拉在外两类。连续的主应力场如主拉应力场数目至少存在 1 个，离散的主应力场如主压应力场数目等于独立压杆数。

（2）自平衡体系的对称性问题。自平衡体系具有某种对称性，包括拓扑及形状几何上的对称、力学上的对称等。这本质上是自平衡体系应力场的力学性质和空间分布问题。对于离散铰接杆系结构，若假定主拉应力场连续，则一个节点上拉索的数量理论上可以是无穷多条，即可理解为一根压杆作用于受拉薄膜上一点所在的连续的主拉应力场。表 1.9 给出了上下底面为正多边形的 3～10 杆共 8 种棱柱型张拉整体模块。值得指出，表 1.9 所示各张拉整体模块的每一个空间节点处均有 1 根压杆、4 根拉索，而不是最少的 3 根，这与以往文献中的模型不同。关于这点解释如下：在线性小位移小应变假设下，铰接杆系结构几何判定方法采用 Maxwell 公式，n 个空间节点，b 根构件，一个空间节点有 3 个自由度，一根构件可以提供 1 个约束，若不考虑支座约束，体系的计算自由度数等于 $3n-b$。但是，在包含拉索这种单向受力构件的体系中，每个空间节点的运动自由度实际上包含正负两个独立的方向，即 $3\times2=6$ 个。例如，若张拉整体模块中一个节点有 1 根压杆和 3 根拉索，则其计算自由度数为 $6\times1-(3\times1+2)=1$，这里 1 表示一个半平面法方向。若将一根理想柔索所提供的单边约束看成 0.5，计算自由度数等于 $3\times1-(1+3\times0.5)=0.5$，因此实际上缺 1 根拉索。此外，除了单向应力场的自平衡，还有双向应力场和三向应力场的自平衡。除了拉压应力场的自平衡，还应有弯剪应力等复杂应力场的自平衡等。

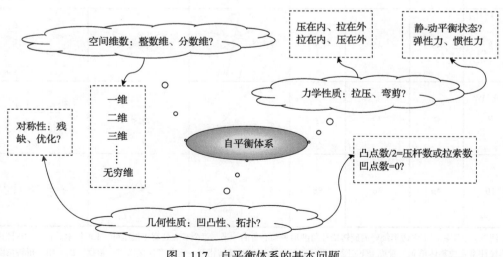

图 1.117　自平衡体系的基本问题

(3) 自平衡体系的凹凸性问题。表 1.9 给出的自平衡多面体模块是凸的，但这需要进一步的数学证明。

表 1.9　上下底面为正多边形的棱柱型张拉整体模块

压杆数 p	拉索数 q	圆心角/(°)	凸顶点数	平面图	立面图	轴测图
3	$4p$	120	$2p$			
4	$4p$	90	$2p$			
5	$4p$	72	$2p$			
6	$4p$	60	$2p$			
7	$4p$	51.4	$2p$			
8	$4p$	45	$2p$			
9	$4p$	40	$2p$			
10	$4p$	36	$2p$			

　　注：上、下底面正多边形绕竖向旋转错开角度均为圆心角的一半。每个节点处有 1 根压杆、4 根拉索。3 杆、10 杆正多边形棱柱型张拉整体单元可看成上下正多边形沿正棱柱中心相对旋转错开一定角度连接而成，根据横截面相对扭转角度的不同、内压杆形成的空间不同，其临界扭转角度压杆相碰且交于正棱柱形心。

　　上述问题在此不展开论述，关于体系构成分析方面更为一般和深入的讨论见本书第 2 章。

　　张拉整体模块的基本形式有以下几种：

　　(1)图 1.118 给出了铰接杆系张拉整体模块的 3 种基本形式，即一维、二维和三维分别对应压杆数 1、2、3。图 1.119 给出了由该 3 杆张拉整体模块将压杆数增加 1 倍得到 6 杆二十面体张拉整体模块。

　　(2)按照压杆数目的多少可分为 3 杆模块、4 杆模块等。若主拉应力场连续的只有 1 个，则压杆的数目与独立的主压应力场数相同。

　　多个张拉整体模块的组装拼接方式：相同类型和不同类型的张拉整体模块组合起来形成规则或自由曲面，如球面[184]、张拉整体环梁[185]、张拉整体板、张拉整体柱等。目前，一种是节点与节点连接，节点共用，则压杆连续；一种是节点与拉索横向连接，压杆不连续；一种是节点与压杆横向连接，压杆连续。

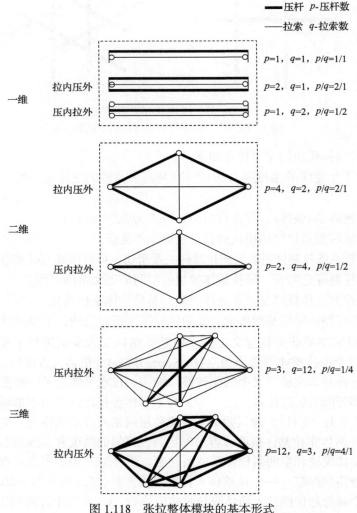

图 1.118　张拉整体模块的基本形式

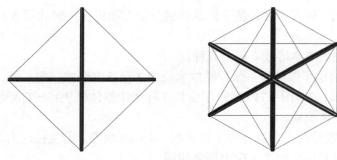

(a) 3杆张拉整体模块
压杆在交点采用过桥法错开

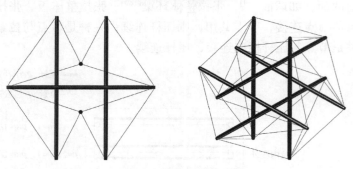

(b) 6杆二十四面体张拉整体模块

图 1.119　压杆以 2 的倍数增加后空间的变化

传统张拉整体模块的主要特点如下：

(1)至少 1 个连续的主拉应力场(张拉)与多个离散的主压应力场，一个节点只有一根压杆。

(2)自平衡体系(整体)，存在自应力，可人为施加预应力。

(3)传统棱柱型张拉整体模块的自平衡形态不连续。

(4)铰接杆系张拉整体模块与斜拉结构关系密切，可看作成对或多组空间斜拉结构。

(5)可与控制理论结合，张拉整体模块的空间姿态大范围可调。

(6)单根拉索或压杆以及节点连接失效，易导致体系机构化。

目前，张拉整体结构基础理论方面的研究深度仍然欠缺，工程设计实践不多。

表 1.10 对完整或非完整意义上的张拉整体结构工程实例进行了初步的统计，白犀牛尝试采用单个张拉整体模块作为立柱，Super Ball Bot 机器人方面的应用非常有趣，而库里尔帕人行桥并非完整意义上的张拉整体结构，仅水平圆管是一维张拉整体结构，在主受力方向即竖向为斜拉体系。图 1.122 为本书作者提出的"山水邯郸"结构概念方案示意(2019 年 8 月 19 日)。建筑师最初设想单层网格可以随风摇曳，立柱自然倾斜。由四边形 4 杆十面体张拉整体模块可容易确定斜柱倾斜的角度和落地锚索的布置。这一方案说明张拉整体模块和空间斜拉体系联系紧密。图 1.123 为本书作者提出的乐清市都市田园公园玉箫路"蝴蝶"——张拉整体人行桥结构方案(2021 年 9 月～2023 年 3 月设计)，全桥由 20 个高低起伏的二十面体张拉整体模块(x、y、z 三个方向的压杆长度为 14m×

12m×13m 或 14m×12m×15m）一维串列而成，主跨 154m。

表 1.10 尝试张拉整体概念的代表性工程实例

工程名称	竣工年份	平面尺寸或跨度/m	体系构成/结构特征/设计预应力	备注
"白犀牛"工程[186]	2001	20/平面尺寸 20×46	仅 2 个内柱采用张拉整体模块的张拉膜结构/白犀牛这个名字来源于膜屋面的外观，白色和两个"角"，薄膜屋盖由单个三棱柱型张拉整体模块支撑的 2 个独立支柱从内部向上顶起。两个三棱柱型张拉整体柱高度分别为 10m 和 7m	
库里尔帕人行桥[187-189]	2009	长度 430，主跨 128	仅水平圆管采用张拉整体概念的多级斜拉结构，如图 1.120 所示/在两侧桥墩上各有两对斜桅杆与刚性连续桥面形成斜拉结构，桥面高于布里斯班河洪水水位 11.4m。主次桅杆最大长度 30m，截面 $\phi610mm\sim\phi905mm$，壁厚 6.4~19.1mm。主拉索 $\phi30mm\sim\phi80mm$。其他钢管最大长度 23m，截面 $\phi457mm\sim\phi508mm$。次拉索 $\phi19mm\sim\phi32mm$。桥面横梁 I 形截面高度 530mm，纵向箱梁截面 □ 900mm×450mm×（25~40）mm×（12~16）mm	
Super Ball Bot 机器人[190]	2013		6 杆 24 索二十面体张拉整体模块，如图 1.121 所示	
乐清市都市田园公园玉箫路人行桥		总长度 280，主跨 154	采用 20 节 6 杆 25 索二十面体张拉整体模块串列而成，如图 1.122(b)所示。桥面标高 12.000m，桥面净铺装宽度 4.2m	建设中

注：不包括索穹顶结构。

(a) 远景

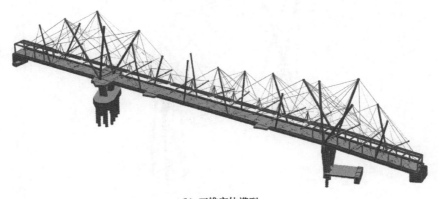

(b) 三维实体模型

图 1.120 库里尔帕人行桥

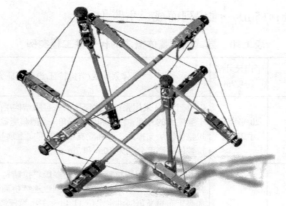

图 1.121   Super Ball Bot 机器人

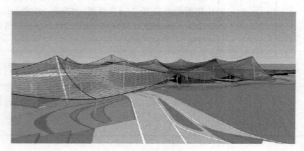

(a) 效果图

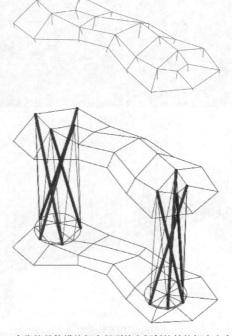

(b) 由张拉整体模块衍生得到的空间斜拉结构概念方案

图 1.122   "山水邯郸"结构概念方案示意图

(a) 一维阵列的蝴蝶

(b) 正立面效果图

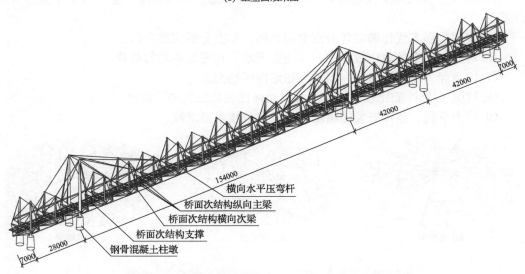

(c) 三维实体模型线图(单位：mm)

图 1.123　乐清市都市田园公园玉箫路"蝴蝶"——张拉整体人行桥结构方案

5. 索穹顶结构

环索圈数大于 1 且腹杆沿下弦索不连续布置的空间索桁体系称为索穹顶结构[①]。索穹顶结构是张拉整体概念在实际大跨屋盖结构中的成功应用。

———————————

① 索穹顶结构和空间索桁体系相比，环索圈数大于 1 且腹杆沿下弦索布置不连续，这样采用结构效率不高的环索代替下弦索的作用，可看成空间索桁体系的退化。

索穹顶结构的基本形式有以下几种:

(1)按照平面网格布置方式分为肋环型[191]、联方型、凯威特型和鸟巢型等,联方型和鸟巢型本质上是肋环型的变种,也可采用脊索肋环型、斜索联方型以及压杆分叉布置[192],如图 1.124(a)~(d)所示。

(2)按照曲面形状可分为球面索穹顶、椭球面索穹顶和双曲抛物面索穹顶等。

(3)按照最外圈下斜索是否穿屋面可分为斜索出屋面索穹顶(图 1.124(e))和斜索不出屋面索穹顶两种。

(4)按照每圈环索曲线是否在同一平面内可分为平面曲线环索索穹顶和空间曲线环索索穹顶。

(5)按照屋面覆盖材料的不同可分为刚性屋面索穹顶和柔性屋面索穹顶。

索穹顶结构的主要特点如下:

(1)自重轻,跨度大,抗震性能好。

(2)环索圈数大于 1 且其预内力水平高,多边形环索结构效率随边数增加逐渐降低。竖向腹杆沿下弦索布置不连续。

(3)宜与边缘约束体系形成自平衡体系,但边缘约束构件(如环梁或环桁架)尺寸较大。

(4)肋环型和联方型仅包含单一独立自应力模态,凯威特型一般包含多个独立自应力模态。

(5)宜通过形态优化确定各节点空间坐标,形态分析问题突出。

(6)对局部集中荷载比较敏感,应避免积水、积雪等不均匀荷载。

(7)体系静力稳定性良好,但动力稳定性问题突出。

(8)抗强/台风性能比较差,应注意气动弹性失稳破坏的可能性。

(9)应力下料、制作安装的精度和施工张拉技术要求高。

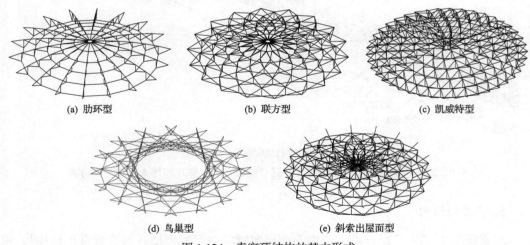

(a) 肋环型　　　　　　(b) 联方型　　　　　　(c) 凯威特型

(d) 鸟巢型　　　　　　(e) 斜索出屋面型

图 1.124　索穹顶结构的基本形式

表 1.11 给出了索穹顶结构代表性工程实例。索穹顶结构一般覆盖膜材,也可采用刚性屋面。图 1.124 给出的几种球面索穹顶结构的基本形式也可应用于其他曲面形状,如椭球面或双曲抛物面等。

表 1.11　索穹顶结构代表性工程实例

工程名称	竣工年份	平面尺寸或跨度/m	屋面覆材/体系类型/索杆圈数/结构特征及设计预应力	备注
首尔奥林匹克击剑馆[193,194]	1986	φ89.92	PTFE 膜/肋环型球面索穹顶结构/3 圈/平面环索、平面外压环梁。索采用多股 φ15.24mm（破断荷载 260.666kN）钢丝绳平行布置。结构用钢量约 14.65kg/m²	
首尔奥林匹克体操竞技场[193,194]	1986	φ119.79	PTFE 膜/肋环型球面索穹顶结构/4 圈/16 榀，矢高 9.7536m，平面正十六边形环索、平面环梁。施工张拉完成时预应力（由外而内）：环索 2580kN、1579kN、783kN，脊索 1374.5kN、409kN、369kN、734kN，斜索 1081kN、649kN、320kN、31kN，压杆 -387kN、-205kN、-93kN。索采用多股 φ15.24mm（破断荷载 260.666kN）钢丝绳平行布置。结构用钢量约 14.65kg/m²。如图 1.125 所示	
红鸟穹顶[195]	1988	91.4×76.8 超椭圆形	PTFE 膜/肋环型球面索穹顶结构/2 圈/建筑立面高度 24.34m，平面环索、平面环梁	
佛罗里达太阳海岸穹顶[196]	1989	φ209.702	PTFE 膜/肋环型球面索穹顶结构/5 圈/整体倾斜 6°，24 榀，平面环索、屋盖结构自重约 24kg/m²	
亚特兰大乔治亚穹顶[197,198]	1992	233.5×186	PTFE 膜/联合方型近似椭圆面索穹顶结构/4 圈/最外圈网格数 26。平面环索。平面网壳网格数 24.384m，12.2m。平面椭圆形对称截面钢筋混凝土箱形环外宽 7.9248m，内宽 1.524m，每圈压杆的高度由外列内分别为 18.593m，高 6.7056m，高 0.9144m。设计风荷载下 0.75m，设计活荷载下 0.72m，均小于结构跨度的 1/250。沿长轴方向 52 根柱。计算分析节点最大位移下的平面桁架长 56m，高 10.668m。结构自重约 30kg/m²。如图 1.126 所示	2017 年 11 月 20 日拆除
台湾桃园穹顶[199]	1993	φ120	PTFE 膜/肋环型球面索穹顶结构/4 圈/平面环索、平面环梁	
美国皇冠穹顶[200,201]	1997	φ99.7	金属板/肋环型刚性屋面索穹顶结构且斜索出屋面/3 圈/18 榀，平面环索、上下两层平面环梁在一个锥面上。第 1 圈斜索出屋面与上压环连接、脊索分叉与下压环连接。如图 1.127 所示	
阿根廷拉普拉塔体育馆[202,203]	2011	219×171	PTFE 膜/联合方型双向张弦型索穹顶结构/4 圈/平面环索、建筑平面为两半径 85m 圆相交，相交点采用两端为 Y 形的拱撑开。两圆圆心水平距离 48m。外压三角形环桁架平面放置、宽 9m，高 13m。如图 1.128 所示	
内蒙古伊金霍洛全民健身体育中心[204]	2009~2010	φ71.2 圆形、矢高 5.5，重度 4.092	PTFE 膜/肋环型球面索穹顶结构/3 圈/平面环索、周边平面环桁架建筑立面高度 30m。沿环向共 20 榀，3×φ60mm、φ38mm，φ65mm，脊索自内而外，环索□300mm×300mm×20mm（上下拉环）、3×φ40mm、3×φ60mm，斜索 φ32mm，φ38mm，索截面规格：脊 φ38mm、φ48mm、φ56mm，压环 φ194mm×8mm、φ219mm×12mm。高强度钢绞线破断强度 1670MPa，脊钢材材质 Q345B。设计预应力分别为：斜索 φ38mm、φ48mm、φ56mm，压杆 φ194mm×8mm、φ219mm×12mm，内初始预应力分别为 2588kN、1215kN 和 852kN	

续表

工程名称	竣工年份	平面尺寸或跨度/m	屋面覆材体系类型/索杆圈数/结构特征及设计预应力	备注
天津理工大学体育馆[205]	2016	101.6×81.8 椭圆形	金属板/负高斯曲率曲面索穹顶结构/4 圈/支座平面长 100.544m，宽 81.326m。最外圈为联方型，其余为肋环型。16 榀。压杆钢管截面有 ϕ159mm×5mm，ϕ245mm×10mm，ϕ299mm×10mm 三种。双曲抛物面外压环梁，最高点标高 27m，最低点标高 21.000m。高钒索截面规格按照横截面积有 1787mm^2、2494mm^2、3271mm^2、6671mm^2 和 8855mm^2 五种。矩形截面钢筋混凝土环梁截面积达 4.5m^2，箱形钢内拉环梁□600mm×450mm×18mm×18mm。索杆体系总用量约 353t。如图 1.129 所示	
雅安天全体育馆[206]	2016	ϕ77.3 圆形	金属板/型球面索穹顶结构/3 圈/平面环索，周边平面环桁架/共设三道环索，自内向外位于 6m、18m、28.325m 半径处。径向索采用内置肋环型，中圈和外圈菱花型，环向 15 等分的布置方式。最内圈与最外圈斜索与水平面夹角约为 25°，中圈斜索与水平面夹角高取为 30°。直径 77.3m 的外环筋混凝土梁截面尺寸为 2.5m（宽）×1.9m（高）。构件截面规格（自内而外）：脊索依次为 ϕ57mm，ϕ68mm，ϕ72mm。下斜索依次为 ϕ34mm，ϕ45mm，ϕ72mm。环索依次为 ϕ50mm，2×ϕ60mm，2×ϕ100mm，竖向压杆依次为 ϕ146mm×6mm，ϕ194mm×12mm，ϕ245mm×16mm。中心上刚性环ϕ280mm×30mm。钢材材质 Q345B，高轧光面拉索采用钢绞线钢丝破断强度 1670MPa，结构理论用钢量约 14.3kg/m^2。如图 1.130 所示	
佛山德胜体育馆[207]	2022	105.5×125.5 椭圆形	PTFE 膜/联方型与肋环型混合布置索穹顶结构/4 圈/平面环索，如图 1.131 所示	

(a) 实景

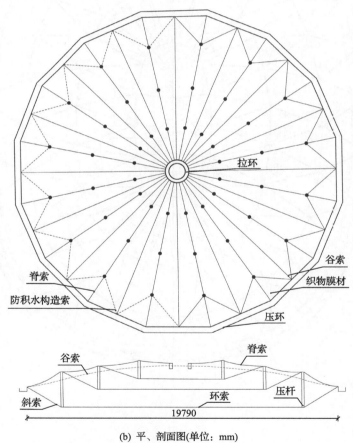

(b) 平、剖面图(单位: mm)

图 1.125 首尔奥林匹克体操竞技场

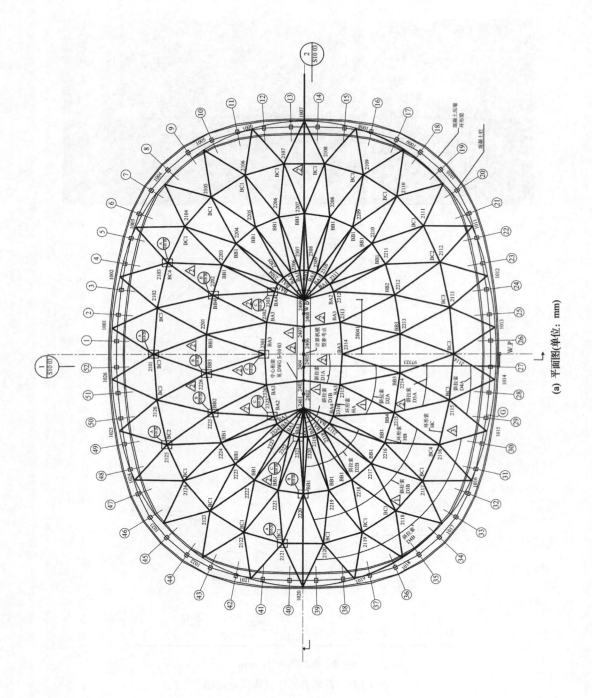

(a) 平面图(单位: mm)

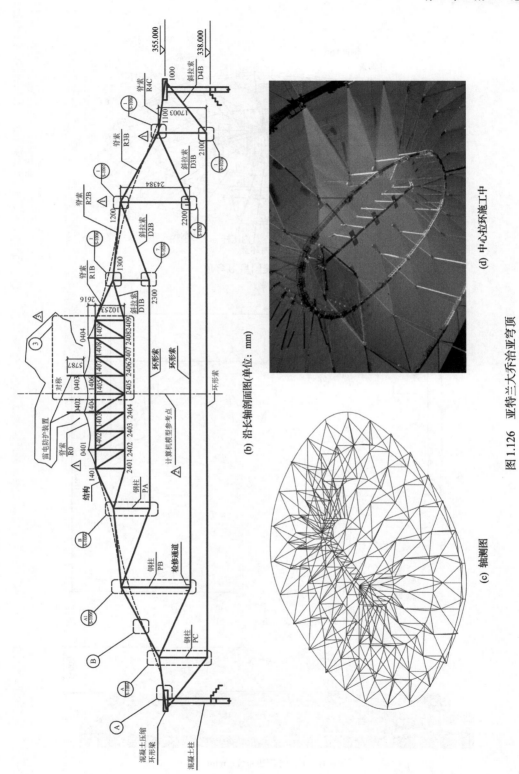

(b) 沿长轴剖面图(单位：mm)

(c) 轴测图

(d) 中心拉索施工中

图1.126　亚特兰大乔治亚穹顶

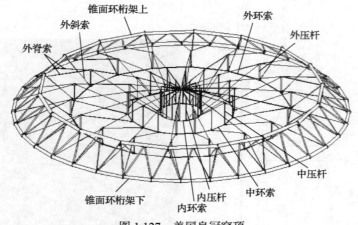

图 1.127　美国皇冠穹顶

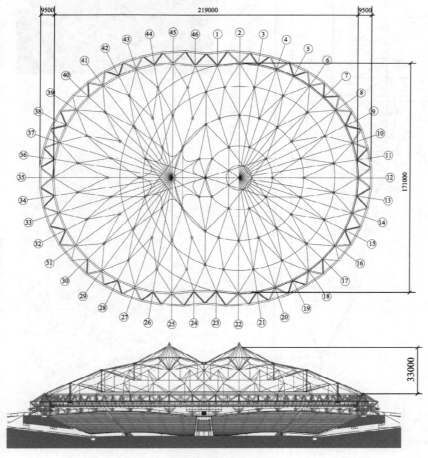

(a) 平、剖面图(单位：mm)

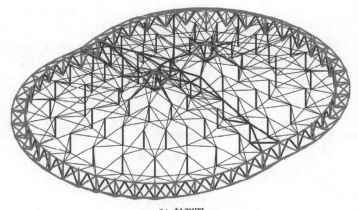

(b) 轴测图

图 1.128　阿根廷拉普拉塔体育场

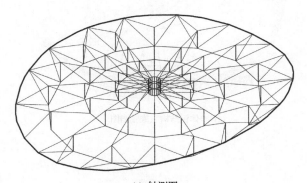

(a) 轴测图

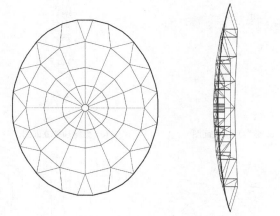

(b) 平面图　　　　　　　(c) 侧立面图　　　　　　　(d) 正立面图

图 1.129　天津理工大学体育馆

(a) 平面图

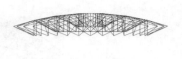

(b) 三维轴测图

(c) 立面图

图 1.130　雅安天全体育馆

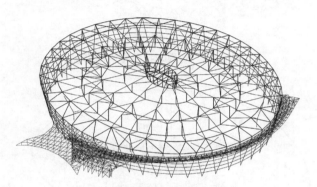

(a) 整体钢结构三维轴测图

(b) 索穹顶平面图

(c) 索穹顶正立面图

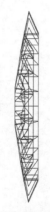

(d) 索穹顶侧立面图

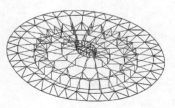

(e) 索穹顶三维轴测图

(f) 脊索布置

(g) 压杆布置

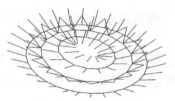

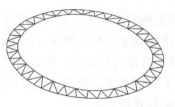

(h) 下斜索和环索布置　　　　　　　　　(i) 外环桁架

图 1.131　佛山德胜体育馆

1.2.3　组合体系

第一类组合空间结构是指柔性体系在上面、刚性体系在下面的空间结构，如斜拉网格结构和悬索网格结构。

第二类组合空间结构是指柔性体系在下面、刚性体系在上面的空间结构，其上部结构一般为单层网格结构，下部结构一般为静不定动不定体系或静不定动定体系。组合空间结构可按照上部结构的曲面形状分类或按照下部结构即索杆体系的构成分类。按前者分类可分为规则曲面组合空间结构和自由曲面组合空间结构，包括柱面组合空间结构(如张弦梁(桁架)结构)、球面组合空间结构(如球面弦支穹顶结构)、椭球面组合空间结构(如椭球面弦支穹顶结构)、悬链面组合空间结构(如悬链面索桁式弦支体系)和自由曲面组合空间结构。按后者分类可分为可索穹顶式弦支体系(肋环型和联方型)、索桁式弦支体系(平面索桁式、空间索桁式)、索网式弦支体系(等应力索网式、不等应力索网式)等。

第三类组合空间结构是指刚柔体系空间混合布置，彼此不独立、分界面通常不连续的空间结构，如预应力网格结构。

1. 预应力网格结构

引入预应力的空间网格结构(网架与网壳)称为预应力网格结构[①]。

预应力有如下特点：

(1)从结构力学角度，预应/内力为自应力，主动张拉单元与被动张拉单元或构件内力自平衡，内力流封闭，满足平衡方程。

(2)一般通过主动张拉或温度变化引入，人为设定或改变构件的内力分布和大小，体现人的主观能动性和控制的思想。

---

① 严格而言，预应/内力是指体系内部自平衡的内力流，即通常结构力学中的自应力或自内力。习惯上将在体系内部引入预应力的空间网格结构称为预应力网格结构，可主动预应力构件间断布置且不成单独的体系，这是狭义的理解，广义上包括所有需主动或被动施加预应力的空间网格结构，如斜拉网格结构和悬索网格结构等。预应力是一把双刃剑，只有合理适当地引入方可改善构件内力大小和分布、结构刚度及减小体系挠度等，否则易导致结构设计不安全或体系可靠度降低。值得指出的是，采用调整支座竖向相对高差在网格结构中引入的预应力实际上是依靠支座节点强迫位移作用下网格结构产生的内力，该部分内力依赖于支座节点强迫位移的大小和分布(等同于由支座强迫位移而引起的支座反力的作用)，而非与外荷载或外部作用无关的自内力。因此，这些网格结构设计巧妙，但不是严格意义上的预加自应力结构，称为预调整应力分布结构更为确切。支座强迫位移应力、荷载应力、温度应力等均依赖于体系外部作用而非体系内部构件无应力下料长度。预应力设计的目的在于主动灵活地利用自应力，无论采用何种间接或直接手段引入预应力，只有当该部分应力以自应力为主时，预应力设计才有可能是有效的。采用反拱等施工手段在拉索或者钢拉杆中产生的拉应力只是荷载应力。

· 123 ·

(3)从应变能的角度,体系引入一部分人工强迫施加的应变能,储存于体系内部,体系一般为保守体系或小位移下的保守体系。

(4)从非线性有限元的角度,局部自应力或整体自应力的存在对柔性体系而言,主要作用在于提供柔性体系张成及维持几何形状所必需的几何(应力)刚度,张成及维持体系的形状几何和拓扑几何。

预应力网格结构引入预应力的方式[208]有以下几种:

(1)在网架下弦平面下设置预内力索。

(2)沿网壳周边设置预内力索。

(3)网格结构通过支座高差强迫就位,如盆式搁置就位,使正常使用阶段(常态荷载①作用下)支座反力比较均匀。

预应力网格结构的特点如下:

(1)改变网格结构的构件内力分布和大小即减小构件内力和支座反力峰值,降低结构用钢量。对于网壳结构,如采用支座滑动、限位构造措施,可形成常态荷载下无水平支座反力的自平衡体系。

(2)可改变网格结构的整体刚度,有效减小结构挠度,改变结构的动力特性。

(3)制作下料、安装和同步分级施工张拉技术要求高。

(4)采用改变支座就位高差,从而改变结构内力分布而引入预应力的方法简单经济。

表 1.12 给出了预应力网格结构代表性工程实例。由表可见,建筑造型和结构形式丰富新颖,结构跨度有逐年增大的趋势,预应力引入合理、适当可较大幅度减小结构用钢量。

图 1.134 为预应力网格结构工程实例照片。由图 1.132～图 1.134 和表 1.12 给出的代表性工程实例可见,该类体系呈现出较为清晰的发展脉络,一方面,预应力设计从桁架内到下撑式桁架外、从盆式支座强迫搁置就位被动引入预应力到拉索或预应力筋主动张拉、从间断到连续、从单向到双向以及从平面到三维布索等已然成为张弦体系和弦支体系;另一方面,预应力网格结构的基础理论由等代荷载法到涵盖预应力设计和施工全过程的分析方法[229]亦日臻完善。

2. 拱支结构

拱支结构是拱结构与网格结构、索网或膜结构、张弦体系等相结合而形成的一种组合空间结构。拱可在其他结构上面(拱吊)、下面(拱托)或同曲面内(拱翼),但习惯上统称为拱支结构。拱具有优美的弧线和节省材料的优点,但其支座水平推力较大且稳定性问题突出。

拱支结构的形式有以下几种:

(1)按照拱轴线曲线代数方程可分为平面圆拱、抛物线拱、悬链线拱和其他平面曲线拱等,按照拱轴线几何特征可分为平面曲线拱和空间曲线拱,简称平面拱和空间拱,其

---

① 常态荷载:建筑物正常使用阶段的永久作用和可变作用,如重力荷载和活荷载的某个统计分位值如 50%活荷载等。

表 1.12　预应力网格结构代表性工程实例[1]

工程名称	竣工年份	平面尺寸或跨度/m	体系类型/结构特征/预应力引入方法	备注
美国西部州立大学体育馆	1963	ϕ91.5	肋环型桁架结构/36 榀钢桁架辐射状布置，简支于桶状内环和外压环梁之间/钢桁架下弦施加预应力	
天津宁河体育馆[209]	1984	正方形平面 42×42×3	正放四角锥网架/网格尺寸 3m×3m，下弦标高 10.500m，钢管 6 种截面规格共 1564 根，空心球节点 461 个。周边下弦节点设支座 15 个/边，共 15×4–4(角点)=56 个。设计用钢量 28.5kg/m^2，实际用钢量 31.6kg/m^2，预制钢筋混凝土屋面板/盆式搁置就位，角支座与边界中支座相对高差 9cm。通过调整支座高度使网架内力重分布而引入预应力，支座相对高差设计以各支座竖向反力相等为原则，取 1/4 平面内边中支座与角支座相对高差依次为 0、1mm、7mm、16mm、30mm、48mm、68mm、90mm。跨中最大内力减小 16%，节省用钢量约 12%	
重庆一中体育馆	1993	37.8×37.8×2.34 四周悬挑 5.4	斜放四角锥网架/结构用钢量 23.1kg/m^2/盆式搁置就位，周边支座相对高差 6.1cm	
重庆南开中学体育馆	1993	长六边形 33×66×2.2	斜放四角锥网架/结构用钢量 19.8kg/m^2/盆式搁置就位，二对边及四斜边支座相对高差分别为 2.8cm 及 7.3cm	
上海国际购物中心[210]	1993	27×27，截去腰边一角	正放四角锥组合网架，如图 1.132(a)所示/螺栓球(环)节点。楼盖采用预制混凝土楼板。结构用钢量 48kg/m^2/下弦平面下 20cm 处增设 4 束高强钢丝束	
广东连州市第一中学综合用房[211]		36×40	局部双层扁网壳，如图 1.132(b)所示/厚 1.25m，采用 3 号钢无缝钢管、焊接空心球、角钢檩条和彩钢复合板。屋面节点荷载 8.5kN，矢跨比 1/5，边桁架矢跨比 1/12.6。结构用钢量 21.2kg/m^2/四点支承，边缘采用 7×7ϕ5mm 钢绞线一束，预拉力 700kN，安全系数为 2.35	
河南开封市空间结构厂钢材仓库[211]		36×36	简支正交正放网架，如图 1.132(c)所示/周边钢筋混凝土柱柱距 6m，柱顶标高 8.000m 处设置 300mm×600mm 钢筋混凝土联系梁，周边上承式搁置于联系梁上。厚度 3m，网格尺寸 3m×3m。荷载：钢丝网水泥板 1kN/m^2；找平层(20 厚)0.42kN/m^2；二毡三油 0.3kN/m^2；活载 0.5kN/m^2；其他荷载 0.25kN/m^2。结构用钢量 14.58kg/m^2/折线式对角线预应力，张拉钢绞线 2×12×7ϕ5mm，短柱预应力 500kN	
攀枝花市体育馆[212-214]	1994	ϕ64.9435	八角形三向桁架球面网壳，如图 1.132(d)所示/顶面标高 27.900m，跨度 60m，矢高 8.9m。网壳厚度 1.8m。周边悬挑 1.94～4.16m 不等。鼓形螺栓球和少量焊接空心球。结构用钢量 49kg/m^2/八点支承，柱距 24.850m。沿八边桁下间断布索，预应力值 1050kN	
广东清远市体育馆[215-218]	1995	边长 45.61 正六边形，矢高 8.0	6 块组合型三向双层扭网壳，如图 1.132(e)所示/跨度 79.0m，对角线长 93.648m，周边悬挑 1.5m，网壳厚度 2.8m。由 6 块单轴对称的双层扭网壳、1 个三向双层平板网架和 6 条三角形采光带拼接而成。采用 8300 多根 10 余种截面规格钢管ϕ63mm×3.5mm～ϕ163mm×25mm，13 种 1800 多个焊接空心球节点ϕ200mm×5mm～ϕ850mm×40mm。屋面围护系统采用压型钢板。结构用钢量约 45kg/m^2/6 点支承，柱距 39.5m，对角柱跨度 89m，周边设 6 道预应力索，每索采用 4 束 7×7ϕ5mm，预应力值 1600kN	

续表

工程名称	竣工年份	平面尺寸或跨度/m	体系类型/结构特征/预应力引入方法	备注
广东高要市体育馆[215]	1995	54.9×69.3	4块组合型三向双层抽网壳/对角线长88.4m,周边悬挑3.2m,网壳厚度2.5m,13种管杆件φ60mm×3mm~φ213mm×18mm,12种焊接空心球φ750mm×30mm。结构用钢量40.17kg/m²/4点(每边中点)支承,支承间共设4道预应力索,每索采用3束7×7φ5mm,预应力值1400kN	
广东阳山县体育馆[211]	1996	36×40	双层三向预应力柱面网壳结构,如照1.132(f)所示彩钢复合板和C型檩条屋面,结构用钢量25kg/m²在两端和中央部位设拉索,预应力值350kN	
郑州碧波园[219,220]	1996	80×80 等边八边形,矢高18.5	对角线局部三层(变高度)八面锥网壳,如照1.132(g)所示平面正方形四角切去8m,网格尺寸4m×4m,厚度2.8m。螺栓球节点,结构用钢量43.5kg/m²下部钢筋混凝土环梁供周边支承,支座水平可滑动。4对边端支座间沿边界共设4道预应力索,每索预应力值700kN	
广东新兴县体育馆[221]	1997	54×76.06	4块组合型三向单双层混合扭网壳结构用钢量28.2kg/m²/4点(每边中点)支承,支承间共设4道预应力索	
西昌铁路分局体育活动中心[221]	1997	59.7×42.7×1.25, 矢高6.15	矩形底球面网壳1~6m柱面网壳外挑,球壳的曲率半径64.77m。杆件数2291根(含4根拉索),节点数627,预制混凝土壳板416块。钢材强度等级Q235,节点配置为螺栓球与空心焊接球混用。14个支座采用橡胶垫板减振并释放温度应力。结构设计用钢量28.48kg/m²/沿纵向七点支承,类似两铰拱桁架,采用下撑式桁架内直求对称配索,拉索2根6或8×φ15.24mm(破断强度1860MPa),热塑PE套管高强度钢绞线,QM型锚具。分三次施加预应力,预应力值2轴115kN,6轴160kN	
江苏宿正市文体馆[222]	1999	80×62.5×3 椭圆平面	双向正交桁架系双曲抛物面网壳,如照1.132(h)所示上弦杆短轴方向φ180mm×10mm,长轴方向φ76mm×4.5mm,腹杆φ83mm×5mm;下弦杆短轴方向φ114mm×8mm,长轴方向φ76mm×4.5mm;球节点φ400mm×14mm/周边独立柱支承,在短轴方向沿下弦管内穿预应力筋8φ15.2mm,预应力值625kN	
苏州工业园区星海游泳馆[223,224]	2000		柱面网壳与平板网架不等高拼接屋盖一部分为柱面网壳(不上人屋面),另一部分为平板网架(上人屋面),两部分连接处存在标高差/两部分网架采用一大型桁架连接,桁架内配置4根拉索	
嘉善县体育馆[224]	2002	78×72 椭圆形平面	双层柱面叉筒网壳采用桁架外布索的形式,减小坡形网架的水平推力作用	
成都世纪城新国际会展中心[225]	2005	89.98	体内预应力桁架结构,如照1.133所示由9个主廊柱,8个连接体和正面1个斜形大雨篷(悬挑27m)组成半圆形辐射状的建筑群,主廊每个单体平面呈腰鼓形,会展中间三角形桁架组成,跨度50.766~91.928m,会展中间呈圆曲线型的形状,柱网10m×15m~150m²,除两端山墙外,其余9榀主桁架下弦管内施加大小不等的预应力。柱子为钢筋混凝土柱,钢管截面规格φ700mm×14mm,其中抗风柱φ650mm×10mm,混凝土强度等级为C40	

续表

工程名称	竣工年份	平面尺寸或跨度/m	体系类型/结构特征/预应力引入方法	备注
中国国际展览中心(新馆)[226]	2006	71×172矩形平面,跨度33.6	体内预应力倒三角形立体桁架结构渐建八座展悟平面尺寸均为71m×172m的矩形,屋架跨度为70.2m,柱距18m,端跨柱距21m。展馆屋盖采用倒三角形立体预应力管桁架,三角形桁架横截面尺寸为4.0m×4.5m(跨中)~4.0m×3.5m(支座),跨高比15.6。桁架上弦和腹杆采用圆钢管,下弦采用方钢管,预应力布索于桁架下弦杆内。端部两端桁架件上弦杆为□377mm×(13~15)mm。中间各榀桁架上弦杆为□351mm×(11~15)mm,下弦杆为□350mm×(14~16)mm,桁架斜腹杆为φ140mm×4.5mm~φ245mm×8mm共四种,各类杆件均采用Q345B钢材。索预张力分别为1023kN和923kN	
东北师范大学体育馆[227]	2007	约70	体内预应力三角立体桁架结构/屋面沿横向布置16榀三角形空间桁架,桁架跨度70~40m,高度2.7~1.5m。沿桁架下弦钢管内通长设置预应力拉索,在钢管内设置钢绞线定位置钢绞线,形成体内预应力大跨度钢管桁架结构。钢材强度等级Q345C。索采用φ5mm~φ7mm钢丝捻制而成的钢绞线。低松弛钢绞线,弹性模量不小于1.95×10⁵MPa。体内预应力使钢管桁架求得一组自平衡力,从而在桁架端头一组与使用荷载作用下各杆件用符号相反的平衡荷载,可以部分或大部分抵消结构在竖向重力荷载作用下引起的网架杆件内力和结构变形	
绍兴县体育中心体育馆[228]	2011~2014	126×86	椭球面(第1圈为索夸顶式联方型)4平面环索为上弦网格为助环圈,布置网格数环向36,径向6,每两圈径向梁下设四角锥腹杆,下弦采用助环型梁布置的拉索,形成共18榀环向三角立体环向拉结索,最外圈环索均为φ65mm,破断强度与最外圈环索和次外圈斜腹杆一起构成预应力型压杆接触式弦支体系。高钒索截面规格均为φ65mm,破断强度为1670MPa。密支体系与施工张拉完成后径向索最大索力894kN,环索最大索力1158kN。屋盖结构体系可看成预应力双层网完结构,密支体系与施工张拉方型完结构的二次组合,亦或是空间径向索,这取决于4圈环索体系,这取决于18道下弦连续径向索的设计意图和施工张拉方案。从施工张拉后后索力分布来看,环索与径向索力为一个数量级,因此可判断其内力在一个数量级,因此判断其为预应力双层网壳完结构较为合理	

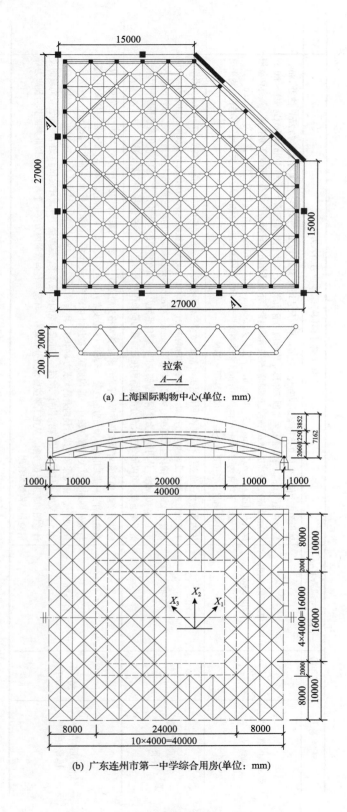

(a) 上海国际购物中心(单位：mm)

(b) 广东连州市第一中学综合用房(单位：mm)

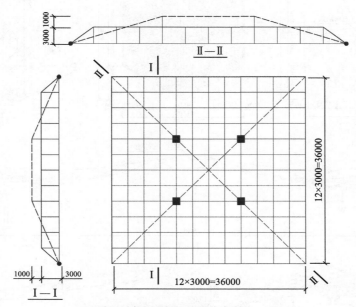

(c) 河南开封市空间结构厂钢材仓库(单位：mm)

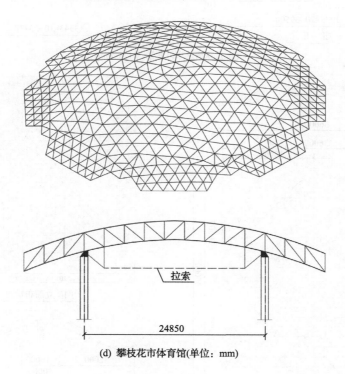

(d) 攀枝花市体育馆(单位：mm)

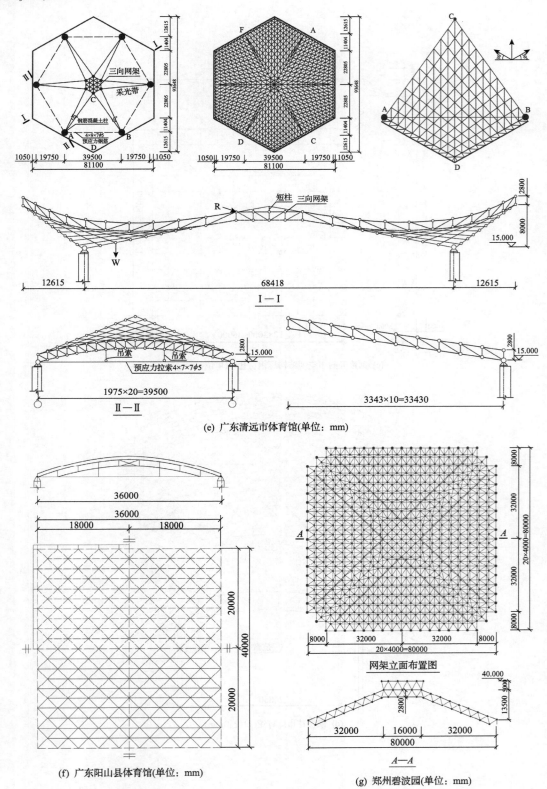

(e) 广东清远市体育馆(单位：mm)

(f) 广东阳山县体育馆(单位：mm)

(g) 郑州碧波园(单位：mm)

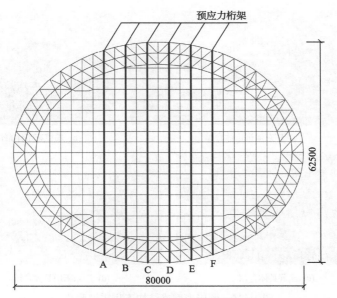

预应力桁架

62500

A B C D E F

80000

(h) 江苏宿迁市文体馆下弦平面图(单位：mm)

图 1.132 若干预应力网格结构工程

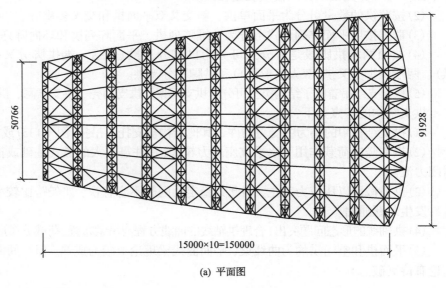

50766

91928

15000×10=150000

(a) 平面图

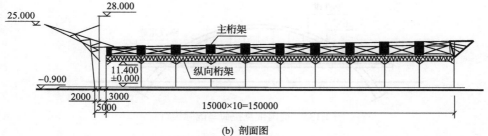

25.000

28.000

主桁架

11.400
±0.000

纵向桁架

−0.900

2000 3000
5000

15000×10=150000

(b) 剖面图

图 1.133 成都世纪城新国际会展中心(单位：mm)

(a) 广东清远市体育馆　　　　　　　　　　(b) 攀枝花市体育馆

(c) 嘉善县体育馆　　　　　　　　　　(d) 广东阳山县体育馆

图 1.134　预应力网格结构工程实例照片

中平面拱可分为无铰拱、两铰拱和三铰拱。

(2)按照拱的数量可分为平面单拱、斜交叉双平面拱和交叉多拱等。

(3)群拱按照平面阵列形式可分为一维阵列拱、平面阵列拱和环向阵列拱等。

(4)按照两端拱脚段是否分叉可分为拱脚分叉拱(包括一端拱脚分叉拱(如人字形拱)、两端拱脚分叉拱(双人字形拱))和拱脚不分叉拱。

(5)按照支或吊着的子结构类型可分为拱支网架、拱支网壳、拱支索网、拱支膜结构等。

拱支结构的特点如下:

(1)拱支结构中的拱为主受力构件,其他结构被支托、吊拉(图 1.135)或翼带。

(2)拱在竖向荷载作用下水平支座反力较大,往往需要大的墩式基础或拉索来传递或封闭力流。

(3)拱横截面以压应力为主,因此其稳定性问题不容忽视,如矢跨比较小的平面扁拱容易发生跳跃屈曲。

(4)拱轴线的形态问题突出,合理拱轴线的曲线方程与吊索布置、荷载分布形式密切相关。

(5)平面拱和空间拱均为曲线梁,平面曲线梁理论上较为成熟,但空间曲线梁的简化理论有待突破。

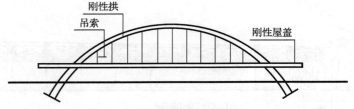

图 1.135　美国俄克拉荷马国际银行

拱支(网格结构、索网或膜结构)结构代表性工程实例如表 1.13 所示。

表 1.13 拱支（网格结构、索网或膜结构）结构代表性工程实例

工程名称	竣工年份	平面尺寸/m	体系类型/拱轴线类型与结构特征	备注
圣马梅斯球场[230]	1952 改造	—	下承式拱支网格结构，如图 1.136 所示两个看台结构形式类似，采用 500mm 厚抛物形的弧形门廊，同幅 6m，高度约 28m。西侧或主看台屋面支承于一个 115m 跨度的双金属拱门上，由 Don Carlos Fernández Casado 设计，其历史可追溯至 1952 年。支撑拱的牛腿采用预应力混凝土设计，牛腿长约 23m，高 18.50m，厚 1m，预应力由水平和竖向两束拉索组成：10 根水平拉索 12×φ12.7mm 位于牛腿区域，4 根垂直拉索 27×φ12.7mm 布置于立柱的外侧	2013 年拆除
耶鲁大学冰球馆[231]	1958	97×56	拱支双曲抛物面索网结构，如图 1.137 所示/平面钢筋混凝土无铰拱，拱矢高跨度=18m/73m，在结构平面中央 73.2m 范围内拱轴线均为抛物线/建筑立面出室外地面 20.117m。支承拱的两曲面悬臂净跨 55.8m。支承索网的两根柱子之间纵向净跨 69.5m，索网采用钢索截面规格 φ24mm。每片主索网中横向悬臂端水平间距 1.83m，共 38 根，即 38×1.83m=69.54m。纵向钢索 9 根，4 根悬挂于拱两外端水平相对点之间，另外 2 根的曲形钢桁架之间。长 15.3m 的曲形钢桁架之间。沿拱两边悬挑端横向布置备 6 根钢索，水平间距 2.44m，即 6×2.44m=14.64m。拱顶中央截面宽×高=900mm×1500mm，截面由拱支承的两侧和外端。顶到两拱脚逐渐增加到图 6×3300mm。拱的两侧分别另设 3 根 φ45mm 直拉索，连接拱顶和两侧端之间垂度为 13.1m，在拱的两支面悬臂墙顶设钢筋混凝土曲梁截面宽×高=2140mm×460mm。屋面用护钢系统木企口板长×宽=200mm×50mm 与拱顶中央截面之间垂度为 3.36m。设计几何下横向钢索形状假定为抛物线。两拱 150mm×50mm 木板，其上覆盖一层油纸和一层钢板。拱两边悬挑及墙面之间的垂度为 2.75m，柱顶端及墙面之间垂度为 0 预应力通过纵向隐定竖向预应力通过纵向隐定索施加	
驹泽体育馆[232]	1964	正八边形	木拱支结构，如图 1.138 所示/十字交叉平面/四边形拱支与两邻边三角形拱支承的四片三角形组合。1/50 模型试验结果：分 64 个点施加设计荷载(p=950kg)时，拱架中央竖向位移 4.78mm，壳中央竖向位移 3.55mm，壳前端竖向位移 9.23mm	
岩手县立体育馆[233]	1967	70×67.4	拱支单层索网结构，如图 1.139 所示/拱截面采用箭形，由拱顶到支座逐渐变大，拱脚处支撑水平拉杆来平衡支座反力，拱跨度 56.64m。两侧索网悬挂在拱上与屋面抛物线斜的交点上。屋面雨护系统采用预制混凝土板	
西安秦俑博物馆[233,234]	1979	204×72 矩形	拱支面网壳结构/平面二次抛物面三铰拱拱矢高 14.4m，跨度 72m，拱矢跨比 1/5，钢拱截面采用箭形格构，底铰采用轻型铸钢口式铰。屋盖结构用钢量 40.22kg/m²	
莫斯科科风雨赛车场[231]	1979	168×138 近椭圆形	拱支钢薄膜结构，如图 1.140 所示/平面三铰拱拱跨度 168m，扁钢板带宽 750mm，厚 6mm，同幅 6.3m 悬挂于内外拱之间，再覆盖 4mm 厚钢板形成马鞍形钢板薄膜结构，一对钢板断面 2m×3m，由厚度 20mm、40mm 钢板焊成。拱轴线以恒荷载和均布荷载作用下的压力线确定。屋盖结构用钢量 157kg/m²	
慕尼黑冰球馆[235]	1983	104×67 椭圆形	拱支单层索网结构，如图 1.141 所示/平面无铰拱拱矢高 18.5m，跨度 104m，中央倒三角形钢管桁架拱撑起两侧马桁架上弦 φ267mm×60mm，下弦 φ244.5mm×60mm，索网正支网载形索网结构，索轴线由小立柱和斜拉索构成。屋面雨护系统上覆木网格上覆聚氯乙烯聚酯薄膜。格尺寸 0.75m×0.75m，索截面为 φ11.5mm 高强度钢绞线	

续表

工程名称	竣工年份	平面尺寸/m	体系类型/拱轴线类型/结构特征	备注
卡尔加里速滑馆[236]	1986	87.5×198.5 椭圆形	预制装配式钢筋混凝土空间交叉拱结构/单拱为平面二次铰接/预制拱与纵向轴线成67°交角，形成菱形网格。每临大拱均由4段预制空心杆件采用预应力技术装配而成。截面宽从1.8m变为2.0m，上顶面宽1.32m，下底面宽0.8m，每段空心杆长度达25m，重约45t。沿屋顶周圈布置有φ1.5m的钢筋混凝土圆柱和截面有φ1.5m的斜支撑，间距为18.5m，用来支撑屋顶拱结构。在每根斜支撑的顶部，安装有圆盘形铰支座，铰支座最大承压力为8453kN，最大侧向抗剪能力为1495kN，转动可达2.5%。后张预应力束设置在拱截面的四个角部，每束包含7×φ16mm钢铰线，破断强度1760MPa。所有的纵向普通钢筋和后张预应力束全部连续贯穿拱截面的全长，预应力所提供的总轴向压力为4110kN	
北京石景山体育馆[237]	1988	正三角形平面，边长98.8	拱支扭网壳结构/空间三叉形角无铰拱，如图1.142所示屋盖平面呈正三角形，边长98.8m，柱距6.6m，由三组（6根）与水平面成26°59'夹角的钢梁及三片四边形双层双曲钢网壳组合而成。6根钢梁与屋脊的顶环梁、下部的混凝土支座的三个角组成。屋盖的三个角均悬挑出建筑物外（长×宽×高=17.6mm×9mm×2.05mm）均钢筋混凝土边梁上。每块网壳周边加劲焊接于钢梁及钢筋混凝土边梁上。梁的变截面式，为上窄下宽的变截面曲面（双曲抛物面），下端宽900mm，每片短挑出建筑物外包尺寸为6.6m。双层组网壳的曲面是非正交直纹曲面（双曲抛物面），竖向厚度1.5m，三向片边长29.0m（水平投影26.2m），长边46.9m（水平投影45.4m），网格划分为每边10等分，拱桁架为φ108mm×6mm 和状钢管杆件规格：直桁架一般为φ121mm×6mm，斜桁架为φ108mm×6mm，拱桁架为φ121mm×6mm 和φ140mm×6mm，腹杆均为φ63.5mm×4mm，节点采用φ400mm×10mm焊接球。结构用钢量约62.0kg/m²	
四川省体育馆[238-240]	1988	近似矩形的八边形，99.35×78.37	拱支索网网结构，如图1.143 所示二次抛物线无铰拱，拱轴线方程为 $\begin{cases} z=\dfrac{4\times41.51}{105.369^2}y^2\cos7°, & \|y\|\leq\dfrac{102.451}{2} \text{(供矢高} \\ x=\pm z\tan7°=\pm3.15 \end{cases}$ 39.243m，跨度102.451m，拱顶标高约36.000m，拱顶标高约21.000m。边梁标高36.000m，边梁采用直于拱跨方向等间距布置的45束主索和平行于拱跨方向布置的10束副索组成。裹缘厚25cm，两侧壁厚20cm。每片索网由垂直于拱跨方向等间距布置的45束主索和平行于拱跨方向布置的10束副索组成。主、副索均采用22φ5mm平行钢丝索，破断强度1568MPa。两拱间设12根预应力混凝土拉索。屋盖结构用钢量34kg/m²	
青岛体育馆[241-243]	1990	74×87 卵形	拱支索网结构，如图1.144所示两斜交平面圆弧无铰拱，圆半径55m/拱矢高30.5m/cos28°49'，拱跨度109m，两平面反向倾斜28°49'27"相交。钢筋混凝土箱形截面拱自下而上由5200mm×3600mm变至交叉点处的3000mm×1500mm，交叉点以上为等截面，交叉点处从4.5m长度方变为交叉点中心一道水平隔墙。两拱间设16道立柱。周边2000mm×1000mm钢筋混凝土平面圈梁支承在36扁斜柱上，斜柱倾斜83°，圈梁平面倾斜13°10'和11°5'(左侧短跨)。索网正交网格尺寸为1.5m×2.0m，左、右垂直于拱跨度方向均设主索47束，副索分别为16束到21束。索规格5×7φ5mm，7×7φ5mm，9×7φ5mm，12×7φ5mm钢绞线，安全系数取3.0	

续表

工程名称	竣工年份	平面尺寸/m	体系类型/拱轴线类型/结构特征	备注
江西省体育馆[244,245]	1985～1990	88×84.32 长六边形	拱支三角锥平板网架结构，如图 1.145 所示/钢筋混凝土无铰拱/拱矢高 51m、跨度 88m，拱轴线在标高 20.000m 以上为拱轴系数 m=1.347 的悬链线，标高 20.000m 以下初步设计阶段为曲率半径 90m 的圆弧，施工图阶段改为抛物线。拱截面为箱形变截面，拱顶处 2m×1.5m(宽×高)、拱脚处 2m×4m，壁厚 200～250mm，横隔板间距 6m。支承网架的两榀桁架，跨度 68.5m，宽 8m，高 2m，在有竖直吊杆(10 对 ϕ32mm 精轧螺纹钢，f_u=900MPa)处设置垂直支撑。三角锥网架厚度 3.01m，采用焊接球节点 ϕ300mm～ϕ400mm，等边三角形网格，边长 3.69m，矢高 2.5m，矢跨比 1/15。屋面围护系统采用聚氨酯夹心保温压型钢板。屋盖结构用钢量 54.87kg/m²	
北京朝阳体育馆[246-249]	1990	66×78 近似椭圆形	悬索+拱支索网结构，如图 1.146 所示/平面抛物线无铰拱/拱矢高 5.23m、跨度 54m，悬索和钢拱轴线均呈平面抛物线形式，分别布置在相互对称的四个斜平面内，为悬索+拱支索网结构，拱跨度 57m，悬索跨度 59m，平面呈橄榄形。运动场地 34m×44m，场地净高 13.14m。两片鞍形索网分列在中央索拱结构两侧，各以中央钢拱及外缘的钢筋混凝土卧梁作为边缘构件。两个边缘卧梁顶点之间的距离为 66m，卧梁两端点之间的距离为 78m。主悬索截面取为 7 束 6×ϕ15mm(7ϕ5mm)。索网曲面方程为(图 1.146(e)) $z(x,y)=\frac{h+h_1}{2}\left(1-\frac{y^2}{b^2}\right)-f\times\left(1-\frac{y^2}{b^2}\right)^2+\frac{h-h_1}{a+a_1}\left[x-8.25-\frac{a-a_1}{2}\times\left(1-\frac{y^2}{b^2}\right)\right]+\frac{4f}{a+a_1}\left[x-8.25-\frac{a-a_1}{2}\times\left(1-\frac{y^2}{b^2}\right)\right]^2$ 其中，$a_1=6.75\text{m}, a=24.75\text{m}, b=39.0\text{m}, h_1=9.0\text{m}, h=8.4\text{m}, f=2.0\text{m}$。 索网网格尺寸取为 3m×3m(副索间距稍有变化)，主索和副索均采用 6×ϕ15mm(7ϕ5mm)高强度钢绞线。钢桁架拱采用等腰三角形(高 1.8m、底宽 1.2m)立体格构式截面，其上弦 ϕ245mm×16mm，下弦为 2×ϕ168mm×12mm，腹杆 ϕ89mm×8mm，上下弦节间长度均为 3m，50 个焊接空心球节点 ϕ500mm×32mm。钢拱支座按嵌固考虑，矢跨比 0.335。钢拱顶点高度比钢筋混凝土卧梁顶点高度高 0.6m，两顶点间承重索垂度为 2m，卧梁顶点与支点的高差为 8.4m。钢筋混凝土卧梁的轴线也是位于斜平面内的抛物线，卧梁矩形截面宽度 0.8m，高度则从跨中的 2.0m 变到两端支座处的 3.2m，中间按正割规律变化。卧梁边拱曲线长度 100m 左右，施工中设置了 3 条后浇带。钢拱曲线方程 $y=5000\times\left(\frac{x}{2600}\right)^2$，卧梁曲线方程 $\frac{y}{24.73}=1-\left(\frac{x}{39}\right)^2$。钢拱材质 3 号钢，钢筋混凝土卧梁采用 250 号混凝土。屋盖结构用钢量 52.2kg/m²	
东京体育馆[250]	1990	ϕ120	拱支网格结构，如图 1.147 所示/屋面围护系统采用 0.5mm 不锈钢板	

续表

工程名称	竣工年份	平面尺寸/m	体系类型/拱轴线类型/结构特征	备注
广岛白龙穹顶[251]	1991~1992	50×47	拱支索网结构，如图1.148所示拱矢高约19.5m，跨度约60m，大型梳齿状接头胶合木格构拱(2根220mm×(1300~1800)mm组装面成)，正交索网网格尺寸约500mm×500mm。索网由从拱形梁朝向外周部的一侧10根间隔4~4.5m，φ34mm承重索和正交的一侧7根φ40mm稳定索构成。屋面围护系统采用PTFE膜材厚0.6mm。长期荷载态设计索力130~210kN	
上海石化总厂师大三附中体育馆[252]	1994	30×50	单层加劲肋柱面网壳/平面抛物线平面二铰拱肋跨度30m，矢高8m。构件截面规格：φ140mm×3mm，φ145mm×4.5mm，φ158mm×6mm，φ152mm×8mm，φ300mm×12mm，球φ300mm×8mm。屋盖结构用钢量约24kg/m²	
盖尔法姆球场[253]	1994	—	拱支型钢梁结构/腹板开孔的型钢梁。桁架拱的上弦，一端支承于钢筋混凝土看台顶部，一端悬吊在倒三角形立体桁架拱下弦之下。桁架拱的拱脚采用菱形格构单元。桁架拱跨度140m，重78t，短边方向桁架拱重40t。由于桁架引起较大的水平和竖向荷载，每个角落都承受超过7000kN的横向荷载	
哈尔滨工业大学体育馆[254,255]	1995	58×64.2 八边形平面	拱支网壳结构/三角拱变交叉拱支系由4根变截面斜桁架梁梁组成，斜桁架梁支承在下部三角形钢筋混凝土支腿上。在基础位置沿斜桁架梁方向设置2根交叉的预应力钢筋混凝土拉杆以平衡水平推力。双层网壳网厚度1.2~4.5m与斜桁架梁高度一致，采用双向正交桁架系。单层网壳杆件水平向正交布置。为便于施工时控制节点位置，网壳所有节点均布置在直纹曲面上。屋盖结构用钢量47kg/m²	
汉中体育馆[255]	1998	65×86	拱支网壳结构/交叉拱支系采用格构式箱形截面，较大的双层壳亮度厚度1.5m，较小的双层壳亮厚度因有较大悬起采用3.0m。拱脚水平推力采用柱基及地下锚板平衡。屋盖结构用钢量57.3kg/m²	
朗盛竞技场[256]	1996~1998	—	拱支网格结构，如图1.149所示平面无铰拱/拱矢高76m，跨度184m	
广州体育馆[257]	2001	160×110 近似椭圆形	拱支锥面双层网壳，如图1.150所示，平面立体桁架拱/拱矢高24m，跨度160m。体育馆、训练馆和大众活动中心的屋盖均由圆锥在对称轴两侧切去一部分合并而成，锥角分别为24.5°、26°和36°。纵向跨度分别为160m、151.5m和140m，横向跨度分别为110m、70m和30m，矢高分别为24m、16.3m和12.6m。体育馆：78幅次桁架沿锥面放射状布置，上弦口250mm×250mm×14mm(20mm)方钢管，下弦采用圆管，次桁架一端采用圆管与主桁架连接，另一端采用垂直交叉预应力钢管，上、下弦之间设垂直交叉预应力聚乙烯(成品φ102mm×19mm)方钢管×89mm×19mm(2φ102mm×19mm)厚钢板与钢环螺连接，沿桁架次长度每隔10m上弦采用40mm厚钢板与钢环板与钢环螺连接，拉索采用垂直交叉预应力钢拉索，主场馆、训练馆和大众活动馆采用白色高密度聚乙烯(成品φ18mm)，训练馆和大众活动馆分别施加30kN、25kN、20kN的预应力	
大邱体育场[258]	2001	—	拱支单向立体桁架结构/二铰立体桁架拱/拱矢高约56.7m，跨度310m，每片穹棚为双拱，主拱与背拱之间搭接二次结构，屋面围护系统采用PTFE玻璃纤维膜材。背面拱由多个斜柱往支撑。为了防止由下往上的风荷载及控制变形，主拱与背拱之间搭接二次结构，屋面围护系统采用PTFE玻璃纤维膜材，膜表面设248根压压膜索	

续表

工程名称	竣工年份	平面尺寸/m	体系类型/拱轴线类型/结构特征	备注
光明球场[259]	2003	—	拱支网格结构，如图1.151所示/4拱立面高度43m	
重庆袁家岗体育场[260]	2003	每片罩棚312×78梭形，厚度4.5	拱交叉平面桁架结构/二铰拱拱矢高约46.6m，跨度312m。东西看台上各设一个平面投影为梭形的罩棚，每片罩棚南北两端地点直线距离312m，东西方向最大宽度78m，最大悬挑长度68m，罩棚曲面最高点距地约60.3m。罩棚曲面为球面和柱面相交而成。球面的方程为 $x^2+y^2+(z+a)^2=R^2$，其中 $R=288.690$m，$a=241.700$m。支座圆弧C3所在圆的方程为 $(x+f)^2+y^2=R_3^2$，其中 $R_3=126.553$m，$f=43.553$m。圆柱面C1的半径 $R_1=1322.340$m，圆柱面C2的半径 $R_2=211.329$m。网壳结构构件规格：钢管最大截面 $\phi720$mm×37mm，最小截面 $\phi95$mm×5mm，焊接空心球 $\phi900$mm～$\phi350$mm，铸钢节点 $\phi900$mm。钢材材质 Q345B。拱水平推力约21000kN，罩棚结构用钢量约121.3kg/m²，总用钢量4341t	
南京奥体中心体育场[261]	2004	$\phi285.6$ 圆形	拱支网壳结构/平面无铰拱拱矢高64m，跨度372.4m。变截面等腰三角形钢桁架拱轴线与水平面夹角45°，底边由中间的宽15m变至5m，高由7m变至2m，材质为Q345C。3根弦杆外径均为 $\phi1000$mm，壁厚20～60mm，直接入拱脚顶标高为7.000m的钢筋混凝土墩内固接，拱脚水平推力达13000kN。连接拱脚地梁长400m，内设拉索8根24ϕ15.24mm高强度钢绞线。设计总控制张拉力20000kN。屋盖结构总用钢量12153t	
雅典奥林匹克体育场[262-264]	2004	4只拱脚中心的矩形平面140×297.34	拱支脊助骨型网架结构，如图1.152所示/平面无铰拱拱矢高约79.248m，跨度304.8m。上拱面4点支承两只钢拱横跨场约上方，主吊索 $\phi90$mm～$\phi104$mm，次吊索 $\phi40$mm。4个拱脚墩子平面尺寸20m×16m，每个墩基础采用32～48根桩 $\phi1500$mm，人土深度约31m。钢管下拱 $\phi3600$mm×3250mm×95mm，扭拉下拱 $\phi3600$mm×3250mm×95mm，人土深度约31m。屋盖面围护系统采用5000片14.44kg/m²蓝色透明塑料片(聚碳酸酯)，透光率55%，厚度16mm，面积约24000m²。屋盖结构总用钢量约8500×2=17000t	
武汉长江防洪模型试验大厅[265-267]	2005	450×99	拱支预应力网架结构/4对平面无铰拱，拱轴线平面与竖直面夹角为±11.3°拱矢高约45.5m，跨度120m。正正放四角锥网架下弦设置预应力拉索并暗置斜向桁架。平面分5个区，各区网架南北向99m，东西方向90m，南北方向跨中厚度为3.5m，南北方向为圆曲线，矢高1.6m。每个梯形桁架拱横截面高度3.5m，顶面上底宽为2.24m，下底宽1.0m。拱脚弦杆最下部两个节间内灌C40混凝土。结构共采用38根水平拉索和104根竖向吊索，均采用破断强度1670MPa的低松弛55ϕ5.3mm半平行钢丝束PE索。南北方向预应力混凝土地梁截面为800mm×800mm，采用破断强度1860MPa的4束7ϕ15.2mm无黏结预应力钢绞线。东西结预应力混凝土地梁截面为500mm×500mm，采用1束7ϕ15.2mm无黏结预应力钢绞线，张拉控制应力均为0.5p_{tk}=930MPa。地梁混凝土强度等级均为C40。水平拉索和吊索索锚头采用冷铸镦头锚。网架节点采用焊接空心球和螺栓球节点。屋面围护系统为压型钢板附加保温层。预应力设计原则：在结构承受恒载(包括结构自重和屋面系统荷载)作用时，水平拉索力为620kN，竖向吊杆下挂点竖向位移约为零	结构总用钢量约62.3kg/m²，其中屋面预应力混凝土钢丝网55ϕ6.3mm半平行钢丝束的4束7ϕ15.2mm无黏结预应力钢绞线，采用1束7ϕ15.2mm无黏结预应力钢绞线，张拉控制应力均为0.5p_{tk}=930MPa。屋面围护系统恒载约62.3kg/m²，地梁混凝土强度等级均为C40。网架(Q235B)43kg/m²，吊杆、拉索约1.3kg/m²。吊索总用钢量约62.3kg/m²18kg/m²，拉索约

续表

工程名称	竣工年份	平面尺寸/m	体系类型暨拱轴线类型/结构特征	备注
复旦大学正大体育馆[268]	2005	65×95	拱支网壳结构，如图1.153所示半圆形平面二铰拱，拱轴线平面与水平面夹角76°/拱矢高约50m，跨度100m。屋盖平面由6榀拱间距12m的横向桁架交叉而成和1榀纵向桁架组成，支承于周边混凝土环梁上。纵向拱采用2×φ1200mm×24mm。网壳上弦φ203mm×10mm，下弦φ273mm×12mm，腹杆φ133mm×7mm。横向桁架上弦φ140mm×5mm，下弦φ140mm×7mm，腹杆φ76mm×5mm。横向次桁架上弦φ180mm×7mm，外船套管φ240mm×18mm。纵向次拱φ150mm×7mm。压杆φ140mm×7mm。两船横向镀锌钢丝组成。钢桁架采用Q345B钢材。屋面结构用钢量（除大拱以外）约为25kg/m²	屋盖大拱采用φ140mm×5mm，纵向次拱φ180mm×7mm，外船套管φ240mm×18mm，纵向次拱之间φ35mm不锈钢拱之间下拉索采用φ35mm不锈钢拱的受力稳定索由φ5mm高强度镀锌钢丝索，连接大钢拱的受力索与稳定索采用φ35mm不锈钢拱。大钢拱总用钢量约为250。屋面周围护系统采用PTFE膜材
哈利法国际体育场[269]	1976, 2004~2005改造, 2014~2017再次改造	—	拱支索网结构，如图1.154所示	
华南理工大学体育馆[270,271]	2006	99.8×70	拱支预应力钢筋混凝土扭壳结构，如图1.155所示十字形交叉平面二折线无铰拱屋盖采用无黏结预应力钢筋混凝土组合扭壳。由4片扭壳组成，左右对称，上下对称。平面投影均为平行四边形，支承于边梁和中间的空间砼拱架上。边梁500mm×1200mm，拱截面由顶部600mm×1200mm变至根部600mm×1800mm。扭壳中间部分厚度为130mm，在壳体边承3.6m范围内渐变至200mm。屋盖平面投影长轴28.662m，短轴70.0m，平面投影面积约6568m²。大壳体平面投影面积约为1630m²，四角点标高分别为28.662m，10.538m，18.800m，11.692m；小壳体平面投影面积约为1280m²，四角点标高分别为28.662m，10.538m，16.908m，12.439m。壳体混凝土强度等级为C45。壳体内最大轴向预应力筋4×15φ15.2mm@600mm，考虑30%预应力损失后壳体内单位长度最大弯矩为9.4kN·m/m。壳体中面双层双向布置竖直母线布置的大部分无黏结预应力筋4×15φ15.2mm@600mm，壳体中面双层双向提供213kN/m的压力，基本可消除壳体内双向无黏结预应力。壳体中实配双层双向普通钢筋φ10mm@150mm，板厚130mm，M_k=20.8kN·m/m，安全系数为2.2。距离边缘构件3.6m范围内弯矩利拉应力较大，最大弯矩为36.8kN·m/m，故辅以局部加强配筋φ10mm@150mm。壳体板厚附加大至200mm，M_k=68.4kN·m/m，安全系数为1.8。拱脚同设置预应力混凝土拉杆（拱脚水平推力最大11000kN）长度分别为150.826m和110.847m，截面尺寸为1400mm×1000mm，配置4束25φ15.2mm预应力钢绞线，破断强度1860MPa，预应力筋孔道直径为120mm	
北京理工大学体育馆[272]	2006	91.2×131.2	拱支桁架结构，如图1.156所示平面二铰双圆弧拱拱矢高约22.3m，跨度87.3m。拱轴线平面倾斜25°，建筑立面高度28.9m。四边形截面桁架拱下吊挂有10榀倒三角形钢筋混凝土圆弧拱次桁架，在两侧拱脚处端端精动铰支在钢筋混凝土圆弧拱梁上。最大跨度约31.4m，次桁架最短高62.654m，最大跨度为21.3m。次桁架最高为21.3m，最大跨度约为21.3m。在拱中部次桁架中部吊点间距最大为21.256m，在两侧拱脚处吊点间距最小为13.188m。次桁架最长为90.76m，宽0.7~1.2m。桁架拱管材质选用Q345C，弦杆φ480mm×20mm，腹杆φ203mm×12mm，竖杆φ203mm×10mm。桁架拱管材质选用Q345B，上弦杆φ325mm×14mm，腹杆φ245mm×12mm，竖杆φ351mm×16mm。拱下吊杆φ245mm×10mm；双拱架之间联系桁架系钢架杆质Q345B，上弦杆φ203mm×10mm（φ180mm×10mm），下弦杆φ245mm×12mm（φ203mm×10mm），腹杆φ133mm×7mm。次桁架间联系桁架上下弦杆φ159mm×8mm，腹杆φ89mm×4mm；水平支撑φ245mm×10mm	

续表

工程名称	竣工年份	平面尺寸/m	体系类型/拱轴线类型/结构特征	备注
南通体育会展中心体育馆[273,274]	2006	φ306	拱支单层网壳结构，如图 1.157 所示拱矢为约 272m，最大跨度约 55.4m。伴轴线位于半径 204m 球面上，球冠高度 54m。活动屋盖的伴轴线位于半径 206.8m 的同心球面上。固定屋盖结构采用三角形立体桁架柱构架为北南向的斜杆。拱脚为三角形截面立体桁架柱。拱脚落在由合的环状钢筋混凝土基础梁上，基础环梁采用周边加强的单层网壳结构。两片活动屋盖可沿东西方向移动，固定屋盖采用倒三角形截面立体管桁架系。固定屋盖即倒三角形钢管 φ351mm~φ600mm，节点处主管贯通。因屋盖球面关系，两上弦杆不在同一高度即单层网壳钢管 φ351mm 和 φ450mm。活动屋盖采用倒三角形截面钢管 φ351mm~φ600mm。每片活动屋盖下设 22 台台车，节点处下设主管贯通。屋盖行走与牵引方式引力方式如图 1.157(a) 所示。当活动屋盖完全开启时，由在两侧主副牵引设置固定屋盖上行时受 4 处钢索机械设计时的由屋盖自重驱动。当活动屋盖连续成整体，将两片屋盖连接成整体。屋盖结构总用钢量约 11800t，其中单片活动屋盖约 1050t。屋盖开一次需要 20min	固定盖盖上表面构架在固定盖上。固定屋盖结构与固定屋盖的同心球(在开口处断开)以及南北向构架。介于主拱间的 5 道不连续副拱(在开口处断开)以及南北向单层网壳。两片活动屋盖以及斜杆。副拱以斜轴弦杆具不具对称性。活动屋盖机械设计下：每片活动屋盖下设 4 处钢索牵引，下位置采用钢盖加强边的由主拱上方位置采用活动屋盖加强边，在主拱上方位置采用活动屋盖加强。当两侧车挡压车防合时，在两侧位置设置的 22 个液压车挡眼制活动屋盖开一次或合一次需要 20min
嘉兴体育场[275]	2007	—	拱支交叉桁架系/贝壳状屋盖由独立对称的东、西两侧屋盖组成。拱顶最高点 54.6m。每一侧屋盖主要重构件为跨度 270m，弧长 300m 的拱形桁架。单侧布置 11 榀拱形桁架，次桁架与主桁架之间布置 12 榀混凝土角架和 8 榀膜结构。屋盖以 12 组万向转动铰支座与下部混凝土结构连接。屋面围护系统采用 PVC 膜材。屋盖结构用钢量约 3000t	拱顶最高点 54.6m。每一侧屋盖主要重构件为拱形桁架。次桁架与主桁架之间布置 12 榀边框桁架和 8 榀膜结构。屋面围护系统采用 PVC 膜材。屋盖结构用钢量约 3000t
伦敦新温布利球场[276,277]	2007	300×280，高 49	拱支交叉张弦梁结构，如图 1.158 所示平面拱矢高约 135m，跨度 315m。拱轴线所在平面与水平面成 112°。夹角。重达 1750t 的巨型拱承担了主屋盖约 60% 的重量，由 12 根 φ457mm×(15~60)mm 纵向钢管和 φ300mm 环向钢管组成，横向空心环 φ9m，同距为 11m，在支座位置为锥为体 φ1.5m。罩棚张弦梁在平面图和立面图中部是弯曲的，跨度达 140m，矢高 15m/屋盖开一次约 60min	拱轴线所在平面与水平面 112°。拱轴线所在平面与水平面 112°。由 12 根 φ457mm×(15~60)mm 罩棚张弦梁在支座位置收缩为锥为体 φ1.5m。罩棚张弦梁在支座位置收缩为锥为体一次约 60min
沈阳奥林匹克体育中心五里河体育场[278]	2007	—	拱支网壳结构/倾斜放置的平面无铰拱/拱矢高约 82m，跨度 360m。拱水平推力约为 36000kN，屋盖结构总用钢量约 11000t	拱矢高约 82m，跨度 360m。拱水平推力约为 36000kN，屋盖结构总用钢量约 11000t
淄博体育场[279]	2008	318×270 椭圆形	拱支交叉桁架系/圆曲线/拱矢高约 53.0834m，跨度 215.6m。单侧体育场罩棚采用拱支网格结构，拱轴线顶点标高 62.443m，曲率半径约 136m，箱形截面格式拱边长 4m。钢管杆件规格拱式拱边长 4m，Q345C、Q345D。交叉桁架采用角腹式三管拱架最大跨度 44.6m，高度最大为 3m	单侧体育场罩棚采用拱支网格结构，拱轴线顶点，拱轴杆件规格 φ76mm~φ660mm，钢材强度等级拱钢材强度等级为 3m
摩西·马布海达体育场[280,281]	2009	320×280×45	拱支双层索网结构，如图 1.159 所示一端拱脚分叉的人字形无铰拱/拱矢高约 95mm，跨度 360m。大拱箱形截面 5m×5m，重约 2600t，索截面规格 φ95mm，索膜面透光率 50%，透光率 50%，围护系统采用 PTFE 膜材，面积约 46000m²	大拱箱形截面。屋面大拱箱形截面平面拱南平面尺寸 30m×4m。屋面两拱脚基础南平面尺寸 44m×7m，两拱脚基础南平面尺寸 30m×4m。屋面面积约 46000m²

续表

工程名称	竣工年份	平面尺寸/m	体系类型/拱轴线线类型/结构特征	备注
鄂尔多斯东胜体育场[282]	2011	220.458×267.819 椭圆形	拱支网格结构，如图 1.160 所示。平面三铰拱(拱矢高约 128.46m，跨度 330m。矩形截面钢桁架拱平面外倾斜 6.1°。拱截面形心的最大高度为 127m，跨度 330m，拱截面宽度均为 5m。拱脚处截面高度最大为 8m，跨中截面高度最小为 5m。拱弦杆直径约为 1200mm，壁厚取 25mm、30mm 两种。在邻近拱脚的 4 个节间的弦杆中填充 C60 混凝土。拱竖腹杆截面规格 φ402mm×12mm，φ402mm×16mm，斜腹杆截面规格 φ299mm×12mm，φ299mm×16mm，钢材强度等级均为 Q345C。屋盖为球面双层网壳结构，中部开口水平投影 114.445m×80.998m，可开合。吊索采用 φ5mm×241 半平行钢丝束，索间距约为 9.546~9.997m，共 23 对。拉索最长 88.762m，恒载作用下索力 1144.9~1607.5kN。可开屋盖约 500t，开一次或合一次约 18min	
哥斯达黎加国家体育场[283]	2011	251.4×221.0 椭圆形	拱支双层网壳结构/内主拱：采用倒三角形桁架平面与水平面夹角约 63.8°，高跨比 1/5.5。弦杆 6 根，钢管规格 φ600mm×22mm~φ800mm×22mm，两端缩小至 2.5m。拱脚刚接于混凝土墩支座上。外拱：倒三角形桁架拱平面与水平面夹角 32°，高跨比 1/4.1。3 根弦杆截面规格为 φ426mm×16mm~φ800mm×22mm。跨中最大高度 8.0m，桁架最大高度 4.5m。外拱脚也与墩支座刚接。外拱与看台合顶面通过树状支座铰接。半平行钢丝束 PE 拉索(破断强度 1670MPa)水平拉结	

注：有些拱支结构暂未查找到相关结构设计相关文献，包括圣约翰大教堂(1960~1964 年)、詹西尔学生体育馆(1976 年)、晋城体育馆、苗栗竞技场、斯巴达体育场等。

(a) 内景　　　　　　　　　　　　　　(b) 2013年拆除现场

图 1.136　圣马梅斯球场

(a) 外部实景　　　　　　　　　　　　(b) 施工中

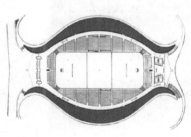
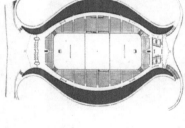

(c) 平面图　　　　　　　(d) 正立面图　　　　　　(e) 纵剖面图

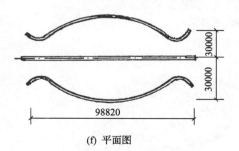
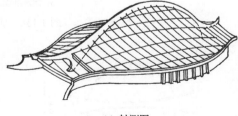

(f) 平面图　　　　　　　　　　　　　(g) 轴测图

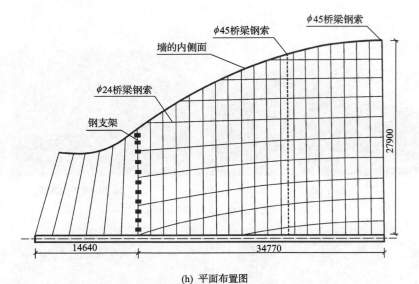

(h) 平面布置图

图 1.137　耶鲁大学冰球馆(单位：mm)

(a) 实景

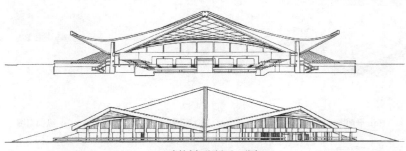

(b) 建筑剖面图和立面图

图 1.138　驹泽体育馆

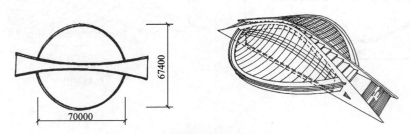

(a) 平面图和轴测图(单位：mm)

(b) 实景

图 1.139 岩手县立体育馆

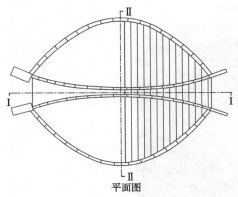
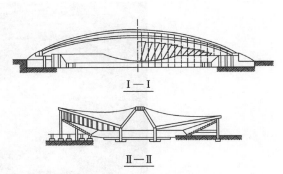

图 1.140 莫斯科风雨赛车场

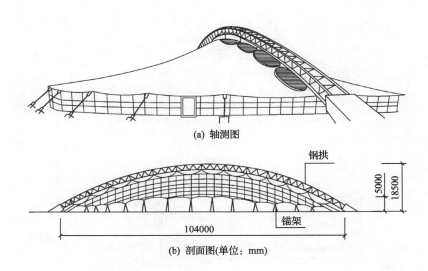

(a) 轴测图

(b) 剖面图(单位：mm)

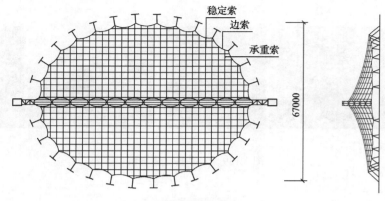

(c) 平面图(单位: mm)

(d) 实景

图 1.141　慕尼黑冰球馆

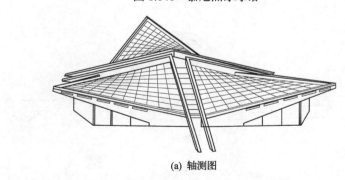

(a) 轴测图

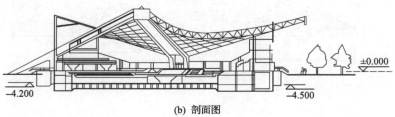

(b) 剖面图

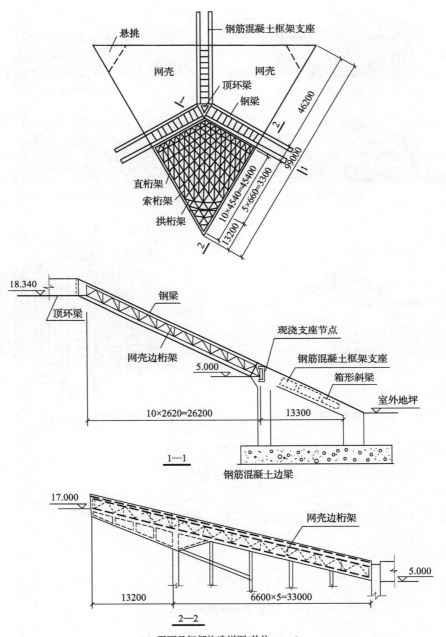

(c) 平面及细部构造详图(单位：mm)

图 1.142　北京石景山体育馆

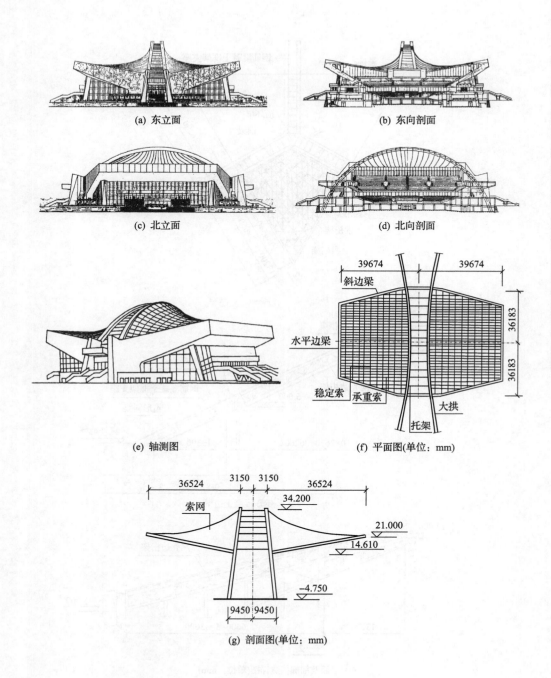

(a) 东立面

(b) 东向剖面

(c) 北立面

(d) 北向剖面

(e) 轴测图

(f) 平面图(单位：mm)

(g) 剖面图(单位：mm)

(h) 效果图

(i) 实景

图 1.143 四川省体育馆

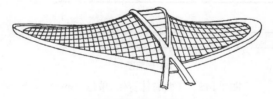

(a) 屋盖轴测图

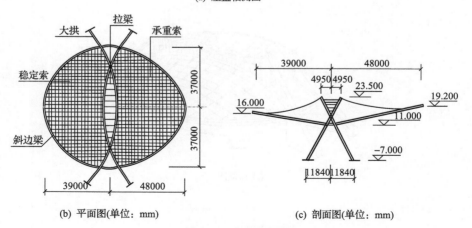

(b) 平面图(单位：mm)　　　　(c) 剖面图(单位：mm)

图 1.144 青岛体育馆

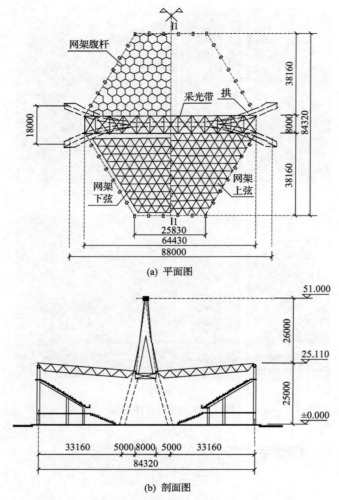

(a) 平面图

(b) 剖面图

图 1.145　江西省体育馆(单位：mm)

初步设计手绘图，施工图阶段略有改动

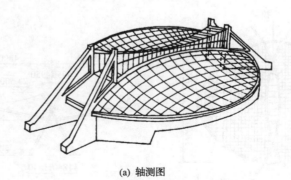

(a) 轴测图

(b) 侧视图

(c) 鸟瞰图

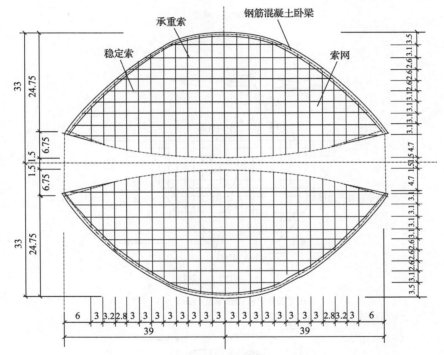
(d) 屋盖结构平面图(单位：m)

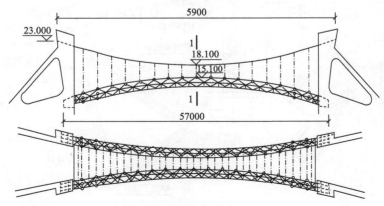
(e) 纵剖面和钢拱平面(单位：mm)

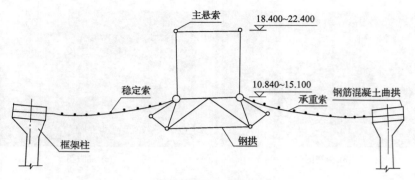

(f) 体系构成示意图

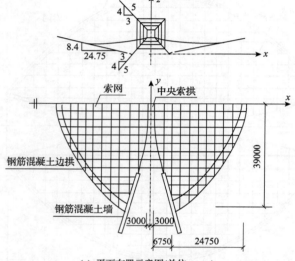

(g) 平面布置示意图(单位：mm)

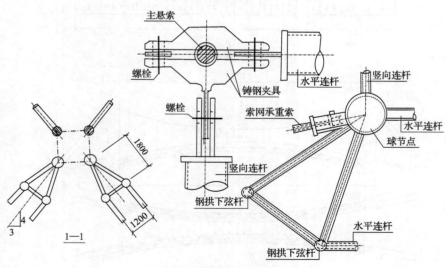

(h) 节点大样图(单位：mm)

图 1.146　北京朝阳体育馆

图 1.147　东京体育馆

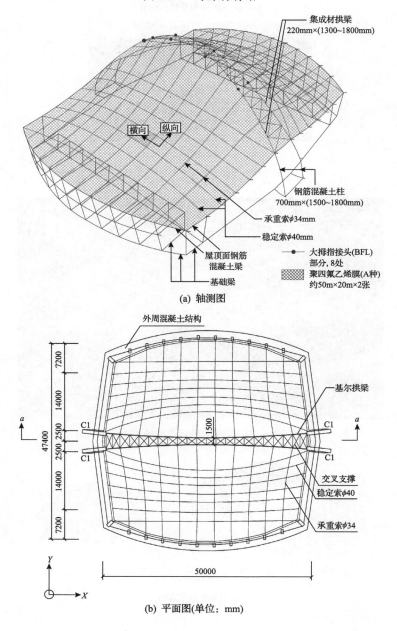

(a) 轴测图

(b) 平面图(单位: mm)

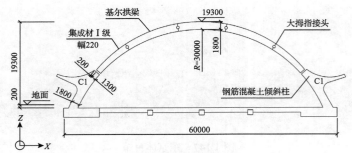

(c) *a—a*剖面图(单位：mm)

(d) 实景

图 1.148　广岛白龙穹顶

图 1.149　朗盛竞技场

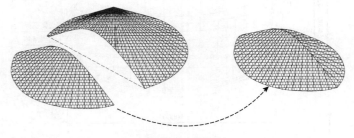

(a) 曲面生成示意图

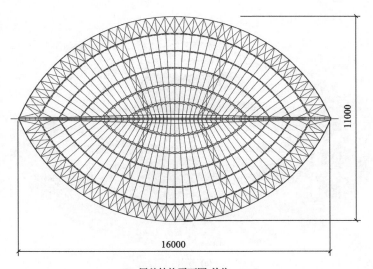

(b) 屋盖结构平面图(单位：mm)

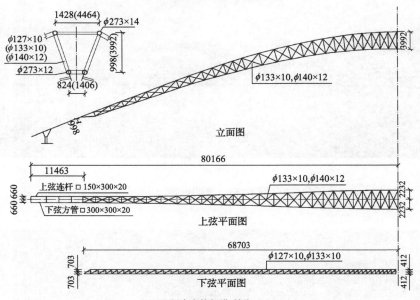

(c) 纵向主桁架拱(单位：mm)

(d) 外景

(e) 内景

图 1.150　广州体育馆

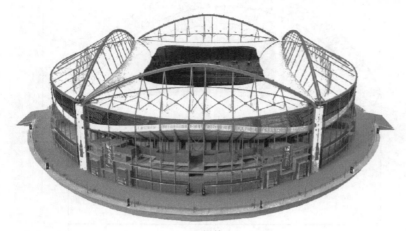

(a) 场外

(b) 场内

图 1.151　光明球场

(a) 全景

(b) 体育场

(c) 自行车馆

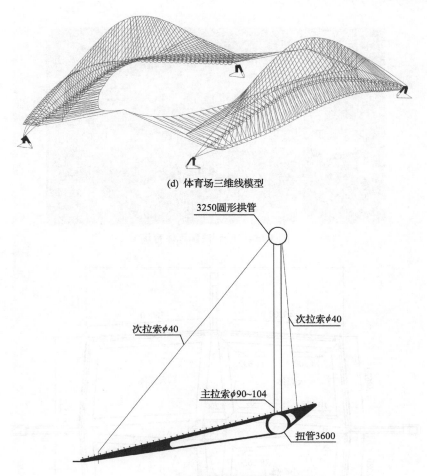

(d) 体育场三维线模型

(e) 体育场剖面图(单位：mm)

图 1.152 雅典奥林匹克体育场

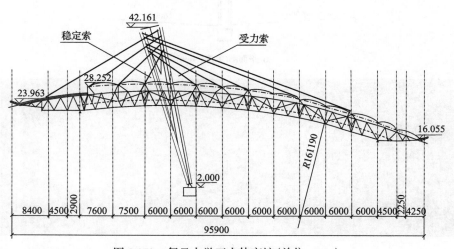

图 1.153 复旦大学正大体育馆(单位：mm)

图 1.154　哈利法国际体育场

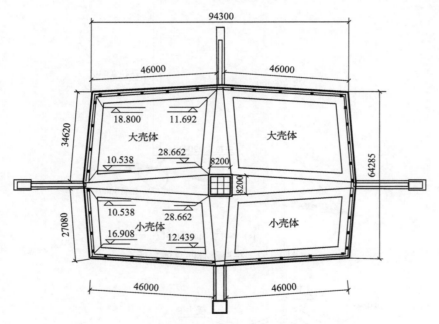

(a) 平面图(单位：mm)

(b) 效果图

(c) 实景

图 1.155 华南理工大学体育馆

(a) 效果图(左)和实景(右)

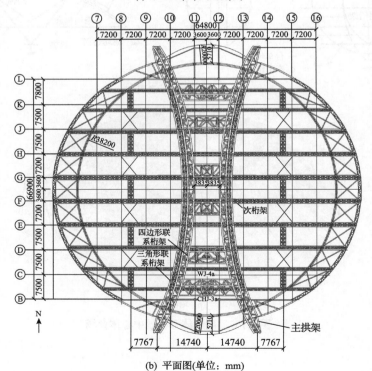

(b) 平面图(单位: mm)

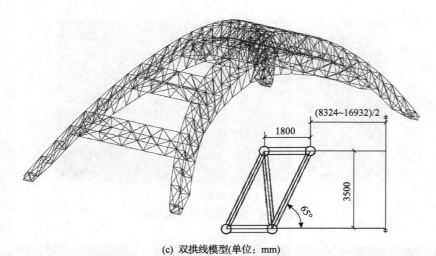

(c) 双拱线模型(单位：mm)

图 1.156　北京理工大学体育馆

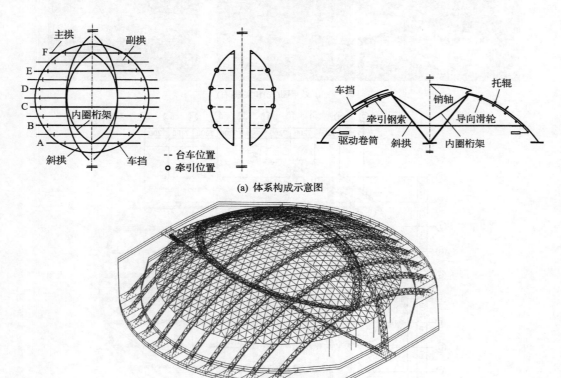

图 1.157　南通体育会展中心体育场

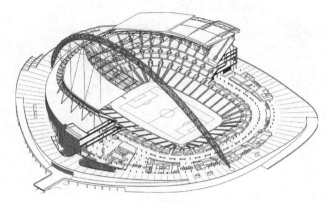

(a) 三维剖面图

(b) 纵剖面图

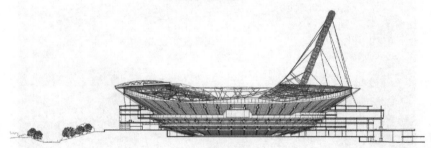

(c) 横剖面图

(d) 实景

图 1.158 伦敦新温布利球场

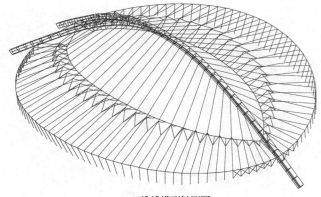

(a) 三维线模型轴测图

(b) 场外

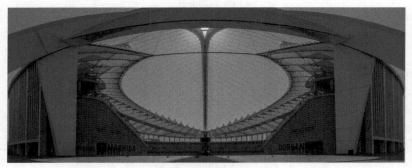

(c) 场内

图 1.159　摩西·马布海达体育场

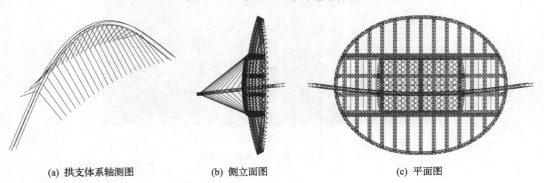

(a) 拱支体系轴测图　　　　(b) 侧立面图　　　　(c) 平面图

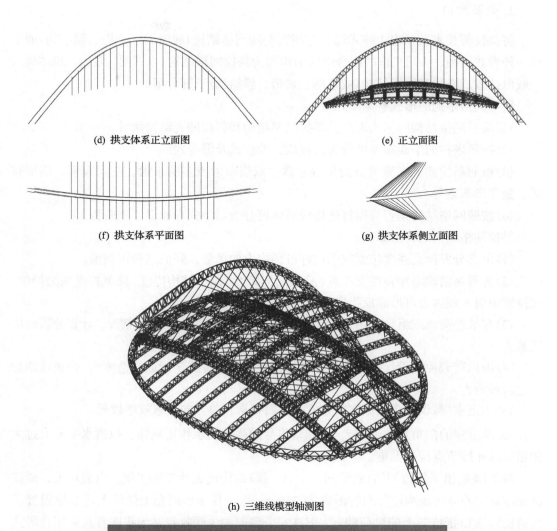

(d) 拱支体系正立面图

(e) 正立面图

(f) 拱支体系平面图

(g) 拱支体系侧立面图

(h) 三维线模型轴测图

(i) 立面实景

图 1.160　鄂尔多斯东胜体育场

3. 斜拉结构

将斜拉桥技术及预应力技术综合应用到空间网格结构(或索网、索桁、膜结构)而形成一种形式新颖、协同工作的组合空间结构称为斜拉网格结构(或索网、索桁、膜结构)，一般由拉索、塔柱和网格结构(或索网、索桁、膜结构)三部分组成。

斜拉网格结构的形式有以下几种：

(1)按照网格结构的形式可分为斜拉网架结构和斜拉网壳结构两种。

(2)按照塔柱的平面布置可分为内柱式、外柱式及混合式。

(3)按照斜拉索的布置可分为单层布索、双层布索或多层布索、空间布索、扇形布索、竖琴形布索等。

(4)按照网格结构是否与桅杆连接成整体可分为漂浮式和非漂浮式两种。

斜拉网格结构的特点如下：

(1)可充分发挥高强度拉索或钢拉杆可预内力的优势，降低结构用钢量。

(2)为网格结构增加弹性支承点，分割结构跨度，减小结构挠度，降低杆件内力峰值。在拉索中引入预内力可形成反拱挠度。

(3)在某些荷载或组合作用下，拉索可能出现松弛或退出工作的情况，计算分析时应注意。

(4)由风荷载控制设计的斜拉网格结构，宜适当布置稳定索或构造索[①]，张紧或施加一定的预内力。

(5)承重索[①]敷设宜多方位空间布置，平面布索和单方向布索效率较低。

(6)承重索的倾角宜大于 25°，小倾角将导致弹性支承作用减弱、拉索水平分力过大和相应的连接节点构造困难。

表 1.14 给出了斜拉网格(或索网、索桁、膜)结构代表性工程实例。由表可见，浙江黄龙体育中心体育场两塔柱间的距离达 250m，每块月牙形网壳上弦面上巧妙地设置了九道稳定索以抵抗向上的风荷载。太旧高速公路旧关主线收费站为我国首次采用独塔式全方位布索的斜拉网壳。深圳市游泳跳水馆采用纵横向立体桁架系、四根桅杆及十六根斜拉刚拉杆组合的组合空间结构。

此外，还有劲性斜拉结构，如阿威罗市政体育场、莱里亚市政球场和多特蒙德体育场，如图 1.205～图 1.207 所示。斜拉网格结构也有应用于多高层建筑楼盖的例子，如深圳大梅沙万科中心。

---

① 承重索、稳定索、构造索：设计中用于承担或改善体系或构件自身质量引起的静动力效应的索或刚拉杆习惯上称为承重索或承重刚拉杆。用于保持体系构成和几何构形不发生质的变化的索或刚拉杆称为稳定索，一般是指抗风索。构造索是指体系构成上在正常使用荷载下非传力路径上的用于补充构造约束或考虑保证施工过程安全方便的索或刚拉杆。承重索一般需主动或被动施加预内力，稳定索可加亦可不加预内力，构造索无须考虑预内力，张紧即可。承重索和稳定索一般应进入有限元模型计算分析，稳定索在某些工况下可能会退出工作，构造索可不进行模型计算分析。承重索的安装在拆撑之前，稳定索的安装可在拆撑之后，构造索可在施工过程中随时安装，但必须在主索系施工张拉结束后张紧。

表 1.14　斜拉网格（或索网、索桁、膜）结构代表性工程实例[3]

工程名称	竣工年份	网格形式	平面尺寸或跨度/m	体系类型/斜拉索布置及设计参数	备注
费城国际机场环球航空公司维修飞机库[55,284]	1956	折线钢梁	82.4×39.7，悬臂段跨度 37.1	斜拉悬臂梁结构，如图 1.161 所示共 10 榀，平面斜拉悬臂钢梁一维阵列布置，10 根桅杆柱高于屋面 8.4m，同距 9.15m，每根桅杆柱柱顶有铰座设 2 根斜拉索（前 1 后 1）。斜拉索 φ65mm，能承受拉力 1960kN，横承长度 9.15m。横挑前端距离地面 14.3m。屋面围护系统采用预制混凝土槽底面 11.6m，悬挑前端端距离地面 14.3m。屋面围护系统采用预制混凝土槽形板，重约 68.5kg/m²	
布鲁塞尔世界博览会苏联展览馆[54,55]	1958	平面桁梁	150×72 矩形平面	斜拉桁架结构，如图 1.162 所示8 对斜平面斜拉桁架结构同距 18m，16 根桅杆柱，每根桅杆柱柱顶设 2 根斜拉索（前 1 后 1），桅前桅后斜拉人字形桁架跨度均为 12m。格构式立柱为十字形截面，采用 5 根无缝钢管，中央钢管 φ219mm，周围钢管 φ108mm。斜拉索规格 φ40mm，φ6mm 钢丝破断强度采用 1500MPa。屋面围护结构采用 1.5mm 厚的铝合金板	
纽约肯尼迪国际机场[55,285,286]	1960	辐射状钢梁	161×129 椭圆形	斜拉悬臂梁结构，如图 1.163 所示，屋盖平面外伸悬挑 34.8m。外环共有 32 根柱，内环有 6 柱。32 根辐射状布置长度 61~73.5m，高度 1370~2140mm，翼缘厚度 50~75mm，腹板厚度 12.5~25mm。斜拉索规格 φ64mm，每束都是 6 根拉索，预应力 400~500kN/根	2013 年底拆除
斯阔谷滑冰馆[287]	1960	二折线梁	91.44×70 矩形	斜拉二折线梁结构，如图 1.164 所示桅杆高度 18.3m。体系为一维阵列平面双桅杆斜拉二折线箱梁，每根桅杆顶设 3 束共 6 根 φ57mm 高强度钢绞线斜拉索（前 2 束 2+1 根，后 1 束 3 根）。箱梁截面尺寸宽×高=610mm×(610~1070)mm。箱梁转折位置（双坡至面的屋脊）为滑动节点，无荷载时箱梁高 610mm，反之闭合	1983 年拆
塔尔萨展览中心[288]	1966	悬臂梁	—	斜拉二折线梁结构，如图 1.165 所示建筑高度 23m，总重量 19.731t	
迪普戴尔球场[289]	1960~1980	桁架	—	劲性斜拉结构，如图 1.166 所示	
慕尼黑奥林匹克体育场[50,290]	1972	单层正交索网	自由曲面	斜拉单层索网结构，如图 1.167 所示体育场主看台的屋盖面长达 455m，由 9 个单元索网相连而成。正交网格边长 70m 的铰接钢桅杆位于两相邻单元索网之间。每个单元索网有 10 个联点。9 个单元索网各有铰接地锚面板。9 个单元索网之外的两端地锚基础上。体育场有天篷 9 个单元索网组成。正交网格边长 750mm，覆盖 4mm 厚浅黄色有机玻璃面板。主索自由长度为 440m 的主索上，主索固定在场地之外的主索上，最大荷载 50000kN，由天行索网地锚基础上，由平行排列的钢缆组成。单元索网最长 80m，最宽 60m，网索是 φ2.3mm 和 φ3.3mm 镀锌钢丝，由平行排列的钢缆组成。单元索网边长 300kN/m，网缆容许荷载为 150kN/m，及 300kN/m，边坡 φ81mm，钢缆容许边荷载为 3000kN/m，网索和边坡安全系数为 2	

续表

工程名称	竣工年份	网格形式	平面尺寸或跨度/m	体系类型及斜拉索布置及设计参数	备注
西日本综合会展中心[291]	1977	单层平面钢筋混凝土梁格结构	47.7	斜拉结构，如图 1.168 所示，共 8 对桅杆柱，每组 4 根粗桅杆柱顶有 12 根斜拉索（前 8 后 4），每根粗桅杆高度间隔 900mm 锚固。屋盖由 8 个单元组成，每个单元长 21.6m×47.7m。8 个屋顶单元中的 6 个覆盖了大型展览空间，2 个覆盖了中型展览空间。屋顶距离地面约 8m，截面 φ700mm。次梁跨度 42.7m，6 根次梁，截面高 600mm，次梁间距 8m，次梁之间搭设 V 形预制混凝土板厚 50mm。总屋面自重包括防水材料等约 225kg/m²。前桅拉索张拉力为 140～180kN，后桅拉索张拉力为 250～370kN。后桅拉索地面锚固位置距离端面约 25m，地面锚固点需抵抗 890～1080kN（雪工况下）的上拔力，锚键自重约 740kN，4 个直径 1000mm，深 11.45m 的灌注桩来提供另外 900kN 900kN 的上拔力和轴向上拔力，安全系数约 1.5。桅杆根部为平面销，销轴可承受 1800kN 的轴力和 ±100mm 的柱顶位移	
匹兹堡会展中心[292]	1981	网架结构	99×88 矩形	斜拉网架结构，如图 1.169 所示	2001 年拆
佩夏市花卉市场[293]	1981	网架结构	110×110 矩形，平均高度 16	斜拉网架结构，如图 1.170 所示，共 5 对 10 根桅杆柱，每根粗桅杆柱顶设 2 根斜拉索（前 1 后 1）。中央大厅屋盖结构由 110m×20m 的网架组成。前桅拉索吊起网架，后桅拉索连接地锚。网架内设通风设备、照明管线和天桥步道	
伯明翰 England's National[287]	—	网架结构	90×108 矩形	斜拉网架结构，如图 1.171 所示	
马拉西亚球场[294]	1982	网架结构	—	劲性斜拉网架结构，如图 1.172 所示，共 4 根桅杆柱，每根桅杆柱顶设 4 根斜拉索（前 2 后 2）	
悉尼足球场[295,296]	1988	网架结构	—	斜拉网架结构	
千叶县幕张国际展览中心[297]	1989	桁架结构	96×216 矩形	斜拉桁架结构，如图 1.173 所示，由地锚、斜拉索、桅杆柱、部分基础状立体桁架组成	
北京亚运会综合体育馆[298,299]	1990	两块组合型人字形斜放四角锥面双曲面面斜面壳	70×83.052	双塔斜拉双坡曲面网壳结构，如图 1.174 所示双塔筒柱高 60m，各柱向内至屋脊处设 8 根双索面单向拉索。屋盖建筑平面尺寸 80m×112m，椭口外悬挑 4m，人字形斜放四角锥曲面面形网壳下弦网格 6.6m×6.6m，厚度 3.3m。中间屋脊部位设置丁立体桁架。斜拉索用 φ5mm 高强度钢丝，中间索为 φ5mm×75，其余索为 φ245mm×16mm，最大杆件截面为 φ245mm×16mm。焊接空心球节点，最大球径 φ520mm×20，钢材强度等级 Q235。屋盖结构总用钢量约 850t	

续表

工程名称	竣工年份	网格形式	平面尺寸或跨度/m	体系类型/斜拉索布置及设计参数	备注
北京亚运会北郊游泳馆[300]	1990	14榀桁架梁	70×117	双塔斜拉桁架结构/双塔筒结构。双塔斜拉桁架平面99m×70m，各柱间向至屋脊处分别边60m和70m，屋脊处设有斜拉箱形钢梁，长117m，截面宽×高=1.8m×1.8m，壁厚30mm。网架结构由14榀入字形6.6m入字形空心球节点桁架和其间的连系杆焊接形成，焊接空心球为φ500mm×16mm，钢管截面最大为φ219mm×14mm。平行钢丝束拉索采用16Mn钢。平行钢丝束拉索规格φ5mm×(100~140)，最大张拉力963.9~1351kN。屋面围护系统采用彩色金属压型钢板与蒙布泡沫保温材料。屋盖结构用钢量约1518t	
山谷体育场[301]	1990	平面平放空腹桁架梁	—	斜拉平面桁架结构/单侧罩棚。桁杆和悬挑梁均为空腹平面桁架结构，共1组桁杆，高12m（相对屋面，文献中此处不详），悬挑跨度26m。主悬臂梁φ508mm，斜拉索采用φ232.9mm。屋面围护采用φ50mm。主悬臂梁通过焊接I形和T形截面构件相连，后杆和格构式桅杆柱均采用钢管，环向交叉支撑沿环向布置，截面φ50mm。屋面围护系统采用拱支撑采用拱形支撑结构和两个伞状膜单元，PTFE膜材。悬挑部分钢结构自重约40kg/m²	
德尔·阿尔卑球场[302]	1990	56榀平面桁架	长轴290椭圆形	斜拉空间桁架体系，如图1.175所示	2009年拆
浙江大学运动场司令台[3]	1993	正放四角锥网架	24×40×1.2	斜拉网架结构，如图1.176所示/共4根桅杆柱，每根桅杆柱柱顶设2根斜拉索及1根横向的水平索，共14根拉索	
新加坡港务局(PSA)仓库A型[303]	1993	正放四角锥网架	4幢120×96四角倒角的矩形	斜拉网架结构，如图1.177(a)所示/共6根桅杆柱，桅杆柱柱顶有4根斜拉索，每索由4φ48mm不锈钢钢拉杆组成。桅杆柱柱顶高39.900m，网架下弦标高26.300m，螺栓球节点，网架矢高1.8m，网格尺寸一般为3.18m×2.68m，拉索尺寸连线方向（即天冲下）为1.74m和1.45m。斜拉索最大内力1217kN。屋盖结构用钢量约2.07kg/m²	
新加坡港务局(PSA)仓库B型[303]	1993	正放四角锥网架	2幢96×70四角倒角的矩形	斜拉网架结构，如图1.177(b)所示/共4根桅杆柱，每根桅杆柱柱顶有4根斜拉索	
太旧高速公路旧关收费站[304,305]	1995	两块正放四角圆柱面网壳	14×64.718×1.5	斜拉网壳结构，如图1.178所示/塔塔柱。共设11个车道，旧关主线收费站在进出车道中间竖立45m高的巨柱。太旧高速公路路面宽度80m，设有11个车道，柱顶3.5m，柱顶上24~30m高度范围内用28根网壳拉索连结两个柱面双层网壳。桅杆柱采用钢筋混凝土空心筒体，筒壁厚500mm，网壳网格尺寸2m×2m，厚1.5m。层网壳。柱底15m×3.5m，柱顶3m×1m。在柱上全方位布置斜拉索4×7=28根。太旧高速公层网壳φ60mm×3.5mm～φ114mm×14mm，焊接球φ260mm×20mm杆件规格	

续表

工程名称	竣工年份	网格形式	平面尺寸或跨度/m	体系类型/斜拉索布置及设计参数	备注
广州越秀山体育场[305]	1997	网架结构	—	斜拉网架结构南、北看台罩棚均采用斜拉网架结构，网架长度100m，悬挑28m。共2根φ1200mm钢管混凝土斜撑柱，撑杆柱柱顶辐射状布置8根斜拉索(前4后4)，平行钢丝束索规格为φ5mm×73，最大设计索力980kN	
法兰西大球场[306,307]	1997	桁架结构	—	斜拉网架结构，如图1.179所示共18根撑杆柱，φ1.65m，高度60m，每根撑杆柱柱顶有4束或3束斜拉索(前2后2，前1后2)。屋面围护系统采用夹层玻璃	
墨尔本板球场[308]	2005	型钢梁	—	索网斜拉悬臂梁结构，如图1.180所示	新罩棚
伦敦千禧穹顶[309]	1999	助环型球面单层索网，径向36等分，环向6等分	φ320，周圈大于1000，中心高度50	斜拉球面索网结构，如图1.181所示/12根格构式梭形桅杆，高100m，沿直径200m圆周设置，每根桅杆吊住6幅屋面径向索。球面单层索网结构采用肋环型布置，72根径向索2×φ32mm，6圈环向拉索。径向索在索周边与悬链索相连，并锚固在24个地锚上。斜拉索间距25m，直径30m内拉环采用12×φ48mm，采用一外压环梁和地锚用于平衡张拉力。屋面围护系统为PTFE膜材，总面积约80000m²。结构用钢量20kg/m²	
浙江黄龙体育中心体育场[310-313]	2000	两块正放四角锥圆角网壳	2块244×50×3月牙形平面	斜拉双层网壳结构，如图1.182所示/两榱塔柱4肢，各肢至内环设9根钢拉索，在网壳上弦第4内环梁设置9根稳定索，锚固在5内环索上(单侧布置，前9×2后9)。塔顶标高85.000m，每片罩棚均设有内外环梁，平面投影宽度约50m。内环箱梁截面1600mm×2100mm，壁厚25mm，局部30mm，其中心线为半径137.042m的圆弧，中间最高点标高39.000m。外环梁采用预应力钢筋混凝土类四边形箱形截面(2800~3000)mm×2200mm，腹板厚550~750mm，顶板和底板厚250~450mm，内外环梁均是椭圆形，其中心线是椭圆形，由平面斜切半径为122m的圆柱面得到，中间最高点标高31.800m。内环索伸入人塔封网，正放四角锥圆角网壳网格尺寸为3.5m×3.5m，厚3m，焊接空心球节点，钢管规格φ75.5mm×3.75mm~φ219mm×16mm，材质Q235BF。斜拉索规格：索1、2采用49×φ15.24mm，索3、4为31×φ15.24mm，索5为17×φ15.24mm，索6为12×φ15.24mm，索7、8、9为7×φ15.24mm，破断强度1860MPa，稳定索规格5×φ15.24mm，网壳结构用钢量按展开面积约47.2kg/m²。斜拉索预拉力设计值介于526.5~3808.9kN	
义乌梅湖体育场[314,315]	2001	桁架结构	—	斜拉桁架结构，如图1.183所示/两片罩棚相同且各自独立，单片罩棚设计参数：共2根梭形立体桁架桅杆柱，高65m，等边三角形截面中部高3m，每根桅杆顶共有9根主斜拉索(前6后3)和2根次斜拉索。柱脚1根次斜拉索。格构式桅杆柱弦杆φ480mm×20mm，腹杆φ127mm×6mm。共11幅悬挑三角立体桁架罩棚宽1.2m，高1.2~5m，最大悬挑长度51m，端部设张拉连接。屋面围护系统由10个波浪式罩棚张拉膜单元和2个三棱锥形拉膜单元(与次斜拉索形成角部的张拉膜面)组成，膜设计预应力70kN，压膜合索设计预应力2kN/m，膜面最小排水坡度约10%。斜拉索预应力由各荷载工作状况下悬挑桁架端部的位移控制	

续表

工程名称	竣工年份	网格形式	平面尺寸或跨度/m	体系类型/斜拉索布置及设计参数	备注
济州综合体育场[316-318]	2001	肋环型布置桁架结构	长200月牙形平面，罩棚最大离地高度47m	斜拉桁架结构，如图1.184所示为单侧月牙形罩棚，共6根桅杆沿着台外环向布置，高度有80m、60m、40m三种。每根桅杆柱顶有5根斜拉索（前3后2）。前桅主拉索共6根φ101.6mm，预张力1000kN；每根桅杆1根，前桅次拉索共12根，其中10根φ88.9mm，2根φ79.38mm，每根桅杆2根，预张力1000kN；后桅拉索φ88.9mm，每根桅杆柱顶2根，预张力大部分为1000kN，第3根和第8根为1500kN。屋面围护系统采用PTFE膜，被台风撕裂前膜设计顶应力3kN/m，整修后膜设计预应力5.25kN/m，后为脊式骨架支承膜单元。桅杆由不同直径的变截面钢管构成	
丰田体育场[319]	2001	网壳结构	—	斜拉网壳结构，如图1.185所示共4根桅杆柱，每根桅杆柱顶设6根斜拉索（前4后2）。雪加形桅杆柱高90m，倾斜7.5°，中间截面φ3500mm×70mm，两端截面φ1500mm×70mm，通过板轴承铰接于基础顶面。北边的桅杆承受最大压力约60000kN，南边的桅杆承受最大压力约40000kN。与斜拉索相连的两片罩棚的最大骨架长250m，高6.25m。斜拉索规格为φ140mm～φ200mm平行钢丝束拉索，采用φ7mm镀锌高强度钢丝，破断强度1600MPa。可开合长期荷载作用下拉索内力为5000～7000kN，短期地震作用下最大可达11000kN。可开合部分：三角桁架跨度90m，高6m，支承于两主骨架上。随着三角桁架的移动，可折叠的桁架伸展，PVC充气膜单元（展开过程中200Pa，展开后维持在100Pa）73m×13.5m也随之移动。开或合一次约60min。屋盖结构总用钢量34553t	可开合
深圳游泳跳水馆[320,321]	2002	梭形主桁架及两侧各4道次桁架	117.6×88.2	斜拉桁架结构，如图1.186所示，整个结构由主次桁架结构和桅杆-钢拉杆斜拉体系组成。4根桁架式桅杆柱长31m，自由布置，顶标高46.610～50.100m不等，每根桅杆柱设4根刚拉拉（前2后2），其中2根前刚拉杆（φ44mm或φ59mm），2根后刚拉杆（φ59mm或φ87mm），前刚拉杆连接在各次桁架的跨中，后刚拉杆连接次桁架沿纵向布置的节点上。游泳馆跨度为75.6m，跳水馆跨度为44.4m。倒三角形截面次桁架沿纵向布置间距约15m，MTR1A～MTR2D为游泳馆的4榀次桁架，MTR1A～MTR1D为跳水馆的4榀次桁架，高2.4m。屋盖截面均采用450mm×270mm×10mm×12mm的箱形截面系杆相连，间距为8m，四周用交叉斜杆组成一封闭的水平支撑。两侧坡屋面也布置了双向水平支撑。梯形截面主桁架长75.45m，两跨连续且立于两馆之间纵向布置。桅杆与主杆下钢刚相连。游泳馆前刚拉杆分为2的2根刚拉杆与构造设置。屋盖结构用钢量约82.4kg/m²。刚拉杆张拉力控制值：MTR1A～MTR1D前端分别为165kN、120kN、133kN、93kN，后端分别为239kN、259kN、253kN、227kN；MTR2A～MTR2D前端分别为277kN、373kN、315kN、280kN，后端分别为874kN、806kN、807kN、766kN	

续表

工程名称	竣工年份	网格形式	平面尺寸或跨度/m	体系类型/斜拉索布置及设计参数	备注
长春经济技术开发区体育场[322]	2002	立体桁架	—	斜拉桁架结构，如图 1.187 所示/东、西看台罩棚对称布置，每片罩棚设 2 根格构式桅杆柱，柱顶标高 72.000m、截面为 2.4m×2.4m、重 189t，每根桅杆柱柱顶有 7 束斜拉索(前 5 后 2，每束后桅拉索有 2 根索)。罩棚钢结构一端搭接于连续看台结构上，另一端与 176m 跨主桁架搭接，主桁架最大高度 9m，为曲线变截面立体桁架。主桁架和桅杆柱均由 2 根 20m 高的钢筋混凝土柱支撑	
曼彻斯特城市球场[323,324]	2002～2003	二折线悬挑梁	—	斜拉悬臂梁结构，如图 1.188 所示/周边 12 根桅杆，高 70m。每根桅杆有 5 根或 7 根前桅支索和 2 根后桅支索(前 5 或 7 后 2)，斜拉索与内环近四边形环索相连。环索下吊住悬臂梁前端。雪茄形截面桅杆中部 ϕ1500mm 或 ϕ1300mm，顶部 ϕ650mm，底部 ϕ750mm，壁厚 20～30mm。檩条跨度 4m，径向悬挑椽子梁箱形变高度截面 300mm×(450～900)mm×(12～55)mm×6mm，最大椽悬臂 15m，椽的后跨 37m	
郑州国际会展中心[325,326]	2005	张弦桁架结构	152×180 矩形平面与 152×60 的矩形平面用 50°的扇形平面相连接	斜拉张弦桁架结构，如图 1.189 所示/共 11 根桅杆柱，高 69.9m、截面规格 ϕ2000mm×36mm，每根桅杆柱柱顶有 6 根斜拉索(前 3 后 3)。桅杆柱两端为锥形，竖向倾斜角度约 79°。每 2 组斜拉系统悬吊一个纵向 60m 矩形标准单元，跨度 102m，两边各悬挑 25m，曲率半径 400m，中心角 22.66°，矢高 7.79m，共 7 榀横向立体桁架和 21 榀纵向桁架。除 4 个标准单元外，还有 3 组斜拉系统悬吊一个扇形不规则的单元，平面扇形夹角为 50°，半径 152m。屋盖投影面积 51860m^2，结构用钢量 127kg/m^2	
新疆体育场[327]	2005	肋环型布置桁架结构	外 ϕ260 圆形，内 181.610×133.714 椭圆形	斜拉桁架结构/罩棚呈飞碟形，24 根巨型桅杆柱位于 ϕ230m 圆形平面，环向间隔 15°，每根桅杆柱柱顶设 4 根斜拉索(前 2 后 2)。巨型桅杆柱在 37.000m 标高以下为矩形截面型钢混凝土柱 1000mm×4500mm，在 37.000～55.000m 标高之间为箱形截面梭形钢柱(1700～2200)mm×700mm，钢柱柱脚铰接。支承在巨型柱上的外环立体桁架宽 6m，高 1.73～2.81m，柱间轴线弧长 30m。径向主悬挑鱼腹式平面桁架共 48 榀，长度在 39～64m，最大高度 4.4～6.3m，悬挑跨度 24～48m，前端设稳定索。内环立体桁架宽 3m，高度 1.878～2.312m，位于悬挑主桁架前端第二、三节间。径向次平面桁架共 96 榀，最大高度 2.2～3.1m，支承在内外环桁架之间，跨度 6.2～30.2m。屋盖结构总用钢量 3761t，单位面积用钢量 110kg/m^2	

续表

工程名称	竣工年份	网格形式	平面尺寸或跨度/m	体系类型/斜拉索布置及设计参数	备注
南京江宁体育场[328,329]	2005	锥面斜放四角锥壳双层网壳	220×47 月牙形片，共2片	斜拉网壳结构，如图 1.190 所示网壳圆锥面的锥底半径为 110.895m，母线与底面夹角为 14°，高度 27.649m。圆锥面绕锥体底面过边缘的旋转轴旋转 6°，然后采用月牙形（4.5~16）m 的圆柱面相交形成月牙形的上表面。网壳顶标高 40.000m，上、下弦杆采用 $\phi152mm×（4.5~16）mm$，内边缘杆件为$\phi400mm×25mm$，$\phi140mm×8mm$，部分腹杆 $\phi152mm×16mm$。外边缘杆件为$\phi219mm×28mm$，腹杆为$\phi95mm×4mm$，$\phi140mm×8mm$，柱脚高 5.450m 铰接于二层楼面。网壳圆弧状外边缘设 12 根 V 形柱$\phi600mm×14mm$，柱顶标高 75.000m，柱顶与网壳下弦亦铰接，支柱高度为 16~24m。每片草棚有 2 根梭形椭杆柱顶有 6 根斜拉索（前 4 后 2，PE 索），柱顶截面$\phi1800mm×28mm$，索 1 为 3450kN，索 2 为 1235kN，索 2~索 3 为 655kN，索 4 为 280kN，索 5 为 1465kN，索 6 为 1820kN。设计预应力：索 1 为 3450kN，索 2 为 1235kN，破断强度 1670MPa，索 1 为 3450kN，索 2 为 1235kN。倾斜 11°，截面规格$\phi7mm×265$，屋盖结构用钢量 140kg/m²	
广州大学城中心体育场[330-332]	2007	圆锥面单层网格结构	257×48 月牙形	斜拉单层网壳结构，如图 1.191 所示东西罩棚不同，东侧罩棚为斜拉单层网格结构，西侧草棚为球面网壳结构，二者相互独立。东侧罩棚共设 8 根钢管椭杆柱$\phi900mm×（45~50）mm$，径向长 18m，柱顶高度约 28m。每根椭杆柱柱顶有 10 根斜拉索（前 6 后 4）。环向 3 道 H 型钢环梁，柱顶高度约 42m，同距约 28m。主梁采用焊接箱形截面，最大尺寸为 H1200mm×600mm×22mm×36mm，环向布置檩条跨度 14m 采用剖分蜂窝梁。梁格中均设有 H 型钢水平斜撑 H700mm×400mm×20mm×28mm。屋面围护系统采用 100mm 厚夹芯压型钢板，上铺 PVC 防水层，然后铺人工草皮。环向布置斜拉索规格有 5 种：$\phi7mm×85$，$\phi7mm×109$，$\phi7mm×139$，$\phi7mm×187$ 和$\phi7mm×223$。斜拉索规格有 5 种：$\phi7mm×85$，热铸锚，双檐架截面 I 550mm×200mm×8mm×13mm，同距 2m 左右。PE 索破断强度 1670MPa，共 2601t。单层网格结构外侧各 3 根径向梁内灌重度 50kN/m³ 重晶石混凝土作为附加质量抗风，不设稳定索。螺杆锚具索头。钢材材质 Q345B	
广东外语外贸大学体育场[333,334]	2005~2007	立体桁架结构	146×33 月牙形	斜拉网壳结构由 2 根结构式罩棚支承，每根椭杆柱柱顶有 5 根斜拉索（前 3 后 2），另设稳定定索抗风。椭杆柱的芯$\phi600mm×24mm$，承受最大压力约 4819kN，斜拉索规格采用$\phi5mm×85$ 和$\phi5mm×243$ 两种，PE 索破断强度 1670MPa，平均拉力约 140kN。下部刚性体系由内圈菱形曲线立体钢管桁架和外圈三角形立体钢管桁架以及内外圈环形桁架之间的 15 榀直线立体钢管桁架组成，钢材材质 Q235B	

续表

工程名称	竣工年份	网格形式	平面尺寸或跨度/m	体系类型/斜拉索布置及设计参数	备注
洛阳新区体育场[335-339]	2007	肋环型布置桁架结构	外φ240 圆形,内 192×152 椭圆形	斜拉双层网壳结构,如图 1.192 所示,下部双层网壳结构圆环形的水平投影跨度 30~45m,最高点标高 43.000m,最低点标高 32.000m。共 4 根拉索,每根撬杆在柱顶有 11 根拉索(前 7 后 4)。向外倾斜 3.7°的楔形变截面钢管撬杆柱采用 Q345D 钢材,柱顶标高 90.810m,柱脚标高 2.000m,截面规格 φ2000mm×40mm~φ3600mm×50mm~φ2235mm×40mm。每根撬杆中部 30.000m 标高处设 6 根变截面棱形钢管支撑,长度 5.9m,19.5m,截面规格为 φ400mm×20mm~φ700mm×20mm~φ400mm×20mm,分别与撬杆两侧的罩棚相连。内环桁架上弦 φ630mm×16mm,下弦 φ630mm×14mm,腹杆 φ180mm×5mm,环向桁架 φ203mm×8mm,φ194mm×6mm,φ168mm×6mm 以及 φ152mm×5mm 等;径向桁架 φ168mm×6mm,环向平面间距约 8mm,上弦 φ299mm×14mm,下弦 φ299mm×8mm,腹杆 φ168mm×6mm,环向采用半平行钢丝束 PE 索,前桅拉索 φ7mm×187 和 φ7mm×127,后桅拉索 φ7mm×301 和 φ7mm×127。施工张拉力最大为 3453kN	
呼和浩特体育场[340,341]	2007	正三角形立体桁架	262×195 椭圆形	斜拉立体桁架结构/钢管混凝土撬杆柱撬杆柱顶设 4 根斜拉索(前 2 后 2)。每根撬杆柱柱顶环向间距 8~9m,前后端均设下拉索,环向桁架布置于径向悬挑桁架端部和后端。径向立体桁架悬挑跨度 14~31m,撬杆柱截面 φ500mm~φ800mm×25mm,内灌 C50 混凝土。各工况下最大拉力 1051kN。大悬挑桁架竖杆 φ245mm×12mm,腹杆 φ95mm×6mm 163	
印度尼西亚全运会朋拉兰主体育场[342]	2007	网架结构	265×175	斜拉网架结构,东西两片罩棚共 7 根撬杆柱,西侧罩棚共 10 根撬杆柱,东侧罩棚各自独立,另设 3 根稳定索。斜拉索每根撬杆柱顶有 4 根斜拉索(前 3 后 1)。索规格 φ7mm×121,φ7mm×73 和 φ5mm×55 三种,PE 索破断强度 1670MPa。网架向场外最大悬挑 18m,网架向场外最大悬挑 16m。大悬挑桁架端部净悬挑长度为 35m,从拉索端部最大悬挑 18m,网架向场外最大悬挑 16m	
北京首都国际机场T3航站楼南线收费站[343]	2008	索网结构	166	斜拉索网结构,如图 1.193 所示。建筑平面呈曲面壳型,两侧立 4 根菱形桅杆,前后为环索。每根撬杆柱顶部有 2 根胸索与下拉索连接,膜面对称制处设置 1 根谷索,谷索与边环索之间由联系索拉结,每根撬杆顶端设 2 根胸索与外侧的锚座节点相连保持平衡。斜拉索的作用将产生不平衡力,最大为 2300kN。围护系统采用 ETFE 膜材和 PTFE 膜材	
哈尔滨夫金工球场[344]	2009	桁架结构	—	斜拉肋环型布置桁架结构,如图 1.194 所示	
老挝国家体育公园主体育场[345]	2009	网壳结构	—	劲性斜拉网壳结构/东西两片罩棚相互独立,单侧罩棚网壳中间高两边低,高差约 14m,最高约 30m,悬挑度 10~26m。撬杆柱 φ800mm(800~1200)mm,压杆 φ273mm×14mm,斜拉索采用钢管 φ159mm×16mm,平衡索采用钢管 φ219mm×12。网壳斜向钢管规格 φ60mm~φ159mm×(3.25~6.0)mm	

续表

工程名称	竣工年份	网格形式	平面尺寸或跨度/m	体系类型/斜拉索布置及设计参数	备注
浙江大学紫金港校区体育馆[346-348]	2010	单层加肋网格结构	116×108 椭圆形	斜拉网壳结构，如图 1.195 所示/体系由 4 组桅杆斜拉索、落地交叉鱼腹式索桁架、竖向吊索和下部网壳结构四部分组成，索夹滑移问题突出。每根桅杆顶部设 8 根斜拉索(前 6 后 2)。倾斜 24.5°的梭形桅杆柱顶标高 40.000m、长 43.946m、截面尺寸 ϕ650mm～ϕ1350mm、壁厚 35～45mm，钢材强度等级 Q345B。后桅拉索 ϕ110mm，前桅拉索 ϕ50mm～ϕ75mm，交叉鱼腹式索桁架弦索(稳定索) ϕ100mm、腹索(水平索) ϕ45mm～ϕ60mm，吊索 ϕ45mm。采用进口 Z 形扣封闭索，破断强度 1570MPa。下部网壳结构为由桁架和梁式构件组成的局部双层网格结构，均采用矩形截面钢管，截面规格 600mm×300mm(主梁)、300mm×300mm(上弦)、300mm× 240mm(上弦)、240mm×240mm(下弦)、200mm×200mm(腹杆)。设计预应力：后桅拉索 S2-1 为 1104kN，后桅拉索 S2-2 为 1706kN，稳定索 2062kN，其他索 36～2608kN	
寿光体育场[349,350]	2010	桁架结构	220×210	斜拉桁架结构，如图 1.196 所示/屋盖平面投影内侧为椭圆，外侧为直径 232m 的正圆形。由 4 组桅杆斜拉索系统和桁架结构组成，桅杆底部采用球形铰支座。每根桅杆顶部设 7 根斜拉索(前 5 后 2)。桅杆底部标高 5.350m，顶部标高 72.800m，顶部另设 6m 长避雷针，桅杆总标高 78.800m，设计状态与地面夹角为 78.78°。桅杆主体采用 ϕ2200mm×30mm 焊接钢管，底部、顶部分别缩径至 ϕ1200mm×30mm，内设加劲肋及自锁安全爬梯。斜拉索截面规格为 ϕ7mm×301 和 ϕ5mm×337，破断强度 1670MPa，外包双层 PE 索。屋盖总用钢量为 1703.2t，平面投影面积 18600m^2，平均用钢量约 91.6kg/m^2，其中桅杆 108.8t/根	
长吉高速公路长春收费站[351]	2011	索网、张弦桁架	248.3 ×73.4，跨度 188	斜拉索膜结构，如图 1.197 所示/膜面顶标高 18.450m。共 4 跟梭形格构式桅杆柱，高度 48.023m，每根桅杆柱柱顶设 9 束斜拉索(前 7 后 2)，边界上设有 18 个固定支座点。拉索共 147 根。后桅拉索每束最大规格为 2 根 ϕ7mm×421，最大设计索力 21450kN。前桅拉索每束最大规格为 1 根 ϕ7mm×241。谷索为 1 根 ϕ7mm×349。边索每束最大规格为 2 根 ϕ7mm×337，最大设计索力 16680kN。格构式桅杆柱弦杆 ϕ750mm×35mm、腹杆 ϕ245mm×16mm。中间张弦桁架弦杆 ϕ1016mm×26mm、腹杆 ϕ159mm×10mm。围护膜材采用 PTFE 和 ETFE 两种	
新尤文图斯球场[352,353]	2011	口字形布置三角桁架结构	—	斜拉三角形立体桁架结构，如图 1.198 所示/双倒 V 形桅杆柱，每根倒 V 形桅杆柱有 3 个方向的三组斜拉索分别拉住平面口字形布置主桁架的 2 个交点(4×ϕ105mm，长 93m)和地锚(6×ϕ105mm，长 128m)。主桁架跨度分别为 125m 和 88m，一根上弦杆、两根下弦杆。上弦杆为直线，下弦杆为弧形，跨中高约 7.7m，宽 5.3m。倒 V 形桅杆柱由 2 条长 84m 的锥形腿和一个长 45m 的底座组成。腿截面为 3 个厚 30mm 或 35mm 的弧形板组成的三角形，跨中边长约 3.75m。次桁架跨度约 40m，支承在主桁架和看台框架顶部之间。次桁架三角形截面采用一根直的下弦杆和两根弧形上弦杆，跨中截面最大高度约 2.60m，次桁架之间跨中设系杆相连。屋面围护系统采用蜂窝箱形压型钢板，厚 160mm，跨度 11m，上覆复合膜。索强度等级 1570MPa，弹性模量 1.63×10^{5}MPa。钢材采用 S355、S460、S275。屋盖结构总用钢量约 3702t	

续表

工程名称	竣工年份	网格形式	平面尺寸或跨度/m	体系类型/斜拉索布置及设计参数	备注
连云港市体育场[354]	2011	锥面和柱面双层网壳结构	213.942×52.817	斜拉双层网壳结构，如图 1.199 所示/共 4 根桅杆柱，每根桅杆柱柱顶有 6 根斜拉索(前 4 后 2)。桅杆柱截面ϕ2200mm×30mm，柱顶标高 75.000m。网壳上弦曲面由两部分组合而成，一部分为由底面半径为 113.806mm、母线与底面夹角为 14°的圆锥面绕旋转轴旋转 6°后，被半径为 237.740m 的圆柱 1 剖切而成的锥面，平面投影为月牙形，另一部分为将圆锥面母线绕水平轴旋转 15°后，用半径为 195.286m 的圆柱 2 切出的柱面，平面投影为狗骨形。屋面围护系统：锥面采用铝镁锰金属屋面，柱面采用玻璃。网壳上弦ϕ152mm×(4.5～14) mm、ϕ219mm×(10～14) mm，上弦内缘附近 3 道径向弦杆ϕ299mm×16mm 或ϕ325mm×20mm，网壳下弦ϕ152mm×(4.5～14) mm、ϕ180mm×10mm、ϕ219mm×14mm、ϕ245mm×16mm，下弦内缘附近 3 道弦杆ϕ299mm×16mm 或ϕ550mm×25mm，斜腹杆截面以ϕ95mm×4mm 为主，局部支座附近腹杆为ϕ140mm×6mm 或ϕ152mm×14mm。网壳主要采用焊接空心球节点，上下弦内缘附近、斜腹杆与直径和壁厚较大的径向弦杆采用相贯焊接。网壳屋面外缘由沿圆弧状下弦外缘分布的 12 根 V 形钢管柱支承，V 形钢管柱ϕ700mm×14mm，柱脚标高 4.950m，柱脚、柱顶均为铰接，高度 24～30m。各拉索施加的预拉力：索 1 为 4000kN，索 2 为 2500kN，索 3～索 6 为被动张拉索，在网壳自重作用下初始拉力分别为 2639kN、1112kN、1234kN、2277kN。屋盖结构用钢量约 130kg/m^2	
营口体育场[355]	2012	四角锥网壳结构		斜拉网壳结构/由 4 根桅杆 28 根斜拉索吊起两片屋盖，桅杆标高为 73.353m、倾斜角度 74°、重达 160t，主要由ϕ500mm×40mm 及ϕ273mm×12mm 圆管组成，钢材质 Q345B。每根桅杆上有 7 根预应力索，斜拉索直径为 120mm、150mm、180mm	
泗阳体育场[356,357]	2012	肋环型布置桁架结构		斜拉桁架结构，如图 1.200 所示/东西两片罩棚相互独立且相同，最大场内悬挑 27.155m、场外 4m，离地高度约 30m。罩棚外形中间高、两边低，高差约 14m。每片罩棚共 24 根钢管混凝土桅杆柱、柱脚刚接，每根桅杆柱柱顶有 2 根斜拉索(前 1 后 1)，后桅拉索通过支撑压杆和平衡索与柱脚连接，仅中间 6 榀设稳定索。径向悬挑桁架共 24 榀，桁架高度最大 1.8m。桅杆柱采用矩形钢管截面□350mm×(400～800) mm×20mm×20mm、内灌 C50 混凝土。主悬挑桁架上下弦杆ϕ273mm×12mm、腹杆ϕ114mm×6mm，次桁架上下弦杆ϕ180mm×10mm、腹杆ϕ114mm×6mm。前桅拉索和稳定索(LS-1～2) ϕ5mm×73，后桅拉索(LS-3) ϕ5mm×163，平衡索(LS-4) ϕ5mm×253，PE 索、热铸锚、破断强度 1670MPa。与后桅拉索和平衡索相连的压杆截面为ϕ325mm×12mm。中间榀 HJ-1 斜拉索张拉完成后内力(LS-4)最大为 659kN。预应力施加方法为先张拉 LS-2 和 LS-4，再张拉 LS-1	

续表

工程名称	竣工年份	网格形式	平面尺寸或跨度/m	体系类型/斜拉索布置及设计参数	备注
邹城体育场[358]	2014	肋环型布置桁架结构	外φ240，内192×140 椭圆形	斜拉桁架结构共12根钢管混凝土撑杆柱，每根撑杆柱柱顶有6根斜拉索（前3后3），每榀径向平面桁架设抗风稳定索和平衡索各1根。径向平面桁架架高2.5m，悬挑跨度23~35m。屋盖盖结构用钢量约120kg/m²，环向桁架共6道。	
浦江县体育活动中心体育场[359]	2015	径向钢管梁	218.4×195.9 椭圆形	斜拉单层网壳结构两片独立的月牙形平面罩棚，屋面围护系统采用PTFE膜材。大罩棚最大悬挑跨度约30m，中间高度约27.5m。每根撑杆柱柱顶设单侧1根斜拉索（前1后0），撑杆柱柱顶有环索设置。49轴撑杆柱变截形截面800mm×（900~2200~1400）mm，撑杆柱顶最大高度变高度矩形截面800mm×30mm，Q345B材质，位于悬挑跨度最大处的挑梁根部。支撑膜二铰拱截面φ500mm×30mm。上、下拉索截面为φ500mm×6mm。采用半平行钢丝束PE索，拱截面φ203mm×6mm，破断强度1670MPa	
芦求山收费站[360]	2016	索网结构	跨度90.1	斜拉索网结构，如图1.201所示建筑平面呈内凹倒曲壳形状，跨中净高12.1m。每侧各有2榀夜形格构式撑杆柱，跨度32.226m，高度32.226m，每根撑杆柱柱顶有7束斜拉索（前5后2）。撑杆柱柱长26.1m，弦杆φ480mm×30mm，膜杆φ219mm×12mm，中间文字梁主杆件截面φ273mm×12mm，斜膜杆φ168mm×8mm。边杆φ7mm×379和φ7mm×649，前侧撑杆索φ5mm×199，联系撑杆索φ5mm×55。设计预应力：后撑拉索1（每束2根）初始拉力6533kN，后撑拉索2（每束2根）初始拉力1432kN，后索（单根）初始拉力1630kN，合索（合索）初始拉力1630kN，合索（单根）初始拉力1630kN，钢材材质Q345B，撑杆柱顶端铸钢节点材质为G20Mn5QT。PE索破断强度1670MPa，热铸锚	
河北奥林匹克体育场[361]	2017 开放	桁架结构	—	斜拉桁架结构/厚棚由撑杆柱、斜拉索、管桁架、抗风索和V形外围斜撑组成。多撑杆柱高度约61m，柱脚铰接，每根撑杆柱柱顶设4根斜拉索（前2后2）。下部刚性体系钢管立柱，斜拉索最大悬挑为37m，高约49m。斜拉索和稳定索规格均为φ7mm×163，PE索破断强度1670MPa	
圣彼得堡体育场[362]	2016	桁架结构	—	斜拉桁架结构，如图1.202所示共8根撑杆柱，柱顶高度110m，可开启屋盖合盖高度79m，屋盖总重约32000t	

续表

工程名称	竣工年份	网格形式	平面尺寸或跨度/m	体系类型/斜拉索布置及设计参数	备注
茌平文体中心体育场[363]	2017	双层网壳结构	200×30 月牙形	斜拉双层网壳结构，如图1.203所示屋盖平面。檐口高度4.89m，屋面最高点高度37.25m，网壳通过倒锥形树状支座在型钢混凝土柱之间设置抗风拉杆。共有4根撑杆柱，其中中间2根采用实腹式，两端2根采用格构式，柱高40.90m。每根格构式撑杆柱顶有8束斜拉索（前6后2），后檐拉索长度均为92.826m，其中3束与网壳外悬挑端连接，长度依次为74.346m、53.621m、52.999m。实腹式撑杆柱顶共有4束斜拉索（前3后1），后檐拉索1束，长度为51.691m，前檐拉索3根，长度依次有37.820m、26.008m、32.236m。双层网壳采用焊接空心球节点，杆件截面规格包络φ76mm×3.5mm、φ89mm×4mm、φ102mm×5mm、φ133mm×5mm、φ159mm×6mm、φ168mm×6mm、φ168mm×10mm、φ180mm×8mm、φ180mm×10mm、φ245mm×10mm、φ273mm×10mm、φ325mm×10mm，钢材材质Q345B。倒锥形树状支座高度2.5m，杆件截面规格有φ168mm×6mm、φ168mm×10mm、φ180mm×8mm、φ180mm×10mm、φ245mm×10mm、φ325mm×10mm。2根实腹式撑杆柱岔杆φ600mm×14mm，腹杆φ180mm×10mm。2根实腹式撑杆柱在标高23.540~40.900m范围内截面为φ900mm×16mm，中间采用锥形截面过渡。抗风拉杆在标高-3.500~23.540m范围内截面为φ900mm×16mm，中间采用锥形截面过渡。抗风拉杆为830MPa实心刚拉杆。拉索均为φ7mm×199的半平行钢丝束。格构式和实腹式撑杆柱柱脚均采用埋入式，埋入深度分别为1.8m和3.0m，加劲板厚度分别为14mm和20mm，锚栓均采用φ19mm×100mm@150mm，底板厚度50mm，锚栓用8M48，长度均为1350mm。环向弹簧支座刚度设为3020kN/m	
柬埔寨国家体育场[364]	2021	索桁体系	278×270，悬挑跨度最大65	斜拉空间索桁体系，如图1.204所示屋盖平面近似圆形，罩棚体系由2根人字形撑杆柱，罩索以及周边环索、立柱组成。塔顶标高96.000m，钢筋混凝土周边立柱柱距约10m，环索中部两端最高点标高39.900m，最低点标高26.000m。索桁架上下弦索φ60mm，谷索φ40mm，φ50mm两种，前檐拉索φ70mm，φ100mm，φ110mm三种，后檐拉索φ120mm，环索8根，有φ90mm，φ100mm，φ110mm三种，其他构造索φ30mm，φ36mm和φ40mm三种。钢材材质Q345B，索采用国产光面高钒索，破断强度1670MPa	南北长约306.4m，东西宽约278m。有些斜拉结构暂没查看到结构设计相关文献，包括芝加哥麦考密克展览中心(1960年)、威廉二世球场(1995年)、阿尔克球场(1998年)、悉尼奥体公园曲棍球中心(1999年)、飞利浦大球场(2000年)、锁城香料竞技场(2000年)、圣玛丽球场(2001年)、首尔上岩世界杯体育场(2001年)、全州世界杯体育场(2001年)、爵山文艺体育场(2001年)、阿维罗市政球场(2003年)、阿尔瓦拉德球场(2003年)、莱里亚市政球场(2003年)、卡雷斯卡基斯球场(2004年)、秦皇岛市奥体中心体育场(2004年)、自由球场(2005年)、多特蒙德威斯特法伦体育场(2006年)、都灵奥林匹克体育场(2006年)、金山足球场(2007年)、加里宁格勒体育场(2018年)、葡萄牙阿尔加威体育场等。

注：竣工年份通常是指屋盖主体结构完工日期，大部分工程由于资料缺乏，取其开放日期，改造并新加罩棚的体育场则是其重新开放的日期。有些斜拉结构暂没查看到结构设计相关文献，包括芝加哥麦考密克展览中心(1960年)、威廉二世球场(1995年)、阿尔克球场(1998年)、悉尼奥体公园曲棍球中心(1999年)、飞利浦大球场(2000年)、锁城香料竞技场(2000年)、圣玛丽球场(2001年)、首尔上岩世界杯体育场(2001年)、全州世界杯体育场(2001年)、爵山文艺体育场(2001年)、阿维罗市政球场(2003年)、阿尔瓦拉德球场(2003年)、莱里亚市政球场(2003年)、卡雷斯卡基斯球场(2004年)、秦皇岛市奥体中心体育场(2004年)、自由球场(2005年)、多特蒙德威斯特法伦体育场(2006年)、都灵奥林匹克体育场(2006年)、金山足球场(2007年)、加里宁格勒体育场(2018年)、北京昌平体育技场(2018年)、罗斯托夫竞技场(2018年)、葡萄牙阿尔加威体育场等。

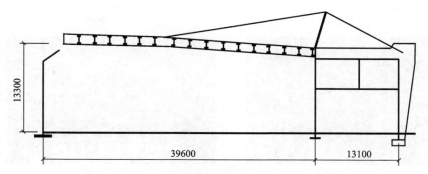

(a) 结构剖面示意图(单位：mm)

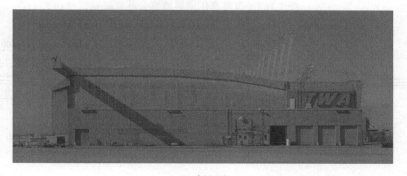

(b) 侧立面

图 1.161 费城国际机场环球航空公司维修飞机库

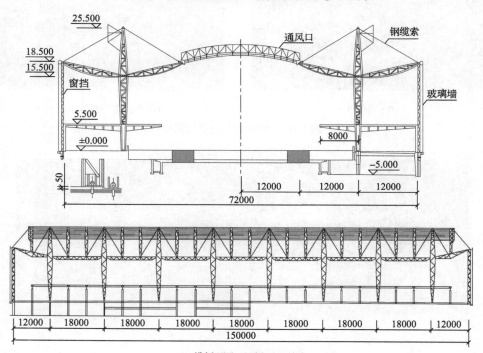

(a) 横剖面图、纵剖面图(单位：mm)

(b) 馆内   (c) 馆外

图 1.162　布鲁塞尔世界博览会苏联展览馆

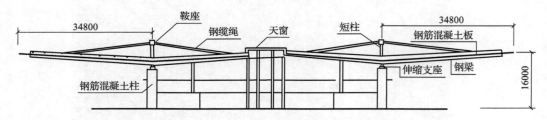

(a) 结构剖面示意图(单位：mm)

(b) 鸟瞰图   (c) 悬臂梁下空间效果

图 1.163　纽约肯尼迪国际机场

(a) 实景

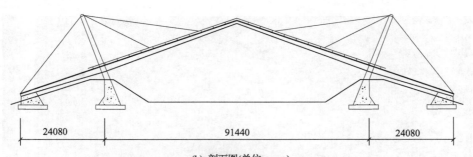

(b) 剖面图(单位：mm)

图 1.164　斯阔谷滑冰馆

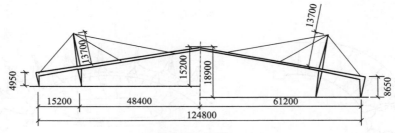

(a) 剖面示意图(单位：mm)

(b) 外景

(c) 内景

图 1.165　塔尔萨展览中心

(a) 实景

(b) 角部劲性斜拉体系

图 1.166　迪普戴尔球场

(a) 实景

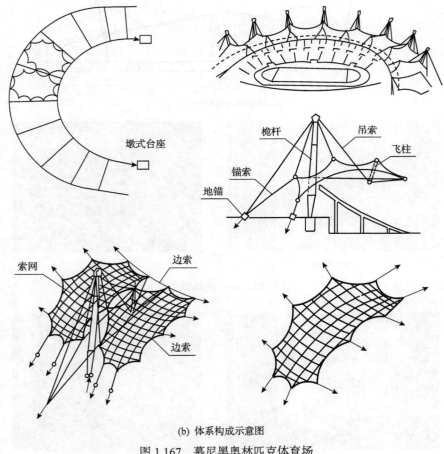

(b) 体系构成示意图

图 1.167　慕尼黑奥林匹克体育场

图 1.168　西日本综合会展中心

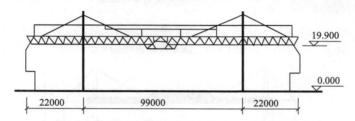

(a) 老展览中心体系构成示意图(单位: mm)

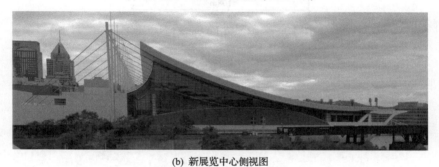

(b) 新展览中心侧视图

图 1.169　匹兹堡会展中心

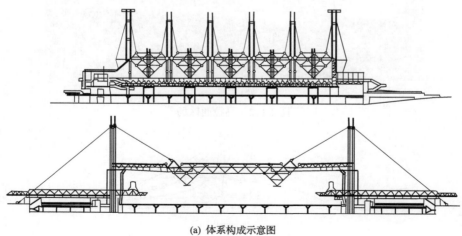

(a) 体系构成示意图

(b) 实景

图 1.170　佩夏市花卉市场

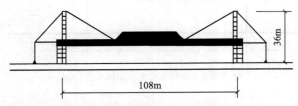

图 1.171　伯明翰 England's National

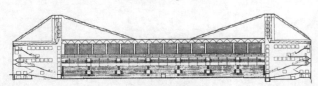

(a) 建筑剖面图

(b) 实景

图 1.172　马拉西球场

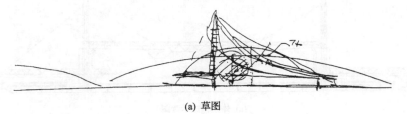

(a) 草图

(b) 富岳三十六景之甲州石班沢

(c) 侧视图1

(d) 侧视图2

图 1.173 千叶县幕张国际展览中心

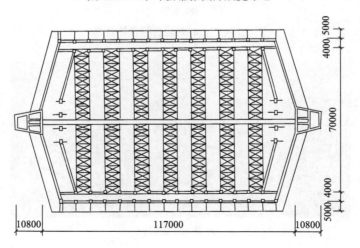

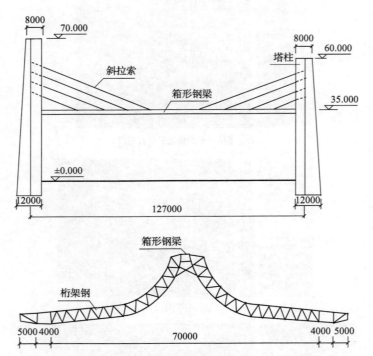

(a) 体系构成示意图(单位：mm)

(b) 实景

图 1.174　北京亚运会综合体育馆

(a) 施工过程照片

(b) 鸟瞰实景

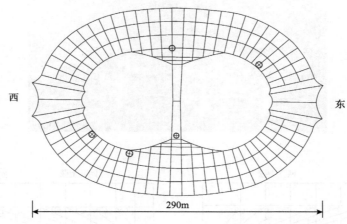

290m

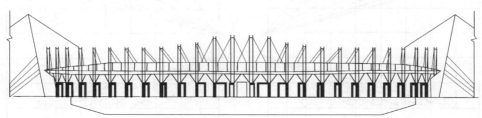

(c) 平、立面图

图 1.175　德尔·阿尔卑球场

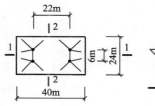
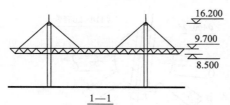
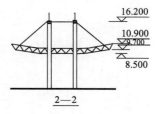

图 1.176　浙江大学运动场司令台

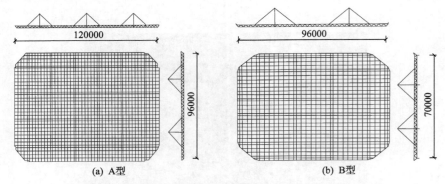

(a) A型 (b) B型

图 1.177　新加坡港务局(PSA)仓库 A 型、B 型(单位：mm)

(a) 实景

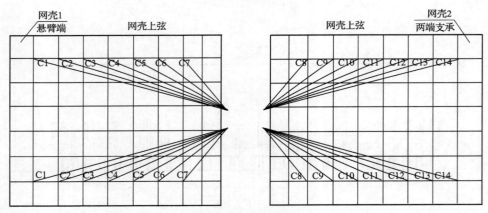

(b) 斜拉索平面布置图

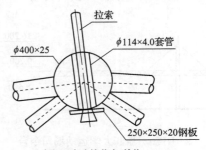

(c) 索与网壳连接节点(单位：mm)

图 1.178　太旧高速公路旧关收费站

图 1.179 法兰西大球场

图 1.180 墨尔本板球场

图 1.181 伦敦千禧穹顶

(a) 效果图

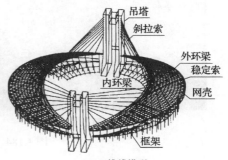

(b) 三维线模型

(c) 场内

图 1.182　浙江黄龙体育中心体育场

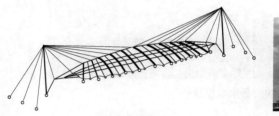

(a) 三维线模型

(b) 实景

图 1.183　义乌梅湖体育场

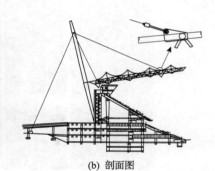

(a) 鸟瞰图

(b) 剖面图

(c) 侧立面

(d) 背立面

图 1.184　济州综合体育场

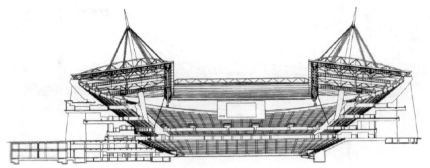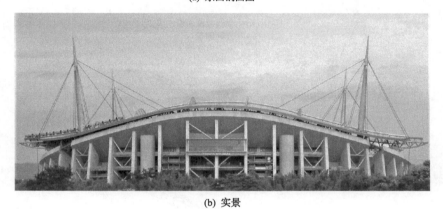

(a) 东西剖面图

(b) 实景

图 1.185 丰田体育场

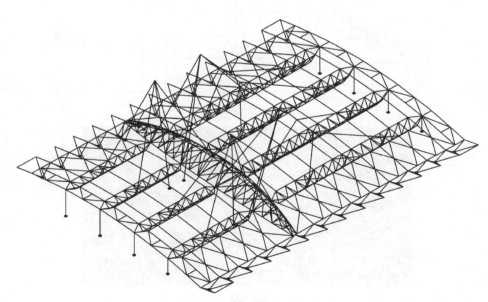

图 1.186 深圳游泳跳水馆

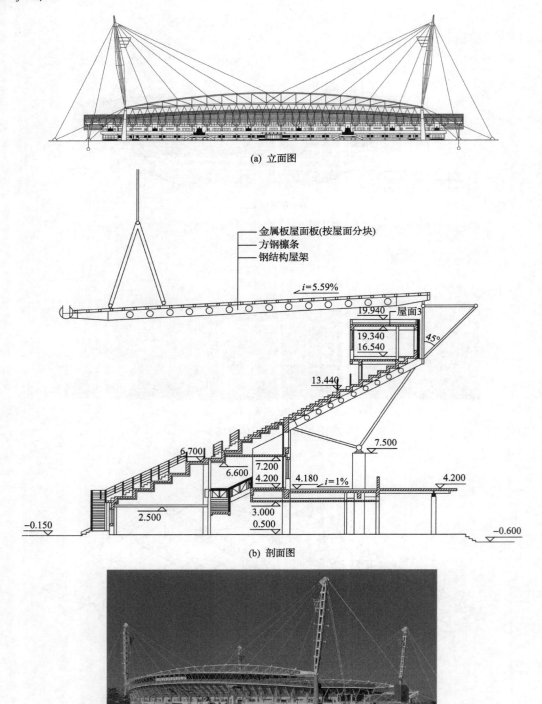

(a) 立面图

金属板屋面板(按屋面分块)
方钢檩条
钢结构屋架

$i=5.59\%$

19.940 屋面3
19.340
16.540
45°
13.440
7.500
6.700
6.600
7.200
4.200
4.180 $i=1\%$
4.200
2.500
3.000
0.500
−0.150
−0.600

(b) 剖面图

(c) 实景

图 1.187 长春经济技术开发区体育场

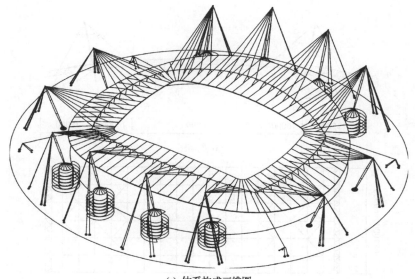

(a) 体系构成三维图

(b) 南北剖面图

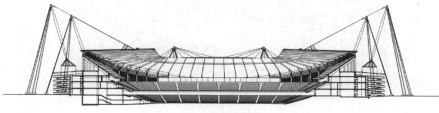

(c) 东西剖面图

(d) 东西立面实景

图 1.188　曼彻斯特城市球场

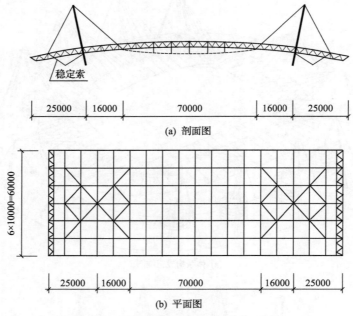

稳定索

25000 | 16000 | 70000 | 16000 | 25000

(a) 剖面图

6×10000=60000

25000 | 16000 | 70000 | 16000 | 25000

(b) 平面图

图 1.189 郑州国际会展中心(单位：mm)

(a) 效果图

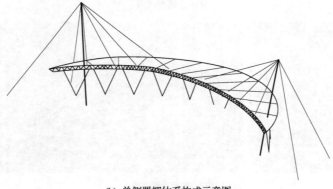

(b) 单侧罩棚体系构成示意图

图 1.190 南京江宁体育场

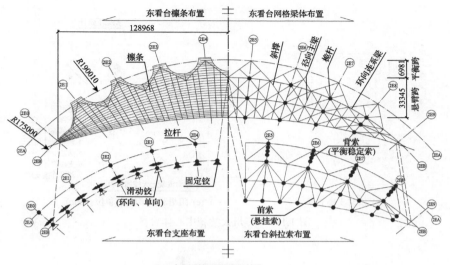

(a) 东侧罩棚平面图(单位：mm)

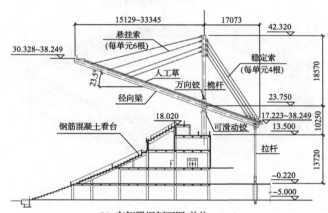

(b) 东侧罩棚剖面图(单位：mm)

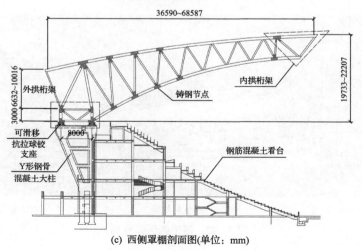

(c) 西侧罩棚剖面图(单位：mm)

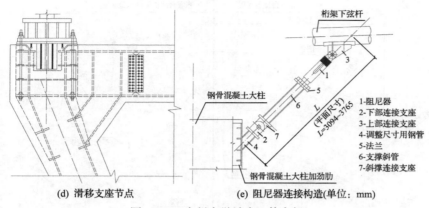

(d) 滑移支座节点　　　　　　　(e) 阻尼器连接构造(单位：mm)

图 1.191　广州大学城中心体育场

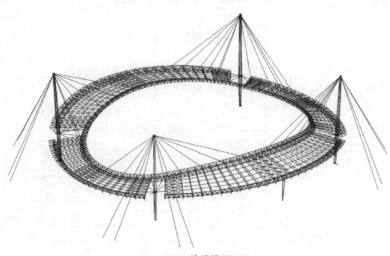

(a) 三维线模型

(b) 实际效果

图 1.192　洛阳新区体育场

(a) 效果图

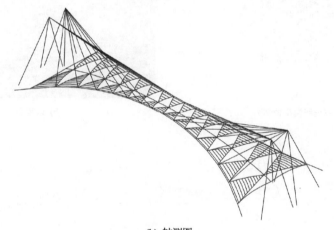

(b) 轴测图

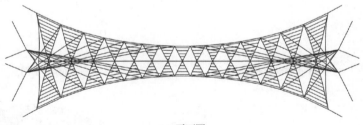

(c) 平面图

(d) 立面图

图 1.193 北京首都国际机场 T3 航站楼南线收费站

图 1.194　哈尔科夫金工球场

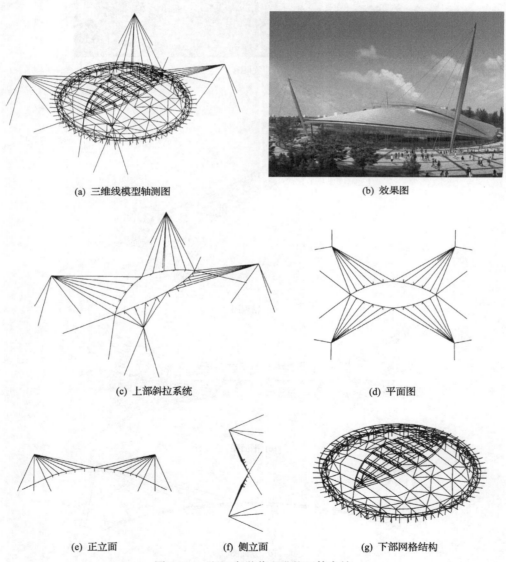

(a) 三维线模型轴测图

(b) 效果图

(c) 上部斜拉系统

(d) 平面图

(e) 正立面　　　　(f) 侧立面　　　　(g) 下部网格结构

图 1.195　浙江大学紫金港校区体育馆

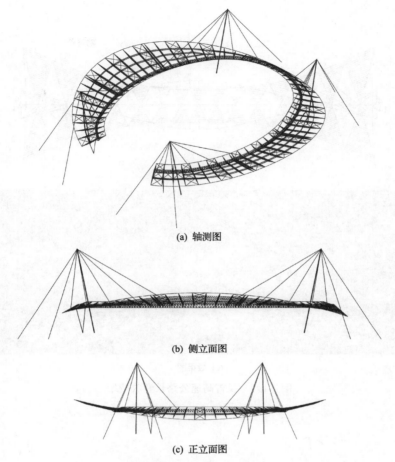

(a) 轴测图

(b) 侧立面图

(c) 正立面图

图 1.196 寿光体育场

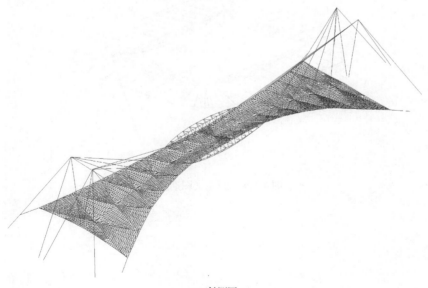

(a) 轴测图

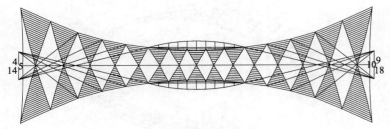

(b) 平面图

(c) 效果图

图 1.197　长吉高速公路长春收费站

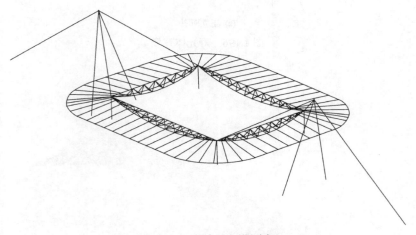

图 1.198　新尤文图斯球场

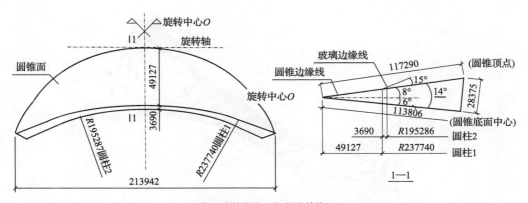

(a) 下部网壳结构曲面生成图(单位：mm)

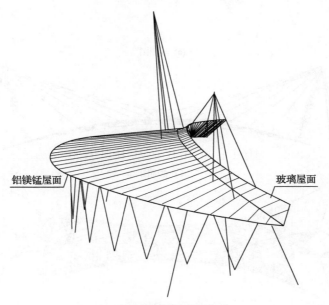

(b) 一侧罩棚体系构成示意图

图 1.199　连云港市体育场

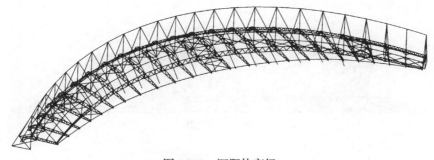

图 1.200　泗阳体育场

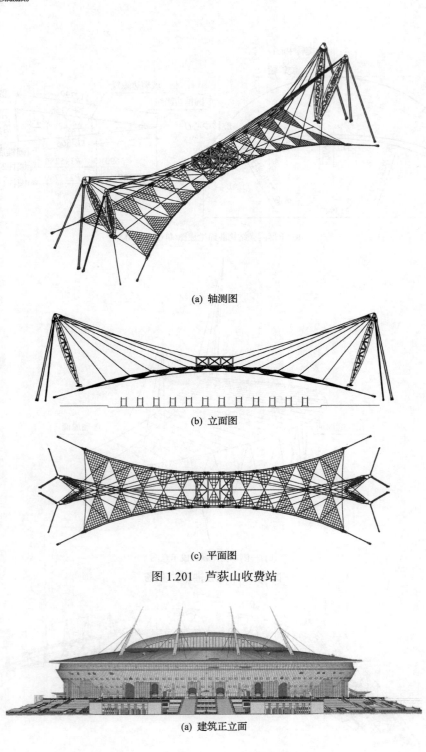

(a) 轴测图

(b) 立面图

(c) 平面图

图 1.201　芦荻山收费站

(a) 建筑正立面

(b) 施工过程

图 1.202 圣彼得堡体育场

(a) 实景

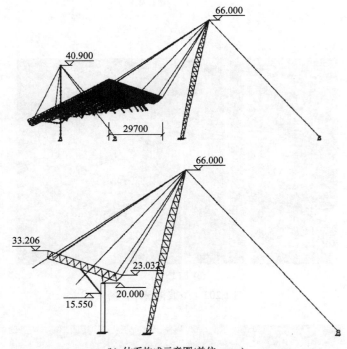

(b) 体系构成示意图(单位：mm)

图 1.203　茌平文体中心体育场

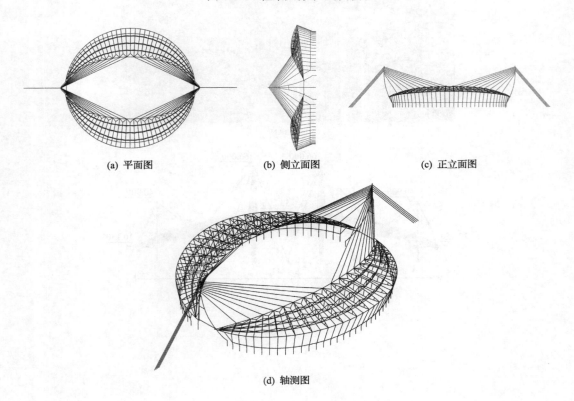

(a) 平面图　　　　　　(b) 侧立面图　　　　　　(c) 正立面图

(d) 轴测图

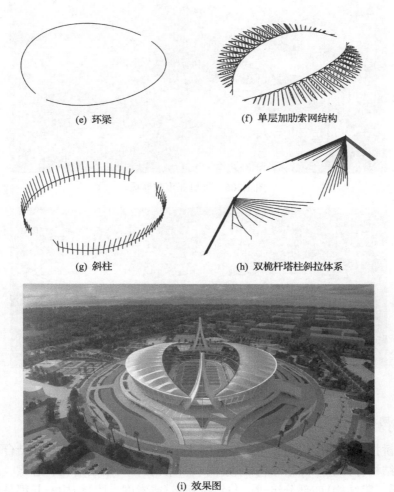

(e) 环梁

(f) 单层加肋索网结构

(g) 斜柱

(h) 双桅杆塔柱斜拉体系

(i) 效果图

图 1.204 柬埔寨国家体育场

图 1.205 阿威罗市政体育场

图 1.206　莱里亚市政球场

图 1.207　多特蒙德体育场

4. 悬索网格(或索网、膜)结构

将悬索桥技术、预应内力技术与空间网格结构(或索网、膜结构)相结合而形成的一种组合空间结构称为悬索网格结构(或索网、膜结构)，一般由塔柱、悬索、吊索和网格结构(或索网、膜结构)四部分组成，与斜拉网格(或索网、膜)结构一起都是桥梁工程技术在大跨空间结构中的应用和发展。

悬索网格结构的形式有以下几种：

(1)按照网格结构的形式可分为悬索网架结构和悬索网壳结构两类。

(2)按照悬索的锚固形式可分为自锚式和地锚式两种。

(3)按照吊索的布置形式可分为竖向吊索和斜向吊索两种。

(4)按照吊索平面内悬索的根数可分为单链式和双链式两种。

(5)按照悬索是否在同一平面内可分为平面曲线悬索和空间曲线悬索两种。

悬索网格结构的主要特点如下：

(1)自重轻、跨度可到千米量级。

(2)体系构成简约，建筑效果好。

(3)通常需要良好可靠的锚固措施。

(4)为降低水平分力，塔柱一般比较高。

(5)悬索曲线形状及吊索索面的形态问题即索系的空间布置和预应力设计较为复杂。

（6）断索分析和换索工程等使结构设计、施工和正常使用阶段密不可分。

（7）网格结构（或索网、膜结构）的形态宜和索系的形态统一，建筑、结构设计统一。

表 1.15 给出了悬索网格（或索网、膜）结构代表性工程实例。悬索网格（或网、膜）结构的结构跨度或将达到千米量级，悬索布置亦将由一维向二维或三维方向发展。

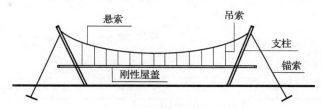

图 1.208 法国洛里恩军械库

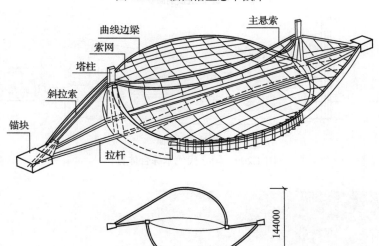

(a) 体系构成示意图(单位：mm)

(b) 鸟瞰图

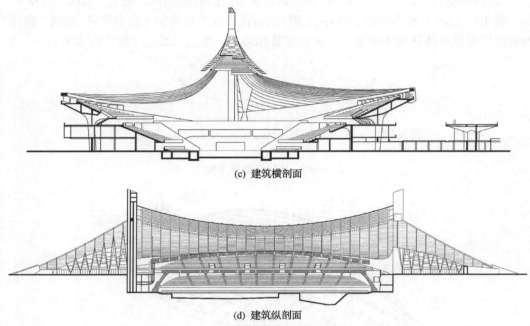

(c) 建筑横剖面

(d) 建筑纵剖面

图 1.209　国立代代木综合体育馆

图 1.210　卡尔斯鲁厄欧洲大厅

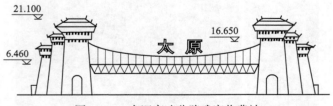

图 1.211　太旧高速公路武宿收费站

表 1.15　悬索网格(或索网、膜)结构代表性工程实例

工程名称	竣工年份	平面尺寸或跨度/m	体系类型/设计特征	备注
法国洛里恩军械库	—	—	悬索结构，如图 1.208 所示	
国立代代木综合体育场[365]	1964	126×120	悬索索网结构，如图 1.209 所示/第一体育馆：悬索最高点标高 27.500m，最低点标高 17.870m。连接双塔的 2 根主悬索ϕ330mm，跨长 126m。主索上搭接劲性承重索为高 500～1000mm、间距 4.5m 的轧制工字钢，稳定索ϕ44mm、间距 1.5～3m 布于工字钢上。屋面围护系统采用厚 4.5mm 钢板。第二体育馆：圆形平面ϕ65m，中间柱高 35.8m，屋面围护系统采用 3.2mm 厚钢板	
卡尔斯鲁厄欧洲大厅	1982	156×69	如图 1.210 所示	
太旧高速公路武宿收费站[366]	1995	72.23	悬索网架结构，如图 1.211 所示/武宿收费站两侧为钢筋混凝土塔楼，高度 21.4m，中间为预应力悬索网架顶棚，悬索网架总跨度 61.4m，网架高度 0.8m，网架顶标高 6.460m，主悬索顶标高 16.650m，主悬索两侧通过冷铸锚具锚固在塔楼上，网架通过 27 道人字形吊杆与主悬索连接，同时网架两端采用橡胶支座与塔楼连接，在支座平面内布置了一定数量的抗水平变位的稳定索	
博尔顿锐步球场	1997	—	悬索网壳结构，如图 1.212 所示	
RZD 竞技场	2002	—	悬索网格结构，如图 1.213 所示	
犹他州奥林匹克速滑馆[367,368]	2002	95×200 矩形	悬索网壳结构，如图 1.214 所示/共 12 对格构式桅杆柱，每根桅杆柱柱顶有 2 根拉索(前 1 悬索后 1 斜拉索)，另设水平撑杆和平衡索。工字钢梁高 914mm，悬索垂跨比 1/8。桅杆柱柱顶标高 33.000m，由两根钢柱组合而成。悬索直径 88.9mm，屋盖结构总用钢量约 953t	
莱茵能源球场[369,370]	2004	—	悬索网架结构，如图 1.215 所示/共 4 根矩形截面格构式桅杆柱，高约 60m，每根桅杆柱柱顶有 4 组索(前 2 悬索后 2 斜拉索)，另设 2 根水平压杆和 2 组与地锚连接的平衡索	
吉林省速滑馆[371]	2006	203.5×89.5 矩形	悬索单层柱面网壳结构，如图 1.216 所示/12 对格构式桅杆柱跨度约 95m，每根桅杆柱柱顶有 2 根拉索(前 1 悬索后 1 斜拉索)，另设水平撑杆和平衡索与后桅拉索平衡。桅杆柱采用双肢格构式截面，双肢均为宽翼缘 H600mm×300mm×10mm×16mm，顶标高 33.000m，其中下桅杆高 12.650m，底部宽 2.9m，上桅杆高 20.35m，向外倾斜度 5°，上、下桅杆通过销轴实现理想铰接。拱梁和悬索两端分别铰接于下、上桅杆顶部。屋盖拱形梁截面为宽翼缘工字形钢，梁顶标高 17.500m，跨度 91.28m，半径 217.168m。悬索为ϕ5mm×241 的平行钢丝束 PE 索，跨度约 95m，两端标高 33.000m，中点标高 20.761m，外形是一条下凹的抛物线，垂跨比约 1/8。悬索和拱梁之间通过“之”字形的吊索连接。桅杆向外设置水平撑杆，中心标高 12.200m，竖向平衡索与地锚连接。设计预应力：下拉索预应力设为 750kN。在结构自重作用下，拱梁的轴力为 925.7～1027.2kN，跨中弯矩为 178.1kN·m，拱梁跨中上拱 146.6mm，水平撑杆外端下挠 144.0mm，桅杆顶向外水平位移 98.3mm。屋盖结构理论用钢量约 44kg/m^2	

注：其他悬索体系屋盖如匹兹堡大卫·劳伦斯会议中心(2003 年)[372]、意大利某广场屋盖(如图 1.217(a)所示)、阿尔加夫球场(2004 年，如图 1.217(b)所示)等暂未查到结构设计相关文献。

图 1.212　博尔顿锐步球场

图 1.213　RZD 竞技场

图 1.214　犹他州奥林匹克速滑馆

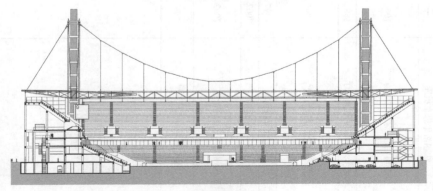

(a) 剖面图

(b) 侧立面实景

图 1.215　莱茵能源球场

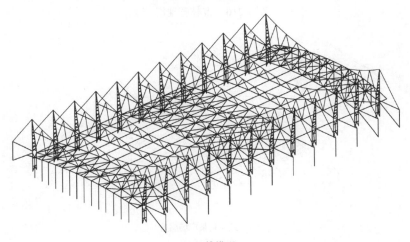

(a) 三维模型

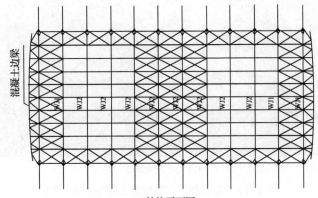

(b) 结构平面图

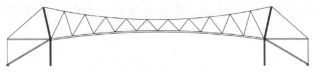

(c) WJ1

(d) 实景

图 1.216　吉林省速滑馆

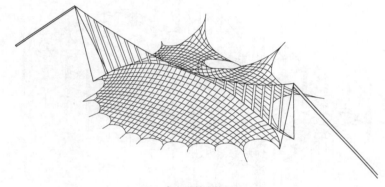

(a) 意大利某广场屋盖

(b) 阿尔加夫球场

图 1.217　意大利某广场屋盖和阿尔加夫球场

　　此外，悬索结构也有应用于多高层建筑的例子，如明尼阿波利斯联邦储备银行大楼（图 1.218）。

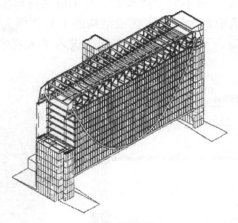

(a) 三维示意图

(b) 施工过程

图 1.218　明尼阿波利斯联邦储备银行大楼

5. 张弦梁(桁架)结构

平面张弦梁结构是由平面曲线索和压杆及平面简支的折、直梁或拱梁组合在一起形成的自平衡体系。张弦梁结构几何构成简单、力流传递清晰，受到工程设计人员的青睐，广泛应用于候机楼、会展中心、火车站罩棚、人行桥等大型公共、体育和桥梁建筑。张弦体系的发展如下：

张弦体系最早应用于桥梁结构，如英国 1859 年建成的皇家阿尔伯特桥(图 1.219)[373]。此外，建成于 1974 年的科罗拉多大桥(图 1.220)是上弦采用直梁线型的张弦梁结构，建成于 1989 年的我国湖南省洞口县距县城 15km 的淘金村的淘金大桥(图 1.221)、德国易北河上的巴德·桑德桥(100m)、1995 年在日本静冈县跨越菊川河修建的石濑大桥(55m)、建于 1999 年的石川动物园桥(Ishikawa Zoo Bridge，61m)、建于 2001 年的日本石川县甘蒙大桥(37m)、位于日本九州中部地区深谷川河上的速日峰桥(48m)等，在桥梁工程中称为上承式悬带桥。在工业与民用建筑中的应用则始于 20 世纪 80 年代，代表性的工程有泽尼特体育馆(72m×126m)、日本大学体育馆、贝尔格莱德球场和日本前桥绿色穹顶等。我国工业建筑与民用建筑中首次采用张弦梁结构的工程实例为1998年建成的上海浦东国际机场一期候机楼屋盖,从此张弦体系在我国进入了大规模应用时期,且跨度越来越大。

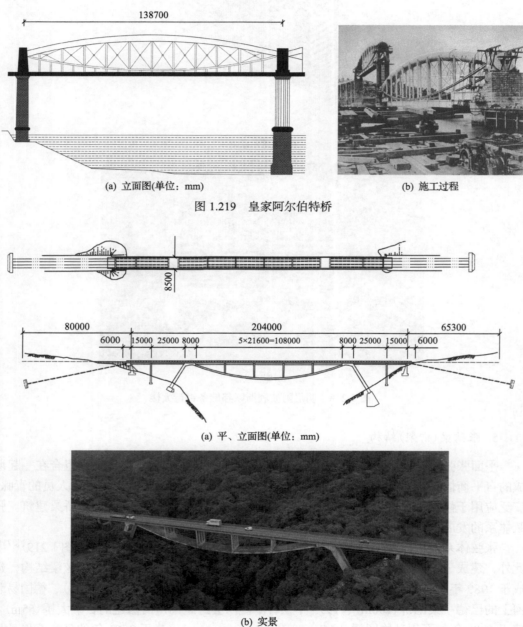

(a) 立面图(单位:mm)　　　　　　　(b) 施工过程

图 1.219　皇家阿尔伯特桥

(a) 平、立面图(单位:mm)

(b) 实景

图 1.220　科罗拉多大桥

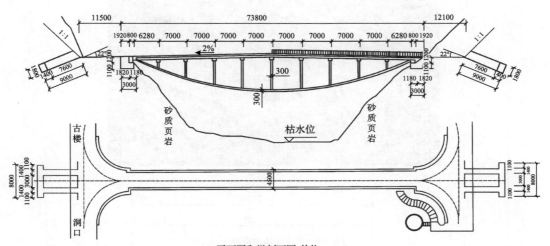

(a) 平面图和纵剖面图(单位：mm)

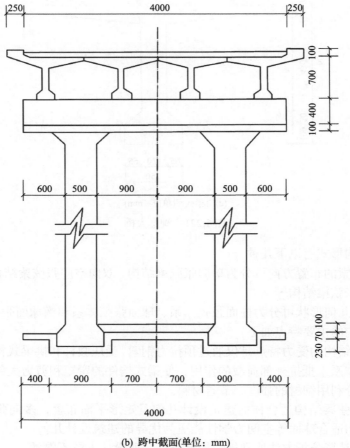

(b) 跨中截面(单位：mm)

(c) 实景照片

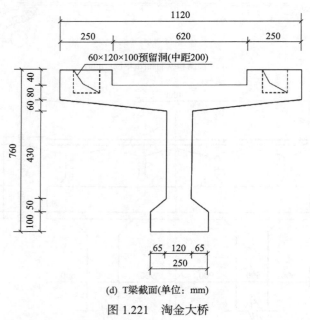

(d) T梁截面(单位：mm)

图 1.221　淘金大桥

张弦梁结构形式有以下几种：

(1)按下弦索的布置方向可分为单向张弦梁结构、双向空间张弦梁结构、多向张弦梁结构和辐射式张弦梁结构等。

(2)按屋面几何形状可分为柱面张弦体系、球面张弦体系和椭球面张弦体系等。

张弦梁结构的主要特点如下：

(1)张弦梁结构的受力特点是仅通过预拉力钢索、受压腹杆和拱梁式构件的组合形成自平衡的结构体系来抵抗外部荷载的作用，使梁式构件的弯矩和剪力大部分转化为轴力来传递，可充分利用钢材的强度，节省材料。

(2)单向张弦梁结构适合柱面建筑设计几何且矩形平面布置，多向张弦梁结构或辐射式张弦梁结构适合球面等空间力学性能更为优异的建筑设计几何。

(3)设计、计算分析方法比常规结构复杂，一般设计人员不熟悉。

各类张弦梁(桁架)结构的代表性工程实例如表 1.16 所示。

表 1.16 张弦梁(桁架)结构代表性工程实例

工程名称	竣工年份	平面尺寸或跨度/m	结构特征	备注
皇家阿尔伯特桥[373]	1859	138.7	张弦梁结构，如图 1.219 所示/共 2 榀平面小扁豆状的张弦梁，跨度 138.7m，离水面高度约 30.48m，两端为铁板梁引桥，总长度约 666.8m。材质为熟铁	
泽尼特体育馆	—	72×126	索穿钢梁的张弦梁结构，如图 1.222 所示	
科罗拉多大桥[374]	1972	108	张弦梁结构，如图 1.220 所示/外锚式	
淘金大桥[375,376]	1989	70	张弦梁结构，如图 1.221 所示/淘金大桥位于湖南省洞口县距县城 15km 的淘金村，跨越渍水上游古楼河的木鱼塘峡谷，是我国首座自锚上承式悬带桥。桥长 74m，设计跨径 70m，矢跨比 1/9，单孔跨径为 10m，桥梁高度为 22.6m，桥面宽 4.5m，双向纵坡 2%，设计标准为汽-15 级，由端锚梁、连续 T 梁、盖梁排架和主索悬带组成，施工阶段设置临时的隧洞式岩石锚碇，用以锚固两组主索(每组 4 束，每束 48 根ϕ5mm 钢丝，每束预应力 523kN)。T 梁：采用弹性支承于门式排架上的 10 跨连续梁结构，由 4 根 T 梁组成，桥宽 4.5m，T 梁高 700mm、单元宽 1130mm，跨中 T 梁长 6800mm，两端 T 梁长 6000mm，横隔板厚 200mm。在预制悬带槽形底板安装完成后，现浇主柱排架，然后安装 T 梁和现浇横隔板。端梁：桥端锚固横梁是主要受力构件之一。它是用来支承 T 梁和锚固悬带主索而设计成的一个强大的锚固整体，搁置在桥台支座上，梁长 5m。支座：两岸端锚梁下面各放置 4 块 200mm×350mm×42mm 平板式橡胶支座。索带：索带预制块设计成槽形，便于施工。索带边缘处厚 80mm，槽带处总厚 290mm。立柱：双柱式钢筋混凝土柱截面为 300mm×500mm，在悬带上立架现浇	
前桥绿色穹顶[377]	1990	122×167 椭圆形	环向阵列平面张弦体系/屋面距地高 42m。由 34 榀拱桁架大梁组成，在每个拱桁架梁下设一对钢索	
出云穹顶[378]	1992	ϕ143，矢高 49	环向阵列空间张弦体系，如图 1.223 所示/木拱梁+张拉弦组成，径向木拱梁宽×高=273mm×914mm，环向阵列 36 榀，屋面围护系统采用 PTFE 膜材。球面穹顶平面投影ϕ143.8m，拱顶高度 48.9m	
北九州穴生穹顶[379]	1994	108×61.8 矩形	一维阵列平面张弦梁结构，如图 1.224 所示/树状支座+张弦梁结构，设抗风索，屋面围护系统采用 PTFE 膜材，通过谷索张紧	
汉诺威会展中心 4 号展厅[380]	1995	185.6×116	一维阵列张弦梁结构/屋盖张弦梁跨度 122m，高度 9m，支承于两侧三层高的钢筋混凝土墙体上。上弦为 2 根ϕ500mm 的热轧无缝钢管，下弦为 2 根ϕ75mm 的全封闭钢绞线，与两端铰接的竖腹杆和交叉斜腹索共同组成单榀张弦梁，与传统的张弦梁相比，其上弦所受的弯矩较小	
汉诺威会展中心 8/9 展厅[380]	1999	137.5×225 矩形平面，结构跨度 105	一维阵列张弦桁架结构/5 榀 137.5m 长类似自锚式悬索桥的主桁架是整个展厅的主脊，由主缆、背索、水平连接杆及吊索组成，并支承在两端的 A 形柱上。主桁架之间设置了钢板悬带屋面，屋面下方加设稳定索，形成竖向刚度较高的索桁架来抵抗风荷载产生的上吸力和不均匀力	

续表

工程名称	竣工年份	平面尺寸或跨度/m	结构特征	备注
上海浦东国际机场 T1 航站楼[381]	1999	82.6	一维阵列单向平面张弦梁结构，如图 1.225 所示。T1 航站楼共有 4 种跨度的张弦梁，覆盖进厅、办票厅、商场和登机廊四个空间，分别简称为 R1、R2、R3 和 R4，其支座水平投影跨度依次为 49.3m、82.6m、44.4m 和 54.3m。张弦梁上、下弦均采用圆弧曲线，中间主弦方管为 □400mm×600mm×18mm，两侧副弦为 2 个冷弯槽钢焊成的方管 □300mm×300mm×6mm，主副弦之间以短管相连。钢材材质 Q345。下弦钢索采用 1 根国产 PE 索，两端通过特殊的热铸锚组件与上弦连接。腹杆上端通过销轴与上弦球连接，下端通过销轴与混凝土剪力墙上。张弦梁纵向间距 9m，通过纵向桁架将热铸锚节点连接在混凝土承台或空间立体桁架，按 18m 轴线间距成对布置，且与张弦梁不在同一平面内。纵向桁架为双腹板工字型。钢斜柱为双翼缘与方管幕墙竖柱下端为固定铰，支承于混凝土结构的底部。R2、R3 的屋面桁架的底部。R2、R3 的屋面桁架，宽 1300mm，高 1700mm，上、下弦均为焊接方管，为保持下弦索受拉，在张弦梁上弦箱形截面中灌注重度约 1.2kN/m²，而风吸力设计值达 1.46kN/m²，风吸力大于自重，支承于混凝土结构上，为 17kN/m³ 的水泥砂浆	
上海浦东国际机场 T2 航站楼[382-384]	2006	89	一维阵列张弦三角立体桁架结构，T2 航站楼包括主楼三部分，其中两者间的连接体二者间的连接体及一者间的连接又一者间的连接及一者间的连接体，其中主楼长 414m，宽 150m，候机长廊 1414m，宽 41~65m，连接体长 292m，宽 31m，高度均为近 40m。主楼和候机长廊 13.600m 标高以上为大空间，主楼上的钢屋盖同时覆盖楼前的入口高架道路，平面投影尺寸为 414m×218m，其下部混凝土结构纵向支承点的间距为 18m，横向支承点的间距为 46.85m、89m、46.85m，沿纵向每 90m 或 72m 设置一条结构缝将整个屋盖分成 5 个区段，与下部混凝土结构的分缝对应。在横向，217m 的长度跨越了三个混凝土结构单元。屋盖的上弦为五跨连续的变截面箱形梁，上弦箱梁截面 300~1622mm，高 768~2288mm。屋架上弦杆为 (200~600)mm×300mm 焊接箱形梁，其中中柱顶的两个小跨截面高度最大处为 600mm×2200mm；其余三个为同隔布置的大跨，上弦截面高度在跨中逐渐收小至 400mm×800mm，并设置下弦形成梭形的张弦梁结构，上下弦采用单根单根屈服强度为 550MPa 的高强度钢棒，截面直径为 100mm、130mm、150mm、160mm、180mm 的高强度拉杆，强度级别为 550 级、460 级和 345 级，通过铸钢锚具与上弦及腹杆相连	
广州国际会展中心[385]	2002	126.6	一维阵列张弦三角立体桁架结构，如图 1.226 所示。主展览厅共 5 个单元，每个单元由 6 榀一端固定铰支座，另一端为水平滑动铰支座的梭形张弦桁架结构构成，同距 15m，跨中高度达 13m。每个单元由 6 榀一端固定铰支座，另一端为水平滑动铰支座的连接均为铰接点。三角桁架腹杆为 φ168mm×6mm，φ168mm×9mm，φ273mm×9mm，KS1 为 φ325mm×8mm，钢索为 φ165mm 即 φ7mm×337。三角桁架节点采用相贯节点，钢材材质为 Q345B。除张弦桁架自重外，桁架每根上弦承受竖向恒载 8.25kN/m，活载标准值 2.25kN/m，相当于屋面附加恒载标准值 1.1kN/m²（除自重外所有恒载）活载标准值 0.3kN/m²。满堂布置，截面 H500mm×200mm×10mm×16mm，水平投影跨距 5m。屋面支撑采用 φ219mm×6.5mm，一端支座采用固定铰支座，另一端为混凝土框架柱顶，其高端支座采用铸钢节点，每榀张弦桁架重 150t，置于两侧标高分别为 28.000m 和 31.200m 的混凝土框架柱顶，低端为滑动铰支座。东 10 榀南 1 跨承受自重后索力 3613kN	

续表

工程名称	竣工年份	平面尺寸或跨度/m	结构特征	备注
哈尔滨国际会展体育中心[386,387]	2003	128	一维阵列张弦桁架结构，如图1.227所示。平面尺寸151m×510m，共35榀张弦桁架，间距15m，桁架顶部最高点标高36.000m，单榀张弦桁架重约154t。桁架张弦桁架间采用相贯焊接连接。支座节点及拉索与桁架斜杆相交节点均采用铸钢，铸钢材质GS-20Mn5。上弦杆截面φ480mm×24mm，中部φ480mm×12mm，接近支座处下弦杆件为φ480mm×24mm，钢材材质Q345B。拉索规格φ7mm×439，截面积16895mm²，破断强度1570MPa，初始预张力为1770kN。屋盖结构用钢量67kg/m²	
深圳会展中心[388,389]	2004	126	双箱梁张弦梁结构，如图1.228所示。上弦梁为半径约633.7m，一端与地面铰接，另一端与标高约30.000m处混凝土柱牛腿铰接。双箱梁中心距离为3m，设箱形檩条拉结。在温度缝两侧的张弦梁采用单梁，箱梁截面宽1000mm，高2600mm，双腹板外侧距离为800mm。下弦索采用3根平行的φ140或φ150刚拉杆	
常州工学院体育馆[390,391]	2004	42	张弦梁结构，如图1.229所示。跨度42m，矢高4m，上弦和端部竖杆均采用焊接H型钢，截面规格分别为H600mm×300mm×10mm×20mm和H300mm×300mm×20mm×20mm，腹杆φ121mm×4.5mm。钢材材质Q235B。下弦索弹性模量1.9×10⁵MPa，破断强度1330MPa。锚具采用LMS-55-。设计预应力最大值600~650kN	
杭州黄龙体育中心网球馆[392-394]	2005	24	张弦桁架结构，如图1.230所示。屋盖覆盖486m的圆形区域，周边柱子布置在半径为37.3m的看台平面上；大挑桁架一端落地，另一端落在钢筋混凝土框架上，挑臂跨度为93.7m。活动屋面在两个大挑桁架中的水平桁架轨道上运行，开启部分的水平投影面积为21m×36m（沿大跨方向），开启、闭合时间约为15min。上弦桁架材质Q345B。下弦杆截面为φ299mm×9mm，其中径向杆截面为φ194mm×8mm，是主要承力构件，环向杆件截面为φ121mm×6mm。下弦索规格：HJ-1~HJ-3为φ7mm×37，HJ-4为φ5mm×37，破断强度1570MPa。张弦部分屋盖结构用钢量31.3kg/m²	
新中国国际展览中心[395]	2006	33.6	张弦梁结构/登录大厅屋面高度26m，柱网开间33.6m，进深柱距15.6m。张弦梁跨度15.6m，柱距7.8m，柱距15.6m。张弦梁跨度33.6m，两撑杆间距33.6m，上弦钢索跨度14.4m。上弦钢索采用工字形截面，下弦采用屈服强度为550MPa的高强圆拉杆，竖向采用高强度圆钢管。屋面围护系统采用压型钢板	
烟台世界贸易中心[396]	2006	65	张弦桁架结构/上弦为三角形桁架，即ZXL1、ZXL2、ZXL3。张弦桁架有3种类型，下弦拉索为扭绞型半平行高强度钢丝束φ5mm×163，撑杆φ180mm×10mm。张弦桁架中高5.86m，下弦垂高5.86m，张弦桁架矢高1.14m，常使用阶段支座与下部支承结构之间铰接固定。拉索施工张力为600kN	张弦桁架中高7m。正张弦桁架跨度47.40m，张弦梁中高7m。正
中国纺织采购博览城国际会展中心[397]	2006	47.4	斜拉张弦梁结构，如图1.231所示。会展中心屋盖建筑造型为波浪形，采用预应力张弦梁与斜拉索组合结构，跨度48m，矢高7.394m。屋顶最高标高24.900m，倒S形双曲线上弦索长60m，矢高47.40m，采用变截面H型钢，梁高750mm，600mm，300mm不等。设计最终预张力：近E轴下弦拉索和后檐拉索分别同步施加80kN和100kN预张力	

续表

工程名称	竣工年份	平面尺寸或跨度/m	结构特征	备注
国家体育馆[398-400]	2006	144.5×114	双向正交张弦桁架结构，如图1.232所示。屋盖平面投影为2个矩形，纵向长195.5m，横向宽114m，分别覆盖比赛馆和热身馆。其中，比赛馆平面投影尺寸为114m×144.5m，热身馆平面投影尺寸为51m×63m，屋面呈南高北低的波浪形曲线，结构最高点标高42.454m。比赛馆钢屋盖为单曲率曲面，其上、下层均为正交正放的平面桁架（横向18榀，纵向14榀），网格间距8.5m，结构高度1.518~3.973m。桁架上弦、腹杆采用无缝圆钢管，焊接球节点。下弦为双向正交索网，横向为双索，纵向为单索，索截面规格φ5mm×109~φ5mm×367，铸钢节点。钢材材质Q345C。下层索双向压杆及双向正交索网，竖向为双索。纵向为单索，最长9.248m，桁架通过6个三向固定球支座和54个单向滑动球铰支座在周边刚性钢筋混凝土柱顶上。竖向压杆φ219mm×12mm，设计预应力1100~2000kN。屋盖（包括热身馆）水平投影面积约22788m²，重约3000t	
同济大学游泳馆[401]	2007	34.5	V形张弦梁结构/张弦梁结构跨度34.5m，断面呈倒三角形，上部刚性结构由2根以一定角度倾斜的弧形钢管拱梁和水平连杆组成水平放置的V形撑杆的平面桁架组成，平面投影呈梭形。各榀张弦梁间通过在跨中交汇的钢管拱梁及横向支撑杆联系在一起。下部柔性拉索通过V形撑杆与上部刚性结构相连。上弦拱梁矢高2m，下弦拱梁矢高1m。一端为单向固定铰支座，另一端为单向滑动铰支座。钢材材质Q345B。竖向压杆采用φ299mm×16mm热轧圆管，索规格φ5mm×61。施工张拉力约150kN	
厦门会展中心二期工程[402-404]	2007	81/99	张弦梁结构/二期工程：4个展厅共27榀，单坡81m跨度，张弦梁中心矢高8.9m，上弦钢箱梁截面□1200mm×600mm×20mm×35mm，上弦钢箱梁截面φ7mm×151，中央服务区9榀，双坡45m跨度，张弦梁中心矢高4.5m，上弦钢箱梁截面□900mm×600mm×20mm×30mm，下弦拉索截面为φ5mm×139。所有张弦梁竖向压杆间间距均为4.5m。为解决张弦梁平面外稳定问题，单坡钢梁中间起拱600mm，张弦梁与混凝土柱采用成品支座连接，一端为单向滑动支座。上弦钢箱梁整体提浆以平衡沿海地区巨大温度变化，81m跨度张弦梁下弦拉索为φ7mm×151，初始拉力2070kN。45m跨度张弦梁下弦拉索为φ5mm×139，初始预应力为950kN。拉索两端均为可调节节点锚头。PE索，破断强度1670MPa	
浦东源深体育馆[405,406]	2007	72×63 矩形	一维列平面张弦梁结构，如图1.233所示/共8榀，平面间距9m，上弦梁采用矩形钢管□600mm×400mm×18mm×18mm，下弦索为φ5mm×163 PE索，破断强度1670MPa，拉索分两端可调节。竖向压杆φ203mm×8mm，张弦梁一端为固定支座，另一端为滑动支座。上弦连续钢箱梁跨中21m范围内灌浆重度为24kN/m³的水泥砂浆。施工张拉力约420kN	
迁安文化会展中心[407]	2008	48×137	直梁式张弦梁结构/上弦矢高3.5m，上弦梁与撑杆之间的连接采用平面内铰接，平面外刚接，上弦梁与其平面外的纵向支撑为刚接	
黄河口模型厅[408]	2009	148	张弦桁架结构，如图1.234所示/大厅扇形平面尺寸164m×200m，共8榀，单根下弦索重23t，距离地面高度约60m。施工张拉力2000~3600kN	

续表

工程名称	竣工年份	平面尺寸或跨度/m	结构特征	备注
绍兴体育场[409-411]	2013	267×206椭圆形平面，跨度226	井字形布置张弦桁架结构，如图1.235所示。固定屋盖由4榀主张弦桁架和周圈次环桁架组成，活动屋盖运行轨道方向为长向主张弦桁架。长向主张弦桁架与短向主张弦桁架正交布置，形成井字形双向空间桁架体系。长向主张弦桁架跨度226m，1500t/榀，短向主张弦桁架跨度168m，1200t/榀，逐渐过渡到端部端部高度5m，主次桁架相交节点采用铸钢节点。主桁架由8个端部固定于外圈环桁架侧面的上弦杆和下弦杆，同样也采用铸钢节点点连接。外圈环桁架断面形式为矩形截面，最大高度17.2m，最大杆件规格为φ1000mm×45mm。主张弦桁架下弦索采用φ200mm钢拉杆，强度等级650MPa，共192根。屋盖纵向主张弦桁架上弦矢高8.2m	
包头市某电厂干煤棚[412]	—	192×242	张弦桁架结构，由17榀主桁架、112榀次桁架及两侧山墙桁架、马道、气窗等若干次构件组成。主桁架宽度4m，跨中高度4m，拱脚附近高度为6m。结构总用钢量约4000t	
国电宁夏方家庄电厂干煤棚	—	229×254	张弦桁架结构，投影面积5816m²，展开面积70180m²，围护结构采用彩色压型板。16榀张弦桁架，由9道纵向桁架及2榀山墙普通桁架组成，单幅张弦桁架重量约161t，主结构用钢量约4000t。主桁架用钢量47kg/m²	

注：其他张弦体系如日本大学体育馆、全国农业展览馆西广场展览厅（2005年）、延安站雨篷（2007年）、新长沙火车站、广州站（2009年）等暂未检索到结构设计相关文献。

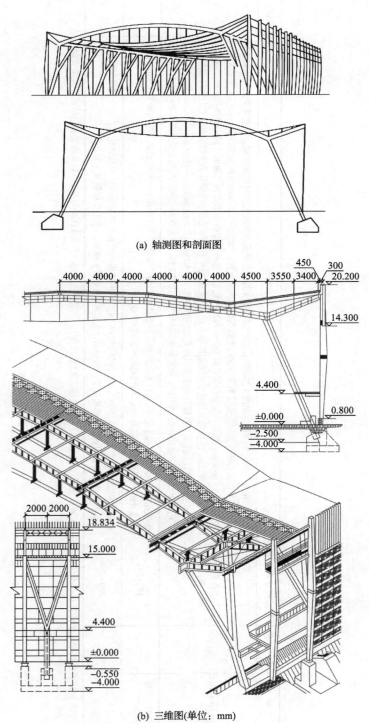

(a) 轴测图和剖面图

(b) 三维图(单位：mm)

图 1.222　泽尼特体育馆

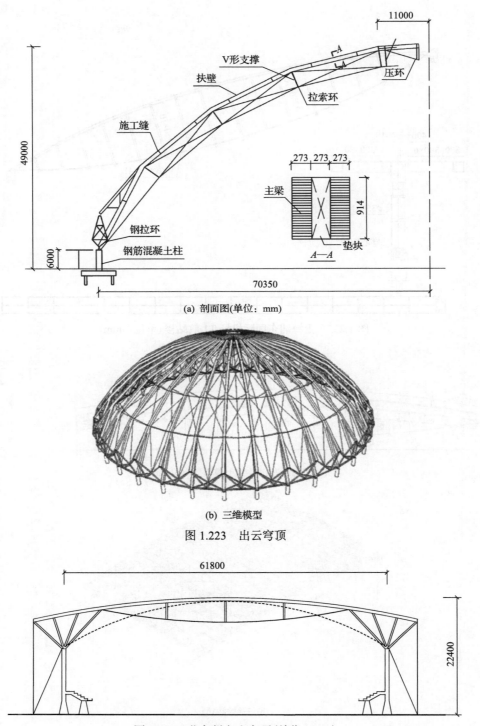

(a) 剖面图(单位: mm)

(b) 三维模型

图 1.223 出云穹顶

图 1.224 北九州穴生穹顶(单位: mm)

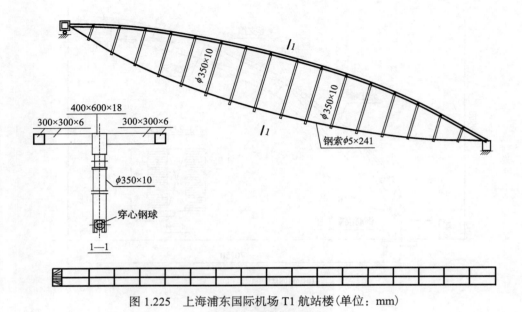

图 1.225　上海浦东国际机场 T1 航站楼(单位：mm)

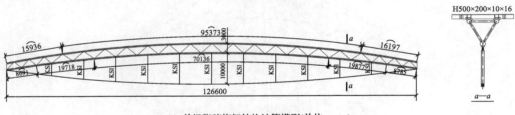

(a) 单榀张弦桁架结构计算模型(单位：mm)

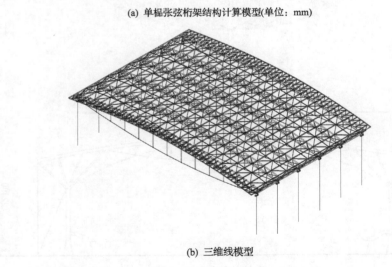

(b) 三维线模型

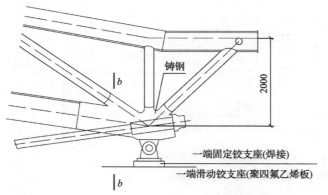

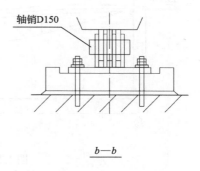

铸钢

一端固定铰支座(焊接)
一端滑动铰支座(聚四氟乙烯板)

轴销D150

b—b

(c) 支座节点构造(单位：mm)

(d) 端部铸钢支座

(e) 单榀吊装

图 1.226　广州国际会展中心

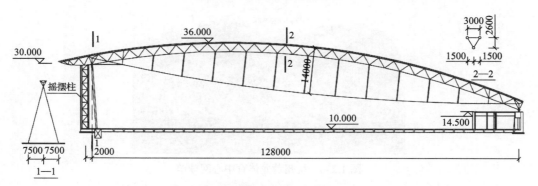

图 1.227　哈尔滨国际会展体育中心(单位：mm)

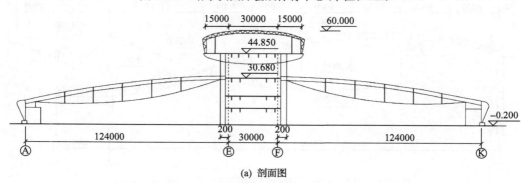

(a) 剖面图

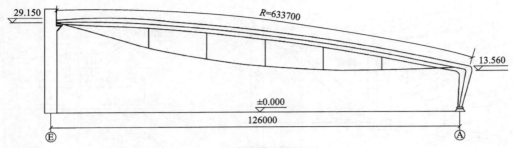

(b) 单榀张弦梁

图 1.228 深圳会展中心(单位：mm)

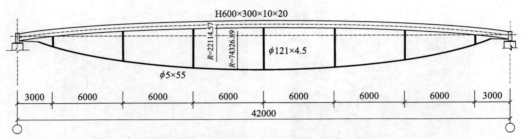

图 1.229 常州工学院体育馆(单位：mm)

图 1.230 杭州黄龙体育中心网球馆

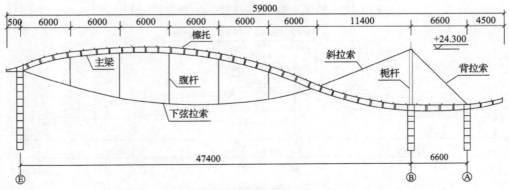

图 1.231 中国纺织采购博览城国际会展中心(单位：mm)

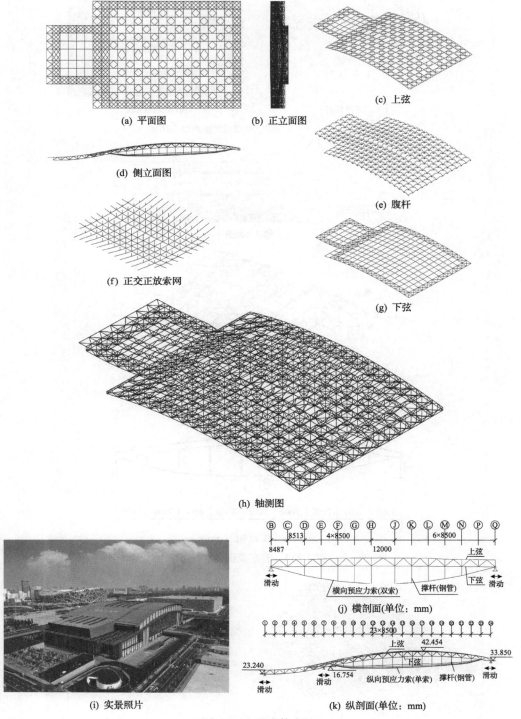

(a) 平面图　　(b) 正立面图　　(c) 上弦

(d) 侧立面图

(e) 腹杆

(f) 正交正放索网

(g) 下弦

(h) 轴测图

(i) 实景照片

(j) 横剖面(单位：mm)

(k) 纵剖面(单位：mm)

图 1.232　国家体育馆

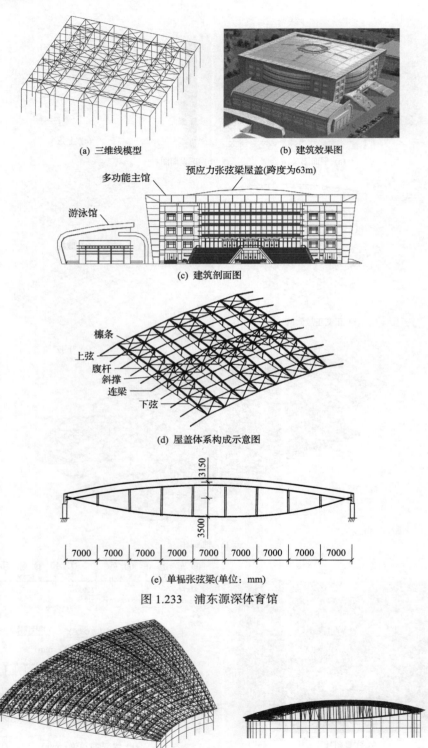

(a) 三维线模型　　　　　　(b) 建筑效果图

多功能主馆　　　预应力张弦梁屋盖(跨度为63m)

游泳馆

(c) 建筑剖面图

檩条
上弦
腹杆
斜撑
连梁
下弦

(d) 屋盖体系构成示意图

3150

3500

7000　7000　7000　7000　7000　7000　7000　7000　7000

(e) 单榀张弦梁(单位: mm)

图 1.233　浦东源深体育馆

(a) 轴测图　　　　　　　　　(b) 侧立面图

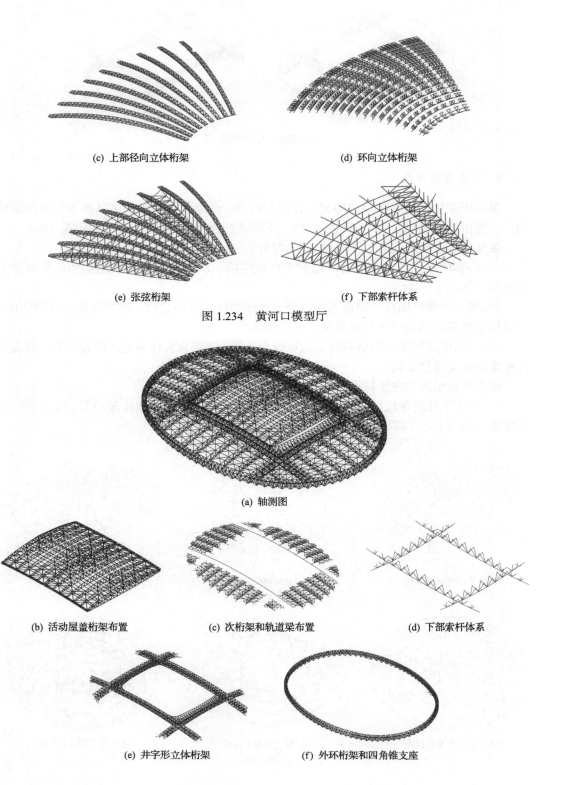

(c) 上部径向立体桁架

(d) 环向立体桁架

(e) 张弦桁架

(f) 下部索杆体系

图 1.234　黄河口模型厅

(a) 轴测图

(b) 活动屋盖桁架布置

(c) 次桁架和轨道梁布置

(d) 下部索杆体系

(e) 井字形立体桁架

(f) 外环桁架和四角锥支座

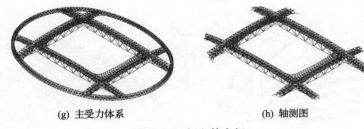

(g) 主受力体系   (h) 轴测图

图 1.235 绍兴体育场

6. 弦支穹顶结构

单层网壳结构和索穹顶结构相结合而形成的一种组合空间结构体系称为弦支穹顶结构，一般由上部单(双、多)层网壳结构、下部索杆体系(如竖杆、斜索和环索)构成。

弦支穹顶结构形式有以下几种(图 1.236)：

(1)按索的布置方向分为肋环型弦支穹顶结构、联方型弦支穹顶结构和鸟巢型弦支穹顶结构等。

(2)按上部单层网壳的网格形式可分为肋环型弦支穹顶结构、联方型弦支穹顶结构、凯威特型弦支穹顶结构、鸟巢型弦支穹顶结构。

(3)上部单层网壳的网格布置方式可混合布置，下部索杆体系也可混合布置，形成混合布置的弦支穹顶结构。

弦支穹顶结构的主要特点如下：

(1)对比单独的单层网壳结构，弦支穹顶上部结构的轴力分布比较均匀，应力水平显著降低，同时上、下部结构协同工作，稳定性能有所提高。

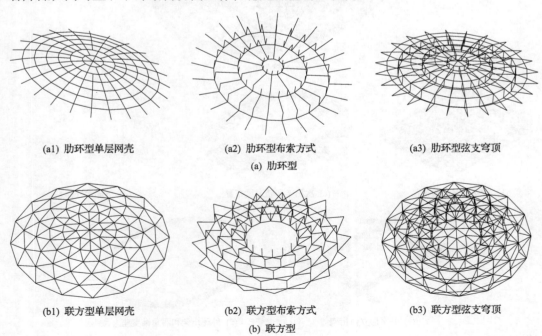

(a1) 肋环型单层网壳   (a2) 肋环型布索方式   (a3) 肋环型弦支穹顶

(a) 肋环型

(b1) 联方型单层网壳   (b2) 联方型布索方式   (b3) 联方型弦支穹顶

(b) 联方型

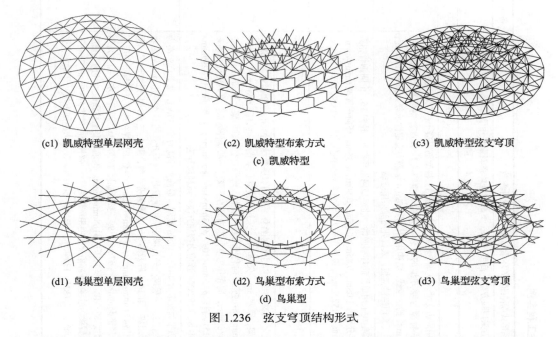

(c1) 凯威特型单层网壳   (c2) 凯威特型布索方式   (c3) 凯威特型弦支穹顶

(c) 凯威特型

(d1) 鸟巢型单层网壳   (d2) 鸟巢型布索方式   (d3) 鸟巢型弦支穹顶

(d) 鸟巢型

图 1.236　弦支穹顶结构形式

(2)下部索杆体系的形态问题和计算分析较为复杂，不被一般设计人员所熟悉。

(3)上、下部结构对支座的水平作用可相互抵消，可形成自平衡体系。

弦支穹顶结构代表性工程实例如表 1.17 所示。

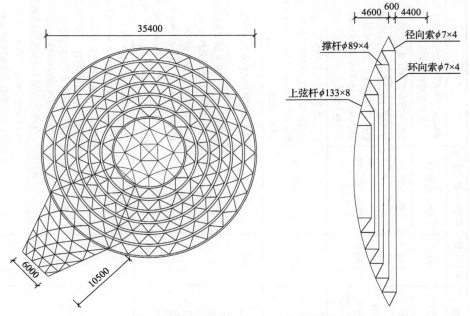

图 1.237　天津保税区商务交流中心大堂屋盖(单位：mm)

表 1.17　弦支穹顶结构代表性工程实例

工程名称	竣工年份	平面尺寸或跨度/m	曲面外形/柔性体系形式/索杆圈数/环索杆圈数及其他设计参数	备注
光丘穹顶[413,414]	1993	ϕ35，矢高 14	球面/索穹顶式联方型/1/平面/上部单层网壳网格布置采用联方型，高度 14m，下部索杆体系斜索采用联方型，周边设 V 形柱，屋盖总用钢量 130t	
聚穹顶[414]	1997	ϕ46，矢高 16	球面/索穹顶式联方型/1/平面	
天津保税区商务交流中心大堂屋盖[415,416]	2001	ϕ35.4，矢高 4.6	球面/索穹顶式联方型/6/平面/如图 1.237 所示，采用周边支承，上部单层网壳网格形式为凯威特型与联方型的组合，采用焊接空心球节点，结构用钢量为 30kg/m²，结构用钢筋采用 ϕ127mm×4mm 和 ϕ133mm×8mm 两种，拉索为 ϕ44mm×7 的钢绞线。屋面围护系统主要采用铝镁锰板，入口处局部采用玻璃。支承于沿圆周布置的 15 根钢筋混凝土柱及柱顶圈梁上，柱顶标高 13.500m。钢管截面规格采用 ϕ127mm×4mm，静力稳定性承载力为 19.1kN/m²，比单独上部单层网壳提高了 14%	
昆明柏联广场中庭[417]	2001	ϕ15，矢高 0.6	球面/索穹顶式联环型/5/平面/如图 1.238 所示，上部结构采用单层肋环型网格，助环型网格环向 6，径向 16，由圆钢管相贯焊接而成，周边环梁采用槽钢。各圈竖向压杆长度分别为 1.05m，0.85m，0.65m，0.50m，0.35m。环向钢管 ϕ76mm×4mm，径向钢管 ϕ89mm×7mm，压杆 ϕ48mm×3mm，索截面面积 152.8mm²。设计预应力：环索自外所内依次为 100kN，80kN，50kN，50kN，20kN	
戴山体育中心训练馆[418,419]	2003	40×60	椭球面/索穹顶式联方型/4/平面	
武汉体育中心体育馆[420,421]	2006	130×110	椭球面/索穹顶式联方型/3/平面/如图 1.239 所示，弦支三向桁架结构。上部刚性体系采用双层椭球面网壳，平面投影为 165m×145m 椭圆，三向网格空间交叉桁架，厚度 3m，矢高 6m，采用焊接空心球节点。沿网壳纵向利用凸起的采光天窗设置空间桁架，矢高 6m，上弦 ϕ299mm×7.5mm～ϕ299mm×7.5mm，弦杆 ϕ299mm×7.5mm，腹杆 ϕ299mm×6mm，斜杆 ϕ245mm×6.5mm。沿周边悬挑 15m，腹杆 ϕ299mm×7.5mm～ϕ299mm×7.5mm，腹杆 ϕ560mm×15mm，截面 ϕ299mm×7.5mm 和 ϕ245mm×6.5mm。网壳作为空间桁架的下弦。下部索杆体系：自内而外，环索 ϕ5.3mm×139，竖向压杆 ϕ299mm×7.5mm。斜索 ϕ5.3mm×163，2 根 ϕ5.3mm×151，2 根 ϕ5.3mm×109，斜索 ϕ5.3mm×109，ϕ5.3mm×139，7.5mm。环索预应力由内而外分别为 2243kN，4604kN，4192kN。预应力施加方法：压杆顶升法	
北京工业大学羽毛球馆[422,423]	2007	ϕ93，矢高 8	球面/索穹顶式联方型/5/平面/如图 1.240 所示，屋盖平面投影为 141m×105m 椭圆，最高点标高为 26.550m，最低点标高为 5.020m，周边支承于 36 根平面分布呈圆形的混凝土柱上。单层网壳外沿部分采用变截面，腹板开孔的 H 型钢沿环向放射状分布。上部单层网壳由 12 圈环向杆和 56 组径向杆组成，第 1～4 圈为梅花型，第 4、5 圈向为过渡型。网壳杆件均采用无缝钢管，钢材材质 Q345B，截面规格 ϕ245mm×9mm～ϕ299mm×16mm，主要采用焊接球节点，与竖向压杆上端连接部位采用铸钢节点。环索采用 PE 索，规格 ϕ5mm×61～ϕ7mm×199，破断强度 1670MPa，竖向压杆 ϕ168mm×8mm，斜索与水平面夹角均为 26°，采用刚拉杆规格采用 ϕ40mm～ϕ60mm，抗拉强度 835MPa。钢筋混凝土柱顶设外环向三角形立体桁架，封闭力流并作为单层网壳的过渡，拉杆截面采用悬臂梁焊接节点，拉杆截面尺寸 ϕ180mm×8mm～ϕ245mm×12mm，环索预拉力由内外而内依次为 3800kN，1756kN，1394kN，723kN，561kN。屋盖结构用钢量约 63kg/m²。环索主动张拉	

续表

工程名称	竣工年份	平面尺寸或跨度/m	曲面外形/柔性体系形式/索杆圈数/环索形状/其他设计参数	备注
常州体育馆[424,425]	2007	119.9×79.9×24.56，矢高 21.45	椭球面/索穹顶式联方型/6/平面/如图 1.241 所示，单层网壳网格形式为内凯威特型+联方型混合布置。竖向压杆长度由外向中心依次为 6.2m、6m、5.5m、5m、4.5m、4.5m。上部刚性体系环、径向构件截面为ϕ273mm×8mm～ϕ273mm×16mm，撑杆截面ϕ140mm×10mm。钢材材质 Q345B。下部柔性体系由外而内，环索规格依次为ϕ5mm×199、ϕ5mm×199、ϕ5mm×85、ϕ5mm×85、ϕ5mm×55、ϕ5mm×55。斜索规格ϕ5mm×85。索破断强度 1670MPa。竖向压杆ϕ180mm×10mm。自重下环索设计预应力由外而内依次为 1431kN、727kN、612kN、412kN、231kN、147kN。预应力施加方法：环索主动张拉。屋盖结构用钢量约 76kg/m^2	
安徽大学体育馆[426,427]	2007	边长 43.879 正六边形，对边距离 76，外接圆ϕ87.757，矢高 10.182，高度 29.84	正六变形折板网壳/索穹顶式肋环型/5/平面/如图 1.242 所示，支座数 24，上部单层网壳结构构件规格：主脊梁□750mm×350mm×12mm×16mm，环向梁□500mm×300mm×8mm×10mm，径向梁□700mm×300mm×10mm×12mm；布置凸出构件位置的主脊梁、径向梁、环向梁分别为□700mm×300mm×10mm×12mm、□600mm×300mm×8mm×10mm、□400mm×250mm×8mm×10mm。采光顶脊梁□500mm×200mm×8mm×10mm、采光顶其他构件□300mm×100mm×6mm×8mm。下部弦支体系：4 圈环索采用破断强度 1670MPa 的 PE 索，由外而内依次为ϕ5mm×199、ϕ5mm×109、ϕ5mm×55、ϕ5mm×31，斜索采用强度等级 550MPa 刚拉杆，由外而内依次为ϕ90mm、ϕ65mm、ϕ45mm、ϕ32mm、ϕ32mm。4 圈环索的设计张拉力由外而内依次为 1720kN、954kN、476kN 和 238kN。竖向压杆ϕ203mm×10mm 和ϕ153mm×10mm。径向 5 圈刚拉杆设计张拉力由外而内依次为 1800kN、1000kN、500kN、250kN 和 100kN。预应力施加方法：主动张拉斜索即径向刚拉杆	
济南奥林匹克体育中心[428-430]	2008	ϕ122，矢高 12.2	球面/索穹顶式肋环型/3/平面/如图 1.243 所示，上部单层网壳网格形式为凯威特型和葵花型内外混合布置，下部索杆体系为肋环型布置，在径向马道支点和相邻的竖向压杆的上节点之间设置斜拉构造刚拉杆ϕ55mm 张紧，强度等级 345MPa。钢材材质 Q345B。网壳杆件主要采用ϕ377mm×14mm，在屋盖边缘处采用ϕ377mm×16mm，节点大部分采用铸钢，18 个相贯节点。下部索杆体系：自外而内，环索规格依次为ϕ7mm×253、ϕ5mm×187、ϕ5mm×61，斜索采用刚拉杆分别为ϕ90mm、ϕ55mm、ϕ45mm，竖向压杆依次为ϕ273mm×15mm、ϕ245mm×15mm、ϕ219mm×15mm，拉索破断强度 1670MPa。环索设计预应力 3857.799kN、1457.761kN、458.699kN。斜索与水平面的夹角均为 26°。36 个支座位于钢筋混凝土环梁上，截面宽×高=1500mm×1000mm。预应力施加方法：主动张拉斜索即径向刚拉杆。屋盖结构用钢量约 85kg/m^2	
东莞厚街体育馆[431]	2010～2020	110×80，矢高 9.4	椭球面/联方型/4/平面/如图 1.244 所示，屋盖平面投影为 127.875m×93m 椭圆，其中支座间净跨 110m×80m，支座外围悬挑部分通过 V 形斜杆与相应标高的混凝土圈梁侧边相连。上部单层网壳采用联方型+凯威特型的混合网格布置，其中屋盖中心区域为绽放的花瓣状网格。单层网壳钢管杆件规格ϕ245mm×10mm～ϕ377mm×14mm。下部索杆体系：由内而外，环索依次为ϕ5mm×31、ϕ5mm×73、ϕ5mm×91、ϕ5mm×211，拉索破断强度 1670MPa；径向斜索采用 GLG460 刚拉杆分别为ϕ30mm、ϕ45mm、ϕ45mm、ϕ70mm；竖向压杆第 1～3 圈为ϕ219mm×10mm、第 4 圈为ϕ219mm×12mm。竖向压杆上下端节点采用铸钢，其余为圆管相贯节点。屋盖沿 110m×80m 椭圆平面轴线支承在混凝土圈梁顶，共设焊接空心球固定铰支座 24 个，球中心标高 22.600m。屋面附加恒荷载：单层网壳中心区 28m×20m，椭圆区域 0.8kN/m^2，其余区域 0.5kN/m^2。不上人屋面活荷载 0.3kN/m^2。预应力施加方法：采用环索主动张拉，由内向外各圈环索初始预拉力分别为 404.2kN、681.1kN、1008.4kN、1584.4kN。屋盖结构用钢量 72.8kg/m^2	

续表

工程名称	竣工年份	平面尺寸或跨度/m	曲面外形柔性体系形式/索杆圈数/环索形状/其他设计参数	备注
三亚市体育中心体育馆[432]	2010	φ76，矢高8.825	球面/索穹顶式联方型/3/平面如图1.245所示，周边支承于40根混凝土柱上，主要采用焊接球节点，与竖向压杆连接处为转钢球节点。钢材材质Q345B。索采用PE索，破断强度650MPa。用刚拉杆，强度等级650MPa。	网壳由8圈环向杆和9段径向杆组成，节点采用焊接球节点。斜索采用PE索，破断强度1670MPa。屋盖结构用钢量约69kg/m²
深圳坪山体育中心体育馆[433,434]	2010	φ72圆形，矢高7.2	球面/索穹顶式助环顶型/3/平面周边支承于24根钢筋混凝土柱上。主要采用插板式相贯节点。斜索采用钢绞线相依次为φ80mm、φ60mm、φ40mm，另外局部设置构造刚拉杆。竖向压杆φ194mm×5mm 和φ154mm×5mm。	上部单层网壳网格形式采用联方型。下部索杆体系：斜索与水平面夹角均为15°。由外而内，环索规格依次为φ325mm×12mm、φ325mm×10mm、φ325mm×8mm。上端与环索夹相贯焊接。设计预应力施工张拉力：自外而内，环索1670kN/1642kN，832kN/819kN，450kN/458kN，225kN/213kN，90kN/87kN。竖向压杆117kN/106kN，58kN/52kN，127kN/120kN。屋盖结构用钢量约53.3kg/m²
连云港市体育馆[435]	2011	φ78，高度27.5，矢跨比1/17	球面/索穹顶式助环顶型/6/平面如图1.246所示，球面半径160m。屋盖中央玻璃采光顶φ16m，人口休息厅采用玻璃采光φ94m的球面上。其低端标点标高为5.500m。周边设圆三角形外径桁架高2.5m，宽2.5m。最小圈φ4m。上部刚性体系形规格：单层网壳径向杆规格φ299mm×139，环索φ5mm×30，斜索φ5mm×20。下部柔性体系：环索φ5mm×139，斜索φ5mm×20。内向外依次为150kN，200kN，290kN，370kN，460kN，580kN。	屋盖水平投影为φ94m的圆，下部支承结构位于φ78m的球面上空。其高端弧面交界于100m的球面上，其高端弧率半径为φ100m的球面上。环向网格数为6。倒三角第1~4圈3m，第5圈3.5m，外环桁架φ245mm×10mm；外环φ299mm×8mm。环向压杆φ180mm×8mm，竖向压杆φ180mm×8mm。在自重下环索预应力从内向外依次为150kN，200kN，290kN，370kN，460kN，580kN。屋盖结构用钢量约53.3kg/m²
重庆市渝北体育馆[436,437]	2011	三角形平面边长最大81，矢高8.6	近似倒角三角形助顶式助环顶构件：环向□200mm×400mm×12mm，径向□300mm×500mm×16mm(14mm)。下部柔性体系：由外而内刚性拉杆采用刚拉杆规格φ50mm和φ60mm，强度级为550MPa，最内圈764kN。中间2圈1100kN，中间2圈764kN，环向刚拉杆内力为841kN，最大径向刚拉杆内力为1056kN，最大环索索内力为1056kN，最大径向刚拉杆内力为841kN，最大径向刚拉杆内力为841kN。	上部单层网壳规格第1~2圈φ5mm×121，第3~4圈φ5mm×85，第5圈φ5mm×55。竖向压杆φ180mm×8mm，长32mm。屋盖中部最大起拱4~6m不等。环索设计预应力：最外2圈1100kN，中间2圈764kN，最大径向刚拉杆内力为841kN，最大环索索内力为1056kN。屋盖中部最大起拱32mm。主动张拉斜索即径向刚拉力
葫芦岛体育馆[438,439]	2011	127×109椭圆形，弦支部分φ60	弦支部分局部球面/索穹顶式联方型/3/平面屋盖平面投影为椭圆形。主要由34榀径向钢桁架，1榀环向钢桁架以及中央支承顶组成。环索设计预应力自外而内依次为1000kN，500kN，260kN	屋盖平面投影椭圆形，长轴方向跨度约127m，短轴方向跨度约109m。下部索杆体系：竖向压杆外环与中环约28根，内环14根，环索强度等级650MPa。钢材材质Q345B。
常熟市体育馆[440]	2009~2011	81	球面/索穹顶式助顶型/6/平面设平面φ32m的采光玻璃顶。上部网壳网格为助环顶型，径向24榀，斜索采用刚拉杆，强度等级1670MPa。由外而内，环索初始预应力依次为920kN，650kN，470kN，280kN。屋盖结构用钢量约83kg/m²。矢高5.2m，屋盖中央设平面φ32m的采光玻璃顶。高1.2m×2.0m，直径12m，周边设φ32m的采光玻璃顶。	弦支分平面为左边切形，弦支网壳跨度81m，球面矢高90.4m的圆，短向倒三角形桁架宽×高=3.5m×3.0m，短向倒三角形桁架宽650MPa。PE索，强度等级650MPa。钢材材质Q345B。

续表

工程名称	竣工年份	平面尺寸或跨度/m	曲面外形、柔性体系形式、索杆圈数、环索形状、其他设计参数	备注
大连体育中心体育馆[441]	2013	145.4×116.4 椭圆形	椭球面索穹顶式助环型3/平面如图1.248 所示，最高点标高为45.000m，矢跨比为1/10，屋盖支座平面与水平面成10°夹角，环向24 榀主助桁架，环向4 道联系桁架，桁架高度约2.4m，竖向压杆采用Q345B，索采用镀锌半平行钢丝束采用φ7mm 系列，破断强度1860MPa	
济宁体育馆[442,443]	2013	99.6×69.6 长六边形	不规则的十二角锥台面索穹顶式助环型12 榀3/平面周圈布置96 个混凝土柱。屋盖中间区域设有一个长六边形内环桁架，内环桁架内沿横向布置6 榀张弦梁，弦支部分上部单层网壳结构设径向主脊索12 道，次脊梁20 道，环向次梁5 圈。高2.5m，宽1.98m	
营口市体育馆[444,445]	2012	133×82 扇形，跨度69m，矢高18	扇形球面索穹顶式联方型/2平面斜拉弦支双层网壳结构。比赛馆跨度长向最大100m，短向69m，最大墓跨度17m，最高点距室外地面约33m。双层网壳矢高向面为17.990m，厚度为2.2m，支承在钢筋混凝土柱顶，部分采用固定支座，部分采用沿短轴方向可滑动支座。共2 根檐杆柱，高度53m，每根檐杆柱柱顶有7 根斜拉索，斜拉索位于网壳悬挑长度较大的区域。弦支部分内外环向索各采用2 根，径向斜索采用刚拉索。设计初始预应力：36 段内环索298.628～424.039kN，40 段径向悬挑长度较大的区域。弦支部分内外环向索各采用2 根，径向斜索采用刚拉索。设计初始张拉预应力：36 段内环索304.210～619.876kN，73 根内圈径向刚拉杆5.919～80.026kN，71 根外圈竖向压杆12.325～150.332kN，36 根内圈竖向压杆-41.389～-30.233kN，40 根外圈竖向用钢量约33.08kg/m²	
天津体育中心自行车馆[446,447]	2013	126×100 椭圆形，矢高18	椭圆面索穹顶式联方型/1平面矢高18m。上部椭圆边桁架下弦曲面为标准椭圆球面126m×100m，矢高18m。上部桁架结构主要构件截面规格：φ60mm×3mm，φ76mm×3.5mm，φ84mm×4.5mm，φ95mm×6mm，φ108mm×6mm，φ133mm×6mm，φ152mm×8mm，φ159mm×10mm，φ168mm×10mm，φ203mm×12mm，φ219mm×12mm，φ245mm×12mm，φ273mm×12mm，φ325mm×12mm。强度等级550MPa。下部索采用Q345B。环索采用PE索，破断强度1670MPa。64 根斜索采用刚拉杆，径向索采用φ245mm×12mm。环索预应力水平3088kN	
沁阳市体育馆[448]	—	99.521×70.693 椭圆形，矢高7.2	椭球面索穹顶式联方型/5平面周边φ1200mm 型钢混凝土柱。上部单层网壳网格采用凯威特型-联方型混合布置，内8 圈为K8 型网格，外2 圈为联方型网格。单层网壳杆件截面主要有φ219mm×6mm，φ245mm×8mm，φ273mm×8mm，φ299mm×10mm，φ325mm×10mm，φ500mm×25mm。竖向压杆截面φ245mm×8mm，钢材材质Q235B。环索规格主要有φ7mm×55 和φ7mm×109，预应力由外内面内依次为1800kN，1500kN，1000kN，300kN，截面规格有φ40mm，φ50mm 和φ60mm，强度等级550MPa。斜索采用刚拉杆，下部索采用Q345B。径向索采用φ245mm×12mm，环索采用刚拉杆。尺寸为99.521m×70.693m。屋盖平面投影为101.2m×72.4m 椭圆，弦支部分轴线尺寸为99.521m×70.693m	
南京禄口国际机场[449,450]	2014	φ30.3，矢高3.655	球面索穹顶式联方型/1平面/上部单层球面顶顶标高22.815m，高35m，投影面积8392m²。下部索杆体系：20 道环索主要φ8mm×8mm，环向刚拉杆142kN，施工张拉应力：径向刚拉杆354kN。钢材材质Q235B。屋盖围护系采用轻钢檩条及复合金板。径向6 根主H 型钢梁相交于屋盖中心	
宣城市体育中心体育馆[451]	2015	外φ89.2 圆形，中央部分为球面助环面弦支弯顶	球面索穹顶式联方型，中央部分为球面助环面弦支弯顶。屋盖结构总用钢量约1600t。主要由内环桁架、索杆系和轻钢檩条及复合金板。径向顶投影半径106.5m，径向36 榀斜交钢管桁架，其上部单层网壳顶内采用助环型顶网格，径向6 根主H 型钢梁相交于屋盖中心。下部索杆体系环向索为六边形。索规格φ5mm×19，破断强度1670MPa。施工张拉完成后实测得径向索环索为六边形。径向索施工张拉力约100kN，环索约140kN	

续表

工程名称	竣工年份	平面尺寸或跨度/m	曲面外形式柔性体系形式式索杆圈数环索形状及其他设计参数	备注
茌平体育中心体育馆[452-454]	—	跨度 108，矢高 25.5	球面索夸顶式联方型7/平面/如图 1.249 所示，拱支球面弦支穹顶结构。屋盖顶部结构中心线标高约 40.000m。空间曲线线高最高点中心线标高 45.500m，最高点两拱间距 14.0m，拱脚处两拱脚间距约 46.66m，单根拱的两拱脚间距约 189.3m。空间曲线线拱截面采用 φ1500mm×16mm 和 φ1500mm×24mm，拱间及拱与弦支夸顶间钢管规格有 φ325mm×8mm，φ377mm×10mm，φ426mm×10mm。单层网壳网格形式为凯威特型 K6，径向划分为 20 圈，网壳构件规格为 φ203mm×6mm，φ219mm×7mm，φ245mm×7mm，φ273mm×8mm，φ299mm×8mm。下部索杆体系：竖向压杆 φ219mm×7mm。环索平均索力从内而外依次为 2117mm² 和 4657mm²。127kN，420kN，530kN，810kN，1242kN，2060kN。索截面面积分别为 2117mm² 和 4657mm²，横截面面积采用第 5 圈环向杆处，第 2 道设置在倒数第 5 圈环向杆处。屋盖周边设置 2 道橡胶支座，第 1 道设置在倒数第 5 圈环向杆处，第 2 道设置在最后 1 圈环向杆处。屋面再护采用轻型屋面和玻璃屋面两种，拱下方为轻型屋面	
天津市宝坻体育馆[455]	2016	103.4×79.4，矢高约 8	椭球面/索夸顶式联方型5/平面/屋盖平面投影为 118m×94m 椭圆，中间部分采用弦支体系 K6+联方型混合型网格 103.4m×79.4m 椭圆，周边支座数 40。上部单层网壳网格形式采用凯威特型 K6+联方型混合型网格，15～17 圈为凯威特型网格，13～14 圈为联方型网格，由内剖外共 17 圈，其中 1～12 圈为凯威特型网格，周围环向部分杆件规格达到 φ500mm×20mm。主要采用焊接球节点，竖向压杆上节点采用半球铰万向可调。钢材材质 Q345B。环索采用破断强度 1670MPa 的 PE 索 φ7mm×139，斜索采用钢拉杆材料强度等级 550MPa，竖向压杆 φ273mm×12mm 共 96 根。环索采夹采用簧动式。以最大杆端应力最小为目标优化后环索初始拉力值由内而外依次为 89.9kN，175.4kN，511.2kN，1002.3kN，1673.8kN	
绍兴山水水馆[456,457]	2014 年张拉结束，2016 年完工	63.7×43.9	椭球面/索夸顶式联方型3/平面/屋盖平面投影为 228m×137m 椭圆，屋盖主体钢结构为巨型网格桁架结构和中央弦支夸顶结构的拼接，外围部分由 16 道径向主桁架+1 圈内环弦桁架和桁架上弦之间单层网络结构组成。径向主桁架采用倒三角形截面，宽 4m，高 4m，内环桁架宽 4m，高 4m，倒三角形截面。中心弦支夸顶由上部联方型单层网壳结构和下部助环型索杆系组成。连续环索杆夹采用上下合型转钢节点。环索最大直径约为 100mm，环索来支节点两侧最大不平衡力为 203kN	
天津中医药大学新建体育馆[458]	2016	中心场地 103×84 椭圆形，弦支部分 92×73	椭球面/索夸顶式联方型5/平面/如图 1.250 所示。弦支夸顶周边共 32 个水平双向铰接支座，竖向完全约束，其余 26 个支座为约束支座。局部为 φ1200mm，弦支夸顶底标高 24.000m，周边设置 58 根混凝土柱，顶部标高约 24.000m，竖向完全约束，其余 26 个支座为铰接支座，共 13 圈，杆件长度在 3.5m 左右，最长 4.6m，最短 2.1m。竖向压杆高度 4.5m。上部单层网壳网格形式采用凯威特型网壳+施威德勒型，单层网壳网格规格：φ114mm×4.5mm，φ159mm×6mm，φ180mm×6mm，φ245mm×8mm，φ273mm×8mm。钢材材质 Q345B。单层网壳网格形式 Q345B。单层网壳环向压杆件截面规格：φ114mm×4.5mm，φ159mm×6mm，φ180mm×6mm，φ299mm×6mm，φ299mm×10mm。环索预拉力从内而外依次为 φ180mm×8mm，φ299mm×10mm，环索规格从内而外依次为 φ7mm×37，φ7mm×73，φ7mm×73，φ7mm×109，破断强度 1670MPa，外环索 φ40mm，φ60mm。架部分杆件截面规格：φ114mm×4.5mm，φ159mm×6mm，φ180mm×6mm，φ245mm×8mm，φ299mm×6mm，φ299mm×10mm。斜索采用强度等级 550MPa 钢拉杆，规格从内而外依次为 φ40mm，φ60mm。环索规格从内而外依次为 φ7mm×37，φ7mm×73，200kN，500kN，1500kN，2000kN。弹簧支座刚度采用 2000kN/m，φ80mm，φ60mm	

续表

工程名称	竣工年份	平面尺寸或跨度/m	曲面外形/柔性体系形式/索杆圈数/环索形状/其他设计参数	备注
河北北方学院体育馆[459]	2015~2018	83.774×90.990 近矩形，矢高约 5.72	球面/索穹顶式联方型/6/平面/屋盖支承于周边 32 根圆形混凝土柱上，柱顶 Z 向固定、X 向和 Y 向弹性约束，水平刚度设计初选 3000kN/m。屋盖平面投影为双轴对称倒角矩形，平面轴线由 3 种半径 24m、85m、147m 的八段圆弧构成。上部单层网壳网格形式为凯威特型 K8+联方型混合布置，杆件截面规格主要有ϕ180mm×8mm、ϕ219mm×10mm、ϕ245mm×10mm、ϕ273mm×12mm、ϕ299mm×12mm、ϕ325mm×14mm、ϕ351mm×14mm、ϕ377mm×16mm、ϕ402mm×16mm、ϕ450mm×16mm、ϕ480mm×25mm。竖向压杆ϕ180mm×8mm。钢材材质 Q345B。各工况包络计算每圈环索最大内力由外到内分别为 5410kN、2465kN、740kN、250kN、50kN。由最大索力选取 3 种拉索规格，截面面积分别为 6360mm^2、3525mm^2、2125mm^2，钢丝破断强度 1670MPa。每圈径向刚拉杆最大内力由外到内分别为 1195kN、535kN、180kN、80kN、30kN，共采用 3 种截面规格ϕ80mm、ϕ60mm、ϕ40mm，强度等级 550MPa	
深圳北站站台雨棚[460]	2007~2011	14.0×21.5，矢高 2.0	柱面/索穹顶式肋环型/1/平面/雨棚被中央站房分为对称的左右两部分。两侧雨棚高约 21m，均为 273m×130m 矩形平面，每侧设 108 个弦支单元。雨棚支撑体系标准柱距：垂直股道方向 43m，平行股道方向 28m。落地立柱采用圆形钢管混凝土柱高 9m，中柱ϕ800mm×30mm、边柱ϕ900mm×30mm，均内灌 C60 混凝土。每立柱柱顶有 4 根树状分叉斜柱，主要采用ϕ500mm×15mm，竖向高度 9.5m。垂直股道方向两边跨局部最大悬挑跨度分别为 6.5m 和 10.5m。柱面网壳横纵向主梁主要采用□450mm×250mm×14mm×16mm 和□400mm×200mm×10mm×10mm，横纵向次梁主要采用 H250mm×250mm×6mm×12mm 和 H200mm×200mm×4mm×12mm。钢材材质 Q345B。下部四边形环索弦支体系：斜索采用刚拉杆ϕ70mm 和ϕ64mm 两种规格。竖向压杆ϕ154mm×4.5mm 和ϕ194mm×5mm。环索规格主要为ϕ30mm	
肇庆新区体育中心体育馆和训练馆[461]	2017	体育馆 108/训练馆 57	球面/索穹顶式肋环型/3 体育馆、1 训练馆/平面/体育馆主馆周边设内部 8 根巨型 Y 形柱及外围 V 撑，立柱采用变截面锥形圆管，ϕ1000mm～ϕ400mm，壁厚 30～20mm。训练馆周边设内部 6 根巨型 Y 形柱及外围 V 撑。体育馆主馆和训练馆屋面均采用肋环型网格，构件截面箱形，最大梁高为 900。钢材材质 Q345B。体育馆主馆下部索杆体系：自外而内，环索ϕ7mm×241、ϕ7mm×73、ϕ5mm×151，径向索ϕ7mm×73、ϕ7mm×37、ϕ7mm×37，构造索ϕ5mm×73。体育馆主馆自外而内环索初始预应力分别为 2400kN、360kN、100kN。训练馆环索初始预应力为 1000kN。预应力施加方法：斜索主动张拉	
上海浦东足球场[462]	2019	211×173	马鞍面/索穹顶式肋环型/1/空间/如图 1.251 所示，马鞍面屋盖高差为 2.5m，立面高度在 24.5～26.9m 变化，长轴向悬挑 47.2m，短轴向悬挑 49.1m，角部悬挑 56.3m。结构体系由中置压环梁、46 榀径向梁与 V 撑组成的钢结构与 8 根环向索、46 根径向索组成的索网相结合，配合圈梁、内悬挑等次构件，形成屋盖整体。屋盖通过 72 根摇摆柱及 24 根屈曲约束支撑与下部看台连接，V 撑上端分别连接压环梁及径向梁悬挑段，过索夹节点与环向索、径向索连接。径向索 46 根ϕ95mm、ϕ110mm 或ϕ120mm，环索采用 8 根ϕ100mm，钢丝破断强度 1670MPa。钢材采用 Q345B。刚性构件截面规格：内压环梁□1500mm×1500mm×50mm×50mm，径向梁□700mm×1400mm×10mm×26mm、□700mm×1400mm×9mm×24mm，圈梁□600mm×1400mm×30mm×48mm、□600mm×1400mm×12mm×24mm，V 撑□350mm×600mm×12mm×12mm、□350mm×350mm×12mm×12mm，格构柱和柱间支撑采用圆钢管，截面尺寸分别为ϕ400mm×10mm 和ϕ356mm×10mm。施工张拉结束时计算模型径向索最大索力为 4794.2kN、单根环索最大索力为 3328.0kN	

续表

工程名称	竣工年份	平面尺寸或跨度/m	曲面外形/柔性体系体形式/索杆圈数/环索形状/其他设计参数	备注
贵阳奥体中心体育馆[463]	2021	φ117	球面索穹顶式联方型/5/平面屋盖结构圆形跨度为117m, 矢高9m, 矢跨比为9/117=0.077, 整体钢结构轮廓外围圆形直径为140m。网壳屋面为肋环型和施威德勒型内外混合布置形式, 屋顶最高处标高42.000m。网壳最大径向杆为□600mm×400mm×25mm×25mm, 最小圈屋面斜杆为299×16。由内而外, 环索采用破断强度1670MPa密封索, 规格φ45mm, φ55mm, 2φ60mm, 2φ70mm, 4φ80mm(初状态几何张拉控制预应力4622kN), 径向索材质E650, 规格为φ30mm、φ40mm、φ60mm、φ70mm、φ120mm	

注: 表中竣工年份一般指索杆体系施工张拉完成的日期, 部分工程因资料缺乏取其开放日期。

图 1.238　昆明柏联广场中厅

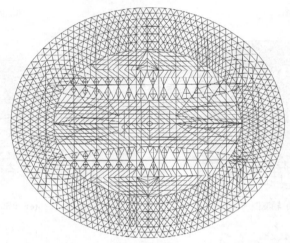

(a) 平面图

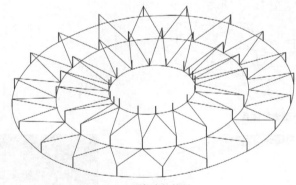

(b) 下部索杆体系

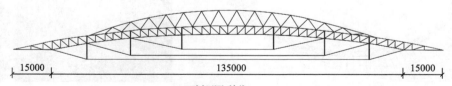

15000　　　　　135000　　　　　15000

(c) 剖面图(单位: mm)

图 1.239　武汉体育中心体育馆

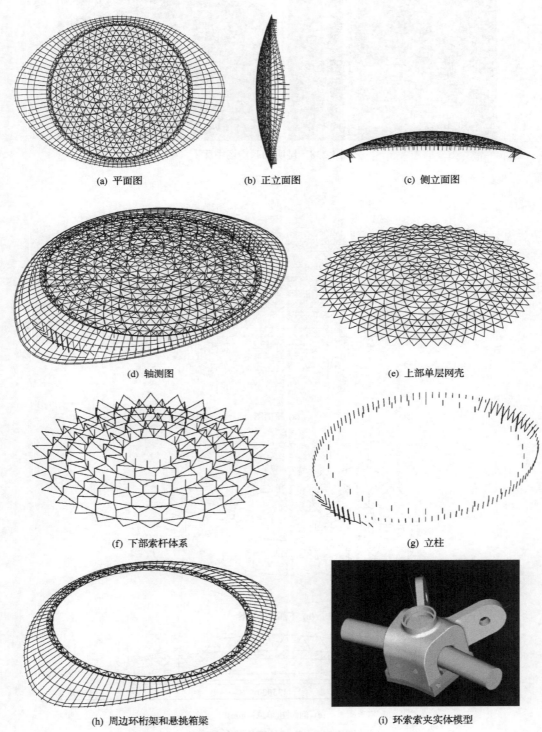

(a) 平面图　　　　　　　(b) 正立面图　　　　　　　(c) 侧立面图

(d) 轴测图　　　　　　　　　　　(e) 上部单层网壳

(f) 下部索杆体系　　　　　　　　　(g) 立柱

(h) 周边环桁架和悬挑箱梁　　　　　(i) 环索索夹实体模型

图 1.240　北京工业大学羽毛球馆

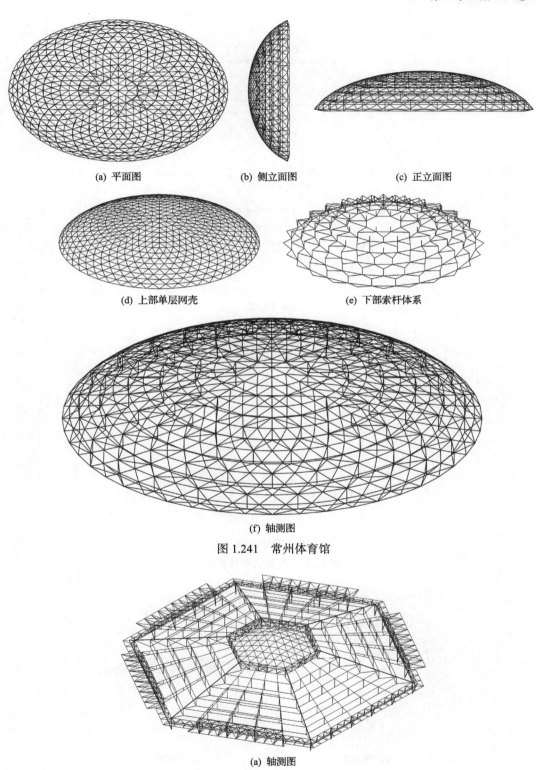

(a) 平面图　　　　　　　(b) 侧立面图　　　　　　　(c) 正立面图

(d) 上部单层网壳　　　　　　　　(e) 下部索杆体系

(f) 轴测图

图 1.241　常州体育馆

(a) 轴测图

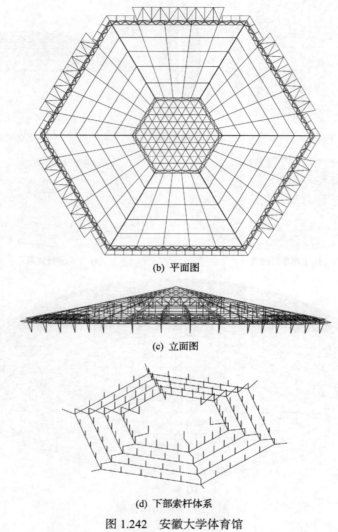

(b) 平面图

(c) 立面图

(d) 下部索杆体系

图 1.242 安徽大学体育馆

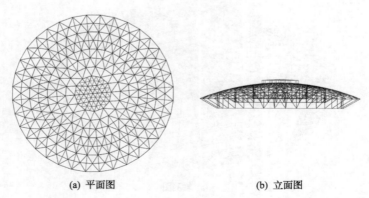

(a) 平面图 (b) 立面图

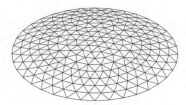
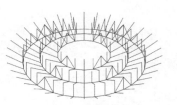

(c) 上部单层网壳　　　　　　(d) 下部索杆体系

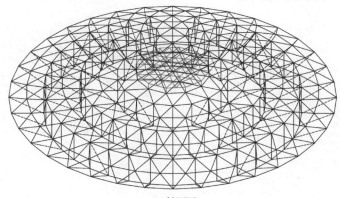

(e) 轴测图

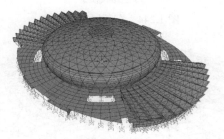

(f) 整体结构模型

(g) 建成后室内效果

图 1.243　济南奥林匹克体育中心

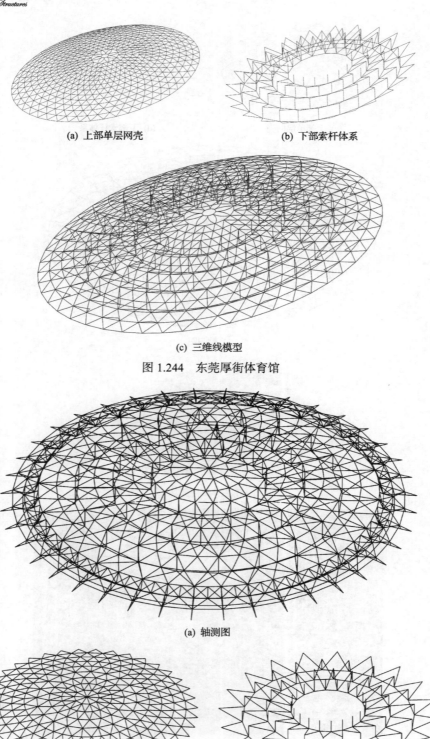

(a) 上部单层网壳

(b) 下部索杆体系

(c) 三维线模型

图 1.244　东莞厚街体育馆

(a) 轴测图

(b) 上部单层网壳

(c) 下部索杆体系

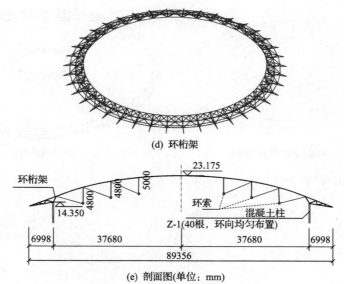

(d) 环桁架

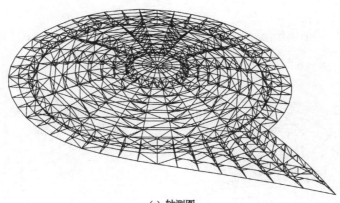

(e) 剖面图(单位: mm)

图 1.245　三亚市体育中心体育馆

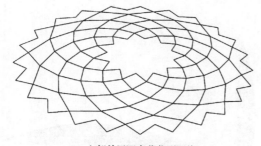

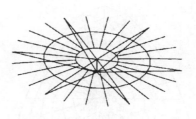

(b) 上部单层网壳葵花型网格

(c) 中心玻璃顶

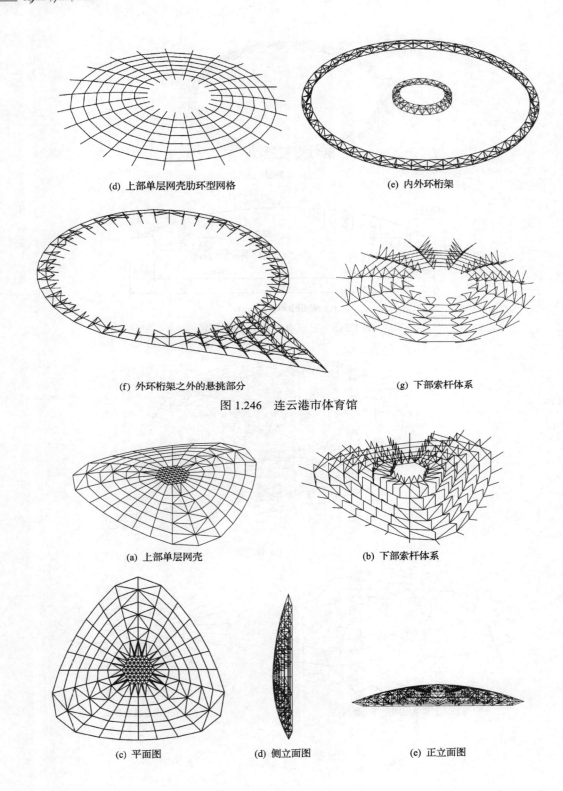

(d) 上部单层网壳肋环型网格

(e) 内外环桁架

(f) 外环桁架之外的悬挑部分

(g) 下部索杆体系

图 1.246　连云港市体育馆

(a) 上部单层网壳

(b) 下部索杆体系

(c) 平面图

(d) 侧立面图

(e) 正立面图

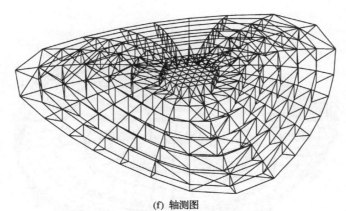

(f) 轴测图

图 1.247　重庆市渝北体育馆

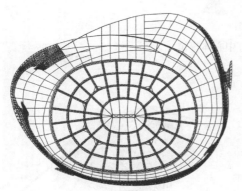

(a) 平面图

(b) 侧立面图

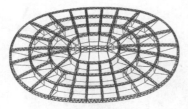

(c) 弦支穹顶部分

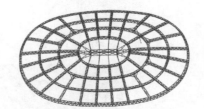

(d) 上部肋环型巨型网格结构

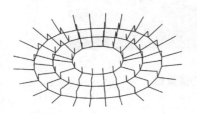

(e) 下部索杆体系

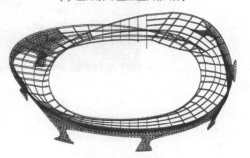

(f) 周边刚性体系

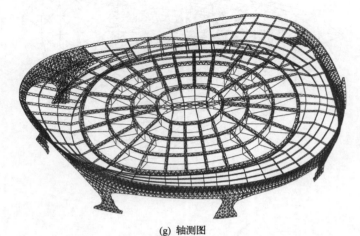

(g) 轴测图

图 1.248　大连体育中心体育馆

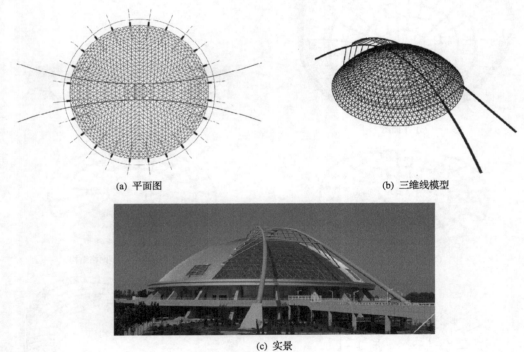

(a) 平面图　　　　　　　　　　(b) 三维线模型

(c) 实景

图 1.249　荏平体育中心体育馆

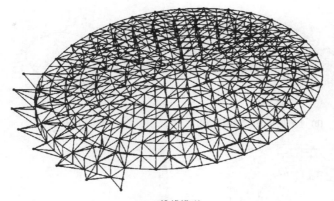

(a) 三维线模型

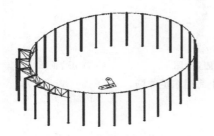

(b) 下部混凝土支承体系

(c) 局部加强桁架

(d) 建筑效果图

图 1.250 天津中医药大学新建体育馆

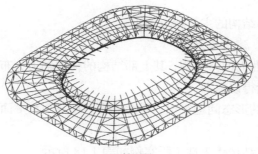

(a) 轴测图

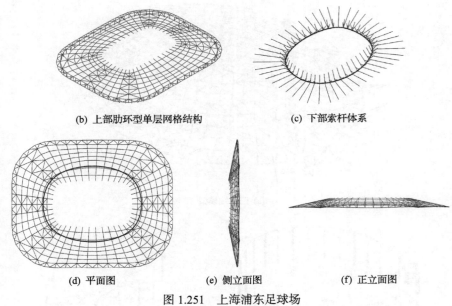

(b) 上部肋环型单层网格结构　　　　(c) 下部索杆体系

(d) 平面图　　　　(e) 侧立面图　　　　(f) 正立面图

图 1.251　上海浦东足球场

7. 弦支自由曲面网格结构

由上部自由曲面网格结构和下部索穹顶式、索桁式、索网式等索杆体系结合形成的组合空间结构称为弦支自由曲面网格结构，如图 1.252 所示。弦支或张弦球面、柱面网壳结构等可看成弦支自由曲面网格结构的特例或弦支规则曲面网格结构。

弦支自由曲面网格结构的形式有以下几种：

(1)按照上部自由曲面的性质可分为规则曲面(有代数方程)和不规则曲面(如参数曲面)等。

(2)按照下部索杆体系的形式可分为索穹顶式、索桁式或索网式弦支自由曲面网格结构等。

(3)按照压杆是否连续，如 V 形或三角锥形、四角锥形树状压杆，可分为压杆连续型和不连续型两种。

弦支自由曲面网格结构的主要特点如下：

(1)体系构成简约，建筑效果好。

(2)相比单层自由曲面网格结构，其上部结构的构件轴力分布比较均匀，上、下部结构协同工作，稳定性能得以提高。

(3)下部索杆体系的形态问题突出，环索一般不在一个水平面内，压杆也未必保持竖直，如图 1.253 所示。

弦支自由曲面网格结构代表性工程实例如表 1.18 所示。

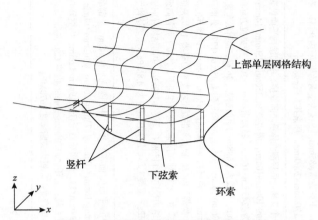

图 1.252 弦支自由曲面网格结构示意图

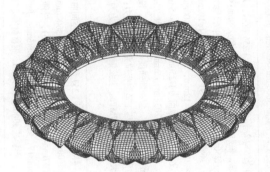

(a) 轴测图

(b) 自由曲面单层网格结构

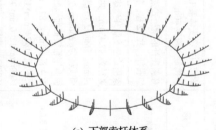

(c) 下部索杆体系

(d) 索杆体系正立面

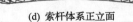

(e) 索杆体系侧立面

图 1.253 杭州奥体中心体育场结构概念方案(2008 年 9 月~2009 年 3 月)

表 1.18 弦支自由曲面网格结构代表性工程实例

工程名称	竣工年份	平面尺寸或跨度/m	体系类型/索杆圈数/索形状设计参数	备注
沃尔夫斯堡体育场[464,465]	2002	200×165 矩形	索穹顶式弦支体系/1/空间曲线/如图 1.254 所示，座位数 30000，建筑平面 181m×140m，共 32 榀，辐射状布置，每榀间距 14m，悬挑最大跨度 40m，最大高度 33m。屋面围护系统采用 PVC 膜材，厚度不到 0.8mm，重约 1kg/m²，膜片尺寸 14m×38m	
开普敦球场[466,467]	2007~2009	290×265 椭圆形	有斜撑杆的桁架式弦支体系/1/空间曲线/如图 1.255 所示，立面高度 48m，下弦为索 φ85mm，上弦为型钢的桁架(内开口)，有斜膜片。共 72 榀，钢筋混凝土斜柱截面 3000mm×800mm。外环梁截面 1200mm×2000mm，环索共 8 根 φ98mm	
南沙体育馆[468,470]	2009	φ98，矢高 8.63	索桁式弦支助环型曲面网络结构/2/平面圆曲线/如图 1.256 所示，共 36 个支座。两层刚性体系之间同铰接。中间结构平面投影直径为 42.434m，共 18 榀，辐射状布置，径向钢梁截面□250mm×250mm×10mm×10mm，周边变为□250mm×250mm×14mm×14mm。环向设 10 道檩条 H250mm×200mm×5mm×8mm，内外环梁截面为φ245mm×10mm。最长为 1.688m；周圈结构共 36 榀，辐射状布置，径向钢箱梁截面□400mm×400mm×12mm×12mm，靠近支座□400mm×400mm×16mm×16mm，外圈环向索φ5mm×127，外圈环向钢索 4 根φ5mm×187。环向设 12 道檩条截面为 H250mm×200mm×5mm×8mm，外圈环向钢梁截面φ402mm×15mm，内圈环向索竖向压杆为φ245mm×12mm。坐落于由 36 根型钢混凝土柱支承的圈梁 L 形截面梁截面为φ203mm×6.5mm，最长为 7.723m。设计预应力：在在载和预应力共同作用下，外圈下弦径向用索 1090kN，内圈下弦径向拉索 710kN。施工监测张拉完成后径向索 1130kN，环索 6340kN，中间结构用索 871kN，内环下弦径向拉索最大应力为 107MPa。上弦钢梁最大应力为 118MPa。屋盖结构用索 1600mm×1800mm×900mm×800mm 上。索破断强度 1670MPa。混凝土上环梁最大压应力为-4.8MPa。钢量约 56kg/m²	
乐清体育中心体育馆[471]	2012	148×128 椭圆形 矢高 6	索桁式弦支等力密度曲面网络结构/2/如图 1.257 所示，外圈空间曲线，内圈平面/立面曲线，上部平台。层网络结构主要构件规格：外圈环索□900mm×400mm×30mm×30mm，□600mm×400mm×16mm×20mm，φ402mm×14mm，中间采光平台 28m，中间采光平台φ40m。上部平台φ40m，下部索杆体系：外圈环索φ7mm×421，外圈斜索φ7mm×151，外圈竖向压杆φ273mm×10mm，φ402mm×14mm，内圈竖向压杆φ219mm×12mm，内圈环索φ7mm×31，内圈斜索φ7mm×19，内圈竖向压杆φ89mm×6mm。屋盖支撑系统：上环梁φ1700mm×35mm(内灌 C50 混凝土)，V 形环梁φ900mm×25mm，钢材材质 Q345B。国产光面高钢索破断强度 1670MPa	
乐清体育中心游泳馆	2012	132×108	索桁式弦支等力密度曲面网络结构/2/外圈空间曲线，内圈平面/立面高度 27m	
巴西利亚国家体育场[472,473]	2013	外直径φ309	有斜撑杆的内张口索桁式弦支体系/1/平面/如图 1.258 所示，平面圆形外直径φ309m，内开孔φ102m，建筑立面高度 50m。悬挑22m(压缩宽度)+81.5m=103.5m，48 榀平面桁架助环型布置，内张口竖向高度 10m，下弦径向高度 10m，外压环索 22m 宽(C40)，楔形截面高度 1.0~5.0m，由 3 圈 96 根钢辐射状布置，计 228 根钢筋混凝土竖直柱子φ1.2mm 支撑，高度达 49m。平台以上 36.5m，以下 12.5m，混凝土强度等级 C60。屋盖周护系统即上表面即辐射状桁架上弦径向索位置为 PTFE 膜材，40000m²，下表面即下弦径向索位置为平面的半透明膜材。结构总用钢量约 2200t	

续表

工程名称	竣工年份	平面尺寸或跨度/m	体系类型/索杆圈数/索系形状/设计参数	备注
徐州奥林匹克体育场[474,475]	2013	外263×243，内200×129	索桁式弦支自由曲面网面网格结构/1/空间曲线/如图1.259所示，罩棚悬挑跨度15.5~40m，共42榀，辐射状布置。上部单层网壳结构为马鞍形双曲抛物面，开口处最高点标高为43.277m，最低点标高为35.465m。刚性体系由84根径向梁、5圈环向梁及1圈外环梁组成，径向梁□600mm×300mm×16mm，环向梁□500mm×250mm×16mm、□500mm×350mm×20mm、□500mm×350mm×20mm，外环梁□800mm×1050mm×30/40mm。柔性体系共有42根径向索和1圈环索，径向索规格采用φ90mm、φ100mm和φ127mm三种，20根φ90mm沿东西方向，6根φ100mm沿南北方向，16根φ127mm位于四个拐角方向。竖向压杆最大截面φ325mm×16mm。环索6×φ121mm。主体结构钢材材质均为Q345B。索为进口Z形扣封闭索，破断强度1670MPa。环索成形态约15500kN，径向索态最小约3600kN	
盘锦红海滩体育中心综合馆	2013	φ81	索桁式弦支体系/1/平面曲线/如图1.260所示	
郑州奥林匹克体育中心体育场[476,477]	2018	311.6×291.5	索桁式弦支网格结构/1/空间曲线/如图1.261所示，建筑立面高度54.390m，共42榀，辐射状布置。上部刚性结构为马鞍面肋环型单层网壳，失高11.2m。外围，呈环状布置正放四角锥双层网架结构，环带宽20~32m。上部刚性结构为马鞍面肋环型单层网壳，失高11.2m。外边界高差8.59m，内边界高差6.10m，共设6道环向索，42道径向索，84道径向构件，在内环带桁架对应的两圈环索之间设置斜撑杆。下部索杆体系设有1圈环索，42道径向索，每道径向索设置3根竖向压杆，东西向最高竖向压杆长17.1m。最大径向索规格为2φ119mm的高钒索，环索采用8φ130mm密封索。上部单层网壳结构径向杆最大截面规格为□750mm×500mm×20mm，初状态（考虑结构自重）竖向压杆最大截面规格为□700mm×700mm×30mm，竖向压杆最大截面规格为φ500mm×25mm，环索索力最大值为2979kN，施工张拉结束径向索力最大值为15724kN，环索预张力设计值约为15000kN	
巴中体育中心体育场[478]	2015~2020	266.6×230.0	索桁式弦支网格结构/1/空间曲线/如图1.262所示，建筑立面高度41.7m。径向索φ110mm、2φ133mm和环向索6φ136mm均采用高钒镀层钢绞线索，破断强度1670MPa，热铸锚	
乌鲁木齐奥林匹克体育中心体育场	2017~2020	—	索桁式弦支网格结构/1/平面曲面曲线/如图1.263所示	

注：其他索桁式弦支体系如改造后的伦敦奥体育场等暂未检索到结构设计相关文献。

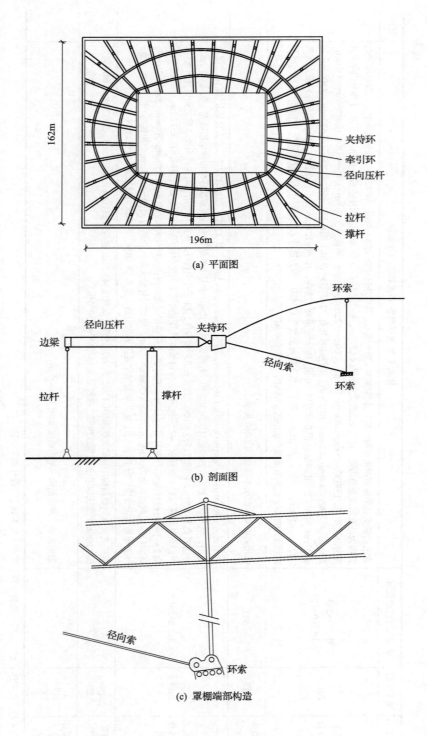

(a) 平面图

(b) 剖面图

(c) 罩棚端部构造

(d) 实景

图 1.254　沃尔夫斯堡体育场

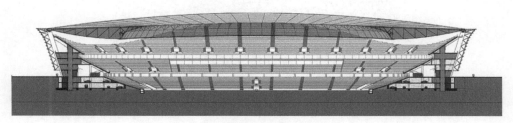

图 1.255　开普敦球场

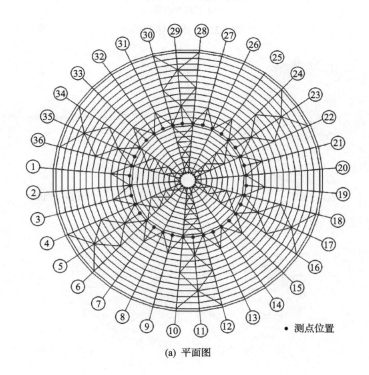

● 测点位置

(a) 平面图

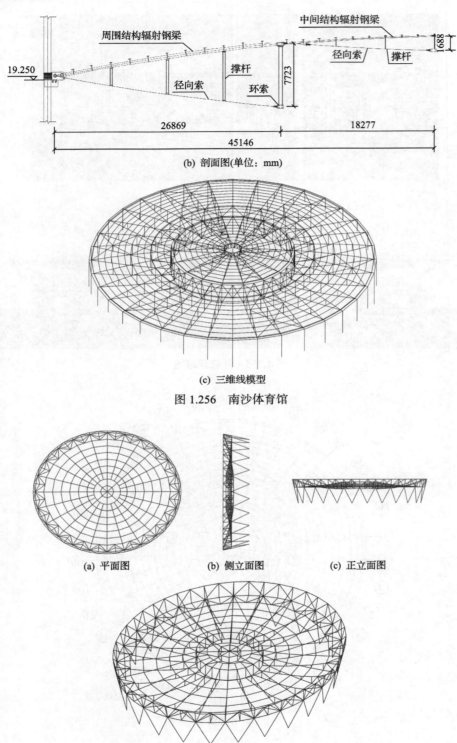

(b) 剖面图(单位: mm)

(c) 三维线模型

图 1.256　南沙体育馆

(a) 平面图　　(b) 侧立面图　　(c) 正立面图

(d) 轴测图

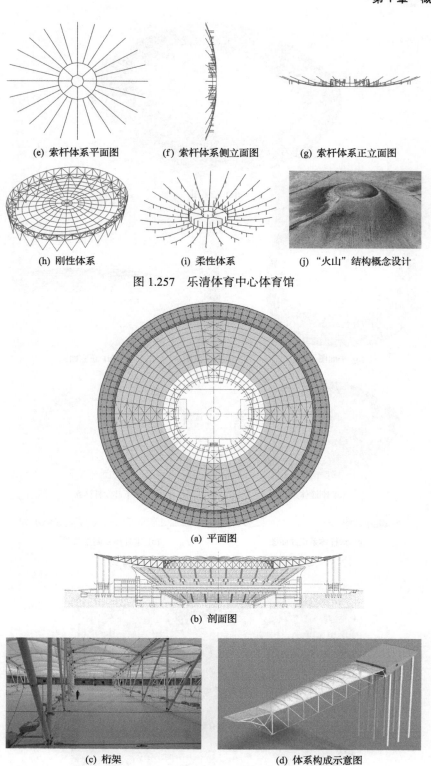

(e) 索杆体系平面图　　　(f) 索杆体系侧立面图　　　(g) 索杆体系正立面图

(h) 刚性体系　　　　　(i) 柔性体系　　　　(j) "火山"结构概念设计

图 1.257　乐清体育中心体育馆

(a) 平面图

(b) 剖面图

(c) 桁架　　　　　　　　(d) 体系构成示意图

图 1.258　巴西利亚国家体育场

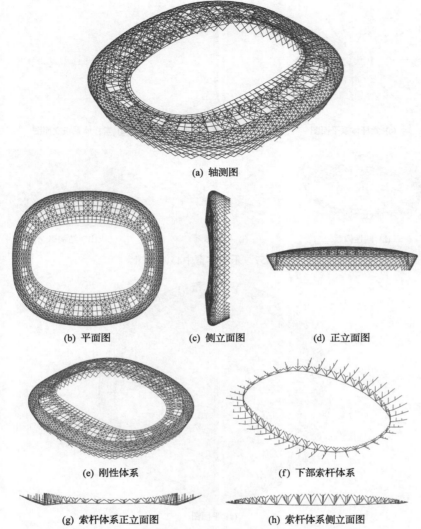

(a) 轴测图

(b) 平面图   (c) 侧立面图   (d) 正立面图

(e) 刚性体系   (f) 下部索杆体系

(g) 索杆体系正立面图   (h) 索杆体系侧立面图

图 1.259　徐州奥林匹克体育中心体育场

(a) 内景

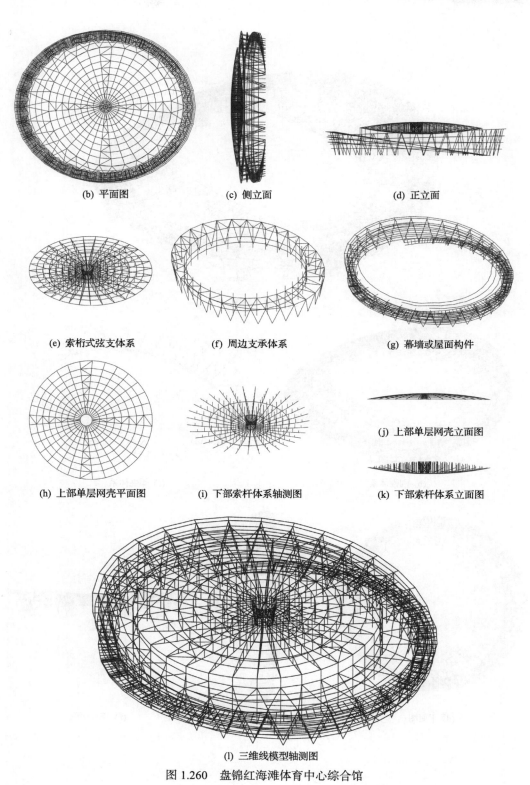

(b) 平面图　　　　(c) 侧立面　　　　(d) 正立面

(e) 索桁式弦支体系　　　　(f) 周边支承体系　　　　(g) 幕墙或屋面构件

(h) 上部单层网壳平面图　　　　(i) 下部索杆体系轴测图

(j) 上部单层网壳立面图

(k) 下部索杆体系立面图

(l) 三维线模型轴测图

图 1.260　盘锦红海滩体育中心综合馆

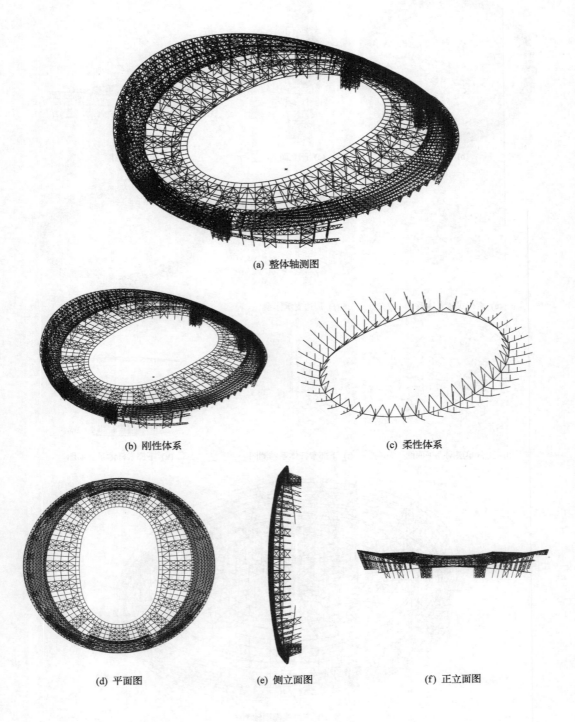

(a) 整体轴测图

(b) 刚性体系

(c) 柔性体系

(d) 平面图

(e) 侧立面图

(f) 正立面图

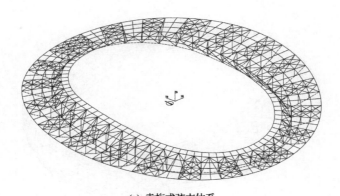

(g) 索桁式弦支体系

图1.261　郑州奥林匹克体育中心体育场

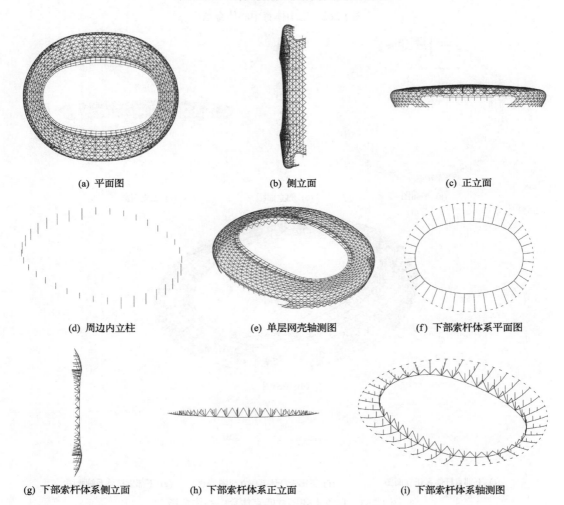

(a) 平面图　　　　　　　　(b) 侧立面　　　　　　　　(c) 正立面

(d) 周边内立柱　　　　　(e) 单层网壳轴测图　　　　(f) 下部索杆体系平面图

(g) 下部索杆体系侧立面　　(h) 下部索杆体系正立面　　(i) 下部索杆体系轴测图

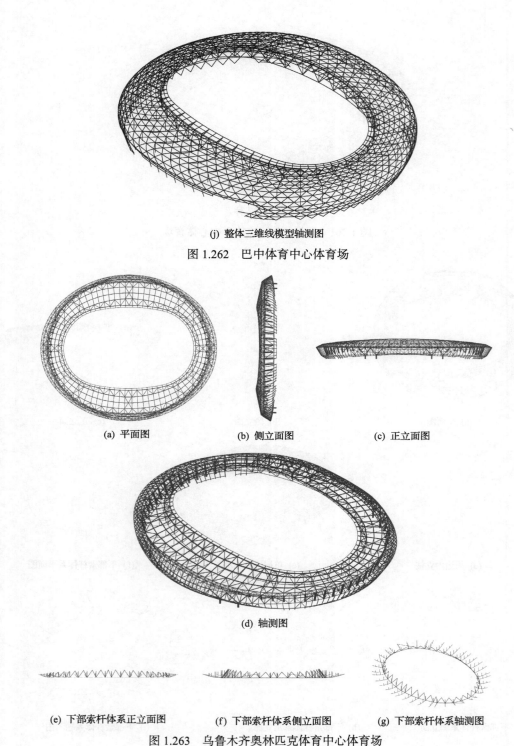

(j) 整体三维线模型轴测图

图 1.262　巴中体育中心体育场

(a) 平面图　　　　(b) 侧立面图　　　　(c) 正立面图

(d) 轴测图

(e) 下部索杆体系正立面图　　　(f) 下部索杆体系侧立面图　　　(g) 下部索杆体系轴测图

图 1.263　乌鲁木齐奥林匹克体育中心体育场

1.3 大跨空间结构分类

基于习惯上的认识，大跨空间结构的体系分类如图 1.264 所示（未包括混合空间结构、竹木结构、桥梁和高层建筑等，也不能囊括全部现在已有或将来会有的空间结构体系）。结构设计不应局限于被广泛认知或接受的结构或体系类型，应当不断发展和创新。由图 1.264 可见，组合空间结构尚存在较大的发展余地，特别是斜拉和悬索网格（或索网、索桁、网格结构、膜等）结构的跨度可达千米量级，自由曲面空间结构则体现了自然变化的韵律和建筑美感。

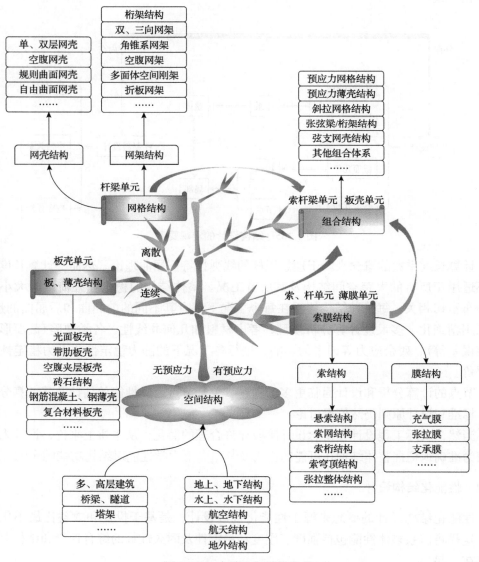

图 1.264 大跨空间结构分类

1.4　空间结构设计中的若干概念

1.4.1　体系、构件和节点

　　根据对体系、构件和节点的简化将各自的设计过程分开，构件和节点设计可根据体系的内力、位移或稳定性等的分析结果单独进行，如图 1.265 所示。体系的简化线模型分析实际上是以假定构件和节点在分析过程中不发生问题为前提的，简化构件和节点自身的强度、刚度及稳定承载能力和体系整体的联系，这与当前建筑结构设计理论主要基于构件相一致。

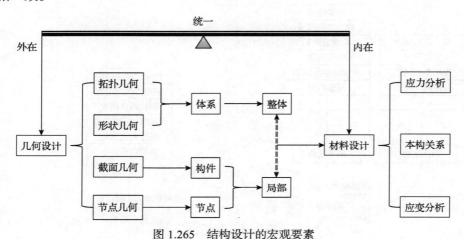

图 1.265　结构设计的宏观要素

　　计算长度系数的概念来源于理想压杆的线弹性特征屈曲理论。然而，计算长度系数并不适用于所有的大跨空间结构及其所有工况。整体结构的稳定和外荷载的大小与时空分布密切相关，每一种结构体系在每个工况下都有其不同的前屈曲和后屈曲的性态，宜采用精细化、多尺度计算分析模型，考虑材料和几何非线性、各类缺陷(截面形状和安装误差等)、残余应力等因素的影响，进行各工况下的静力稳定性或动力稳定性分析和评价。

　　节点的计算分析和设计面临更多的问题，关于节点力学性能的估计及其计算分析模型、标准和设计原则仍然值得讨论。

　　当然，实际工程设计在概念设计阶段允许合理的简化，从本质上来说，设计人员应当较为准确地把握整体结构在可能的作用及其组合下力学性能对结构功能的影响。

1.4.2　性能化结构设计

　　性能化结构设计的概念来源于性能化抗震设计，是基于投资和效益比最小化的原则，这样将体系整体性能包括强度、刚度和稳定性及耐久性等的综合评价和结构总造价联系在一起。

1.4.3　生命周期全过程设计

结构设计一般包括概念方案阶段、初步设计阶段(扩初)、施工图阶段和施工配合阶段。一般的结构设计在现行设计标准框架下一次性完成,包含了设计使用年限内可能发生情况或承受作用的预估计,是先验的。

随着测量技术、计算分析理论和设计理论的不断发展,对生命线工程应当采用结构生命周期全过程设计,例如,结构材料随时间的变化,如复合纤维材料的老化、钢材锈蚀、混凝土碳化、收缩徐变等,不确定性的荷载或作用(如风(弱风、中风、强风)作用、地震(小震、中震和大震)作用和温度作用)引起的塑性或疲劳损伤以及不可抗力因素的作用等。包含时间维的结构设计要求长期的实时观测(如风压、地震波、日照、温湿度等)和结构检测、监测(如材料强度、构件内力和节点位移等),是后验的。

结构设计包含了正常使用阶段的结构鉴定、检测和加固设计。通过对正常使用阶段结构材料的应力状态、结构力学性能的即时评价来确定是否采取相应的措施,如斜拉桥和悬索桥的换索、钢结构中构件替换、表面除锈和重新涂装等。

1.5　计算力学的发展轮廓

1.5.1　力学发展点记

力学是众多应用科学尤其是工程技术的基础。力学的发展大体经过几个阶段,例如:

(1)牛顿经典力学体系。1687 年牛顿发表的《自然哲学的数学原理》标志着在宏观尺度上精确描述物体运动的经典力学的诞生。

(2)拉格朗日分析力学体系。1788 年拉格朗日(Lagrange)出版了《分析力学》一书,标志着分析力学的创立;随着工业社会的出现,大型的建筑、桥梁等要求人们了解可变形体系的运动规律,于是有了柯西(Cauchy)、纳维(Navier)、欧拉(Euler)等构建的弹性体的平衡、运动与稳定性的研究;近代社会特别是航空航天工业的发展,出现了以普朗特(Prandtl)、卡门(Karman)为代表的应用力学学派;20 世纪后半叶,在固体力学学科领域内出现了两个重大意义的工程力学分支:有限元方法和断裂力学。冯康于 1965 年在极其广泛的条件下证明了基于变分原理的差分方法的收敛性和稳定性,给出了误差估计[479],从而奠定了后来在西方被称为"有限元"的这一新计算方法的严格数学理论。

(3)哈密顿力学体系。在 1833 年由哈密顿(Hamilton)创立,他曾说:"这套思想与方法业已应用到光学和力学,看来还有其他方面的应用,通过数学家的努力还将发展成一门独立的学问",但在 19 世纪长期被认为是漂亮而无用的。冯康等[480-482]于 1984 年提出了适合动力系统长期、稳定数值分析的计算哈密顿力学。钟万勰等[483-489]根据结构力学与控制理论的模拟关系,将对偶变量理论体系引入弹性力学中,推导出一套新的基本方程,建立了弹性力学哈密顿体系辛求解的一般方法。

此外,1975 年李天岩和 Yorke 提出了混沌的概念[490],即混沌是非线性系统的一种特殊的运动状态。

21 世纪信息、生物科学技术实践，则需进一步分析非平衡态不可逆过程、多尺度联接和多场耦合等问题。

1.5.2　计算力学的若干学术前沿

1. 多尺度方法[491]

同一力学问题可以在不同空间、时间尺度上进行研究。这是由于在不同的空间尺度中同时发生着在物理概念上各不相同的过程，这些过程之间有着复杂的相互作用。通过对这些相互作用的研究探索，对问题形成整体的认识，从而发展出可用于解决问题的多尺度方法。接触力学研究中也开始了多尺度的尝试[492]，空间尺度为原子级别或微观尺度。但是，对时间的跨尺度研究落后于对空间的跨尺度研究，在时空尺度的相平面上，时空尺度谱的力学研究也刚刚开始。固体力学中包含多个耦合时空尺度的基本难点在于固体微结构的层次性及各个层次上的演化，并且不同层次上微结构演化的物理和速率不同。

时空多尺度是众多物质转化过程的共同特征[493]。随着计算能力的增强和多尺度方法的完善，有望得到物质转化过程的深入认识，在精确的过程模拟基础上制定工艺，使工艺过程的设计选定不再依赖于经验与尝试，新材料新产品开发能力将显著提高。

2. 多场耦合问题

多场耦合问题是指多个物理场相互叠加的问题。现实世界中单场问题很少，位移场、应力场、应变场、温度场、电磁场和流场等多个物理场的综合仿真模拟分析已是实际工程所急需。例如，对露天钢结构进行健康监测时，只有对温度场、应力场及日照(热辐射、热对流)等进行精确分析，才可以与构件表面粘贴或焊接的应变传感器和温度传感器的测量值相对应和比较。

3. 非线性动力学模型[494,495]——分岔与混沌

自然科学和工程技术中的动力学系统从本质上讲都是非线性系统，这是因为反映系统特征和影响系统运动的许多因素都是非线性的，如非线性的物理因素、几何因素、结构因素等。线性系统只是真实的动力学系统的一种理想或简化模型，仅当影响系统运动规律的非线性因素很小时，才能在一定程度上反映系统的真实运动规律。但是，对动力学系统的这种理想化并非总是可靠的，当系统的非线性因素影响不可忽略时，线性模型将完全失效。

非线性科学中混沌现象的发现被誉为继相对论和量子力学之后，20 世纪物理学的第三大发现，分岔是指非线性动力系统的参数变化所引起的系统拓扑结构突然变化的现象。非线性微分动力系统的分岔问题分为静态分岔和动态分岔。静态分岔研究动力系统平衡态数目和稳定性的变化，动态分岔研究动力系统的相轨迹拓扑结构的变化。非线性微分动力系统的分岔问题分为局部分岔和全局分岔。局部分岔只研究平衡点或闭轨的邻域内相轨迹的变化，而全局分岔研究动力系统在相空间大范围区域内相轨迹拓扑结构的变化情况，即研究动力系统的全局行为。

在一定的条件下，非线性动力系统的分岔将导致混沌运动的产生。分岔、混沌是非线性系统所特有的行为。混沌运动是指在确定性系统中出现的有限范围内的、敏感地依赖于初始条件的非周期运动。它类似于随机运动，具有长期行为的不可预测性，但又不是随机运动，因为它的短期行为是可预测的，而真正的随机运动具有完全不可预测性，且对初始条件不敏感。混沌运动的存在揭示了有序和无序、确定性和随机性的统一。

4. 计算力学-保辛计算

哈密顿力学体系是现代物理学的基础和出发点，它的应用涉及物理、力学和工程的众多领域，但是针对哈密顿力学体系的计算方法直至 1984 年才由冯康提出。

上述计算力学的发展再次表明，一切科学①研究的最终目的都在于真实、深刻地认识和揭示事物运动和变化的客观规律。实际工程需求是推动工程科学发展最为强劲的动力，同时只有从客观事物运动和变化的基本原理出发解决问题，才可能产生根本意义上的原始创新。例如，早在 20 世纪 60 年代，冯康在介绍自己的研究方法时就曾说过："我的计算数学研究都不是从阅读别人的论文开始的，而是从工程或物理原理出发的"，值得深思。

1.6　结　　语

本章首先详述了组合空间结构的发展、空间结构体系分类及其工程应用，探讨了空间结构设计的若干概念；然后粗略地给出了计算力学的发展轮廓，总结过去，展望未来。值得指出的是：

（1）结构材料的发展始终是制约结构设计的客观要素——"巧妇难为无米之炊"。

（2）基本构件的结构设计理论已基本成熟，但空间结构体系构成、形态生成方面的基础理论还相当薄弱。这无异于管中窥豹，阻碍着空间结构体系创新和进一步发展。

（3）单层网格结构的网格剖分、双层网格结构的角锥剖分等多边形和多面体填充是空间网格结构设计的起点，也是终点。

（4）单层索网结构是所有柔性体系概念设计的基础——"以柔克刚"。

（5）预应力网格结构是组合体系的原始形式——"刚柔相济、主次分明"。

（6）斜拉结构是张拉整体模块这座瑰丽冰山的一角。

（7）超大跨空间结构的发展与人类社会生产和生活的需求密切相关，空间斜拉和空间悬索体系具备相当可观的跨越能力；体系包括抽象的拓扑关系、具象的形状几何、材料主动或被动的微观应力应变状态及其背后的自然规律均与外在的建筑美学效果、使用功能等息息相关，优秀的设计作品追求建筑与结构的统一。

---

① 科学和哲学：科学是世界某一特定领域、局部的问题，揭示自然界或社会现象的特殊本质和规律，可定义为按事物本质分类的系统化知识体系。哲学则将整个世界作为研究对象，揭示其共同本质与普遍规律。哲学是一种特殊的思维方式，具有高度的概括性和抽象性，是对人类认识和实践活动成果的反思、总结和概括，是随着科学的发展而发展的，它对具体科学有指导作用。

参 考 文 献

[1] 董石麟. 中国空间结构的发展与展望[J]. 建筑结构学报, 2010, 31(6): 38-51.

[2] 董石麟, 赵阳. 论空间结构的形式和分类[J]. 土木工程学报, 2004, 37(1): 7-12.

[3] 董石麟, 钱若军. 空间网格结构分析理论与计算方法[M]. 北京: 中国建筑工业出版社, 2000.

[4] 刘瑞堂, 刘文博, 刘锦云. 工程材料力学性能[M]. 哈尔滨: 哈尔滨工业大学出版社, 2001.

[5] 于冬雪, 于化杰, 黎红兵, 等. FRP 建筑材料的结构性能及应用综述[J]. 材料导报, 2021, 35(S2): 660-668.

[6] Organzador C. The Games of the XVII Olympiad, Rome 1960[R]. The Official Report of the Organizing Committee, 1960.

[7] 何天森, 巢斯, 张晓光. 同济大学大礼堂改建工程结构分析[J]. 建筑结构, 2008, 38(9): 124-126.

[8] To cover this assembly bowl: A 400-ft prestressed saucer[J]. Engineering News-Record, 1961, 166(6): 32.

[9] Edward M S, Sigrid A. Norfolk scope arena: A US dome with a unique configuration of interior ribs and buttresses[C]//Proceedings of the International Association for Shell and Spatial Structures Symposium 2013, Wroclaw, 2013: 1-8.

[10] Boothby T E, Rosson B T. Preservation of historic thin-shell concrete structures[J]. Journal of Architectural Engineering, 1998, 4(1): 4-11.

[11] Tyler S. Sculpture on a Grand Scale: Jack Christiansen's Thin Shell Modernism[M]. New York: The University of Washington Press, 2019.

[12] 张付奎, 任庆英, 李森. 天津大学新校区综合体育馆结构设计[J]. 建筑结构, 2017, 47(11): 66-70, 75.

[13] 康凯, 杨松霖. "砼" 趣: 记清水混凝土建筑荣成青少年活动中心设计施工点滴[J]. 建筑技艺, 2021, 27(3): 50-57.

[14] 张洋, 朱同然, 康凯. 荣成青少年活动中心科技馆球体综合施工技术[J]. 施工技术, 2019, 48(8): 27-30.

[15] 朱同然, 姬永胜, 全廷发. 异形双曲面清水混凝土拱形通道样板施工技术[J]. 施工技术, 2019, 48(21): 32-34.

[16] 宋佳宁, 郭树起, 朱同然. 异型双曲面筒形构件清水混凝土技术研究[J]. 工程技术研究, 2019, 4(9): 102-103.

[17] Cimadevila J E, César I L. The palais des machines of 1889. Historical-structural reflections[J]. VLC Arquitectura, 2015, 2(2): 1-30.

[18] 北京市建筑设计院. 首都体育馆空间网架屋盖设计[J]. 中国科学 A 辑, 1972, 23(1): 52-61.

[19] 北京市建筑设计院. 首都体育馆空间网架结构设计[J]. 建筑技术, 1974, 5(1): 19-27.

[20] 北京市机械施工公司. 首都体育馆空间网架屋盖施工安装[J]. 建筑技术通讯, 1973, 16(1): 14-22.

[21] 上海市民用建筑设计院上海体育馆现场设计组. 上海体育馆[J]. 建筑学报, 1976, 23(1): 24-31, 23.

[22] 杨晓杰, 杨文柱, 王留成. 上海体育馆 600 吨网架整体吊装受力分析与计算[J]. 安装, 2008, 28(9): 43-44.

[23] 余卫江, 王武斌, 顾磊, 等. 新型多面体空间刚架的基本单元研究[J]. 建筑结构学报, 2005, 26(6):

1-6.

[24] 余卫江, 赵阳, 顾磊, 等. 新型多面体空间刚架的几何构成优化[J]. 建筑结构学报, 2005, 26(6): 7-12.

[25] 陈贤川, 赵阳, 顾磊, 等. 新型多面体空间刚架结构的建模方法研究[J]. 浙江大学学报(工学版), 2005, 39(1): 92-97.

[26] 傅学怡, 顾磊, 杨先桥, 等. 国家游泳中心"水立方"结构设计优化[J]. 建筑结构学报, 2005, 39(6): 13-19, 26.

[27] 范重, 刘先明, 范学伟, 等. 国家体育场大跨度钢结构设计与研究[J]. 建筑结构学报, 2007, 28(2): 1-16.

[28] Fisher C. Demolishing the Charlotte coliseum[J]. Construction: Covering 16 Southern States, 2007, 74(16): 10-12.

[29] Jelic M, Sedmak A. The largest pre-stressed concrete dome in the world-the case study of "hall 1 of the Belgrade fair"[J]. Procedia Structural Integrity, 2020, 28: 1833-1838.

[30] University of Georgia Stegeman coliseum renovation, Athens, Ga[J]. Engineering News-Record, 2011, 267(13): 39.

[31] Houston astrodome[J]. Civil Engineering, 2002, 72(11-12): 148.

[32] Books L. Sports Venues in New Orleans, Louisian: Fair Grounds Race Course, Tulane University Sports Venues, Louisiana Superdome, New Orleans Handicap[M]. Kennesaw: General Books LLC, 2010.

[33] Parsons J K. The design of recent shell structures utilizing various materials and their future applications[C]//IASS World Congress on Shell and Spatial Structures, Madrid, 1979: 137-151.

[34] Paul C G. 塔科马穹顶体育馆——成功的木构多功能赛场的建设过程[J]. 世界建筑, 2002, 23(9): 80-81.

[35] 创造性的五一体育场施工[J]. 今日朝鲜, 1989, 15(10): 11.

[36] Abraham R A, Chandran G K. Study of dome structures with specific focus on monolithic and geodesic domes for housing[J]. International Journal of Emerging Technology and Advanced Engineering, 2016, 6(8): 173-182.

[37] Tanno Y, Sasaki Y, Nakai M. Fukuoka dome, Japan[J]. Structural Engineering International, 1994, 4(3): 151-153.

[38] 王世淳. 天津体育馆简介[J]. 城市, 1995, 8(3): 35-36.

[39] Sahashi N. Long-span lattice roof for the Nagoya dome[J]. Structural Engineering International, 1998, 8(3): 183-184.

[40] 陈昕, 周文德. 漳州后石电厂122.6米跨度球面网壳设计与施工[C]//第九届全国空间结构学术会议, 萧山, 2000: 744-747.

[41] 张丽, 徐国彬. 国家大剧院超级椭球穹顶的稳定性分析[J]. 钢结构, 2003, 18(2): 5-6, 15.

[42] 黄泰赟, 蔡健. 广州歌剧院空间异型大跨度钢结构设计[J]. 建筑结构学报, 2010, 31(3): 89-96.

[43] 刘琼祥, 张建军, 郭满良, 等. 深圳大运中心体育场钢屋盖设计难点与分析[J]. 建筑结构学报, 2011, 32(5): 39-47.

[44] 董石麟, 邢栋. 宝石群单层折面网壳构形研究和简化杆系计算模型[J]. 建筑结构学报, 2011, 32(5):

78-84.

[45] 林涛, 韩珊珊. 珠蚌叠浪: 江阴市民水上活动中心建筑设计[J]. 建筑技艺, 2014, 21(8): 113-115.

[46] 张志宏, 李志强, 侯现创, 等. 江阴市民水上活动中心阶梯式肋环型网格结构设计[J]. 空间结构, 2010, 16(4): 74-79.

[47] 聂礼鹏. 江阴市民水上活动中心屋盖钢结构设计[J]. 建设科技, 2016, 15(23): 60-62.

[48] Lewis C, King M. Designing the world's largest dome: The national stadium roof of Singapore Sports Hub[J]. The IES Journal Part A: Civil & Structural Engineering, 2014, 7(3): 127-150.

[49] 胡宗羽, 钱基宏, 马明, 等. 索结构冷却塔研究[J]. 建筑科学, 2016, 32(11): 1-6.

[50] 奥托. 悬挂屋盖[M]. 北京: 中国工业出版社, 1963.

[51] 余玉洁, 吴金志, 陈志华. 现代索网结构开篇之作: 道顿竞技馆[J]. 空间结构, 2016, 22(2): 50-58, 71.

[52] Brown J L. Covered coliseum: Dorton Arena[J]. Civil Engineering Magazine, 2014, 84(9): 46-49.

[53] Petroski H. Dorton Arena: On the occasion of its 50th anniversary and its dedication as a national historic civil engineering landmark[J]. American Scientist, 2002, 90(6): 503-507.

[54] 沈世钊, 徐崇宝, 赵臣, 等. 悬索结构设计[M]. 2版. 北京: 中国建筑工业出版社, 2006.

[55] 建筑工程部技术情报局. 大跨度悬挂式屋盖结构文献选编[M]. 北京: 中国工业出版社, 1962.

[56] Helmerich R, Zunkel A. Partial collapse of the Berlin Congress Hall on May 21st, 1980[J]. Engineering Failure Analysis, 2014, 43: 107-119.

[57] 萨尔惹 R. 1958年布鲁塞尔国际博览会法国馆介绍[J]. 建筑学报, 1959, 6(6): 19-26.

[58] 蔡军, 张健. 创造新世界: 1958年布鲁塞尔世博会建筑设计特点研究[J]. 华中建筑, 2007, 25(4): 19-21.

[59] Postulka J. Hanging roofs in Czechoslovakia[C]//IASS Colloquium on Hanging Roofs, Continuous Metallic Shell Roofs and Superficial Lattice, Paris, 1962: 143-148.

[60] Schmidt H, Pichler G. Die Bremer stadthalle[J]. Beton-Und Stahlbetonbau, 2003, 98(12): 773-780.

[61] Eisele M, Bachmann H. Umbau der stadthalle Bremen zum AWD-dome[J]. Beton-Und Stahlbetonbau, 2006, 101(1): 40-46.

[62] Gervasio & Associates, Inc. Arizona veterans memorial coliseum roof repairs[J]. Concrete Repair Bulletin, 2009, 22(6): 48.

[63] Scott J L, O'Malley K K, Gulley H G. Suspended catenary cable roof of Oklahoma state fair arena[J]. Journal of the American Concrete Institute, 1965, 62(25): 385-402.

[64] 浙江省工业设计院, 浙江省基建局第一工程处, 国家建委建筑科学研究院. 采用鞍形悬索屋盖结构的浙江人民体育馆[J]. 建筑学报, 1974, 21(3): 38-43, 30.

[65] Stassen M. Scandinavium, Gothenburg[J]. Music Week, 2014, 4(5): 21.

[66] 崔高. 加拿大卡尔加里冬季奥运会的两个体育馆[J]. 建筑结构, 1989, 19(2): 61.

[67] 汪慧芸. 卡尔加里马鞍形体育馆的施工方法: 1988年冬季奥运会室内体育馆[J]. 建筑施工, 1984, 6(5): 75-76.

[68] Georgopoulos G D. Response of a stadium to the 1999 Athens earthquake[J]. Survey Review, 2011, 43(323): 590-597.

[69] 朱法仁. 淄博市体育馆单悬索屋面施工[J]. 施工技术, 1987, 16(3): 20-21.

[70] 居其伟. 大跨度空间结构的创新带有锚索的悬索——桁架屋盖体系: 上海杨浦体育馆设计介绍[J]. 建筑施工, 1990, 12(1): 22-25.

[71] 谢永铸, 陈其祖. 安徽省体育馆"索-桁架"组合结构屋盖设计与施工[J]. 建筑结构学报, 1989, 10(6): 71-79, 63.

[72] 李非. 潮州体育馆[J]. 建筑学报, 1992, 39(8): 32-34.

[73] 于滨, 张清杰. 潮州体育馆索桁屋盖预应力施工[C]//预应力混凝土现况与发展——中国土木工程学会混凝土及预应力混凝土分会后张预应力混凝土结构委员会第一届第三次学术交流会, 成都, 1992: 341-346.

[74] 郭正兴, 许曙东, 刘志仁. 预应力鞍形索网屋盖工程施工工艺研究[J]. 施工技术, 1999, 28(12): 9-11.

[75] 单建, 薛国亚, 周勇. 泰州师范体育馆索网屋盖的设计[C]//第九届空间结构学术会议, 萧山, 2000: 767-769.

[76] Stadium roof begins to take shape at queen Elizabeth Olympic park[J]. Building Engineer, 2015, 90(1): 6.

[77] 尤德清, 郭阿明, 王丰, 等. 佛山家居博览城伞形索网结构提升关键技术[J]. 施工技术, 2014, 43(14): 120-123.

[78] 叶文娟, 谢广军. 佛山(国际)家居博览城悬索屋盖同步提升工艺[J]. 施工技术, 2016, 45(16): 86-90, 95.

[79] 王泽强, 尤德清, 吕品, 等. 盘锦体育场屋盖马鞍形索网结构张拉成型关键技术[J]. 施工技术, 2014, 43(14): 124-127.

[80] 徐晓明, 张士昌, 李亚明, 等. 苏州工业园区体育中心体育场结构设计[J]. 建筑结构, 2014, 44(S2): 161-164.

[81] 徐晓明, 李剑峰, 李亚明, 等. 苏州工业园区体育中心游泳馆结构设计[J]. 建筑结构, 2014, 44(S2): 165-168.

[82] 郭正兴, 孙岩, 罗斌. 苏州游泳馆马鞍形单层索网拉索施工工艺研究[J]. 施工技术, 2016, 45(14): 17-21.

[83] 李瑞雄. 枣庄体育场索桁屋盖结构风荷载分析及优化[J]. 山西建筑, 2015, 41(15): 45-46.

[84] 2018年世界杯: 那些球星们战斗的体育场[J]. 海外星云, 2017, 24: 52.

[85] 白光波, 王哲, 陈彬磊, 等. 国家速滑馆索网结构形态分析关键问题研究[J]. 钢结构(中英文), 2020, 35(7): 54-61.

[86] 王哲, 朱忠义, 王玮, 等. 国家速滑馆施工误差对索结构预应力偏差的影响研究[J]. 建筑结构, 2021, 51(19): 111-115.

[87] 杨霄, 蒋炳丽, 庄艺斌, 等. 长春奥林匹克公园体育场屋盖索膜及钢结构设计[J]. 建筑结构, 2018, 48(24): 7-12, 46.

[88] 吴小宾, 陈强, 陈志强, 等. 临沂奥体中心体育场车辐式单层索膜罩棚结构设计[J]. 建筑结构, 2020, 50(19): 1-7.

[89] Joyce C. New York's Utica aud set for improvements[J]. Amusement Business, 1998, 110(40): 10.

[90] 北京市建筑设计院北京工人体育馆设计组. 北京工人体育馆的设计[J]. 建筑学报, 1961, 8(4): 2-10, 38.

[91] 北京工人体育馆结构设计小组. 北京工人体育馆的结构设计和施工[J]. 建筑学报, 1961, 8(4): 11-14.

[92] Ahmadi-Kashani K, Bell A J. The analysis of cables subject to uniformly distributed loads[J]. Engineering Structures, 1988, 10(3): 174-184.

[93] Møllmann H. Analysis of plane prestressed cable structures[J]. Journal of the Structural Division, 1970, 96(10): 2059-2082.

[94] Jawerth D, Schulz H. Ein Beitrag Zur Eigenschwingungen, Windanfachenden Krafte und Aerodynamischen Stabilität Bei Hangenden Dachern[M]. Berlin: Der Stahlbau, 1966.

[95] Yuan X L, Lindroos L, Jokisalo J, et al. Study on waste heat recoveries and energy saving in combined energy system of ice and swimming halls in Finland[J]. Energy and Buildings, 2021, 231: 1-13.

[96] Odell A I. Coliseo de Hampton roads - EE. UU[J]. Informes de la Construcción, 1972, 24(238): 3-7.

[97] Coliseum undergoes facelift, structural work[J]. American City and County, 1994, 109(13): 52.

[98] Hampton roads coliseum, à Hampton (Virginia, Etats-Unis)[J]. La Technique des Travaux, 1975, 51(9-10): 207-214.

[99] 中国建筑西南设计院. 61 米直径无拉环双层悬索屋盖[J]. 建筑结构学报, 1983, 4(5): 79.

[100] 沈世钊, 徐崇宝. 吉林滑冰馆预应力双层悬索屋盖[J]. 建筑结构学报, 1986, 7(6): 1-12.

[101] Biagini P, Borri C, Facchini L. Wind response of large roofs of stadions and arena[J]. Journal of Wind Engineering and Industrial Aerodynamics, 2007, 95(9-11): 871-887.

[102] Borri C, Majowiecki M, Spinelli P. Wind response of a large tensile structure: The new roof of the Olympic stadium in Rome[J]. Journal of Wind Engineering and Industrial Aerodynamics, 1992, 42(1-3): 1435-1446.

[103] 陈忠明. 广汉文体馆悬索屋盖施工[C]//全国索结构学术交流会, 无锡, 1991: 317-322.

[104] 陈国平. 无锡县体育馆预应力双层悬索屋盖设计[C]//中国土木工程学会第五届空间结构学术交流会, 兰州, 1990: 641-644.

[105] 赵晓阳. 无锡县体育馆索桁架自振特性分析[C]//全国索结构学术交流会, 无锡, 1991: 244-249.

[106] 法国 AS 建筑工作室. 德国斯图加特梅赛德斯-奔驰体育场[J]. 城市建筑, 2010, 7(11): 87-90.

[107] Göppert K. Gottlieb-daimler-stadion, stuttgart[J]. Stahlbau, 2005, 74(S1): 192-197.

[108] 杜凤林. 科隆坡国家体育综合体室外体育场, 马来西亚[J]. 世界建筑, 2000, 21(9): 34-35.

[109] Göppert K. Sportstadien für die fußball-weltmeisterschaft in Stuttgart, Hamburg, Frankfurt, Köln und Berlin[J]. Bauingenieur, 2004, 79: 205-214.

[110] Weller F. Vom volksparkstadion zur AOL-arena der neubau eines modernen fußballstadions an historischer stätte[J]. Stahlbau, 2005, 74(S1): 137-143.

[111] 刘锡良, 周颖, 梁子彪. 韩国 2002 世界杯体育场挑蓬屋盖结构[C]//第十三届全国结构工程学术会议, 井冈山, 2004: 399-403.

[112] Jeon B S, Lee J H. Cable membrane roof structure with oval opening of stadium for 2002 FIFA world cup in Busan[C]//Proceedings of Sixth Asian Pacific Conference on Shell and Spatial Structures, Seoul, 2000: 1037-1042.

[113] 田凤秀, 李宰赫, 孔道焕, 等. 韩国新建的两座体育场结构设计[J]. 建筑创作, 2001, 13(4): 88-94.

[114] Karl Lenz Strße. Seiltragwerk als speichenrad[J]. Stahlbau, 2003, 72（9）：A10.

[115] Ogbeifo S. 4 countries battle for Abuja stadium[J]. Africa News Service, 2000, 7: 1.

[116] 德国 GMP 国际建筑设计有限公司. 法兰克福商业银行竞技场[J]. 城市建筑, 2007, 4 (11)：40-42.

[117] Göppert K, Stein M. A spoked wheel structure for the world's largest convertible roof-the new commerzbank arena in Frankfurt, Germany[J]. Structural Engineering International, 2007, 17（4）：282-287.

[118] Jürgen G, Mathias K. Die bedeutung der tragwerkseigenschaften im gesamtsicherheitskonzept: Am beispiel der dachkonstruktion der AWD-arena in Hannover[J]. Stahlbau, 2005, 74（4）：233-243.

[119] Schulitz H C. Innovative entwurfskonzepte für den ökologischen betrieb von fußballarenen am beispiel der AWD-arena in Hannover[J]. Bautechnik, 2005, 82（3）：162-168.

[120] Schulitz H C. Das niedersachsenstadion-die AWD-arena[J]. Stahlbau, 2004, 73（4）：218-223.

[121] Kuhlmann D, Pfeiffer M. Vom verfahrbaren spielfeld zum weit gespannten dachtragwerk-die arena "Auf Schalke" und die AWD-arena Hannover[J]. Stahlbau, 2005, 74（3）：207-218.

[122] 孙文波, 王剑文, 刘永桂. 佛山体育中心世纪莲体育场屋盖钢结构相贯钢管节点有限元分析[J]. 钢结构, 2006, 21（2）：42-44, 83.

[123] 王文胜, 薄燕培, 刘晨升, 等. 佛山市 "世纪莲" 体育场膜结构工程[J]. 建筑技术及设计, 2006, 13（10）：112-116.

[124] 杨霄, 张国军, 管志忠, 等. 成都金沙遗址博物馆轮辐式双层索网结构设计研究[J]. 建筑结构, 2009, 39（10）：85-89.

[125] Roy B C, Goeppert K, Stockhusen K. State-of-the-art roof for the jawaharlal Nehru stadium[J]. Structural Engineering International, 2013, 23（1）：18-22.

[126] Göppert K, Roy B C, Subhasish C. Jawaharlal Neheru Stadium[J]. IABSE Symposium Report, Jawaharla, 2013, 1: 1-5.

[127] Göppert K, Balz M, Haspel L, et al. Olympiastadion kiew[J]. Stahlbau, 2012, 81（6）：447-456.

[128] Shimanovsky A V. Awaiting the 2012 European football championship: Some features of the reconstruction of the stadium of the "Olympic" national sports centre in Kiev[J]. Steel Construction, 2012, 5（1）：61-65.

[129] Göppert K, Moschner T, Paech C, et al. Die krone von Vancouver-erneuerung des BC place stadions[J]. Stahlbau, 2012, 81 （6）：457-462.

[130] Göppert K, Paech C, Balz M. Faltung von textilen membranen bei wandelbaren leichtbaukonstruktionen[J]. Bautechnik, 2013, 90（4）：231-238.

[131] Campbell D M, Lynch K A. Challenges of retrofitting an existing domed stadium with a new retractable roof——BC place stadium, Vancouver, BC[C]//Proceedings of the 2011 Structures Congress, Las Vegas, 2011: 314-323.

[132] 孙文波, 陈伟, 陈汉翔, 等. 深圳宝安体育场屋盖轮辐式索膜结构设计[J]. 建筑结构, 2011, 41（10）：47-49, 75.

[133] Constantinescu D, Köber D. Die massivbaukonstruktion des nationalstadions in Bukarest[J]. Bautechnik, 2015, 92（1）：65-76.

[134] Bögl F M. Nationalstadion lia manoliu in Bukarest[J]. Stahlbau, 2011, 80(9): A22-A23.

[135] Bizley G. London 2012 Olympic stadium[J]. Building Design, 2011, 1960: 14-15.

[136] Cole N, Hulme P. Erection of the cable net roof for the London 2012 Olympic stadium[C]//Proceedings of Structures Congress, New York, 2011: 304-313.

[137] Caetano E D S, Bartek R, Magalhães F, et al. Assessment of cable forces at the London 2012 Olympic stadium roof[J]. Structural Engineering International, 2013, 23(4): 489-500.

[138] Reid R L. London's Olympic stadium designed to be dismantled[J]. Civil Engineering, 2011, 81(5): 14-17.

[139] 石少峰, 张志宏, 董石麟. 乐清体育中心一场两馆屋盖建筑结构设计协调配合简介[J]. 空间结构, 2013, 19(4): 62-66.

[140] 李志强, 张志宏, 董石麟. 乐清体育中心体育场大跨度空间索桁体系结构设计简介[J]. 空间结构, 2015, 21(4): 38-44.

[141] 俞福利, 刘中华. 月牙轮辐式索桁架结构的预张力偏差分析及调整技术[J]. 空间结构, 2013, 19(4): 67-73.

[142] 闫海飞, 俞福利, 陈红梅, 等. 大跨度非封闭索桁架结构施工技术[J]. 建筑技术, 2014, 45(6): 529-533.

[143] Göppert K, Haspel L. National stadium warsaw, Poland[J]. Structural Engineering International, 2013, 23(3): 311-316.

[144] Göppert K, Haspel L, Stockhusen K. Polnisches nationalstadion in Warschau[J]. Stahlbau, 2012, 81(6): 440-446.

[145] Januszkiewicz K. UEFA stadion narodowy w warszawie[J]. Archivolta, 2012, (2): 20-28.

[146] Stockhusen K, Göppert K. Voller vorfreude—Rio 2016[J]. Stahlbau, 2016, 85(8): 574-575.

[147] Göppert K, Stockhusen K, Moschner T. Estádio jornalista mário filho, Rio de Janeiro[J]. Stahlbau, 2014, 83(6): 368-375.

[148] Göppert K, Stockhusen K, Dziewas S, et al. Stadien für die FIFA fußball-weltmeisterschaft 2014 in Brasilien[J]. Bautechnik, 2012, 89(10): 712.

[149] Schulitz C, Kutterer M. "Fonte Nova" stadium, Salvador Bahia, Brazil[J]. Steel Construction, 2009, 2(3): 213-214.

[150] 刘锡良, 邵雅. 空间结构在 2014 巴西世界杯场馆中的应用[J]. 中国建筑金属结构, 2014, 35(11): 86-91.

[151] Chenevey J, Yu H, Kutterer M. Arena fonte nova, Brazil: Low prestress for a lightweight roof[J]. The Structural Engineer: Journal of the Institution of Structural Engineer, 2014, 92: 10-16.

[152] 詹永勤, 方渭秦, 刘健, 等. 东莞篮球中心主体育馆三向网格曲面索网幕墙体系设计[J]. 建筑结构, 2013, (16): 82-87.

[153] 姚亚雄. 丽水市体育馆[J]. 城市建筑, 2016, 13(34): 80-87.

[154] Lombardinia D, Geyera S. Cable erection of Krasnodar stadium suspended roof[J]. Procedia Engineering, 2016, 155: 407-415.

[155] Göppert K, Haspel L, Goberna E. FK Krasnodar stadium roof[C]//IABSE Symposium on Engineering

for Progress, Nature and People, Madrid, 2014: 1-9.

[156] Bush D V. Nizhny Novgorod stadium for the 2018 world football championship[J]. Project Baikal, 2017, 14(51): 68-69.

[157] Bush D V. The lessons of 2018 FIFA world cup stadium design[J]. Academia: Архптектура и Строитепьство, 2018, 2: 5-10.

[158] 吴小宾, 陈强, 周劲炜, 等. 铜仁奥体中心体育场车辐式张拉索膜罩棚结构设计研究[J]. 建筑结构, 2020, 50(19): 8-14.

[159] 陈超, 白杰, 杨叶, 等. 超大跨度车毂式双层索结构安装技术研究[J]. 施工技术, 2018, 47(S4): 1653-1656.

[160] 侯敬峰, 周储君, 王泽强, 等. 海口五源河体育场月牙形索桁架屋盖结构施工过程数值模拟研究[J]. 建筑结构, 2020, 50(9): 92-97.

[161] 梁宸宇, 朱忠义, 白光波, 等. 三亚国际体育产业园体育场钢结构设计[J]. 建筑结构, 2021, 51(19): 18-24.

[162] 吴小宾, 陈强, 冯远, 等. 乐山奥体中心体育场车辐式单、双层组合索网罩棚结构设计[J]. 建筑结构学报, 2022, 43(1): 182-191.

[163] 任俊, 董万龙, 刘强, 等. 大跨度车辐式单双层混合索膜屋盖施工质量控制[J]. 施工技术(中英文), 2021, 50(22): 92-96.

[164] 郭静. 卡塔尔赖扬体育场高精度压环的制作工艺[J]. 建筑结构, 2020, 50(S2): 848-851.

[165] 黄彬彬. 2022 世界杯主场馆鱼尾式索网屋面结构形态分析[J]. 施工技术, 2021, 50(8): 1-5.

[166] 张军辉. 索膜在卢塞尔体育场屋盖结构上的应用技术[J]. 山西建筑, 2022, 48(17): 61-64.

[167] 孙绍东, 胡海涛, 朱忠义, 等. 日照奎山体育中心体育场轮辐式索膜结构屋盖设计[J]. 建筑结构, 2021, 51(22): 1-8.

[168] 苟宝宁, 董志强, 滕龙, 等. 超大截面单层摇摆压环梁结构施工技术[J]. 中文科技期刊数据库(全文版)工程技术, 2022(6): 121-127.

[169] 陈务军. 膜结构工程设计[M]. 北京: 中国建筑工业出版社, 2005.

[170] Malcolm D J, Glockner P G. Optimum cable configuration for air-supported structures[J]. Journal of the Structural Division, 1979, 105(2): 421-435.

[171] Geiger D H. U. S. pavilion at EXPO'70 features air-supported cable roof[J]. Civil Engineering-ASCE, 1970: 48-50.

[172] Shaeffer R E. History and development of fabric structures[C]//Proceedings of the IASS-ASCE International Symposium 1994, held in conjunction with the ASCE Structures Congress XII, Atlanta, 1994: 979-989.

[173] Geiger D. Low-profile air structures in the USA[J]. Batiment International, Building Research and Practice, 1975, 3(2): 80.

[174] 钟继光. 大跨钢膜悬壳屋盖结构[J]. 建筑结构学报, 1988, 9(3): 77, 54.

[175] 陆赐麟. 1980 奥林匹克运动会的主要建筑物及其结构特点[J]. 北京工业大学学报, 1982, 8(3): 119-131.

[176] Gossen P, Geiger D. The carrier dome syracuse, New York[J]. PCI Journal, 1981, 26(2): 30-39.

[177] Katheryn R A. The genesis of the Metrodome[J]. The Magazine of Twin Cities Business Management, 1982, 34(2): 8-22, 88.

[178] 黄至贤. 加拿大温哥华体育场[J]. 四川建筑, 1988, 8(2): 57-59.

[179] McKenna J. Canada winter Olympics stadium roof fails in high winds[J]. New Civil Engineer International, 2007, (152): 5.

[180] 房恩, 铁灶. 东京充气圆顶竞技馆, 日本[J]. 世界建筑, 1989, 10(4): 36-38.

[181] Ando K, Ishii A, Suzuki T, et al. Design and construction of a double membrane air-supported structure[J]. Engineering Structures, 1999, 21(8): 786-794.

[182] Richard B F. Tensile-integrity structures[P]: U.S., 3063521. 1962-11-13.

[183] Snelson K D. Continuous tension, discontinuous compression structure[P]: U.S., 3169611. 1965-02-16.

[184] Cadoni D, Micheletti A. Structural performances of single-layer tensegrity domes[J]. International Journal of Space Structures, 2012, 27(2-3): 167-178.

[185] Yuan X F, Peng Z L, Dong S L, et al. A new tensegrity module—"Torus"[J]. Advances in Structural Engineering, 2008, 11(3): 243-251.

[186] Kawaguchi K, Ohya S, Vormus S. Long-term monitoring of white rhino, building with tensegrity skeletons[C]//35th Annual Symposium of IABSE, London, 2011.

[187] Fish R. Kurilpa bridge[J]. Bridge Design & Engineering, 2012, (68): 26.

[188] Reid R L. The art of science[J]. Civil Engineering Magazine, 2010, 80(3): 68-71.

[189] Franklin K, Ozkan E, Powell D. Design of the Kurilpa pedestrian bridge for dynamic effects due to pedestrian and wind loads[C]//5th Civil Engineering Conference in the Asia Region and Australasian Structural Engineering Conference, Sydney, 2010: 885-890.

[190] Iscen A, Agogino A, SunSpiral V, et al. Controlling tensegrity robots through evolution[C]//Conference on Genetic & Evolutionary Computation, New York, 2013: 1293-1300.

[191] Pellegrino S. A class of tensegrity domes[J]. International Journal of Space Structures, 1992, 7(2): 127-142.

[192] 董石麟, 梁昊庆. 肋环人字型索穹顶受力特性及其预应力态的分析法[J]. 建筑结构学报, 2014, 35(6): 102-108.

[193] Rastorfer D. Structural gymnastics for the Olympics[J]. Architectural Record, 1988, 176(10): 128-135.

[194] Geiger D H, Stefaniuk A, Chen D. The design and construction of two cable domes for the Korean Olympics[C]//Proceedings IASS Symposium, Osaka, 1986.

[195] Kazuo I. Membrane Designs and Structures in the World[M]. Tokyo: Shinkenchiku-sha, 1999.

[196] Bradshaw R, Campbell D, Gargari M, et al. Special structures: Past, present, and future[J]. Journal of Structural Engineering, 2002, 128(6): 691-709.

[197] Castro G, Levy M P. Analysis of the Georgia dome cable roof[C]//Proceedings of the Eighth Conference of Computing in Civil Engineering and Geographic Information Systems Symposium, Dallas, 1992: 566-573.

[198] Setzer S W. Raise high the record roof[J]. Engineering News-Record, 1992, 228: 24.

[199] 顾洪波. 索穹顶结构体系及施工技术若干问题研究[D]. 南京: 东南大学, 2008.

[200] Nenadović A. Development, characteristics and comparative structural analysis of tensegrity type cable domes[J]. Spatium, 2010, (22): 57-66.

[201] Gossen P. The first rigidly clad "tensegrity" type dome, the crown coliseum, Fayetteville, North Carolina[C]//Proceedings of International Congress IASS-ICSS, Moscow, 1998: 477-484.

[202] Brown J L. Twin peaks crown stadium's fabric roof[J]. Civil Engineering, 2011, 81(8): 22-24.

[203] Levy M, Jing T F, Brzozowski A, et al. Estadio Ciudad de La Plata (La Plata stadium), Argentina[J]. Structural Engineering International, 2013, 23(3): 303-310.

[204] 张国军, 葛家琪, 王树, 等. 内蒙古伊旗全民健身体育中心索穹顶结构体系设计研究[J]. 建筑结构学报, 2012, 33(4): 12-22.

[205] 王鑫, 陈志华, 闫翔宇, 等. 天津理工大学体育馆索穹顶结构自振特性分析及地震作用时程分析[J]. 建筑结构, 2017, 47(16): 52-58.

[206] 冯远, 向新岸, 董石麟, 等. 雅安天全体育馆金属屋面索穹顶设计研究[J]. 空间结构, 2019, 25(1): 3-13.

[207] 张连飞, 区彤, 刘雪兵, 等. 顺德德胜体育馆含悬挂斗屏索穹顶结构防连续倒塌分析研究[J]. 钢结构(中英文), 2022, 37(1): 21-30.

[208] 董石麟. 预应力大跨度空间钢结构的应用与展望[J]. 空间结构, 2001, 7(4): 3-14.

[209] 熊盈川, 董石麟, 杨永革, 等. 天津宁河县体育馆的设计与施工(盆式搁置预加应力平板网架结构)[J]. 建筑结构, 1985, 15(6): 19-23.

[210] 吕猷射. 上海国际购物中心预应力和非预应力螺栓球(环)节点组合网架[J]. 建筑结构, 1992, 22(3): 51.

[211] 马克俭, 李晓红, 韦明辉, 等. 预应力网格结构体系的研究与应用前景[J]. 空间结构, 1994, 1(2): 1-10.

[212] 曹玉芬. 攀枝花市体育馆多次预应力网壳的制作与安装[C]//第八届空间结构学术会议, 开封, 1997: 633-636.

[213] 尹思明, 苟克成, 董绍云. 攀枝花体育馆大跨度多次预应力钢穹网壳屋盖设计[J]. 钢结构, 1995, 10(2): 100-104.

[214] 尹思明, 胡瀛珊, 谢帜. 大跨度多次预应力钢穹网壳设计与张拉监控[J]. 建筑技术, 1997, 28(3): 173-175.

[215] 陆赐麟. 两座预应力钢扭网壳屋盖体育馆在广东建成并投入使用[J]. 建筑结构学报, 1996, 17(6): 40, 59.

[216] 韩金田. 省检测总站完成清远市体育馆网架屋盖荷载试验[J]. 广东土木与建筑, 1999, 6(3): 51.

[217] 戴金华, 陈彦如. 满堂红支撑在预应力组合扭网壳施工中的影响分析[J]. 广东土木与建筑, 2006, 13(8): 21-22, 31.

[218] 马克俭, 张鑫光, 安竹石, 等. 大跨度组合式预应力扭网壳结构的设计、构造与力学特点[J]. 空间结构, 1994, 1(1): 55-63.

[219] 朱坊云, 孙建设, 陈利华, 等. 郑州碧波园网架设计与施工[J]. 预应力技术, 2001, 5(4): 26-28.

[220] 郑州碧波园采用预应力网架结构[J]. 钢结构, 1997, 12(1): 48.

[221] 尹思明, 胡瀛珊, 刘旭, 等. 某体育馆多次预应力钢网壳屋盖结构设计与研究[J]. 工业建筑, 1998,

28(7): 16-20.

[222] 冯良慈, 周友根, 樊德润, 等. 宿迁市文体馆预应力网壳结构设计施工[J]. 建筑结构, 2002, 32(7): 63-65.

[223] 徐华. 苏州工业园区星海游泳馆设计[J]. 新建筑, 2004, 22(1): 62-63.

[224] 罗尧治, 曹国辉, 董石麟, 等. 预应力拉索网格结构的设计与研究[J]. 土木工程学报, 2004, 37(3): 52-57.

[225] 余建军. 预应力空间钢管桁架结构体系及施工技术[J]. 浙江建筑, 2007, 24(3): 17-18, 32.

[226] 卫东, 柯长华, 王志刚, 等. 新中国国际展览中心预应力立体管桁架屋盖结构设计[J]. 建筑结构, 2008, 38(1): 111-113, 104.

[227] 葛家琪, 王树, 张国军, 等. 东北师范大学体育馆体内预应力大跨度钢管桁架结构设计研究[J]. 建筑结构, 2009, 39(10): 58-61, 98.

[228] 侯国华, 王晓涵, 周黎光, 等. 某体育中心体育馆预应力施工技术[J]. 建筑技术开发, 2014, 41(4): 33-35.

[229] 邓华, 董石麟. 拉索预应力空间网格结构全过程设计的分析方法[J]. 建筑结构学报, 1999, 20(4): 42-47.

[230] Maguet J, Olaguibel J. Remodelación del estadio san mamés, Bilbao[J]. Informes de la Construccion, 1981, 33(333-336): 137-142.

[231] 陆赐麟. 国外大型体育建筑结构的发展与趋向[J]. 建筑结构学报, 1983, 4(5): 71-77.

[232] Aoki S, Ishizaki K, Orimoto T. Experimental study on affined hyperbolic paraboloid shell structure-small model test of Komazawa-gymnasium(structure)[R]. 日本建築学会論文報告集, 1964: 147.

[233] 张志平. 秦俑博物馆 72 米跨度展览厅[J]. 建筑结构学报, 1980, 1(1): 45.

[234] 王学理. 秦俑军阵浅析[J]. 陕西师范大学学报(哲学社会科学版), 1978, 7(4): 68-72.

[235] Schlaich J, Seidel J. Ice skating rink at Olympic grounds in Munich[J]. Bauingenieur, 1985, 60(8): 291-296.

[236] 陶学康. 卡尔加里奥林匹克椭圆形室内速滑运动场[J]. 建筑结构学报, 1988, 9(5): 80.

[237] 顾年生. 亚运会石景山体育馆屋盖结构的设计与施工[J]. 工程建设与设计, 1988, 9(6): 29.

[238] 邓开国. 拱结构在体育馆建筑中的应用[J]. 四川建筑, 2000, 20(S1): 228-230.

[239] 余坪, 谷秀珠, 黎万策. 四川省体育馆 102×86m 悬索屋盖预应力技术[J]. 建筑技术, 1988, 19(8): 26-30.

[240] 中国建筑西南设计院. 四川省体育馆[J]. 建筑学报, 1991, 38(10): 14-16.

[241] 张裕铣. 青岛体育馆钢筋混凝土交叉圆弧拱施工[J]. 建筑施工, 1991, 13(4): 21-23.

[242] 张裕铣. 青岛体育馆大跨度悬索结构屋面施工[J]. 建筑施工, 1991, 13(4): 24-27.

[243] 周润珍, 胡立斌, 潘云龙, 等. 青岛体育馆索网结构屋盖及其施工[J]. 建筑科学, 1991, 7(1): 36-40.

[244] 张维杰, 姚海广. 江西省体育馆的拱和网架组合结构[J]. 建筑结构学报, 1984, 5(6): 75-76.

[245] 姚裕昌. 江西省体育馆结构设计[J]. 建筑结构学报, 1992, 13(2): 21-28.

[246] 沈世钊, 蒋兆基. 组合索网和组合网壳在体育馆建筑中的应用——亚运会朝阳体育馆和石景山体育馆结构方案简介[J]. 建筑结构学报, 1988, 9(2): 78-79.

[247] 蒋兆基. 预应力索-拱、索网结构应用于亚运会朝阳体育馆屋盖设计[J]. 机械工厂设计, 1989, 47(1): 6-13.

[248] 沈世钊, 蒋兆基. 亚运会朝阳体育馆组合索网屋盖[J]. 建筑结构学报, 1990, 11(3): 1-9.

[249] 冉成. 北京朝阳体育馆结构施工[J]. 建筑技术, 1990, 21(8): 20-25.

[250] 东京都体育馆[J]. 建筑创作, 2013, (C1): 252-259.

[251] Matsui E, Mogarni K, Kinmura M. Development of cable-reinforced membrane structures with glulam arches[J]. Steel Construction Engineering, 1994, 1(3): 115-127.

[252] 朱享绂, 陆锡军, 胡学仁. 上海石化总厂师大三附中 30m×50m 单层柱面网壳屋盖设计[C]//第七届空间结构学术会议, 文登, 1994: 353-355.

[253] Wilson D. Alfred McAlpine stadium, Huddersfield, UK[J]. Structural Engineering International, 1999, 9(3): 189-190.

[254] 梅季魁, 王奎仁, 刘德明. 探索与尝试: 哈尔滨工业大学邵逸夫体育馆设计[J]. 建筑学报, 1995, 42(9): 40-42.

[255] 徐崇宝, 陈昕, 逄治宇, 等. 单层鞍形网壳在两个体育馆中的应用[J]. 空间结构, 1995, 1(2): 23-26, 32.

[256] Kölnarena-vielseitig verwendbare veranstaltungshalle[J]. Stahlbau, 1999, 68(2): 154.

[257] 汤华, 周定, 何紫嫦. 广州体育馆屋盖结构设计[J]. 建筑结构, 2003, 33(1): 51-54.

[258] 唐婉玲. 韩国大邱世界杯体育场[J]. 室内设计与装修, 2001, 16(12): 28-36.

[259] Robertshaw T. Estadio da luz kicks off[J]. Concrete Engineering International, 2004, 8(3): 36-37.

[260] 邓开国, 李巧, 贾志涛. 重庆袁家岗体育场网壳罩棚结构设计[J]. 建筑结构, 2005, 35(8): 46-51.

[261] 任家骧. 南京奥体中心体育场屋盖钢结构[J]. 钢结构, 2006, 21(2): 34-37.

[262] Pollalis S N. The roof of the Olympic stadium for the 2004 Athens Olympic games from concept to implementation[R]. Cambridge: Harvard Design School, 2006.

[263] Siriani F, Silverio M D. How Athens' Olympic stadium was finally pulled together[J]. Proceedings of the Institution of Civil Engineers-Civil Engineering, 2006, 159(3): 114-119.

[264] Morrison R. Apolycarbonate roof tops the Olympic stadium in Athens[J]. Journal of Failure Analysis and Prevention, 2004, 4(4): 13-14.

[265] 刘炳清. 长江防洪模型大厅[J]. 建筑结构, 2007, 37(B11): 5.

[266] 周臻, 孟少平, 吴京. 拱支预应力网架结构的预应力全过程分析方法[J]. 工程力学, 2007, 24(12): 93-99.

[267] 周臻, 孟少平, 李霆, 等. 预应力网壳——拉杆拱组合结构的设计与分析[J]. 特种结构, 2006, 23(2): 48-50, 53.

[268] 丁洁民, 沈忠贤, 陆秀丽, 等. 复旦大学正大体育馆钢屋盖结构设计[J]. 建筑结构, 2008, 38(2): 13-15, 38.

[269] Carfrae T, Nixon J, MacDonald P. Khalifa stadium, Doha, Qatar[J]. The Arup Journal, 2006, 41(2): 44-50.

[270] 方小丹, 曾宪武. 华南理工大学体育馆预应力钢筋混凝土双曲抛物面组合扭壳设计[J]. 建筑结构学报, 2011, 32(8): 18-25.

[271] 杨宗放，吴京. 华南理工大学体育馆超长拉杆和双曲扭壳预应力施工[C]//第九届后张预应力学术交流会，北京，2006: 367-372.

[272] 张英，邵庆良，丁大益，等. 北京理工大学体育文化综合馆钢屋盖结构设计[J]. 建筑结构，2008，38(11): 92-95, 97.

[273] 陈以一，江晓峰，陈扬骥. 大型开闭屋盖结构极端状况研究[J]. 建筑结构学报，2007，28(1): 21-27.

[274] 陈以一，陈扬骥，刘魁. 南通市体育会展中心主体育场曲面开闭钢屋盖结构设计关键问题研究[J]. 建筑结构学报，2007，28(1): 14-20, 27.

[275] 嘉兴市体育中心主体育场[J]. 钢结构，2006，21(6): 106.

[276] 薛素铎，刘人杰，李雄彦. 索结构在 2012 伦敦奥运场馆建设中的应用[J]. 建筑钢结构进展，2013，15(5): 48-53.

[277] Foster+Partners. 英国温布利体育场(英文)[J]. 城市建筑，2007，4(8): 41-45.

[278] 沈阳奥林匹克体育中心五里河体育场[J]. 土木工程学报，2009，42(9): 2.

[279] 任源，陆余年. 淄博市体育中心体育场结构设计[J]. 建筑结构，2009，39(S1): 115-118.

[280] 冯·格康. 南非德班摩西·马布海达体育场(2010 年世界杯)[J]. 南方建筑，2009，29(6): 26-29.

[281] Haar T T. Moses Mabhida stadium, Durban's icon of pride[J]. Proceedings of the Institution of Civil Engineers, 2012, 165(MP1): 65-69.

[282] 范重，胡纯炀，刘先明，等. 鄂尔多斯东胜体育场巨型拱索结构设计优化[J]. 建筑结构学报，2016，37(6): 9-18.

[283] 李霆，李宏胜，骆顺心，等. 哥斯达黎加国家体育场结构设计与分析[J]. 建筑结构，2012，42(12): 26-31.

[284] Teitelman E, Longstreth R W. Architecture in Philadelphia: A Guide[M]. Cambridge: MIT Press, 1974.

[285] John F. Kennedy international airport[J]. Civil Engineering, 2002, 72(11-12): 142.

[286] Witcher T R. Eclectic and futuristic: John F. Kennedy international airport[J]. Civil Engineering, 2018, 88(2): 40-43.

[287] 严慧. "杂交"结构体系的应用和发展[J]. 工业建筑，1994，24(6): 10-16, 30.

[288] Tulsa convention center[J]. Meetings and Conventions, 1997, 32(5): 242.

[289] Haxall D. The national football museum and the FIFA world football museum[J]. Journal of Sport History, 2018, 45(2): 244-246.

[290] Hennecke S, Keller R, Schneegans J. Demokratisches Grün: Olympiapark München[M]. Berlin: Jovis, 2013.

[291] Isozaki A. West Japan general exhibition center a metaphor relating with water[J]. The Japan Architect, 1978, 53(3): 9-23.

[292] David L. Lawrence convention center[J]. Environmental Design and Construction, 2004, 7(4): A6.

[293] 夏雷. 佩夏市花市场，意大利[J]. 世界建筑，1983，4(3): 30-31.

[294] Stadio Luigi Ferraris, Genova[J]. Domus, 1987, 682: 52-54.

[295] 薛吟. 悉尼足球场结构设计[J]. 建筑结构，1993，23(4): 33.

[296] Kathy 泰. 悉尼足球场，澳大利亚[J]. 世界建筑，1994，15(3): 56.

[297] 幕张展览馆[J]. 建筑创作，2013，25(C1): 124-141.

[298] 崔振亚, 王玉田, 刘季康. 十一届亚运会北郊体育中心工程[J]. 土木工程学报, 1989, 22 (2): 90-91.

[299] 刘锡良. 1990 年第十一届北京亚运会新建场馆概况回顾[C]//第十届全国现代结构工程学术研讨会, 上海, 2010, 217-236.

[300] 王玉田. 国家奥林匹克体育中心游泳馆悬索吊挂屋盖结构设计[J]. 建筑技术, 1990, 21 (8): 5-7.

[301] Morley S. Don valley athletics stadium, Sheffield, England[J]. Structural Engineering International, 1992, 2 (4): 242-243.

[302] Vickery B J, Majowiecki M. Wind induced response of a cable supported stadium roof[J]. Journal of Wind Engineering and Industrial Aerodynamics, 1992, 42 (1-3): 1447-1458.

[303] 吴耀华, 张勇, 陈云波. 新加坡港务局 (PSA) 仓库钢结构斜拉网架设计[J]. 工业建筑, 1994, 24 (10): 3-5, 8.

[304] 张宗升, 王昆旺, 严慧, 等. 太旧高速公路旧关主线收费站斜拉网壳结构设计[J]. 空间结构, 1997, 3 (2): 40-45.

[305] 罗尧治, 曹国辉, 董石麟, 等. 预应力拉索网格结构的设计与研究[J]. 土木工程学报, 2004, 37 (3): 52.

[306] 简嘉玲. 迎向世界的竞技场: 法国国家体育场[J]. 中国建筑装饰装修, 2003, (3): 154-157.

[307] The stade de France[J]. Cost Engineering, 1999, 41 (12): 16.

[308] 墨尔本板球场重建[J]. 城市建筑, 2007, 4 (11): 72-74.

[309] 马鑫. 千禧穹顶[J]. 建筑创作, 2014, 26 (4): 288-297.

[310] 焦俭, 宋涛, 赵基达, 等. 浙江省黄龙体育中心主体育场挑篷斜拉网壳结构设计[J]. 预应力技术, 2001, 2 (4): 16-19, 11.

[311] 李岳定, 庞堂喜, 徐成品, 等. 黄龙体育中心主体育场挑篷屋盖结构斜拉索的施工[J]. 浙江建筑, 2000, 17 (5): 28-29.

[312] 于滨, 聂永明, 冯大斌. 浙江省黄龙体育中心主体育场预应力施工[J]. 施工技术, 2000, 29 (12): 6-8.

[313] 赵鹏飞, 郝成新, 焦俭, 等. 浙江省黄龙体育中心主体育场挑篷结构模型试验研究[J]. 建筑结构学报, 1999, 20 (5): 16-23.

[314] 张文英. 义乌体育会展中心体育场索膜结构篷盖的设计与施工[J]. 建筑技术, 2001, 32 (12): 821-823.

[315] 汪前, 陈洁如. 义乌会展中心体育场的膜结构安装施工[J]. 浙江建筑, 2002, 19 (4): 31-32.

[316] Lee J Y, Kim C S. Construction of cable staying roof structure of Jeju world cup stadium[J]. Journal of the Korean Association for Shell and Spatial Structures, 2002, 2 (4): 37-44.

[317] Pérez M G, Kang T H K, Sin I, et al. Nonlinear analysis and design of membrane fabric structures: Modeling procedure and case studies[J]. Journal of Structural Engineering, 2016, 142 (11): 375-386.

[318] Kim J Y, Yu E, Kim D Y, et al. Long-term monitoring of wind-induced responses of a large-span roof structure[J]. Journal of Wind Engineering and Industrial Aerodynamics, 2011, 99 (9): 955-963.

[319] Shibata I. Toyota stadium, Toyota city, Japan[J]. Structural Engineering International, 2003, 13 (3): 153-155.

[320] 张耀康, 冯健, 郭正兴. 深圳游泳跳水馆预应力钢棒张拉技术[J]. 施工技术, 2002, 31 (7): 12-14.

[321] 马耀庭, 张汝彬. 深圳游泳跳水馆钢屋盖结构设计[J]. 建筑结构, 2004, 34 (11): 9-13.

[322] 刘伯英, 葛家琪, 黄靖. 长春经济技术开发区体育场[J]. 建筑学报, 2004, 51(3): 58-61.

[323] Simpson M. The analysis and design of the City of Manchester Stadium[C]//Fifth International Conference on Space Structures, Guildford, 2002: 827-836.

[324] Simpson M, King M. Building tension[J]. Modern Steel Construction, 2003, 43(12): 40-45.

[325] 童丽萍, 任俊超. 郑州国际会展中心展厅钢屋盖结构体系分析[J]. 郑州大学学报(理学版), 2005, 37(4): 96-100.

[326] 任俊超, 张其林. 结构参数对郑州国际会展中心屋盖结构的抗震性能影响分析[J]. 地震工程与工程振动, 2007, 27(2): 39-44.

[327] 朱忠义, 覃阳, 柯长华, 等. 新疆体育场环形斜拉结构研究[J]. 建筑结构, 2006, 36(6): 64-68.

[328] 马人乐, 陈俊岭, 柳胜华. 南京江宁体育中心体育场看台钢网壳结构分析[J]. 结构工程师, 2004, 20(3): 16-20, 26.

[329] 罗斌, 仇荣根, 王永泉, 等. 体育场看台预应力斜拉钢网壳拉索张拉分析[J]. 施工技术, 2005, 34(7): 18-20.

[330] 廖旭钊. 广州大学城中心区体育场东看台罩棚钢结构设计[J]. 建筑结构, 2009, 39(S2): 363-367.

[331] 李恺平, 廖旭钊, 梁子彪. 广州大学城中心区体育场钢顶盖结构施工图设计[J]. 建筑结构, 2007, 37(9): 67-69, 80.

[332] 边广生, 郭正兴. 广州大学城中心体育场斜拉网格屋盖张拉施工[J]. 施工技术, 2007, 36(6): 50-52.

[333] 郭宇恒. 广东外语外贸大学体育场桅杆承载力计算[J]. 南方建筑, 2006, 26(8): 99-100.

[334] 郭正兴, 边广生. 斜向吊挂预应力钢结构张拉技术研究[J]. 施工技术, 2008, 37(5): 136-138.

[335] 王岚, 陈宏, 李征宇, 等. 洛阳新区体育中心体育场[C]//中国建筑学会建筑结构分会 2012 年年会, 厦门, 2012: 270-276.

[336] 王伟. 洛阳新区体育场罩棚工程临时支撑设计[J]. 钢结构, 2010, 25(9): 44-47.

[337] 鄢圣超, 聂永明, 于洋, 等. 洛阳新区体育场斜拉索施工过程监测[J]. 施工技术, 2009, 38(3): 44-47.

[338] 聂永明, 张妍研, 齐文东, 等. 洛阳新区体育中心体育场斜拉索施工[J]. 施工技术, 2008, 37(3): 37-39.

[339] 卢家森. 多桅杆大跨斜拉结构的拉索设计方法[J]. 结构工程师, 2011, 27(3): 31-35.

[340] 刘威, 丁大益, 曹禾. 呼和浩特体育场罩棚结构分析[J]. 建筑结构, 2006, 36(S1): 330-332, 350.

[341] 曹禾, 杨宇宏, 苏永祥, 等. 呼和浩特市体育场结构设计[J]. 建筑结构, 2006, 36(S1): 248-251.

[342] 王泽强, 秦杰, 李国立, 等. 印度尼西亚全运会主体育场预应力钢结构施工技术[J]. 工业建筑, 2008, 38(12): 8-11.

[343] 北京市建筑设计研究院, 北京纽曼帝莱蒙膜建筑技术有限公司. 首都国际机场 T3 航站楼南线主收费站, 北京, 中国[J]. 世界建筑, 2009, (10): 96-103.

[344] Books L. Football Venues in Ukraine: Olimpiysky National Sports Complex, Donbass Arena, Metalist Stadium, Dynamo Training Center, Lokomotiv Stadium[M]. Kennesaw: General Books LLC, 2010.

[345] 张辉, 钟阳, 江熙. 老挝国家体育公园主体育场结构设计[J]. 建筑结构, 2009, 39(S1): 149-151.

[346] 邓华, 蒋旭东, 袁行飞, 等. 浙江大学紫金港体育馆屋盖结构稳定性分析[J]. 建筑结构, 2013,

43（15）：49-52.

[347] 罗斌, 郭正兴, 仇荣根. 浙江大学紫金港校区体育馆钢屋盖桅杆斜拉索网施工技术[J]. 施工技术, 2010, 39（8）：73-77.

[348] 金振奋, 沈金, 裘涛, 等. 浙江大学新校区体育馆钢屋盖结构设计[J]. 建筑结构, 2008, 38（11）：5-7, 36.

[349] 张晓光, 巢斯, 黄涛, 等. 寿光市体育场结构设计[J]. 工业建筑, 2012, 42（3）：117-122.

[350] 张军, 郭正兴, 李祥, 等. 寿光体育场 78.80m 高钢桅杆施工技术[J]. 施工技术, 2011, 40（2）：34-37, 65.

[351] 刘飞, 甘明, 李华峰, 等. 长春东收费站罩棚大跨度索膜结构设计[C]//第十四届空间结构学术会议, 福州, 2012：809-816.

[352] Majowiecki M, 方朔. 新尤文图斯体育场结构设计[J]. 建筑结构, 2011, 41（12）：6-11.

[353] Majowiecki M, Ossola F, Pinardi S. The new Juventus stadium in Turin[C]//International Symposium on bridge and Structural Engineering, Venice, 2010：25-32.

[354] 陈俊岭, 马人乐. 连云港体育场大跨度钢结构顶篷设计[J]. 建筑结构, 2010, 40（11）：19-21, 58.

[355] 白羽, 周光毅, 唐家如, 等. 营口奥林匹克中心体育场大角度倾斜钢桅杆分段安装技术[J]. 建筑技术, 2013, 44（4）：341-345.

[356] 曹禾, 高之辉. 江苏省泗阳体育场挑篷结构设计[C]//第十四届空间结构学术会议, 福州, 2012：675-679.

[357] 王泽强, 陈新礼, 尤德清, 等. 泗阳体育场预应力钢结构施工技术[J]. 工业建筑, 2012, 42（8）：97-101, 88.

[358] 杨庆辉, 丁洁民, 张峥. 邹城体育场挑篷结构设计与分析[J]. 结构工程师, 2011, 27（6）：1-6.

[359] 翁赟, 阚建忠, 赵国兴, 等. 浦江体育中心张弦罩棚结构分析与设计[J]. 建筑结构, 2013, 43（15）：58-62.

[360] 于志强, 伍定一, 周绪红, 等. 常德芦荻山收费站全张拉索膜结构预应力施加数值模拟与施工监测[J]. 工业建筑, 2018, 48（6）：124-129, 190.

[361] 吕品, 王洪洲, 徐瑞龙. 河北奥体中心体育场铰支桅杆式斜拉桁架结构的预应力张拉技术[J]. 工业建筑, 2016, 46（2）：107-112.

[362] Gravit M, Kirik E, Savchenko E, et al. Simulation of evacuation from stadiums and entertainment arenas of different epochs on the example of the Roman colosseum and the Gazprom arena[J]. Fire, 2022, 5（1）：20.

[363] 于敬海, 王少华, 闫翔宇, 等. 茌平体育场斜拉双层网壳结构分析与设计[J]. 建筑结构, 2015, 45（7）：81-85, 90.

[364] 曹江, 郭亮亮, 郭正兴, 等. 援柬埔寨国家体育场斜拉索桁结构施工过程分析[J]. 施工技术, 2018, 47（20）：58-61.

[365] 杨永生. 代代木体育馆[J]. 建筑工人, 1993, 14（7）：53.

[366] 罗尧治, 曹国辉, 董石麟, 等. 预应力拉索网格结构的设计与研究[J]. 土木工程学报, 2004, 37（3）：55.

[367] Utah Olympic oval[J]. Modern Steel Construction, 2002, 42（7）：48-49.

[368] Grahl C L. Going for the gold[J]. Environmental Design and Construction, 2002, 5（1）：24.

[369] Rhein-energie-stadion Köln[J]. Stadien 2006, 2005：72-74.

[370] Bergrath J. Bayrische riegel: In rekordzeit baute die firmengruppe max bogl aus neumarkt das rhein-energies-stadion in Köln[J]. Mot-bau, 2004, 41(5): 44-45.

[371] 张其林, 王洪军, 顾明剑, 等. 吉林省速滑馆悬索-拱屋盖结构设计[J]. 建筑结构, 2007, 37(2): 50-53.

[372] 司马蕾. 大卫·劳伦斯会议中心, 匹兹堡, 宾夕法尼亚州, 美国[J]. 世界建筑, 2013, 34(4): 50-53.

[373] Hodson H. Constructing the royal Albert bridge——Brunel's wrought iron masterpiece[J]. Steel Times International, 2007, 31(4): 92.

[374] Loh E. Construction of Rio Colorado bridge[J]. Journal Prestressed Concrete Institute, 1974, 19(2): 131-133.

[375] 吴琦瑛. 自锚上承式悬带桥的设计与施工[J]. 桥梁建设, 1989, 19(4): 20-29.

[376] 徐厚兴, 胡柏学, 陈建平. 淘金桥荷载试验[J]. 中南公路工程, 1990, 15(1): 51-54.

[377] 柯长华. 日本大跨度公共建筑的结构概念[J]. 建筑创作, 2002, 14(7): 18-27.

[378] Tsubota H, Ban S, Saito M. The Izumo Dome, largest timber structure in Japan[J]. Structural Engineering International, 1993, 3(2): 79-81.

[379] 斋藤公男. 空间结构的发展与展望——空间结构设计的过去·现在·未来[M]. 季小莲, 徐华, 译. 北京: 中国建筑工业出版社, 2006.

[380] 吴蔚, 陈伟. 会展建筑中的建筑与结构二重奏[J]. 建筑技艺, 2019, 26(2): 22-29.

[381] 汪大绥, 张富林, 高承勇, 等. 上海浦东国际机场(一期工程) 航站楼钢结构研究与设计[J]. 建筑结构学报, 1999, 20(2): 2-8.

[382] 汪大绥, 周健, 刘晴云, 等. 浦东国际机场 T2 航站楼钢屋盖设计研究[J]. 建筑结构, 2007, 37(5): 45-49.

[383] 徐春丽, 罗永峰, 周健. 上海浦东机场二期航站楼钢屋盖结构稳定性分析[J]. 建筑结构, 2007, 37(2): 18-21.

[384] 祁海珅, 叶建国. 上海浦东国际机场二期航站楼高强度钢拉杆的制作与施工[J]. 建筑钢结构进展, 2007, 9(2): 51-55.

[385] 孙文波. 广州国际会展中心大跨度张弦梁的设计探讨[J]. 建筑结构, 2002, 32(2): 54-56.

[386] 黄明鑫, 钱卫军, 黄开龙, 等. 哈尔滨国际会展体育中心大跨张弦桁架结构的安装技术[J]. 工业建筑, 2007, 37(9): 41-44.

[387] 范峰, 支旭东, 沈世钊. 哈尔滨国际会议展览体育中心主馆屋盖钢结构设计[J]. 建筑结构, 2008, 38(2): 1-4.

[388] 张晓燕, 郭彦林, 黄李骥, 等. 深圳会展中心钢结构屋盖起拱方案及施工技术[J]. 工业建筑, 2004, 34(12): 15-18, 31.

[389] 徐荣. 深圳市会展中心建筑设计方案简介[J]. 新建筑, 2002, 20(5): 18-21.

[390] 蔡英. 常州工学院体育馆结构设计[J]. 上海建设科技, 2006, 27(3): 16-17.

[391] 徐建凯. 预应力张弦梁结构的施工过程控制研究[J]. 江苏建筑, 2010, 30(3): 66-67.

[392] 关富玲, 杨治, 程媛, 等. 杭州黄龙体育中心网球馆开合屋面设计[J]. 工程设计学报, 2005, 12(2): 118-123.

[393] 郭昌生, 吴开成. 开合屋盖结构动力特征及抗震性能分析[J]. 地震工程与工程振动, 2006, 26(3):

124-127.

[394] 杨治, 关富玲, 程媛. 杭州黄龙体育中心网球馆张弦屋面设计[J]. 钢结构, 2005, 20(4): 46-48, 57.

[395] 黄国辉, 王志刚. 新中国国际展览中心主登录大厅张弦梁屋盖结构分析[J]. 建筑结构, 2006, 36(6): 80-83.

[396] 佘远逢, 李维滨, 董军, 等. 烟台世界贸易中心张弦梁预应力拉索施工技术[J]. 施工技术, 2007, 36(3): 28-30.

[397] 冯云法, 褚根水. 中纺城国际会展中心张弦梁与斜拉索组合结构施工技术[J]. 浙江建筑, 2007, 24(2): 38-40.

[398] 覃阳, 朱忠义, 陈金科, 等. 国家体育馆双向张弦空间网格结构设计[J]. 预应力技术, 2011, 15(2): 6-19.

[399] 杨郡, 王甦, 成会斌, 等. 国家体育馆双向张弦钢屋盖施工技术[J]. 施工技术, 2006, 35(12): 20-22.

[400] 覃阳, 朱忠义, 柯长华, 等. 北京 2008 年奥运会国家体育馆屋顶结构设计[J]. 建筑结构, 2008, 38(1): 12-15, 29.

[401] 吴轶群, 巢斯. 同济大学游泳馆张弦钢屋盖施工技术[J]. 施工技术, 2007, 36(10): 22-24.

[402] 张同亿, 王利群, 赖艳芳, 等. 厦门国际会展中心二期屋盖结构设计[J]. 建筑结构, 2013, 43(2): 33-35, 32.

[403] 张同亿, 王利群, 曾庆鹏. 厦门国际会展中心三期大跨屋盖和楼盖结构设计[J]. 建筑结构, 2013, 43(3): 1-4.

[404] 徐瑞龙, 尤德清, 秦杰, 等. 厦门会展中心二期张弦结构预应力施工技术[J]. 工业建筑, 2008, 38(12): 15-17.

[405] 徐瑞龙, 秦杰, 陈新礼, 等. 上海源深体育馆预应力施工技术[J]. 施工技术, 2008, 37(3): 15-17.

[406] 刘晟, 薛伟辰. 上海源深体育馆预应力张弦梁施工监测研究[J]. 建筑科学与工程学报, 2008, 25(3): 96-101.

[407] 王树, 葛家琪, 李健. 迁安文化会展中心平面张弦梁结构稳定性研究[J]. 建筑结构, 2009, 39(10): 79-84.

[408] 山东东营 148m 长钢桁架横跨高空[J]. 施工技术, 2009, 38(8): 30.

[409] 李华峰, 崔建华, 甘明, 等. BIM 技术在绍兴体育场开合结构设计中的应用[J]. 建筑结构, 2013, 43(17): 144-148.

[410] 郑锐恒, 俞福利, 刘中华. 绍兴市柯桥区体育中心体育场钢结构开合屋盖施工技术[J]. 施工技术, 2015, 44(20): 50-54.

[411] 施元强, 俞福利. 绍兴体育场巨型大跨度张弦桁架施工技术[J]. 施工技术, 2016, 45(2): 30-34.

[412] 王洪涛. 某 192m 跨干煤棚桁架吊装施工关键技术[J]. 建筑工程技术与设计, 2017, 5(33): 2126-2127.

[413] Kawaguchi M, Abe M, Hatato T, et al. On a structural system "suspen-dome" system[C]//Proceedings of IASS Symposium, Marid, 1993: 523-530.

[414] Kawaguchi M, Abe M, Tatemichi I, et al. Design, tests and realization of "suspen-dome" system[J]. Journal of the IAAS, 1999, 40(3): 179-192.

[415] 天津保税区商务交流中心大堂屋盖[J]. 工业建筑, 2003, 33(6): 66.

[416] 天津保税区商务交流中心大堂张拉整体屋盖结构[J]. 建筑结构, 2003, 33(6): 17.

[417] 张毅刚, 白正仙. 昆明柏联广场中厅索承网壳的设计研究[J]. 智能建筑与城市信息, 2003, 10(1): 60-62.

[418] 吕晶, 徐国彬, 王月栋. 鞍山体育中心劲-柔索张拉穹顶屋盖优化设计[J]. 北方交通大学学报, 2004, 28(1): 28-31.

[419] 吕晶, 郭彦林, 徐国彬, 等. 劲柔索张拉穹顶结构施工仿真分析[J]. 施工技术, 2007, 36(3): 18-20.

[420] 郭正兴, 石开荣, 罗斌, 等. 武汉体育馆索承网壳钢屋盖顶升安装及预应力拉索施工[J]. 施工技术, 2006, 35(12): 51-53, 58.

[421] 张达生, 郭必武, 蔡元奇, 等. 武汉体育中心二期工程体育馆屋盖张弦网壳结构设计[J]. 建筑结构, 2010, 40(3): 21-25.

[422] 葛家琪, 王树, 梁海彤, 等. 2008 奥运会羽毛球馆新型弦支穹顶预应力大跨度钢结构设计研究[J]. 建筑结构学报, 2007, 28(6): 10-21, 51.

[423] 张爱林, 葛家琪, 刘学春. 2008 奥运会羽毛球馆大跨度新型弦支穹顶结构体系的优化设计选定[J]. 建筑结构学报, 2007, 28(6): 1-9.

[424] 冯远, 夏循, 王立维, 等. 常州体育馆会展中心结构设计[J]. 建筑结构, 2010, 40(9): 35-40.

[425] 王永泉, 郭正兴, 罗斌. 大跨度椭球形索承单层网壳环索张拉仿真分析[J]. 施工技术, 2007, 36(6): 58-60.

[426] 司波, 秦杰, 张然, 等. 正六边形平面弦支穹顶结构施工技术[J]. 施工技术, 2008, 37(4): 56-58.

[427] 丁洁民, 孔丹丹, 何志军. 安徽大学体育馆屋盖张弦网壳结构的地震响应分析[J]. 建筑结构, 2009, 39(1): 34-37, 68.

[428] Zhang Z H, Dong S L, Fu X Y. Structural design of lotus arena: A large-span suspen-dome roof[J]. International Journal of Space Structures, 2009, 24(3): 129-142.

[429] Cao Q S, Zhang Z H. A simplified strategy for force finding analysis of suspend domes[J]. Engineering Structures, 2010, 32(1): 306-318.

[430] 张志宏, 傅学怡, 董石麟, 等. 济南奥体中心体育馆弦支穹顶结构设计[J]. 空间结构, 2008, 14(4): 8-13.

[431] 姜正荣, 王仕统, 石开荣, 等. 厚街体育馆大跨度椭圆抛物面弦支穹顶结构的非线性屈曲分析[J]. 土木工程学报, 2013, 46(9): 21-28.

[432] 王彬, 张国军, 王树, 等. 三亚市体育中心体育馆大跨弦支穹顶钢结构设计研究[J]. 建筑结构, 2009, 39(10): 67-72.

[433] 孟美莉, 吴兵, 傅学怡, 等. 第 26 届世界大学生运动会篮球馆弦支穹顶屋盖结构设计[J]. 建筑结构, 2011, 41(4): 24-28, 10.

[434] 吴兵, 孟美莉, 傅学怡. 第 26 届大运会篮球馆弦支穹顶屋盖施工全过程模拟分析[J]. 建筑结构, 2011, 41(4): 29-32.

[435] 吴宏磊, 丁洁民, 何志军, 等. 连云港体育馆屋面弦支穹顶结构分析与设计[J]. 建筑结构, 2008, 38(9): 32-36.

[436] 王泽强, 张迎凯, 付炎, 等. 重庆市渝北体育馆弦支穹顶结构预应力施工技术研究[J]. 空间结构,

2012, 18（3）：60-67.

[437] 杨文，廖理，王立维，等. 某体育馆屋盖弦支穹顶的设计[J]. 四川建筑科学研究，2009, 35（4）：202-205.

[438] 谢龙宝，赵家鹏，贾妍，等. 葫芦岛体育馆结构设计[J]. 建筑结构，2013, 43（S1）：316-320.

[439] 倪立峰，丁磊. 葫芦岛体育馆弦支穹顶拉索施工分析[J]. 安徽建筑，2011, 18（4）：53-56.

[440] 洪祎，张峥，丁洁民，等. 常熟体育馆大跨度弦支穹顶结构分析与设计[C]//中国钢协结构稳定与疲劳分会第 12 届学术交流会暨教学研讨会，宁波，2010：750-756.

[441] 曹正罡，武岳，钱宏亮，等. 大连市中心体育馆巨型网格弦支穹顶设计分析[J]. 钢结构，2011, 26（1）：37-42.

[442] 陈明，秦成文，袁国平. 某弦支穹顶结构预应力索施工模拟与分析[J]. 施工技术，2014, 43（10）：78-81.

[443] 张月强，张峥，丁洁民. 济宁体育馆张弦屋盖施工张拉模拟分析与监测[J]. 施工技术，2014, 43（14）：96-102.

[444] 董智峰，罗斌，郭正兴. 辽宁营口体育馆钢屋盖施工关键技术研究[J]. 广东建材，2012, 28（11）：56-58.

[445] 范峰，陈小培，金晓飞，等. 营口市奥体中心体育馆屋盖结构优化选型[J]. 哈尔滨工业大学学报，2008, 40（12）：1910-1913.

[446] 邓雪. 东亚运动会天津自行车馆弦支穹顶结构设计与分析[D]. 天津：天津大学，2012.

[447] 王哲，王小盾，陈志华，等. 天津体育中心自行车馆钢屋盖弦支穹顶结构设计与分析[J]. 建筑结构，2015, 45（5）：6-9.

[448] 闫翔宇，于敬海，马书飞，等. 沁阳体育馆屋盖弦支穹顶结构分析与设计[J]. 建筑结构，2015, 45（3）：77-82.

[449] 陶湘华. 南京禄口国际机场交通中心工程结构设计[J]. 建筑结构，2012, 42（5）：135-139, 163.

[450] 侯爵. 南京国际机场交通中心弦支穹顶施工工艺研究[J]. 山西建筑，2015, 41（3）：35-37.

[451] 包晗，完海鹰，陈安英. 宣城体育馆弦支穹顶结构预应力施工研究[J]. 工程与建设，2015, 29（3）：399-402.

[452] 陈志华，闫翔宇，刘红波，等. 茌平体育馆大跨度弦支穹顶叠合拱复合结构体系[J]. 建筑结构，2009, 39（7）：18-20, 12.

[453] 陈昆，于敬海，闫翔宇，等. 茌平体育馆屋盖弦支穹顶叠合拱与主体混凝土框架协同工作力学性能研究[J]. 建筑结构，2014, 44（12）：63-67.

[454] 陈志华，刘红波，闫翔宇，等. 茌平体育馆弦支穹顶叠合拱结构的温度场研究[J]. 空间结构，2010, 16（1）：76-81.

[455] 王哲，陈志华，王小盾，等. 宝坻体育馆扁平椭球壳弦支穹顶设计分析[J]. 空间结构，2015, 21（1）：47-53.

[456] 郭正兴，田伟，罗斌. 绍兴山水馆弦支穹顶结构施工技术[J]. 施工技术，2014, 43（14）：28-32.

[457] 丁洁民，张峥，王松林. 绍兴山水馆巨型椭球钢屋盖结构选型与设计[J]. 施工技术，2014, 43（14）：23-27.

[458] 于敬海，王政凯，闫翔宇，等. 天津中医药大学新建体育馆屋盖弦支穹顶结构设计[J]. 建筑结构，

2015, 45(16): 1-5, 90.

[459] 闫翔宇, 于敬海, 于泳, 等. 河北北方学院体育馆屋盖弦支穹顶结构分析与设计[J]. 建筑结构, 2015, 45(16): 6-10, 95.

[460] 傅学怡, 孙璨, 吴兵, 等. 深圳北站站台雨棚新型弦支结构体系设计[J]. 建筑结构, 2015, 45(1): 47-52.

[461] 陈进于, 区彤, 谭坚. 肇庆新区体育中心钢结构设计[J]. 建筑结构, 2017, 47(6): 12-18.

[462] 张宁远, 罗斌, 张旻权, 等. 内压环索承网格结构张拉完成态稳定性分析及支撑方案优选[J]. 东南大学学报(自然科学版), 2021, 51(5): 776-782.

[463] 张国栋, 杨宗林, 罗晓群, 等. 贵阳奥体中心体育馆弦支穹顶预应力拉索施工[J]. 建筑技术开发, 2021, 48(14): 107-109.

[464] Peil U, Ummenhofer T, Siems M. Volkswagen arena-ein stadiondach auf zuwachs eingestellt[J]. Stahlbau, 2005, 74(S1): 198-201.

[465] Volkswagen arena, Wolfsburg-membrankonstrucktion von Ceno Tec[J]. Baumeister, 2004, 101(1): 29.

[466] Cape town stadium structural challenges[J]. Civil Engineering: Magazine of the South African Institution of Civil Engineering, 2010, 18(11): 50-54.

[467] Bokelman K, Bastiaanse G, Plessis G D, et al. South African football stadiums for the 2010 FIFA world cup[J]. Structural Engineering International, 2011, 21(1): 87-93.

[468] 陈荣毅. 2010 年广州亚运会新建场馆综述[J]. 空间结构, 2012, 18(1): 25-35.

[469] 司波, 高晋栋, 王泽强, 等. 双层轮辐式空间张弦钢屋架预应力施加仿真分析与监测[J]. 建筑结构, 2010, 40(10): 71-73, 85.

[470] 孙文波, 陈汉翔, 赵冉. 2010 年广州亚运会南沙体育馆屋盖钢结构设计[J]. 空间结构, 2011, 17(4): 48-53, 38.

[471] 李志强, 张志宏, 余卫江. 乐清体育中心体育馆索桁式弦支结构设计与分析[J]. 建筑结构, 2017, 47(11): 82-86.

[472] Göppert K, Stockhusen K, Dziewas S, et al. Stadien für die FIFA fußball-Weltmeisterschaft 2014 in Brasilien[J]. Bautechnik, 2012, 89(10): 716.

[473] Göppert K, Stockhusen K, Dziewas S. Das estádio nacional Mané Garrincha in Brasília[J]. Stahlbau, 2014, 83(6): 376-382.

[474] 张伟. 徐州市奥体中心体育场索承网格结构的施工技术[J]. 建筑技术开发, 2014, 41(3): 43-46.

[475] 司波, 王丰, 向新岸, 等. 环向悬臂索承网格结构预应力设计关键技术研究和应用[J]. 建筑结构, 2014, 44(15): 36-40.

[476] 冯远, 向新岸, 王立维, 等. 郑州奥体中心体育场钢结构设计研究[J]. 建筑结构学报, 2020, 41(5): 11-22.

[477] 阴光华. 大跨度体育场索网结构施工关键技术[J]. 建筑施工, 2019, 41(7): 1254-1256.

[478] 胡俊. 巴中体育中心钢结构张拉施工分析[J]. 建筑技术开发, 2021, 48(11): 49-50.

[479] 冯康. 基于变分原理的差分格式[J]. 应用数学与计算数学, 1965, 2(4): 238-262.

[480] 冯康, 秦孟兆. 哈密尔顿系统的辛几何算法[M]. 杭州: 浙江科学技术出版社, 2003.

[481] Feng K. On difference schemes and symplectic geometry[C]//Proceedings of the Symposium on

Differential Geometry and Differential Equations, Beijing, 1984: 7-16.

[482] 冯康, 秦孟兆. Hamilton 动力体系的 Hamilton 算法[J]. 自然科学进展, 1991, 1(2): 102-112.

[483] 钟万勰. 条形域平面弹性问题与哈密尔顿体系[J]. 大连理工大学学报, 1991, 31(4): 373-384.

[484] 钟万勰. 分离变量法与哈密尔顿体系[J]. 计算结构力学及其应用, 1991, 8(3): 229-240.

[485] Zhong W X, Zhong X X. Method of separation of variables and Hamiltonian system[J]. Numerical Methods for Partial Differential Equations, 1993, 9(1): 63-75.

[486] 钟万勰. 弹性平面扇形域问题及哈密顿体系[J]. 应用数学和力学, 1994, 15(12): 1057-1066.

[487] 钟万勰, 姚伟岸. 板弯曲求解新体系及其应用[J]. 力学学报, 1999, 31(2): 173-184.

[488] 钟万勰. 弹性力学求解新体系[M]. 大连: 大连理工大学出版社, 1995.

[489] 姚伟岸, 钟万勰. 辛弹性力学[M]. 北京: 高等教育出版社, 2002.

[490] Li T Y, Yorke J A. Period 3 implies chaos[J]. American Mattrematics Monthly, 1975, 82(10): 985-992.

[491] Cheng G J, Shehadeh M A. Dislocation behavior in silicon crystal induced by laser shock peening: A multiscale simulation approach[J]. Scripta Materialia, 2005, 53(9): 1013-1018.

[492] Sih G C. Multi-scale and multi-order singularity approach to non-equilibrium mechanics: Coupling of atomic-micro-macro damage[J]. International Applied Mechanics, 2006, 42(1): 1-18.

[493] Yang C, Tartaglino U, Persso B N J. A multiscale molecular dynamics approach to contact mechanics[J]. The European Physical Journal E, 2006, 19(1): 47-58.

[494] 晏汀. 固体力学中的非线性问题与分岔[D]. 武汉: 武汉理工大学, 2007.

[495] 余寿文. 固体力学史与方法论的几点注记[C]//中国力学学会力学史与方法论学术研讨会, 北京, 2003: 111-118.

第 2 章　体系构成分析

本章内容提要

(1) 体系选型的根本出发点、意义、原则、方法，结构设计流程简介，体系构成基本要素。

(2) 几何模型的建立：规则曲面的刚性体系、柔性体系参数化建模，自由曲面的自动化建模及网格划分；几何建模的基本数学问题——多边形或多面体填充问题。

(3) 体系构成分析的定量方法：结构或机械的图论表示；整体构成分析的图或网络理论；结构或机械网络的线性与非线性代数结构；构件、节点局部构成分析的图论或网络理论列式；单边约束问题；结构或机械网络的演化初步等。

　　"体系"一词泛指若干有关事物或某些意识相互联系的系统。从已有的结构体系中选择合适的类型或者从力学概念出发创造新的类型用于实际工程设计，称为结构选型或体系选型。基于概念表述的、以文字符号信息为主的体系选型给出的是基本要素及其相互联系的定性描述而非定量描述，由这些基本要素的主观认识"拍脑袋"进行体系选型是不严谨的。然而，目前国内外研究及现行设计标准中有关体系选型的定性讨论较多，定量描述的方法尚不完善，由定性到定量，逐层深入、逐级抽象的系统的体系构成分析基础理论和实用方法尤为欠缺。

　　现今，结构工程师的培养偏重于专业知识的灌输，注重计算、制图等技巧、技能方面的技术训练，"学而优"的标准局限于能够熟练运用所学知识解决具体技术细节问题，窥一斑而往往不知全豹。结构设计并不等同于重复性的计算分析和制图工作，也不是枯燥、呆板和无趣的设计工厂流水线。"授人以鱼"不如"授人以渔"，"鱼"指各种成熟的结构体系，"渔"指体系创新的方法。

2.1　体　系　选　型

　　体系构成的基本要素主要包括建筑美学效果及形态、环境与使用功能、结构跨度及支承条件、结构材料、制作加工技术、施工安装技术、防灾抗灾设防水准、计算分析手段及试验条件、投资效益比等。

　　(1)建筑美学效果及形态。建筑空间三维效果包括室内效果和室外效果，主要取决于建筑群体、单体构思及与周边环境的协调或对比，室外效果相对重要，包括建筑结构的形态、比例和尺度、节奏和韵律、力感、运动感、材料质感和轻盈感等对人视觉形成的冲击[1]。建筑形态决定了结构构件布置所在的线、面或体，可承载体系的构件布置一般不应破坏或改变室内、外建筑空间的使用功能和美学效果。

　　(2)环境与使用功能。结构体系所处的自然环境或工作环境不同，其要求的使用功能也不一样,如地质构造、水文、气象(积雪厚度、风向、风速和气温变化、人文、历史等"风土人情")等是结构体系的自然环境和工作环境,例如,在抗震设防烈度高的地区宜采用自重轻的柔性体系或组合体系——"以柔克刚";在强风、台风多发区宜考虑采用刚性体系——"以静制动";在开放的、包容性强的地区可采用先进的结构体系、开放的空间布局等。

(3)结构跨度及支承条件。各种体系跨越大空间的能力大不相同,支承约束条件对计算分析结果的影响也差别较大,应根据建筑功能空间尺寸来选择相应的结构体系,不可片面地追求大跨度从而导致工程造价和施工难度上升,即在不影响建筑效果及使用功能的前提下应尽量减小结构的有效跨度和采用适当的支承条件。

(4)结构材料。不同结构材料的力学或物理参数(如强度与密度比)大不相同,应优先采用自重轻、强度高、延性好和耐久性有保证的结构材料,即轻质、高强、耐久的结构材料。例如,金属结构的后期维护往往不受重视,钢材、铝材等金属的腐蚀是不可逆的;混凝土保护层的碳化从而引起受力钢筋的锈蚀是致命的;建筑织物(如膜材)的老化、局部应力集中从而发生撕裂等现象。

(5)制作加工技术。构件和节点的加工往往需要专门的机械(如钢管冷弯、切割)或工艺(如铸造、锻造、焊接、精加工等),如螺栓球和平面销、轴承销、球销等节点的加工精度要求一般较高。体系选型应考虑构件制作和加工技术的可行性。

(6)施工安装技术。施工安装技术主要是指现场的高空拼接、吊装(提升)、顶升和施工张拉等技术。严密的施工组织设计、精细化的施工模拟分析、自动化施工机械和高素质的施工技术人员是确保施工过程安全、安装精度和工程质量的必要条件。不同的结构体系要求施工单位的技术资质也不相同。

(7)防灾抗灾设防水准。包括抗震、抗风、抗海啸、抗雷击、抗核泄漏、抗恐怖袭击和战争等天灾人祸的设防要求。

(8)计算分析手段及试验条件。不同结构体系计算分析的内容、设计目标各不相同。新型结构体系需要深入的理论分析、强大的计算分析手段及必要的试验验证,成熟的结构体系宜适当简化分析过程和计算内容,对现有理论不能涵盖、计算分析手段尚不完善或当前设计标准未明确的技术问题可通过试验手段进行研究。

(9)投资效益比。性能化结构设计要求考虑建筑结构的投资效益比。有钱花是基础,会花钱是条件,在一定的投资水平下尽可能地完善建筑结构是目的。实际工程设计往往比较复杂,结构工程师应实事求是、具体情况具体分析。建筑、结构设计的目的是服务于人或社会的需求,工程投资方往往需要考虑政治、经济、军事和文化等多方面的因素。无论是建筑设计方案还是结构设计方案,都需要获得工程投资方的认可与支持。

建筑结构优化可分为四个层次[2]:

(1)功能优化包括建筑结构内外艺术效果、三维空间尺度、平面布局等。对大跨空间结构而言,功能优化主要是确定所需覆盖的内、外空间几何形状和结构跨度。

(2)体系选型包括拓扑优化、形状优化和截面或应力优化等类型,主要回答力流路径、刚度分布和应力水平问题等。

(3)结构最优抗灾设防水平,如抗震设防标准、抗风设计要求等。

(4)最优抗灾设防水平条件下的最小造价设计,如最小投资成本控制、最少结构材料控制等。

其中,各层次优化对投资成本的影响逐级递减,但均为考虑投资效益比的性能化建筑结构设计思想的具体要求。

2.1.1 体系选型的根本出发点

建筑、结构设计的根本出发点是统一的,即满足人类生产生活对住所或场所的基本物质和精神需求。在衣、食、住、行四大人类基本需求(图 2.1)中主要是"长时间的住"或"行中短时间的住"的需求(表 2.1)。建筑、结构工程师应当站在同一高度,即共同由总体构思出发去认识和解决结构形式与空间设计的矛盾[2],但现实情况往往十分糟糕,结构工程师想当然地等待建筑师提出一个空间设计方案(无结构的),然后再独自设法具体化。这主要由于建筑与结构细分为两个学科后结构工程师的专业化训练注重解决具体技术细节问题,而非通览全局①。

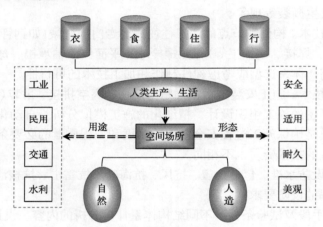

图 2.1 人类的活动场所

表 2.1 人类生产生活住、行的需求

序号	活动或存在空间	住所和场所	依托力学原理
1	空气上	航天器	自推进
2	空气中	航空器	气体推力、浮力
3	水中	潜艇	液体推力、浮力
4	水面上	水面舰艇、商业船只、海洋平台	液体推力、浮力
5	陆地上	建筑物或构筑物、汽车、摩托车等	固体承受、传递内力
6	陆地中	地铁、涵洞、隧道	固体承受、传递内力

---

① 19 世纪之前,大型土木工程主要由一个主导工种来完成,例如,隋朝石匠李春主持完成了举世闻名的赵州桥,桥长 37m;明末清初的木匠雷发达建造了如圆明园、避暑山庄、故宫等系列宫廷建筑。进入 20 世纪以来,随着科学技术的发展,建筑与结构被细分为两个不同的学科[3]。

结构设计本身遵循自然的、客观的物理、力学规律，具备一定的力学美感，是建筑功能的载体和建筑美学的一部分，兼具不以人的意志为转移的自然规律客观性和以不同的历史、人文和地理环境等广泛背景下人的主观性。

一方面，设计本质上是各种工程技术和艺术的合理组合或融合，优秀的设计作品往往在满足功能性要求的基础上更多地考虑使用者(如人类)的生活、生产习惯。因此，从这个方面来说，设计未必全部采用尖端技术，而是更多地考虑其组合应用的合理性。

另一方面，从科学技术为人类社会发展服务的角度而言，单项科学技术的突飞猛进或各学科发展的不均衡，学科之间的自然交叉与融合容易被忽略或成为薄弱环节。在这种情况下，多项技术的综合应用或系统组合往往更能促进社会的进步与发展。

此外，科学技术的发展不应成为"脱缰的野马"，技以载道，道法自然，应当有所为，有所不为[1]。

2.1.2 体系选型的意义、原则

1. 体系选型的意义

(1)从结构概念设计和创新思维的角度而言，体系选型是从结构原始力学概念出发而进行的创造性工作，是结构创新的主要方面。

(2)从建筑美学的角度而言，体系选型直接或间接地影响建筑的内在功能和外在效果。

(3)从结构优化的角度而言，体系选型是"大优化"，包括拓扑优化和形状优化两个阶段，区别在于结构体系确定后进行的杆件截面优化，如满应力设计方法或桁架腹杆的布置等局部调整，在结构性能、结构材料总用量方面是质的变化，而非仅仅"提高""降低"等量的改变。如果体系选型不当，即使再先进的结构设计理论和精细的计算方法，也难以设计出安全、适用、耐久和经济的建筑结构[2]。

(4)从能量分析的角度而言，体系选型决定了需要多少结构材料来转换或传递各种可能的荷载或作用所输入能量(包括势能、动能、光能和热能等)的效率。例如，体系对外部能量的输入或内、外部的相互作用所做出的响应相当于一个线性或非线性滤波的过程，是能量传递、转化和耗散的过程，如重力势能转化为材料的应变能储存在结构体系内部、脉动风压引起结构振动由结构阻尼耗散并部分转化为声能或热能等。

(5)从结构设计流程的角度而言，体系选型对应结构设计的总体构思、概念方案阶段，包括结构体系的拓扑几何构成、形状几何确定、内力流及其传递路径、空间刚度分布和稳定性能等，这是单体工程结构设计的起点。另外，在单体工程结构设计结束后，结构工程师反思的主要问题仍然是体系构成问题。因此，体系选型不仅仅是结构设计的起点，也是结构设计的终点。结构设计流程是一个多阶段、多节点的闭环。

---

① 例如，克隆技术使对动物个体进行复制成为可能；速冻技术使人长生不老成为可能；核聚变技术使长期持续的能源供应成为可能等。科学技术是中性的，既有促进人类社会发展的"善"的一面，也有破坏或颠覆人类社会发展的"恶"的一面，这取决于如何去认识和利用科学技术的成果、如何去均衡科学技术的发展，即"道高一尺，魔高一丈"，从而促进人类社会文明的发展。

2. 体系选型的原则

1) 统一性

结构体系应与建筑效果、使用功能及自然环境协调统一，建筑设计和结构设计的统一既是体系选型的出发点，也是体系选型的终点。盲目地追求建筑效果或过分地强调结构体系如何完美都是片面的，因此一味地迎合建筑效果或任由结构体系来打破建筑设计的理念是不可取的。建筑设计和结构设计既独立又统一，既有各自独立的专业诉求，也有必须结合在一起的相互联系和共同目的。

优秀的建筑作品通常具备良好的使用功能和丰富的艺术内涵，不应因为建筑设计的理性而放弃其创造性和艺术性的内在要求。建筑设计效果和功能要求是体系选型的基础，体系选型是建筑设计的力学实现。结构体系选型的优劣直接或间接地影响建筑内外效果。例如，美国 Wright 所说："建筑是用结构表达观点的科学技术"；意大利 Nervi 也说过："结构和施工是建筑物的语言和文法，只有掌握它，才能写出优美的诗篇和散文"[3]。

结构形态的形式美是由许多要素共同发挥作用而获得的完美组合，其中主要包含比例、尺度、平衡、对称、韵律、统一、变化、对比、色彩、质感等方面。正如《生命的曲线》作者库克所言："无论是人工制品还是天然物品，形态的'丑陋'必然表明其功能的缺陷。而某些必要功能的完美往往伴随着'美'的外形。工程学效率始终与美学相得益彰。"因此，当形态的力学性能完全发挥应有的作用，并且所使用的建筑材料是真实而合理时，即使是一个普通的支承结构，也能产生美的形式[1]。

同时，建筑作品的实现过程原则上是"按图施工"，但不能将设计与施工截然分开，设计过程中应考虑施工工艺、难易程度和后期维护。例如，钢结构是逐构件组装、子结构依次卸载和自重内力逐步生成的一个过程，与设计假定一次加载不同，理论上均应在设计阶段进行施工过程模拟分析；另外，预应力体系的设计与施工过程中引入预应力的方法紧密相关。

2) 创新性

每一种结构体系、结构材料都有其固有的物理和力学特性，体系选型应充分把握各种体系的优缺点、适用跨度、需要的支承条件及设计标准中的限制条件等。新体系及超限体系应进行充分的理论分析和试验研究。设计标准包含了以往工程经验，但并不意味着现在和将来不可改变和发展。

从基本原理、原始概念出发，具体情况具体分析，从而创造新的结构体系更有意义。需要灵感的迸发而无固定的模式，这是内在的因素。另外，新的结构体系要真正落实到实际工程，技术甚至商务等方面通常面临极大的挑战，需要恰当的时机、合适的地点和开放的工程投资方，这是外在的因素。内因是基础，外因是条件，内外协调一致方能实现结构体系创新。然而，从微观经济学的角度，由于新型结构本身技术不确定性和信息不全等客观、主观原因，体系创新往往面临较高的交易费用①[4]。

---

① 交易费用概念是著名经济学家科斯在 1937 年发表的《企业的性质》一文中提出的，他将交易费用看成运用市场机制的费用。在大跨结构选型过程中，结构作为交易对象，它的先进与否直接决定了交易所面对的市场，进而决定了交易费用的大小。

从已有的结构体系中选择适合具体工程的体系构成有如下优点：存在已建成的工程实例可参考，如设计、施工和总造价等方面；计算分析手段和设计经验比较成熟；制作加工及施工技术比较完善；设计人员自我感觉不陌生，工程投资方容易接受。同时也存在如下缺点：易超出已有结构体系经济跨度，造成资源、能源方面的浪费；理论、计算分析和设计方法上没有挑战，结构设计过程重复乏味；不利于激发结构工程师的热情，长此以往结构工程师易形成思维定式。

3）可行性

体系包含了构件和节点（支座可看成特殊的节点），体系构成应考虑材料生产、构件制作、节点加工以及现场施工、运输、安装的可行性。复杂的问题要概念化从而简单处理，简单的问题要具体化从而认真对待。

4）经济性

体系选型的目的是在把握体系力学性能的基础上降低总造价，节省材料用量和施工成本。一方面，不合理的结构体系及过分保守的构件截面设计均是一种巨大的、无形的浪费，夸张而言则是一种不违法的"犯罪"；另一方面，不可片面地追求体系创新而违背力学规律。

5）适应性

我国古代"大禹治水"的典故体现了顺势而为、以退为进和逆向思维的工程智慧。例如，区别于结构方案确定后被动的抗风设计方法（如提高预内力水平、增加结构自重等），在索曲线、膜曲面形态分析时可考虑主动地适应风荷载，包括风荷载的大小和分布及与风致效应的大小和分布两个层面。"疏""堵"均为手段，"疏""堵"并举更加有效。

3. 体系选型的方法

建筑结构方案设计是以广博的工程认知为基础，以可行的工程技术实现为手段，灵活而不拘泥的、客观而不局限的、主观而不脱离实际的、从无到有的设计人的自由创作过程。设计作品表现为假想的、具体可见的客观存在，即令人产生正面情绪的生产生活场所，符合力学与美学规律及使用者的习惯。然而，基于设计人的工程认知、思维方式等的不确定性、实际工程的复杂性和评价标准的多元性等特点，迄今体系选型方面的基础理论尚不完善，系统的实用方法亦不被一般工程设计人员所掌握。

建筑结构方案设计与纯粹的艺术创作（如书法、绘画）有类似之处，如在动笔之前需要沉思构图，"意在笔先"。此时与采用何种书法绘画材料、技法和手法等技术实现手段无关。

定性方法：如何进行体系选型，长期以来众说纷纭，尚未形成固定、明确的答案，从定性角度主要分析如下。

（1）先整体后局部，通览全局。

与环境设计、建筑设计站在同一高度，进行总体构思。

（2）先连续后离散，把建筑看成实体结构[5]。

古代实体建筑物比较多见，如埃及金字塔、阿兹特克（Aztec）及柬埔寨的寺庙，现代实体建筑物或构筑物很少，如天安门广场上的人民英雄纪念碑。将离散的网格结构看成连续的实体板壳结构，可通过实体有限元分析得到其主应力分布，从概念上把握体系网格布置方式，从而更有效地利用二力杆空间径捷传力的优点。

(3) 先空间后平面，把建筑看成空间结构。

从空间刚度设计的角度洞悉体系空间刚度分布的薄弱点。例如，单层自由曲面网格结构面内、外刚度差别很大，结构面外刚度与构件截面刚度和曲面曲率有关，合理的曲率设计问题较为突出。

(4) 取法自然。

仿生学通常采用类比、模拟和模型方法，通过洞悉和掌握生物系统的工作原理，以工程技术手段达到和实现特定的功能，而非简单地复制每一个细节。仿生学研究一般包括生物原型、数学模型和硬件模型。生物原型是基础，硬件模型是目的，从属于实践阶段，而数学模型是联系生物原型和硬件模型的桥梁，从属于认识范畴。仿生学 (bionics)[①] 的研究范围主要包括力学仿生、分子仿生、能量仿生、信息与控制仿生等，如表 2.2 所示。

表 2.2　仿生学的研究范围

生物	仿生对象	仿生应用	仿生类别
贝壳	外壳	薄壳结构	力学仿生
老虎、鹰	爪子	起重机吊钩	力学仿生
穿山甲、鱼	鳞甲	屋顶瓦楞	力学仿生
螳螂	臂	锯子	力学仿生
海豚	海豚皮肤的沟槽结构	舰船外壳，减少航行湍流	力学仿生
苍蝇	揖翅(平衡棒)	振动陀螺仪，用于火箭和高速飞机	力学仿生
蝙蝠、海豚	回声定位	声呐系统	力学仿生
蜻蜓	翼眼或称翅痣	消除飞机机翼颤振	力学仿生
舞毒蛾	性引诱激素的化学结构	合成类似有机化合物，诱杀雄虫	分子仿生
水母	耳朵	次声波传感器	力学仿生
萤火虫	生物电器官	人工冷光(不产生热)	能量仿生
电鳐、电鲶和电鳗	电板或电盘的半透明的盘形细胞	伏特电池	能量仿生
象鼻虫	视动反应	自相关测速仪，测定飞机着陆速度	信息与控制仿生

仿生思想启示我们将结构体系和若干自然存在联系起来(表 2.3)。模仿自然的体系构成设计的基本方法是将已知或未知的自然存在作为参考对象，构造合理的空间或构件组

---

① 自然界形形色色的生物都有着怎样的奇异本领？它们的种种本领给了人类哪些启发？模仿这些本领，人类又可以造出什么样的机器？仿生学（应用生物学）是研究生物系统结构和性质以及为工程技术提供新的设计思想及工作原理的科学。仿生学一词是 1960 年由美国斯蒂尔根据拉丁文 "bios"（生命方式的意思）和字尾 "nic"（具有……的性质的意思）构成的。生物具有的功能迄今比任何人工制造的机械都优越得多，仿生学就是要在工程上实现并有效地应用生物功能的一门学科。

合体。实质上是再认识到再实践的过程，"去伪存真、去粗存精"，从而实现自然原理的工程应用创新。

表 2.3　结构体系与仿生对象

序号	仿自然对象	人造物
1	竹	高层或超高层建筑
2	蜘蛛网	索网或索膜结构
3	坚果壳、海贝、蚕茧	薄壳结构、自由曲面网格结构
4	鸟、蜻蜓	飞机、飞艇
5	山洞、溶洞	地铁、窑洞
6	宇宙天体系统	张拉整体结构

定量方法：体系选型定量方法是指将有限元方法与优化理论相结合，通过数值计算确定体系拓扑、形状和材料等信息的方法，囊括了拓扑优化、形状优化、连接优化、材料属性优化等各种优化方法。体系选型优化最早的"雏形"是 Gallagher 和 Zienkiewicz 于 1973 年提出的形状优化设计[6]，然而这种优化以固定的拓扑几何为前提，有较大的局限性。1988 年，Bendsøe 和 Kikuchi 又提出了采用均匀化方法直接进行拓扑优化[7]，虽然比前者进了一步，但是由于给出基构架比较困难，同样达不到寻求最佳结构形式的目的。此外，采用近似概念求解复杂结构的体系选型问题[8-10]，以杆系和简单特殊结构为对象，仍无助于求解复杂结构的体系选型问题。简言之，体系选型的基础理论和定量方法仍然在发展，远未成熟。

4. 结构设计流程

在结构设计开始时应拟定计算分析的内容、技术条件等形成统一的技术措施，并根据设计合同周期和人员安排整理设计流程图。

1）构思结构方案

不同结构体系，其力流的传递、刚度的来源及缺陷、动力特性和静动力稳定性等体系的固有特性差别是比较大的，不同的网格划分、曲率变化、结构厚度等对力流的传递和刚度也有很大的影响。方案阶段应具体情况具体分析，可考虑多种概念方案比较的方法。

2）明确设计技术条件

各项计算分析的荷载取值、统计及结构静动力性能要求等要在技术条件中明确，规范计算分析的各项操作和软件要求。设计技术条件一般包括以下几个方面。

（1）工程概况。工程地点，使用功能，建筑面积，结构体系，结构跨度，地质、气象、水文资料等，通俗而言可概括为"风、土、人、情"。

（2）设计依据。现行国际、国家及地方标准及其设定的一般工程设计要求。

（3）结构材料选用。如钢材强度等级、索、膜的种类规格及其物理、力学性能参数等。钢材的质量等级、可焊性和耐候性应当引起设计人员的重视。

(4)结构计算荷载取用及统计和组合工况说明。结构设计的核心思想是包络所有最不利工况，具体包括附加恒荷载的统计，风、雪、地震和温度等作用的参数取值，作用工况组合等。

(5)计算分析内容及控制指标。一般组合空间结构的计算分析内容包括形态分析、荷载分析、整体结构分析、施工张拉分析、断索分析、换索分析、风致效应分析、节点分析、索松弛和混凝土刚度退化分析、稳定性分析、可靠度分析等。控制指标包括结构安全等级、结构材料应力指标、挠度变形指标、动力特性指标、静动力整体和局部稳定指标、预应力水平控制指标、疲劳强度指标等。

(6)计算分析手段及措施。如采用的商业软件名称、版本及计算分析假定等软件具体操作注意事项。

(7)科学研究和试验要求。如风洞试验、结构模型试验、振动台试验以及结构健康监测等。

3)设计流程图

设计过程是项目组或团队进行有组织的研发、生产过程，大型工程的程序开发、计算分析、制图等工作复杂、量大，整个过程要求协调有序，既要有统一的技术措施，又要有认真细致的建模与计算分析，需要熟悉基本理论、计算方法和软件应用的设计人员在规定时间内完成，遵循项目管理的一般规律。设计团队的核心人员需要具备一定的项目管理知识和必要的协调、沟通能力，可采用以设计流程为主线进行项目组织和管理，即流程管理模式。

5. 体系选型的细节问题

结构选型应根据房屋几何尺度、抗震设防类别和设防烈度、场地类别、结构材料和施工技术条件等因素，并应满足建筑使用功能要求和建筑造型艺术的要求，适应未来发展与灵活改造的需要，选用适宜的结构体系。

(1)结构厚度或高度。空间网格结构为格构式的梁、板、柱、壳，其力学性能对应连续实体梁、板、柱、壳等，因此其简支段结构厚度与结构跨度之比可参考混凝土实体梁(1/18~1/8)、板壳(1/45~1/25)。

(2)网格划分。网格划分宜参照连续实体梁板壳的主应力等值线或中面的主曲率线，可充分利用结构材料强度。对于空间刚度分布有缺陷的体系，如单层网壳，应考虑添加必要的构造设计措施。网格划分中四边形或多边形网格在考虑建筑美观的前提下，若能做到常态荷载或主要作用下构件以轴向受力为主，则可达到充分利用结构材料的目的。

(3)壳体矢跨比。扁壳在无良好支承条件的情况下应谨慎采用，球面壳体在矢跨比1/3左右空间刚度较好。

(4)自由曲面的曲率。自由曲面的几何构成需充分利用其曲率，曲面空间刚度的大小和分布关系到结构设计的成败和优劣。

(5)自适应荷载曲面或曲线形状。轻巧、美观的大跨空间结构体系构成在于构造合理的拓扑和形状几何，满足结构设计的安全性、适用性和耐久性等基本要求，必须考虑各种内外、短期和长期、可变和永久作用的性质和统计值。

已经建成的结构在设计使用年限内是不可变化的(除特殊情况下的加固改造外)，即结构要"以不变应万变"，在万变中除去结构材料本身的时效，如老化、腐蚀或碳化等，各种荷载或作用的变化是主要的。然而，万变中尚有不变，即不变作用或恒荷载，更为一般意义上称为常态荷载或常态作用，如地球重力场在结构设计寿命周期内基本不变，部分活荷载也可视为刚性体系的常态荷载。结构设计方案试算时先满足"以不变应不变"并预留合适比例的材料强度，如可将构件应力水平控制在容许应力的 25%~50%。这是重力荷载等常态作用对结构设计影响显著或起控制作用的结构体系比较可行的一种设计思路。

对柔性体系而言，结构自重和附加恒荷载的影响不会如此重要，例如，空间索桁体系应用于体育场罩棚设计首先要解决的是抗风问题，等效风荷载则应在体系构成时重点考虑，此时将等效风荷载(或平均风荷载)称为常态荷载似乎不再恰当，而应当称为主要荷载或作用。在满足建筑功能要求的前提下构造适应主要荷载或作用的曲面或曲线形状几何更为重要，从而抓住柔性体系设计中的主要矛盾。

空间结构设计特别是自由曲面网格结构，其曲面形状的确定应充分发挥壳体薄膜内力(包括大小和分布)，兼顾支座等边界条件的要求，主要荷载或作用下的全张力、全压力曲面或二者的组合应是设计首选，如等应力曲面等。

2.2　形状几何建模方法

本节介绍简单规则曲面刚性体系、柔性体系参数化形状几何建模的编程实现、代码，自由曲面的网格划分方法、多边形或多面体填充的计算图形学方法。

"网格"是空间网格结构或格构结构的关键词之一，空间曲面形状确定后的网格划分与空间刚度和力流的传递关系密切，是设计流程中形态分析问题的延伸内容之一，值得从事空间结构研究和工程设计的人员高度重视。网格划分的基本要求如下：

(1)空间直接传力，如沿主应力线布置构件，遵循力学规律，取法自然。

(2)网格尺寸和建筑大尺度相匹配，遵循美学规律，满足建筑效果要求，如沿曲面主曲率线布置构件。

任意自由曲面网格结构的网格划分主要有直接法和映射法两种，例如，比较原始的在水平投影平面上画好网格再反投影到曲面上，投影和反投影的过程实际上是简单的仿射变换，也可直接在曲面上划分网格，为直接法。任意曲面的网格划分技术即曲面造型是计算机图形学的主要研究课题之一，但无论是有限元程序的自动网格划分技术还是计算机几何中曲面造型网格，都和结构设计要求的网格尺度、形状等有些不同，结构设计的网格要求曲面拟合的精度要低许多，网格布置要求均匀、美观等。对于规则曲面或平面几何形状或边界形状的空间网格结构，有代数方程可利用，其网格划分可通过确定若干参数编程实现，从而节省几何建模时间。

2.2.1　规则曲面网格划分和自动建模

规则曲面(如球面、柱面、椭球面及锥面等)都有代数方程可利用，通过简单的编程可实现快速建模。下面给出部分规则曲面的网格建模程序流程。

1. 网架结构

例如，正放四角锥平板网架结构适合于矩形平面形状。

输入参数：矩形平面长度、宽度，网架厚度，沿长向划分网格数，沿短向划分网格数。

输出结果：各节点坐标，各单元左右节点编号即几何线模型。

流程如下：

(1)读入输入参数。

(2)假定上弦平面角点为坐标原点，根据长向和短向网格数及矩形平面的长度和宽度，计算长向和短向各等分点的坐标，假定节点编号沿行或列递增，给出上弦各节点的坐标，并按照节点编号存储到数组中，写入文本文件。

(3)仍然由上弦平面假定的坐标系确定下弦各个节点的平面坐标，下弦沿长向或短向的节点数都和上弦沿长向或短向的杆件数相等，即为上弦长向或短向节点数减1。开始循环计算下弦坐标时注意第一个下弦角部节点取0.5倍的长向或短向网格尺度，给出下弦各节点坐标和节点编号，并存储到数组中，写入文本文件。

(4)由上弦节点编号及正放四角锥的形状，连接上、下弦各单元及腹杆单元并编号，输出到文本文件，结束程序。

2. 单层球面网壳结构

肋环型单层球面网壳结构的几何建模示意如图 2.2 所示，肋环型、葵花型或凯威特型的环向各个节点均可由径向单榀的节点旋转而成。

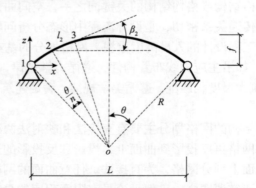

图 2.2　肋环型单层球面网壳结构几何建模示意

输入参数：矢高，跨度，径向网格数，环向榀数或网格数。

输出结果：各节点坐标，各单元左右节点编号即几何线模型。

流程如下：

(1)计算球半径 $R = \left(4f^2 + L^2\right)/(8f)$。

(2)计算径向各段的弦长 l_i、角度 θ_i 和 β_i。当 $f \leqslant R$ 时，$\theta = \arcsin(L/2/R)$；当 $R < f \leqslant 2R$ 时，$\theta = \pi - \arcsin(L/2/R)$，则 $l_i = 2R\sin(\theta/2/n)$。β_i 的计算也分上述两种情况分别计算。

(3)由径向各段的弦长 l_i 和角度 β_i，从节点 1 开始计算单榀各节点坐标。

(4)由单榀各节点坐标旋转变换，逐榀生成其他各单榀节点坐标并对节点编号，输出到几何模型文本文件。

(5)根据节点编号规律和肋环型网格拓扑几何，生成单元信息并输出到几何模型文本文件。

3. 三向网格型、测地线型单层网壳结构

程序流程和上述肋环型基本相同，只是旋转变换时单榀各节点要旋转的角度大小与拓扑几何不同。

此外，阶梯式单层或双层球面网格结构、椭球面单层网壳结构、球面索穹顶结构(联方型和肋环型)、空间索桁体系、球面弦支穹顶结构等具有明显几何特征的体系均可通过编程实现线模型的快速生成。

2.2.2　自由曲面网格划分和自动建模

自由曲面没有标准方程或简单的解析函数表达式，其网格划分一般参考有限元网格划分和计算几何曲面重构技术，但有限元和计算几何的曲面网格与建筑曲面网格的目的不同，前者偏重于数值计算或图形仿真的精度要求，而后者应满足美学和节点无扭转等要求。常用的自由曲面网壳网格划分方法有映射法、栅格叠合法、波前推进法、Delaunay三角剖分法等。值得指出的是，三角形网格不具备无扭转节点的特性，四边形和六边形网格优化可给出无扭转节点网格。

2.2.3　几何建模的基本数学问题——多边形填充和多面体填充

1. 拼图问题包括拼线、拼面和拼体等

(1)一维问题。直线和曲线可采用等(弧长、弦长)距均分串列方法。

(2)二维问题。平面网格即多边形填充平面、曲面网格即多面形填充曲面通常可采用计算几何等图形技术实现几何模型的构建。

(3)三维问题。三维问题即多面体填充问题。

2. 平板、壳问题均可通过多面体填充技术构建体系线模型

多面体填充-嵌填法：当体系构成由按一定规律排列的多面体经切割而得且节点坐标无法通过数理方程求解时，采用嵌填法可在计算机硬件条件有限的情况下实现快速参数化建模。

下面以水立方为例给出一般体系嵌填式建模的程序流程，Python 源代码见附录 2.1。

输入参数：多面体的尺寸参数和形状参数，建筑物轮廓尺寸，建筑轮廓参考点坐标。

输出结果：各节点坐标，各单元端点节点编号即几何线模型。

流程如下：

(1)根据多面体的尺寸参数和形状参数，创建基本多面体。水立方中有十二面体和十四面体两类基本多面体，如图 2.3 所示。

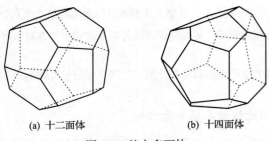

(a) 十二面体 (b) 十四面体

图 2.3　基本多面体

(2)根据建筑造型需求，将基本多面体按一定规律组合，并按要求进行旋转等变换。水立方中，经旋转和平移变换的 6 个十四面体和 2 个十二面体构成基本单元组，并将基本单元组绕空间矢量轴旋转 60°，如图 2.4 所示。

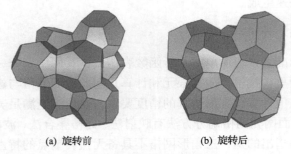

(a) 旋转前 (b) 旋转后

图 2.4　基本单元组

(3)根据建筑造型需要，确定建筑轮廓与基本单元组之间的空间关系，并根据给定的尺寸参数创建建筑轮廓，如图 2.5 所示。

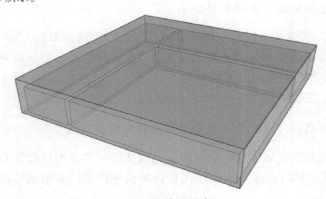

图 2.5　建筑轮廓

(4)确定建筑外轮廓在基本单元组局部坐标系(简称局部坐标系)中的坐标，即确定沿局部坐标系 $x/y/z$ 方向至少需要复制多少个基本单元组才能完全包络建筑轮廓。

(5)沿局部坐标系的 $x/y/z$ 方向复制基本单元组，求出单元组中每个基本多面体与建筑轮廓的交集，获取交集部分的棱线，判断棱线是否重合，合并重合线段后保存到内存数据库中。

(6)为了提高嵌填效率，创建基本单元组的外接立方体。嵌填时首先在某一空间位置生成外接立方体，若外接立方体与建筑轮廓无交集，则不需要在该位置进行嵌填操作。

(7)将内存数据库中的模型(图 2.6)输出到硬盘上永久保存。

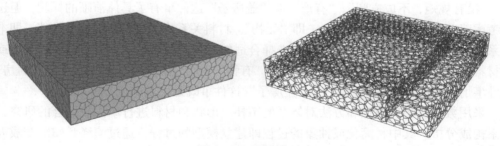

图 2.6　三维线模型

2.3　体系构成分析的定量方法

"盖房子"是人类生产生活的基本需求之一，如图 2.7 所示，搭起来、挖出来或围起来的房子对三维空间进行分割，空间分割这一工程问题需要考虑三类问题：拓扑问题，如多少根木头、多少个接头、多少个房间等；形状问题，如多大、多好看；材料问题，如多舒适、多坚实、能用多久。此外，还有费用问题，如花多少钱等。

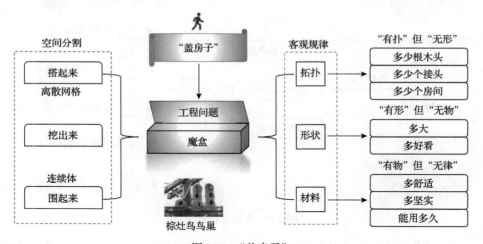

图 2.7　"盖房子"

地球上人类的生产和生活空间既有个体私密性要求，也有群体公共性要求，由于重力的作用，需要一个平面或曲面。飞翔的鸟和鱼的活动等由于能够利用空气和水的浮力而只需要一个空间，不会筑巢或迁徙过程中的鸟的栖息是一条线，如树枝、电线等。

从结构工程的角度，自然或人造的结构、机构(如动植物、山川、鸟巢、房屋、路桥涵洞、工业建筑等)均可在遵守客观规律的基础上简化或抽象为包括拓扑、形状和材料三类相互独立的信息系统。拓扑关系指的是构件之间的连接关系，通常隐含在图纸表达中。拓扑关系的确立说明"盖房子"这件事有谱了，不仅仅是一个想法了，有谱即"有扑"，但还没到成形阶段即"无形"。形状几何指的是构件的空间位置、方向和截面形状等度量信息，通过添加坐标系进行描述并在图纸中明确标注。尺寸信息需要度量手段和参考位置，"没有规矩，不成方圆"。"有形"使"盖房子"这件事有了具体清晰的样貌，但还没有考虑建造房子需要消耗的材料，即"无物"。材料关系指的是材料的力学性能，即本构关系，如线弹性假设下的胡克定律。选择合适的材料"盖房子"需要了解各种有机或无机材料的物理、化学和生物性能，单纯的"有物"不能"盖房子"，还需要了解"盖房子"这件事情背后的自然规律。综上，"盖房子"这件事既是主观的也是客观的。

采用数学或物理原理和方法对体系的拓扑、形状和材料进行单独或综合的研究，即体系构成分析。其中，简化或抽象的过程即建立模型的过程，通过演绎和归纳变成人所能理解和识别的一些符号或者它们的集合。这些符号本质上与文字没什么不同，"仓颉造字而鬼神泣"是毫不夸张的。

如图 2.8 所示，建立模型的目的在于认识和利用客观规律。客观规律通常表达为一个不发生变化的符号(不变量)或多个变化的符号的等式或不等式(变量的集合或映射)。寻找客观规律就是找到这些不变量或关系式，而其基本方法就是演绎和归纳。

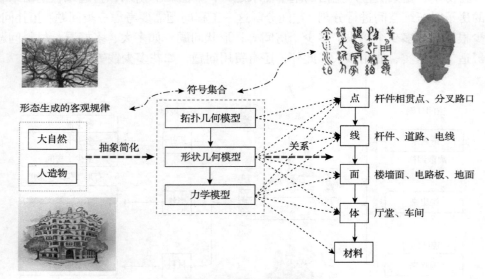

图 2.8　建模及其分类

由实物抽象而来的拓扑几何模型和形状几何模型是无量纲的，而添加了材料信息的力学模型是有量纲的。拓扑几何模型忽略长度、形状、面积和体积等度量信息，研究点和线之间的关系，因此是抽象的线性图或网络。形状几何模型包含了测度信息，较为直观。力学模型则在拓扑几何模型或形状几何模型的基础上添加了材料信息。

值得指出的是，人造物与自然物不同，人造物的设计是一个从无到有的创造过程、一个虚拟的形态演化过程。此外，无论是拓扑几何模型、形状几何模型还是力学模型的演化，都必须遵循形态生成的客观规律。

(1)拓扑几何模型。

例如，结构力学教材[11]中铰接杆系结构的几何组成分析或几何判定公式如下：

$$w = 3n - b - k \tag{2.1}$$

式中，w 为计算自由度数；n 为铰接节点数；b 为杆件数；k 为支座约束数。

Maxwell[12]采用叙述的方式说明如下：每个节点处可建立 3 个平衡方程，可以有 $3n$ 个方程，未知杆件内力和支座反力数为 $b+k$，静定动定体系仅考虑平衡条件得到全部杆件的内力，则 $3n - b - k = 0$。式(2.1)的另一种解释为：将一个空间铰节点看成质点具有 3 个独立的运动自由度，而一根链杆只会约束其中一个自由度方向(包括正向和负向)的运动，支座约束可等代为多个单链杆约束。仔细观察，式(2.1)仅包含体系的拓扑信息，简单直观。式(2.1)虽然只是必要条件(详见 5.2.3 节)，但这是拓扑几何分析本身的局限性，即式(2.1)本质上并非基于形状几何模型或力学模型而是基于拓扑几何模型。

当体系的自由度为有限个时称为有限自由度体系，反之称为无限自由度体系。任何体系在宏观或微观本质上都是无限自由度体系。

(2)形状几何模型。

形状几何模型保留了实物的外在细节，实体几何模型无外观上的简化，具有直观和人性化的优点，适用于体系精细化分析，但对计算机硬、软件性能要求高。相对于基于构件的设计理论和方法，采用实体几何模型的构件和节点设计将统一，可不区分各类构件及节点，而将体系看成质点云，应采用基于应力和应变的设计理论和方法。

(3)力学模型(以杆件体系为例)。

杆件体系由节点和构件组成，用来承受和传递外荷载，因此力学模型的简化包括三部分：构件、节点(支座)和荷载的简化。

杆件体系力学模型的简化是将杆件或构件抽象为沿截面形心、剪心或扭心的纵向直线或曲线，忽略构件横截面和节点区的几何形状。之所以能够忽略杆件截面和节点区的几何形状，主要是因为采用了平截面假定和节点区无限刚性假定。

平截面假定：假设原为平面的截面在杆件变形后仍然保持为平面[13]。如图 2.9 所示，变形前平面的截面在变形后仍然保持为一个平面。若变形后截面发生翘曲，如开口薄壁构件或非圆形截面的扭转，则该假定不成立。

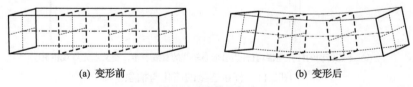

(a) 变形前　　　　　　　　　　　　(b) 变形后

图 2.9　平截面假定

节点区无限刚性假定：假设具有一定截面尺寸的杆件在节点交叉、相互贯穿而成的区域为刚体，节点区内及边界上任意点的位移相同。如图 2.10 所示，某平面杆系结构方形截面的 i 杆件和 j 杆件，节点区为正六面体，采用形心轴线表示的线模型的交点在正六面体的中心。采用线模型计算两根杆件总的体积等于节点到节点的轴线长度与截面面积的乘积，这与实体模型的体积是相等的，杆件之间的角度可以是任意的。然而，随着与该节点相连的杆件数目增加(≥3)，由线模型计算材料总体积总是要多一些。i 杆件在 o

点的截面转角由 1-*o*-2 所在截面决定为 θ_i, *j* 杆件在 *o* 点的截面转角由 3-*o*-4 所在截面决定为 θ_j。只有当 1、2、3、4 点的转角相等时即节点区整体位移为刚体位移时, 才有 $\theta_i=\theta_j$, 而 $\theta_i=\theta_j$ 是杆系位移协调条件即相容条件, 因此简化为点线模型实际上已经假设节点区为无限刚性。

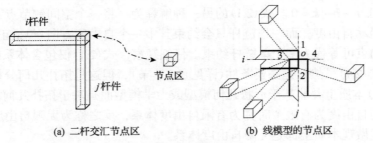

(a) 二杆交汇节点区   (b) 线模型的节点区

图 2.10   杆件节点区示意

如果只需求解体系的计算自由度数, 那么杆件的长度和曲率信息也可忽略。图 2.11 为杆系连接的简化与抽象, 构件之间的连接节点包括两种基本理论模型: 铰节点和刚节点。铰节点指的是平面销、轴承销等平面或三维可转动连接, 不传递力矩, 刚节点指的是刚性连接。

(a) 平面内可转动的杆件连接(杆件用沿形心轴线的直线或曲线表示, 交叉点用圆圈表示)

(b) 不能转动的杆件连接(直杆用沿形心轴线的直线表示, 交叉点为直线相贯)

图 2.11   杆系连接的简化与抽象

杆件体系中杆件与基础的连接构造称为支座, 支座是特殊的节点。常见支座类型如图 2.12 所示, 铰支座包括平面铰支座和三向铰支座, 滚轴支座可采用单刚性链杆表示, 埋入式支座可简化为刚节点, 定向支座可沿某一方向活动。此外, 除了上述刚性支座, 还有弹性支座, 直接利用拉压弹簧、扭簧等作为连接构造且允许某一支承方向发生有限的变形。注意, 除了弹性支座, 其他支座和节点均假定支座区或节点区为无限刚性, 可归类为刚性支座。动力学模型中可进一步简化, 如图 2.12(f)所示, 运动质点与基础的连接简化为弹性支座和阻尼并联支座。

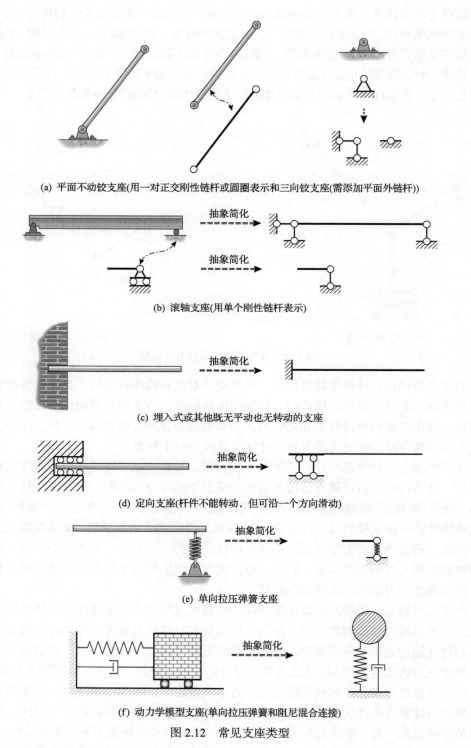

(a) 平面不动铰支座(用一对正交刚性链杆或圆圈表示和三向铰支座(需添加平面外链杆))

(b) 滚轴支座(用单个刚性链杆表示)

(c) 埋入式或其他既无平动也无转动的支座

(d) 定向支座(杆件不能转动，但可沿一个方向滑动)

(e) 单向拉压弹簧支座

(f) 动力学模型支座(单向拉压弹簧和阻尼混合连接)

图 2.12   常见支座类型

图 2.13(a)为一悬吊体系，其简化的力学模型如图 2.13(b)所示。注意每条斜拉绳索上

均可以任意添加铰节点而不改变问题的实质，索杆体系设计中轴心受拉构件(如刚拉杆、钢丝绳和钢索等)采用理想柔索假定，忽略截面的抗弯、抗剪和抗扭性能，因此柔性轴心受拉构件是除二力杆(轴心受力构件)、梁柱(受弯构件和拉弯、压弯构件)外单独的一类杆件。此外，力学模型简化需注意杆件与节点区的边界，如平面铰节点中心对应的是支座耳板圆孔中心。忽略杆件外观的力学模型类似于绘画中的"写意"，神似而形不似。

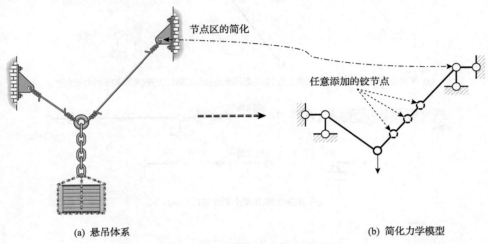

(a) 悬吊体系   (b) 简化力学模型

图 2.13 某悬吊体系的静力学模型

力学模型还包含外部荷载或作用，可承受任意荷载的建筑结构体系建成后是封闭系统但不是孤立系统，依然能够储存、转换和传递能量。力学中荷载简化为体积力和表面力两种，其中体积力包括重力和惯性力，表面力包括分布荷载和集中荷载。此外，根据荷载在时间和空间上的变化情况和统计性质可以进一步分类。

体系构成分析是体系设计、分析的首要问题，其目的在于揭示体系构成存在和发展的规律。体系构成分析定量方法按照依据的模型不同可分为三类：①基于拓扑几何即线性图、网络(加权图)模型的方法；②基于形状几何模型的方法；③基于力学模型(如矩阵力法或位移法有限元模型)的方法。第一类和第二类均基于数学模型，是体系构成分析的数学方法。第三类需要力学知识，是体系构成分析的力学方法。力学模型包含了拓扑几何模型和形状几何模型的信息，较为完整，但数学模型和力学模型并非是简单的叠加关系，数学描述和力学描述之间存在差别。

由于大自然或人造物的实体抽象和简化的建模过程并不一定遵守先拓扑几何模型后形状几何模型再力学模型的过程，形状几何信息和材料信息也可以与拓扑几何模型相结合从而建立结构或机械网络模型。结构工程师习惯直接建立力学模型，建筑师则往往喜欢直接建立形状几何模型，而无论是建筑设计还是结构设计，往往忽视拓扑方面的信息，虽然拓扑信息已经隐含在形状几何模型和力学模型之中。(例如，矩阵力法中平衡矩阵的分块形式与体系有向图的关联矩阵一致，矩阵位移法中总刚度矩阵的分块形式与体系无向图的连接矩阵一致，拓扑关系矩阵给出了总平衡矩阵和总刚度矩阵的组装信息。然而，"对号入座"的组装过程是如此自然，以至于拓扑关系的引入很少受到特别关注。)

仅从数学(如基础拓扑学、图论、射影几何、群论、局部或整体微分几何、计算几何等)角度对体系数学模型的特征进行分析,并得出其体系构成方面认识的方法,称为体系构成分析的数学方法。

图论或网络理论研究对象和对象之间的关系,而结构力学研究构件和构件之间的关系,将图论或网络理论应用于结构力学则是结构图或网络分析。下面先简要介绍图论或网络理论、拓扑学的基础知识[14],然后讨论其在结构力学应用中的四个基本问题。

什么是图?图就是用点和线表示的线图,如图 2.14 所示。这里所说的点表示某种确定事物的点,称为顶点(vertex)。两个顶点间的连线称为边(edge)。顶点和边的集合就是图。边的起始点和终止点叫做端点(end points),当边的两个端点为同一个点时,就说该边形成自环(self loop)。没有线段的一个点就叫做孤立点(isolated point)。子图(subgraph)就是从原来的图中去掉一些边(及其两个端点)和顶点后所形成的图。

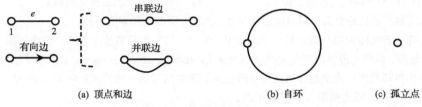

(a) 顶点和边   (b) 自环   (c) 孤立点

图 2.14　图的几何符号

连接关系称为事物之间的拓扑性质。也就是说,它们独立于图形的所有弯曲、拉伸和扭曲变形,这些变形不会切断任何连接。因此,从拓扑的角度来看,顶点的几何位置或边的实际形状并不重要。线性图由顶点和边组成,顶点由小圆圈表示,边由直线段或曲线段表示。每个顶点要么是一个孤立点(在一般情况下),要么是一个或多个边的端点。此外,两个或多个边可以有一个公共顶点,当且仅当该顶点是终止每个此类边的端点时。最后,每个边的两端都必须终止于图的某个顶点。

图的类型:全部边都具有方向的图叫做有向图(directed graph),边上没有方向的图叫做无向图。另外,把边数 b 和顶点数 n 都是有限的图叫做有限图(finite graph),而把不属于这种情况的图叫做无限图(infinite graph)。表示在图的顶点上连接着边的数量叫做该顶点的次数(度数),所有的顶点都有相同的次数(如 r)时,该图就叫做次数为 r 的正则图(regular graph)。图是平面的(planar)就是在平面上描绘时,除端点以外,图的边没有交叉,这样的图就叫做平面图。另外,图不在平面上时,就叫做非平面图(nonplanar graph)。两个基本非平面图如图 2.15 所示。其中,图 2.15(a)既是正则图,又是在任意两个顶点间都有边的这样一种正则图,称为完备图(complete graph)。

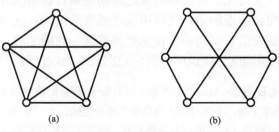

(a)   (b)

图 2.15　基本非平面图

记图的顶点数为 n、边数为 b、连通片数为 $\rho(G)$、平面图的区域数为 f、空间数为 s、图的秩为 $\mathrm{rank}(G)$ 和图的零度为 $\mathrm{null}(G)$。

短接操作：图的短接就是将其两个端点重合，并去掉由于端点重合而产生的自环。在图中，将边进行短接若干次后，最后成为孤立点，或者成为在一个顶点处连接若干个自环的图时，这个图就连通着，或者说是连通图(connected graph)。图是连通的，意味着在该图中任意选择两个顶点，从其中一个顶点出发，顺着边走下去，能够到达另一个顶点。在图 G 中把边和顶点互相连接，形成一个分离部分的 G 的连通子图叫做 G 的最大连通片(maximally connected component)或单连通片。习惯上把孤立点也当成连通片。现在，用 $\rho(G)$ 来表示给定的图 G 所包含的连通片的个数。设图的顶点及连通片的个数分别为 n、ρ，G 的秩 $\mathrm{rank}(G)$ 可用下式给出：$\mathrm{rank}(G)=n-\rho$，则 $\mathrm{null}(G)$ 可用下式求出：$\mathrm{null}(G)=b-\mathrm{rank}(G)=b-n+\rho$。

去掉边的操作：去掉图 G 的边 e 就是把 e 及其两个端点去掉。但是，在 e 的端点连接着 e 以外的边的情况下，即使从图 G 中把 e 去掉，其端点仍然还在剩下的图中保存着。G 的零度就是在不使图 G 的连通数 $\rho(G)$ 改变的情况下能够去掉的边的最大数目。零度还表示图的独立回路数。

图的秩与零度的拓扑意义：即添加顶点和边的操作，图的秩和零度不减。

关联矩阵：若把图的边与顶点是否相连接用"0"与"1"两种数值来表示，就能用矩阵表示关联情况。这种矩阵，确切地说叫做顶点-边的关联矩阵(node-edge incidence matrix)，一般简称为关联矩阵。没有孤立点和自环的图，完全能够用这种矩阵表示。图的秩与该图的关联矩阵的秩是一致的。树就是含有 n 个顶点与 $n-1$ 条边的图 G 的连通子图。

什么是网络？标有某种值(加权)的图就叫做网络(network)[14]，这个权可以是标量，也可以是矢量或张量。

同构和同胚：当两个图 G_1 和 G_2 对应时，即图 G_1 的顶点与图 G_2 的顶点一一对应，且在对应的两个顶点间连接的边也一一对应，就说图 G_1 和 G_2 是同构的(isomorphic)。两个图 G_1 和 G_2 同胚(homeomorphic)指的是存在一个图 G'，若把图 G_1 和图 G_2 或者其中之一的边用串联边置换后，图 G_1 和图 G_2 都与图 G' 同构。

在连通的平面图上，若图的顶点、边及区域(内部和外部的全部区域)的数目分别为 n、b、f，则这些数满足下列关系式：$n-b+f=2$(欧拉多面体公式)。

最大平面图(maximal planar graph)就是不存在并联边且无论在何处加上一条边就成为非平面图的这样一种图。最大平面图的各个区域都是三角形，即 $z=3$，此时 $b=3n-6$。因此，图是平面的必要条件是：平面图的边数和顶点数分别为 b 和 n 时，关系式 $b \leqslant 3n-6$ 成立。

1. 基本问题 1

从图和网络的定义上可见，对象和对象之间的关系可以用图或网络表示出来，那么在实际工程应用中如何将体系的拓扑几何用线性图表示出来？这是将图论或网络理论应用于结构工程所必须面对的首要问题。在完整回答这一问题之前，先以图论中著名的柯尼斯堡(Königsberg)七桥问题为例说明如何将地图表示为线性图。

例题 2.1 柯尼斯堡七桥问题：当时的东普鲁士柯尼斯堡(现在的俄罗斯加里宁格勒)市区跨普列戈利亚河两岸，河中心有两座小岛。小岛与河的两岸有 7 座桥连接，如图 2.16(a)所示。在所有桥都只能走一遍的前提下，如何才能把这个地方所有的桥都走遍？抛开该问题的答案(1736 年欧拉采用线性图这一数学模型证明了这是不可能的)，那么如何将该问题抽象为图这一数学符号的集合？地图上包含可供人行走的对象有两类，一类是桥，另一类是陆地或小岛。此外，还有一类对象就是河流，因此与研究问题相关的对象总共有三类，即桥(可供人行走，连接陆地和小岛)、陆地或小岛(可供人行走，连接各座桥)、河流(不可供人行走，与连接作用相反的作用)，其中陆地或小岛、河流这两类对象对平面进行了分割，这两类对象互为补集，其并集为整个地图平面。

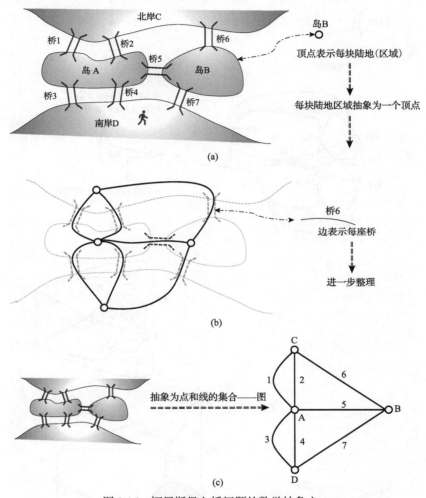

图 2.16　柯尼斯堡七桥问题的数学抽象之一

方法一：①将每块陆地看成一个顶点，用小圆圈无差别表示，如图 2.16(a)所示。这意味着不管这块陆地区域什么形状、面积大小，统统收缩为一个小圆圈。例如，桥 1、2、6 与北岸 C 连接，那么桥 1、2、6 都连接到小圆圈 C 上。②将起连接作用的每座桥看成一条边，用一条曲线或直线表示，如图 2.16(b)所示，然后整理得到一种只包含顶点和边的几何符号的集合——图，进一步画得好看一些，如图 2.16(c)所示。

方法二：注意到顶点(陆地)和边(桥)在上述抽象过程中都表示对象，只是对象的类型不同。那么，二者交换，将桥看成顶点，陆地看成边，是否可以？

①将每座桥看成一个顶点，用小圆圈无差别表示，如图 2.17(a)所示。这意味着不管这座桥什么形状、跨度大小，统统收缩为一个小圆圈。

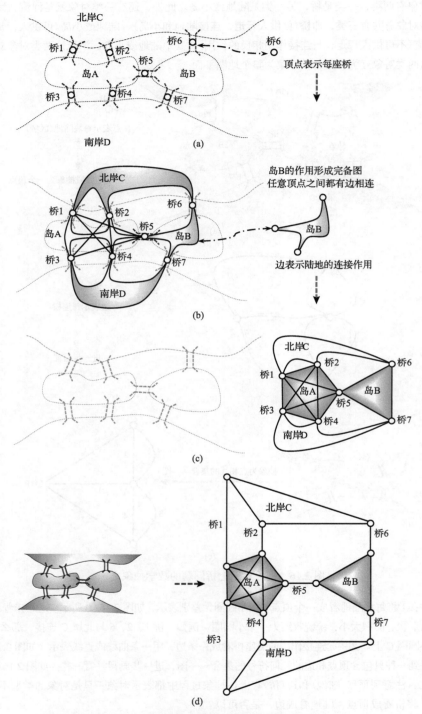

图 2.17　柯尼斯堡七桥问题的数学抽象之二

②将起连接作用的每块陆地看成与之相连的各个桥之间的边。显然，与这块陆地相连的任意桥之间都有一条边，如图 2.17(b) 所示，然后删除地图整理得到一种只包含顶点和边的几何符号的集合——图，进一步画得好看一些，如图 2.17(c) 所示。

③然而，我们发现图 2.17(c) 中这些几何符号的集合没有完整地表示地图的信息，即没有将河流表示出来，将一座桥收缩为一个小圆圈，把小河给收缩没了，这与实际不符。我们将桥过于简化了，桥面与陆地一样，人可以行走，怎么办？将桥头和桥尾这些分叉的地方设置顶点，把桥面与陆地一样看成边就可以了，修改后如图 2.17(d) 所示。图 2.17(d) 与 2.16(c) 都完整包含了地图信息，二者的区别是图 2.17(d) 包含了人经过陆地和小岛时所有可能选择的路线，更为详细且没有并联边。若将图 2.17(d) 代表陆地和小岛的各个完整子图进一步简化收缩为一个小圆圈，则图 2.17(d) 将变成图 2.16(c)。

方法三：采用顶点表示每一块河面、边表示流经桥的河流，是否可以？

①将各桥分割后的每块水面看成一个顶点，用小圆圈无差别表示，如图 2.18(a) 所示。这意味着不管这块水面什么形状、面积大小，统统收缩为一个小圆圈。

②每块水面被桥和陆地分割，将各块陆地和小岛用边围起来。显然，每条边要么从桥底下穿过去，要么从陆地上穿过去，如图 2.18(b) 所示，整理得到另一种线性图，如图 2.18(c) 所示，该线性图的各个区域表示陆地或小岛。我们发现这样假定图的顶点和边与研究问题没有直接的关系，对问题的解决似乎没有太多帮助。同时，图 2.18(c) 线性图的对偶图与图 2.16(c) 的结果是一样的。

③从图 2.18(c) 的线性图来看，人如果坐船或游泳可以不重复地经过各个桥。

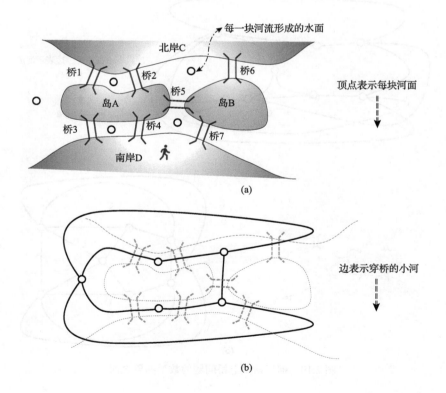

(a)

(b)

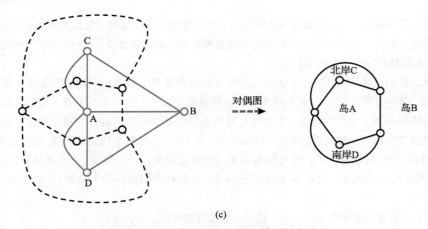

(c)

图 2.18 柯尼斯堡七桥问题的数学抽象之三

方法四：将每一座桥看成顶点、每一块河面看成边，是否可以？

①将每一座桥看成一个顶点，用小圆圈无差别表示，如图 2.19(a)所示。将每一块河面看成边。

②进一步整理，如图 2.19(b)所示。该线性图各内、外部区域表示陆地或小岛。

③该线性图是当人乘船或游泳经过各个桥的桥底时(桥的横向与行走过桥顺桥向正交)这一问题的图论表示。

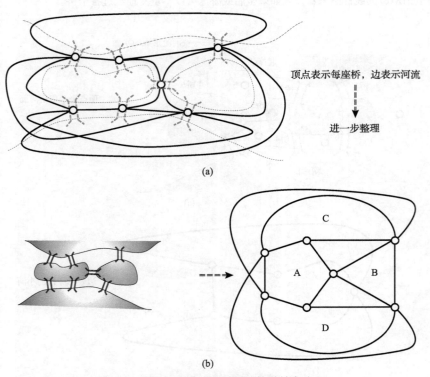

图 2.19 柯尼斯堡七桥问题的数学抽象之四

方法五：将每一块河面看成顶点、陆地或小岛上各种可能的路看成边，是否可以？

①将每一块河面看成一个顶点，用小圆圈无差别表示，如图 2.20(a)所示。将陆地或小岛看成起连接作用的边，这样每一块陆地或小岛将其邻近的河面连接起来。

②进一步整理，如图 2.20(b)所示。由于每条边都表示陆地或小岛上可能存在的路，每一块陆地或小岛都是完整图。该线性图除这些完整图外的区域包括内、外区域都表示一座桥，总共有 7 座。

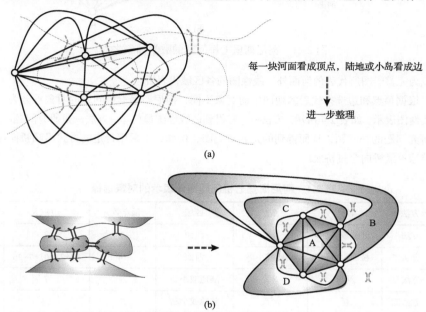

每一块河面看成顶点，陆地或小岛看成边
⇩
进一步整理

(a)

(b)

图 2.20　柯尼斯堡七桥问题的数学抽象之五

方法六：将每一块陆地或小岛看成顶点、每一块河面看成边，是否可以？

①将每一块陆地或小岛看成一个顶点，用小圆圈无差别表示，将河面看成起连接作用的边，这样每一块河面将邻近的陆地或小岛连接起来，如图 2.21(a)所示。每一块与两块陆地或小岛邻接的河面就是一条边，与三块或大于三块陆地或小岛邻接的河面成为完整子图，此时每座桥的一侧都是一条边，共 7×2=14 条边。进一步整理，如图 2.21(b)所示。

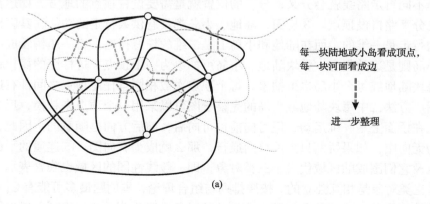

每一块陆地或小岛看成顶点，
每一块河面看成边
⇩
进一步整理

(a)

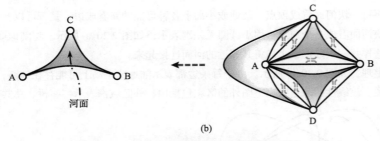

图2.21　柯尼斯堡七桥问题的数学抽象之六

②除成为完整子图所代表的河面外，线性图的各区域代表桥。

综上，根据顶点和边选择代表的地图中的对象不同，柯尼斯堡七桥问题的对象可分为三组，有6种可能的线性图表示，如表2.4所示。方法一、三得到的线性图最简单，方法一是研究问题的直接简化，方法三是研究问题的补问题，从而得到的是其对偶图，例如，不采用行走的方式沿顺桥向经过桥，而是坐船或游泳沿横桥向穿过桥底。

表 2.4　柯尼斯堡七桥问题图论表示的对象选择

对象选择方法		顶点	边	区域	顶点数 n	边数 b	区域数 f
第一组	方法一	陆地或小岛	桥	河面	4	7	5
	方法二	桥头、桥尾	陆地或小岛	河面	14	$(3\times3+10)+7=26$	—
第二组	方法三	河面	桥	陆地或小岛	5	7	4
	方法四	桥	河面	陆地或小岛	7	14	
第三组	方法五	陆地或小岛	河面	桥	5	$3\times3+10=19$	—
	方法六	河面	陆地或小岛	桥	4	$7\times2=14$	$7+5=12$

由例题2.1可得到如下几点初步认识：①地图可以直接抽象为图，但抽象的图必须真实地反映地图信息，即对象之间的平面或空间逻辑关系。例如，将桥看成顶点、陆地或小岛看成边就容易丢掉小河流经桥下这一信息。②人行走到桥头和桥尾时需要做出选择，选择不同行走路线就会分叉，分叉的位置就是需要设置顶点的地方，如迷宫抽象为图就是在分叉路口设顶点。③桥面、陆地、小岛都具有供人行走的功能，其区别在于桥面上人的行走是一维的，而在陆地和小岛上是二维的任意行走。将一座桥看成一条边，陆地或小岛则是边的集合。整块陆地、小岛可抽象为一个顶点，这样图的简化程度高。同时，每块陆地或每个小岛也可抽象为每个顶点次数相同且任意顶点之间都有边连接的完整子图。方法二中每块陆地或小岛的完整子图可以采用一个顶点来替换，反义亦然。④人行走在桥面上是一维运动，但可向前也可向后，前后方向是随意的。因此，本例题可简化为无向图，如果桥面只允许单向通行，那么就成为有向图。⑤连通的平面图的顶点、边以及它们围成的区域代表了三类对象，即一般线性图的区域也隐含表示了一类对象，且这三类对象是相互独立的。按照排列与组合理论，本例题最多可能有 $C_3^2\times2=6$ 种基本的线性图表示。将与研究问题直接相关的对象表示为顶点或边得到的线性图比较直观，但也可能得到其对偶图（若对偶图存在）。若强调线性图的顶点、边和区域所代表的

地图对象必须独立，那么只有方法一、三的线性图满足这一要求。陆地或小岛、河面适合作为顶点，一座桥看成一条边，因为这里一座桥只连接两块陆地或小岛（在这样的桥上行走的方向是一维的，一维运动的对象适合作为一条边，若一座桥连接三块或三块以上的陆地或小岛，那么行走在这座桥上将面临方向的选择，再将其看成一条边就不合适了，如十字路口的过街人行天桥就不能用一条边来表示而需要添加顶点）。如果选择陆地或小岛、河面作为边，那么线性图的各个区域除代表桥外，还包含代表陆地或小岛、河面的完整子图。此时，图包含非平面图。⑥地图的图论表示有可能是平面的也可能是非平面的。连通的平面图的顶点数 n、边数 b 和区域数 f 满足 $n-b+f=2$，即多面体的欧拉公式，公式右边的 2 为欧拉示性数，实际上是独立的分割空间数目，例如，地图将空间分为上、下两个半空间，凸多面体将空间分为内、外两个空间。线性图面向对象，不仅包含对象和对象之间的连接关系，还包含平面或空间的分割关系。若图随着时间变化，则描述的是拓扑关系的时空演化过程。

将结构或机械表示为图或网络这一基本问题至少包含如下几个子问题（以杆系为例）：

（1）杆系抽象为图或网络应遵循的原则。

杆系的图或网络原则上应真实、自然和简单。①真实——杆系的图或网络必须与实际工程结构的拓扑几何关系一致。图或网络需要将顶点和边所代表的两类对象之间的连接关系真实完整地抽象出来，同时还需要注意区域所隐含的第三类对象的信息是否遗漏。②自然——杆系的图对边和顶点的加权应符合自然规律。顶点与边的加权可以是标量，也可以是矢量或张量，矢量或张量加权的实质是将形状几何信息和材料信息等考虑进去，是所研究问题的完整描述，本质上是对图进行能量这一标量加权，即网络描述的是能量分布、传递和转化的客观定律。顶点、边和区域所代表的对象以及权值不同，网络表示也会不同甚至差别很大，但杆系的网络表示的多样性最终必须统一于势能或余能的标量加权图。另外，如果将杆系的力学模型按照力学规律得到的各加权量之间的关系线性化并表达为线性代数方程组这一代数结构，那么由该线性代数方程组再表达为图或网络，应与形状几何模型或力学模型抽象而来的网络图同构、同胚或对偶。杆系的网络或图本质上是结构力学问题线性代数结构的图论几何表示。③简单——杆系的图或网络数学模型应在不影响问题实质的前提下采用尽量少的顶点和边。

（2）杆系抽象为图或网络的方法。

杆系可直接或间接地抽象为图或网络。对结构工程师而言，主要关注杆系所包含的两类对象：构件、节点（支座）。构件分为铰接杆系的轴心受力构件（"二力杆"双向拉压杆可看成双边约束，"单力杆"单向拉压构件（如拉索）可看成单边约束）、刚接杆系的压弯或拉弯构件（两端刚接，一端刚接、另一端铰接）等。节点一般分为铰节点和刚节点，支座看成特殊的节点。此外，杆系承受外荷载。对建筑师而言，杆系的平面或空间分割数目则更为重要。目前，杆系结构的图或网络表示至少存在如下四种方法。

方法一：等代电路方法——间接方法。

图论在结构力学中早期的应用是将弹性结构转换为等代电路（equivalent circuit）[15-17]，这是物理模型之间的转换，然后将电路转换为网络，最后采用通用的网络分析工具求解(分片思想，称为撕裂方法(method of tearing)[18])。基于基尔霍夫电压定律(Kirchhoff voltage law, KVL)和基尔霍夫电流定律(Kirchhoff current law, KCL)的电网络分析[19, 20]是图论最早期的工程应用之一，这是转换为等代电路的主要原因。然而，大多数结构工程师对电网络分析既十分陌生又有一点熟悉，如传递函数、力学导纳等术语。现在看来，将弹性结构这一力学系统转换为电路这一电力系统虽然有些南辕北辙且匪夷所思，但在20世纪中叶就能够采用网络分析方法进行大规模的结构分析是非常了不起的成就。同时，等代电路方法也揭示了电路和结构这两种不同物理系统的拓扑几何模型是相似的。

等代电路方法主要基于能量变化过程中电磁运动和机械运动的客观规律及其表达式中电学物理量和力学物理量的相似性[16]。例如，电网等电力传输系统是一维的，铰接杆系结构的每一根"二力杆"也是一维的。框架结构中每根两端刚接的弹性梁柱构件具有6个自由度，因此有学者将其等代为一条6线传输线，把框架结构看成类似互相连接的六线传输网络。

方法二：由杆系的形状几何模型简化得到体系的图或网络——直接方法。

如例题2.1所示，把代表实际交通情况的地图抽象为图或网络，杆系的图也可以从建筑实体模型或工程实物简化抽象而来。例如，图2.22所示的平面铰接杆系，将平面销节点看成顶点，二力杆看成边，支座节点既是平面销又与基础相连，可以添加一个顶点代表地球(原因详见方法三)。每一铰接支座都可等代为两根链杆，每一铰接支座的连接作用既可采用两条边来表示也可采用一条边来表示。

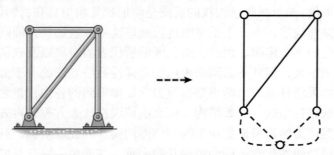

图2.22　平面铰接杆系形状几何模型的线性图

方法三：从杆系力学模型转化而来——间接方法。

力学模型最被结构工程师所熟悉，那么随之而来的问题包括：将杆系力学模型中的节点看成顶点、杆件看成边，还是将节点看成边、杆件看成顶点？二力杆(轴向受拉或受压构件——单条双边约束)、梁柱(拉弯或压弯构件——多条双边约束)和索(理想柔索假定下其只能受拉不能受压——单条单边约束)在图或网络中如何表示？支座、基础或地面和节点集中荷载在图或网络中如何表示？杆系的图是有向图还是无向图？杆系力学模型的线性图如何加权——标量网络或矢量网络？对力学模型进行图或网络分析的参考文献[21-31]众多，但将力学模型的图或网络表示作为一个专题进行讨论的却比较少。本书作者认为这些问题的深入理解必须结合杆系的矩阵力法总平衡矩阵或矩阵位移法总刚度矩阵的退化形式，下面通过例题2.2分别进行详细的说明。

例题 2.2　某三角形平面铰接杆系力学模型，承受节点集中静荷载 P，各节点和构件按照有限元模型进行编号，支座节点的约束作用等代为链杆形式，如图 2.23 所示，试给出其线性图。

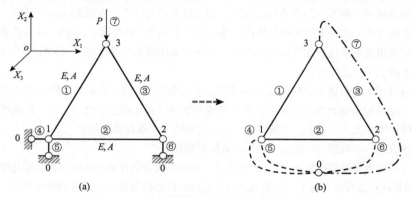

图 2.23　平面铰接杆系力学模型的图论表示

解：杆系结构或机构分析——研究问题关注的是构件的截面内力和节点的位移，这是首先要明确的。杆系力学模型的图论表示即其线性图表达的是体系的拓扑几何关系，称为体系的拓扑几何模型。杆系的力学简图或力学模型实际上是形状几何简化模型，仍然需要加权或补充截面的几何参数和材料信息等力学模型没有直观表示出来的信息。同理，力学模型退化为线性图后需要补充所有的形状几何信息和材料信息才能对所研究的问题进行完整描述。因此，关于杆系的图或网络表示，有如下几点猜测：

①与结构或机构分析问题直接相关的两类对象为构件和节点，顶点或边选择表示哪一类对象是任意的。结构网络分析一般选择顶点表示节点、边表示构件。机械网络分析(机械设计)习惯上采用顶点表示构件，边表示节点[31]，如 CKG(Chebychev-Kutzbach-Grübler)公式中顶点表示构件，边表示节点。这是为什么？杆系的简化力学模型中隐含刚性节点区假设，因此结构的线性图表示习惯上将构件看成边、节点看成顶点。在刚体动力学中构件假定为刚体，且机械关节节点类型尤为复杂多样，因此机械线性图表示习惯上将构件看成顶点、节点看成边。

②杆系力学模型中构件的种类主要有三类，如二力杆、梁柱和索，还有一端刚接、一端铰接的梁柱构件，不同种类的构件在图或网络中如何表示？二力杆假定构件只发生沿形心轴的弹性伸长与压缩且始终保持直线形状，是一维的，一根二力杆抽象为一条边，与交通问题中一座桥类似。每一根两端刚接的梁柱构件都有 6 个独立的端部截面内力，可看成 6 条并联边，但这样得到的线性图反而比力学简图复杂得多，这是没有必要的，可沿用二力杆的方法，一根梁柱构件仍然看成一条边，但对边进行矢量或张量加权。无论是二力杆还是梁柱构件都是双边约束，而拉索类似于单行道，是单边约束，这引起了众多学者的注意，但即使在力学模型中，也没有简单的方法将二力杆与拉索在模型简化上区分开来。拉索的单边约束问题在体系构成分析中显得尤为突出，将拉索看成二力杆给动不定和静不定的索杆体系构成分析带来了困扰，本节将在基本问题 3 中专门讨论这一点。

③三向或平面铰支座如果等代为链杆，可看成连接基础或地球的三条或两条边(铰接杆系，一根链杆看成一条边)，刚接支座节点则是一条加权边与基础或地球连接。基础或地面实际上是地球，支座节点连接的是构件和地球。地面上的建筑若依赖于地球表面提供的支承作用，其线性图实际上包含了地球和体系两个物体。所有的支座节点等代链杆的另一个节点都表示地球，而线性图不表示具体形状几何信息，因此添加一个顶点的目的在于将地球抽象地表示出来。

④集中静荷载作用在杆系的节点上，并通过杆系传递给地球。根据牛顿第三定律即作用力与反作

用力大小相等、方向相反，表示地球的顶点需要提供与外荷载相反的力。这样，外荷载虽然并非是地球施加的，但其与地球有关系，这种连接关系就可以看成一条边。

⑤杆系的线模型一般不标注内力流的方向，那么杆的线性图是否是无向图？其实，杆系的图可以任意设置边的方向，这一方向实际上是构件局部坐标系 x_1 轴(中性轴)的正向，这是任意的。因此，杆系的线性图可以是有向图，也可以是无向图，采用有向图表示也并不是交通问题中单行道单向通行的意义，且不能表示单边约束。

⑥杆系线性图加权后成为结构网络，网络理论中允许矢量加权，因此结构网络可认为是矢量加权图。从物体运动的能量变化角度来看，所有的结构力学网络都是标量加权图，这一权值就是能量，而标量网络与线性图并无太大区别，无需表示为六线传输线、六条并联边等形式。

根据上述分析，本例题的图或网络表示的具体步骤如下：

①平面杆系的力学模型编号如图 2.23(a)所示，其中等代为链杆的平面铰与地面或基础的顶点统一编号为 0，每根链杆看成边，每个节点看成顶点。支座链杆的编号在杆系构件的编号之后，荷载边的编号在支座边的编号之后。

②添加一个顶点代表地球，或者将所有的 0 号节点合并，延伸支座链杆边与地球顶点连接。

③添加荷载边，即将有荷载的顶点与 0 号顶点相连。值得指出的是，如果所研究问题不需要考虑外荷载，荷载边可以不添加(注：什么情况下可以不考虑外荷载？这在基本问题 2 中将给出证明)。

④整理得到该平面铰接杆系的线性图，如图 2.23(b)所示，该线性图的顶点数 $n=4$、边数 $b=7$、连通片数 $\rho=1$、秩 $\mathrm{rank}(G)=n-\rho=4-1=3$、零度 $\mathrm{null}(G)=b-\mathrm{rank}(G)=7-3=4$。若不考虑外荷载边，则边数 $b=6$、零度 $\mathrm{null}(G)=b-\mathrm{rank}(G)=6-3=3$。一个刚体在平面内的运动自由度数为 3，因此该平面铰接杆系的静不定次数为 $3-3=0$。注意到本例题支座等代链杆数恰好等于 3，这种情况下可以不考虑支座即不添加支座顶点。

接下来，将通过杆系总平衡矩阵的组装过程详细解释上述猜测和表示方法的正确性。从一根构件的平衡方程出发，如下：

①坐标变换。采用直角坐标系，如图 2.24(a)所示，空间中一矢量在整体坐标系和局部坐标系中的分量不同，如沿局部坐标系 x_1 轴的任意矢量 $\boldsymbol{N}^e = N_1^e \boldsymbol{e}_1^e + 0\boldsymbol{e}_2^e + 0\boldsymbol{e}_3^e = N_1^e \boldsymbol{e}_1^e$。注意，局部坐标系 x_1 轴的方向矢量即 $\boldsymbol{e}_1^e$ 与其在整体坐标系下的方向矢量是同一矢量，即矢量与坐标系的选择无关，$\boldsymbol{e}_1^e = \boldsymbol{n}_1 = \cos\alpha_1 \boldsymbol{e}_1 + \cos\beta_1 \boldsymbol{e}_2 + \cos\gamma_1 \boldsymbol{e}_3$，因此

$$\boldsymbol{N}^e = N_1^e \boldsymbol{e}_1^e = N_1^e \boldsymbol{n}_1 = N_1^e \cos\alpha_1 \boldsymbol{e}_1 + N_1^e \cos\beta_1 \boldsymbol{e}_2 + N_1^e \cos\gamma_1 \boldsymbol{e}_3 \qquad 。$$

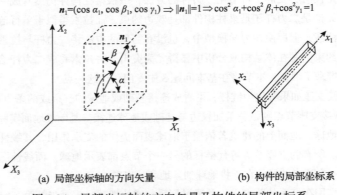

$\boldsymbol{n}_1 = (\cos\alpha_1, \cos\beta_1, \cos\gamma_1) \Rightarrow \|\boldsymbol{n}_1\| = 1 \Rightarrow \cos^2\alpha_1 + \cos^2\beta_1 + \cos^2\gamma_1 = 1$

(a) 局部坐标轴的方向矢量   (b) 构件的局部坐标系

图 2.24 局部坐标轴的方向矢量及构件的局部坐标系

同理，局部坐标系 x_2 轴、x_3 轴上的任意矢量也可以如此变换，因此

$$N^e = \begin{pmatrix} N_1^e & N_2^e & N_3^e \end{pmatrix} \begin{pmatrix} \boldsymbol{e}_1^e \\ \boldsymbol{e}_2^e \\ \boldsymbol{e}_3^e \end{pmatrix} = \begin{pmatrix} N_1^e & N_2^e & N_3^e \end{pmatrix} \begin{pmatrix} \boldsymbol{n}_1 \\ \boldsymbol{n}_2 \\ \boldsymbol{n}_3 \end{pmatrix} = \begin{pmatrix} N_1^e & N_2^e & N_3^e \end{pmatrix} \begin{bmatrix} \cos\alpha_1 & \cos\beta_1 & \cos\gamma_1 \\ \cos\alpha_2 & \cos\beta_2 & \cos\gamma_2 \\ \cos\alpha_3 & \cos\beta_3 & \cos\gamma_3 \end{bmatrix} \begin{pmatrix} \boldsymbol{e}_1 \\ \boldsymbol{e}_2 \\ \boldsymbol{e}_3 \end{pmatrix} = \begin{pmatrix} N_1 & N_2 & N_3 \end{pmatrix} \begin{pmatrix} \boldsymbol{e}_1 \\ \boldsymbol{e}_2 \\ \boldsymbol{e}_3 \end{pmatrix}$$

$$\Rightarrow \begin{pmatrix} N_1^e & N_2^e & N_3^e \end{pmatrix} \begin{bmatrix} \cos\alpha_1 & \cos\beta_1 & \cos\gamma_1 \\ \cos\alpha_2 & \cos\beta_2 & \cos\gamma_2 \\ \cos\alpha_3 & \cos\beta_3 & \cos\gamma_3 \end{bmatrix} = \begin{pmatrix} N_1 & N_2 & N_3 \end{pmatrix}$$

$$\Rightarrow \begin{bmatrix} \cos\alpha_1 & \cos\beta_1 & \cos\gamma_1 \\ \cos\alpha_2 & \cos\beta_2 & \cos\gamma_2 \\ \cos\alpha_3 & \cos\beta_3 & \cos\gamma_3 \end{bmatrix}^{\mathrm{T}} \begin{pmatrix} N_1^e \\ N_2^e \\ N_3^e \end{pmatrix} = \begin{pmatrix} N_1 \\ N_2 \\ N_3 \end{pmatrix}$$

$$\Rightarrow \begin{pmatrix} N_1 \\ N_2 \\ N_3 \end{pmatrix} = \begin{bmatrix} \cos\alpha_1 & \cos\beta_1 & \cos\gamma_1 \\ \cos\alpha_2 & \cos\beta_2 & \cos\gamma_2 \\ \cos\alpha_3 & \cos\beta_3 & \cos\gamma_3 \end{bmatrix}^{\mathrm{T}} \begin{pmatrix} N_1^e \\ N_2^e \\ N_3^e \end{pmatrix} \text{ 或者 } \begin{pmatrix} N_1^e \\ N_2^e \\ N_3^e \end{pmatrix} = \begin{bmatrix} \cos\alpha_1 & \cos\beta_1 & \cos\gamma_1 \\ \cos\alpha_2 & \cos\beta_2 & \cos\gamma_2 \\ \cos\alpha_3 & \cos\beta_3 & \cos\gamma_3 \end{bmatrix} \begin{pmatrix} N_1 \\ N_2 \\ N_3 \end{pmatrix}$$

　　这样就得到了任意矢量在整体坐标系和局部坐标系下的坐标变换关系，其本质上在于矢量与选择的坐标系无关，这与物理量的客观性是一致的。

　　②局部坐标系下单根二力杆、梁柱构件的平衡方程。独立的杆端截面内力：长度为 L 的梁柱构件 ij 在局部坐标下的两端节点处截面内力如图 2.25 所示。杆系通常假定只承受节点集中荷载或将沿杆件长度方向分布的荷载等代到左右端节点（等代节点荷载）。该构件满足空间力系的平衡条件，即

$$\begin{cases} F_{i1}^e + F_{j1}^e = 0 \\ F_{i2}^e + F_{j2}^e = 0 \\ F_{i3}^e + F_{j3}^e = 0 \\ M_{i1}^e + M_{j1}^e = 0 \\ M_{i2}^e + M_{j2}^e - F_{j3}^e \times L = 0 \\ M_{i3}^e + M_{j3}^e + F_{j2}^e \times L = 0 \end{cases} \Rightarrow \begin{pmatrix} F_{i1}^e \\ F_{i2}^e \\ F_{i3}^e \\ M_{i1}^e \\ M_{i2}^e \\ M_{i3}^e \end{pmatrix} = \begin{bmatrix} -1 & 0 & 0 & 0 & 0 & 0 \\ 0 & -1 & 0 & 0 & 0 & 0 \\ 0 & 0 & -1 & 0 & 0 & 0 \\ 0 & 0 & 0 & -1 & 0 & 0 \\ 0 & 0 & L & 0 & -1 & 0 \\ 0 & -L & 0 & 0 & 0 & -1 \end{bmatrix} \begin{pmatrix} F_{j1}^e \\ F_{j2}^e \\ F_{j3}^e \\ M_{j1}^e \\ M_{j2}^e \\ M_{j3}^e \end{pmatrix}$$

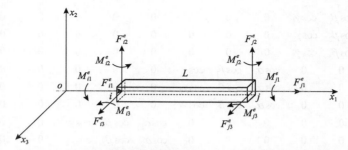

图 2.25　两端刚接梁柱构件在局部坐标系下的端部截面内力

　　由上式可见，梁柱构件左右端节点共 12 个截面内力，但一端的 6 个截面内力完全可以用另一端的 6 个截面内力表达出来，即每根两端刚接梁柱构件有 6 个独立的杆端截面内力。若将左右端节点的 12 个截面内力用其右端节点的 6 个独立的截面内力表示出来，可得

$$
\begin{pmatrix} F_{i1}^e \\ F_{i2}^e \\ F_{i3}^e \\ M_{i1}^e \\ M_{i2}^e \\ M_{i3}^e \\ F_{j1}^e \\ F_{j2}^e \\ F_{j3}^e \\ M_{j1}^e \\ M_{j2}^e \\ M_{j3}^e \end{pmatrix}
=
\begin{bmatrix}
-1 & 0 & 0 & 0 & 0 & 0 \\
0 & -1 & 0 & 0 & 0 & 0 \\
0 & 0 & -1 & 0 & 0 & 0 \\
0 & 0 & 0 & -1 & 0 & 0 \\
0 & 0 & L & 0 & -1 & 0 \\
0 & -L & 0 & 0 & 0 & -1 \\
1 & 0 & 0 & 0 & 0 & 0 \\
0 & 1 & 0 & 0 & 0 & 0 \\
0 & 0 & 1 & 0 & 0 & 0 \\
0 & 0 & 0 & 1 & 0 & 0 \\
0 & 0 & 0 & 0 & 1 & 0 \\
0 & 0 & 0 & 0 & 0 & 1
\end{bmatrix}
\begin{pmatrix} F_{j1}^e \\ F_{j2}^e \\ F_{j3}^e \\ M_{j1}^e \\ M_{j2}^e \\ M_{j3}^e \end{pmatrix}
\Rightarrow \boldsymbol{F}^e = \boldsymbol{B}_{\text{beam}} \boldsymbol{F}_j^e
\tag{2.2}
$$

式中，$\boldsymbol{B}_{\text{beam}}$ 实际上是单个构件在局部坐标系下的平衡矩阵，在梁柱理论中称为局部静态矩阵(详见附录5.4)，由于梁柱理论考虑几何非线性并且其选择的一组杆端独立截面内力不同，其局部静态矩阵形式略有不同。

二力杆在三维空间中的局部静态矩阵可由梁柱构件的退化得到，即

$$
\begin{pmatrix} F_{i1}^e \\ 0 \\ 0 \\ F_{j1}^e \\ 0 \\ 0 \end{pmatrix}
=
\begin{bmatrix}
-1 & 0 & 0 \\
0 & -1 & 0 \\
0 & 0 & -1 \\
1 & 0 & 0 \\
0 & 1 & 0 \\
0 & 0 & 1
\end{bmatrix}
\begin{pmatrix} F_{j1}^e \\ 0 \\ 0 \\ 0 \end{pmatrix}
\Rightarrow
\begin{pmatrix} F_{i1}^e \\ 0 \\ 0 \\ F_{j1}^e \\ 0 \\ 0 \end{pmatrix}
=
\begin{bmatrix} -1 \\ 0 \\ 0 \\ 1 \\ 0 \\ 0 \end{bmatrix}
F_{j1}^e \Rightarrow \boldsymbol{F}_{\text{bar}}^e = \boldsymbol{B}_{\text{bar}} \boldsymbol{F}_{\text{bar}j}^e , \quad \boldsymbol{B}_{\text{bar}} =
\begin{bmatrix} -1 \\ 0 \\ 0 \\ 1 \\ 0 \\ 0 \end{bmatrix}
\tag{2.3}
$$

③整体坐标系下二力杆、梁柱构件的平衡方程。整体坐标系与局部坐标系中的梁柱构件两端节点的截面内力矢量是同一矢量，但分量不同，需要坐标变换，即

$$
\begin{pmatrix} F_{i1}^e \\ F_{i2}^e \\ F_{i3}^e \\ M_{i1}^e \\ M_{i2}^e \\ M_{i3}^e \\ F_{j1}^e \\ F_{j2}^e \\ F_{j3}^e \\ M_{j1}^e \\ M_{j2}^e \\ M_{j3}^e \end{pmatrix}
=
\begin{bmatrix}
\cos\alpha_1 & \cos\beta_1 & \cos\gamma_1 & 0 & 0 & 0 & 0 & 0 & 0 & 0 & 0 & 0 \\
\cos\alpha_2 & \cos\beta_2 & \cos\gamma_2 & 0 & 0 & 0 & 0 & 0 & 0 & 0 & 0 & 0 \\
\cos\alpha_3 & \cos\beta_3 & \cos\gamma_3 & 0 & 0 & 0 & 0 & 0 & 0 & 0 & 0 & 0 \\
0 & 0 & 0 & \cos\alpha_1 & \cos\beta_1 & \cos\gamma_1 & 0 & 0 & 0 & 0 & 0 & 0 \\
0 & 0 & 0 & \cos\alpha_2 & \cos\beta_2 & \cos\gamma_2 & 0 & 0 & 0 & 0 & 0 & 0 \\
0 & 0 & 0 & \cos\alpha_3 & \cos\beta_3 & \cos\gamma_3 & 0 & 0 & 0 & 0 & 0 & 0 \\
0 & 0 & 0 & 0 & 0 & 0 & \cos\alpha_1 & \cos\beta_1 & \cos\gamma_1 & 0 & 0 & 0 \\
0 & 0 & 0 & 0 & 0 & 0 & \cos\alpha_2 & \cos\beta_2 & \cos\gamma_2 & 0 & 0 & 0 \\
0 & 0 & 0 & 0 & 0 & 0 & \cos\alpha_3 & \cos\beta_3 & \cos\gamma_3 & 0 & 0 & 0 \\
0 & 0 & 0 & 0 & 0 & 0 & 0 & 0 & 0 & \cos\alpha_1 & \cos\beta_1 & \cos\gamma_1 \\
0 & 0 & 0 & 0 & 0 & 0 & 0 & 0 & 0 & \cos\alpha_2 & \cos\beta_2 & \cos\gamma_2 \\
0 & 0 & 0 & 0 & 0 & 0 & 0 & 0 & 0 & \cos\alpha_3 & \cos\beta_3 & \cos\gamma_3
\end{bmatrix}
\begin{pmatrix} F_{i1} \\ F_{i2} \\ F_{i3} \\ M_{i1} \\ M_{i2} \\ M_{i3} \\ F_{j1} \\ F_{j2} \\ F_{j3} \\ M_{j1} \\ M_{j2} \\ M_{j3} \end{pmatrix}
$$

退化可得二力杆的坐标转换矩阵，即

$$\begin{pmatrix} F_{i1}^e \\ 0 \\ 0 \\ F_{j1}^e \\ 0 \\ 0 \end{pmatrix} = \begin{bmatrix} \cos\alpha_1 & \cos\beta_1 & \cos\gamma_1 & 0 & 0 & 0 \\ \cos\alpha_2 & \cos\beta_2 & \cos\gamma_2 & 0 & 0 & 0 \\ \cos\alpha_3 & \cos\beta_3 & \cos\gamma_3 & 0 & 0 & 0 \\ 0 & 0 & 0 & \cos\alpha_1 & \cos\beta_1 & \cos\gamma_1 \\ 0 & 0 & 0 & \cos\alpha_2 & \cos\beta_2 & \cos\gamma_2 \\ 0 & 0 & 0 & \cos\alpha_3 & \cos\beta_3 & \cos\gamma_3 \end{bmatrix} \begin{pmatrix} F_{i1} \\ F_{i2} \\ F_{i3} \\ F_{j1} \\ F_{j2} \\ F_{j3} \end{pmatrix}$$

可统一为

$$\boldsymbol{F}^e = \boldsymbol{T}\boldsymbol{F} \Rightarrow \boldsymbol{F}^e = \boldsymbol{B}_{\mathrm{bar}}\boldsymbol{F}_j^e = \boldsymbol{T}\boldsymbol{F} \Rightarrow \boldsymbol{F} = \boldsymbol{T}^{\mathrm{T}}\boldsymbol{B}_{\mathrm{bar}}\boldsymbol{F}_j^e$$

记

$$\boldsymbol{A} = \boldsymbol{T}^{\mathrm{T}}\boldsymbol{B}_{\mathrm{bar}} \tag{2.4}$$

式 (2.4) 为单根二力杆、梁柱构件在整体坐标系下平衡矩阵的一般形式。例如，二力杆在整体坐标系下的平衡矩阵如式 (2.5) 所示。值得指出的是，二力杆的平衡矩阵比较简单，可以直接写出来，并不需要上述推导。

$$\boldsymbol{A}_{\mathrm{bar}} = \boldsymbol{T}_{\mathrm{bar}}^{\mathrm{T}}\boldsymbol{B}_{\mathrm{bar}} = \begin{bmatrix} \cos\alpha_1 & \cos\beta_1 & \cos\gamma_1 & 0 & 0 & 0 \\ \cos\alpha_2 & \cos\beta_2 & \cos\gamma_2 & 0 & 0 & 0 \\ \cos\alpha_3 & \cos\beta_3 & \cos\gamma_3 & 0 & 0 & 0 \\ 0 & 0 & 0 & \cos\alpha_1 & \cos\beta_1 & \cos\gamma_1 \\ 0 & 0 & 0 & \cos\alpha_2 & \cos\beta_2 & \cos\gamma_2 \\ 0 & 0 & 0 & \cos\alpha_3 & \cos\beta_3 & \cos\gamma_3 \end{bmatrix}^{\mathrm{T}} \begin{bmatrix} -1 \\ 0 \\ 0 \\ 1 \\ 0 \\ 0 \end{bmatrix} = \begin{bmatrix} -\cos\alpha_1 \\ -\cos\beta_1 \\ -\cos\gamma_1 \\ \cos\alpha_1 \\ \cos\beta_1 \\ \cos\gamma_1 \end{bmatrix} \tag{2.5}$$

④建立图 2.23(a) 所示平面铰接杆系力学模型在各个节点的平衡方程 (组)。在此之前要建立局部坐标系，各构件局部坐标系 x_1 轴的正向可任意指定，如图 2.26 所示。

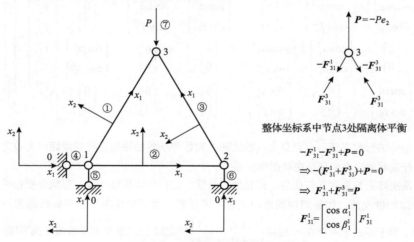

整体坐标系中节点3处隔离体平衡

$$-\boldsymbol{F}_{31}^1 - \boldsymbol{F}_{31}^3 + \boldsymbol{P} = 0$$
$$\Rightarrow -(\boldsymbol{F}_{31}^1 + \boldsymbol{F}_{31}^3) + \boldsymbol{P} = 0$$
$$\Rightarrow \boldsymbol{F}_{31}^1 + \boldsymbol{F}_{31}^3 = \boldsymbol{P}$$
$$\boldsymbol{F}_{31}^1 = \begin{bmatrix} \cos\alpha_1^1 \\ \cos\beta_1^1 \end{bmatrix} F_{31}$$

图 2.26　任意设置局部坐标系

按照非零节点编号顺序依次进行，如所有构件在 1 号节点的等效节点力如下。其中，与 1 号节点有连接关系的构件或等代链杆有①、②、④、⑤，因此只有这些构件的分块矩阵元素不全为零(注：F_{21}^6 中上标 6 表示⑥号构件并且表示在局部坐标系下，下标 2 表示 2 号节点，1 表示局部坐标系 x_1 轴的正方向)。

1 号节点：

$$\begin{bmatrix} -\cos\alpha_1^1 \\ -\cos\beta_1^1 \end{bmatrix} F_{31}^1 + \begin{bmatrix} -\cos\alpha_1^2 \\ -\cos\beta_1^2 \end{bmatrix} F_{21}^2 + \begin{bmatrix} 0 \\ 0 \end{bmatrix} F_{31}^3 + \begin{bmatrix} \cos\alpha_1^4 \\ \cos\beta_1^4 \end{bmatrix} F_{11}^4 + \begin{bmatrix} \cos\alpha_1^5 \\ \cos\beta_1^5 \end{bmatrix} F_{11}^5 + \begin{bmatrix} 0 \\ 0 \end{bmatrix} F_{21}^6 = \begin{bmatrix} 0 \\ 0 \end{bmatrix}$$

2 号节点：

$$\begin{bmatrix} 0 \\ 0 \end{bmatrix} F_{31}^1 + \begin{bmatrix} \cos\alpha_1^2 \\ \cos\beta_1^2 \end{bmatrix} F_{21}^2 + \begin{bmatrix} -\cos\alpha_1^3 \\ -\cos\beta_1^3 \end{bmatrix} F_{31}^3 + \begin{bmatrix} 0 \\ 0 \end{bmatrix} F_{11}^4 + \begin{bmatrix} 0 \\ 0 \end{bmatrix} F_{11}^5 + \begin{bmatrix} \cos\alpha_1^6 \\ \cos\beta_1^6 \end{bmatrix} F_{21}^6 = \begin{bmatrix} 0 \\ 0 \end{bmatrix}$$

3 号节点：

$$\begin{bmatrix} \cos\alpha_1^1 \\ \cos\beta_1^1 \end{bmatrix} F_{31}^1 + \begin{bmatrix} 0 \\ 0 \end{bmatrix} F_{21}^2 + \begin{bmatrix} \cos\alpha_1^3 \\ \cos\beta_1^3 \end{bmatrix} F_{31}^3 + \begin{bmatrix} 0 \\ 0 \end{bmatrix} F_{11}^4 + \begin{bmatrix} 0 \\ 0 \end{bmatrix} F_{11}^5 + \begin{bmatrix} 0 \\ 0 \end{bmatrix} F_{21}^6 = \begin{bmatrix} 0 \\ -P \end{bmatrix}$$

因为 0 号节点实际上表示地球，所以有

$$\begin{bmatrix} 0 \\ 0 \end{bmatrix} F_{31}^1 + \begin{bmatrix} 0 \\ 0 \end{bmatrix} F_{21}^2 + \begin{bmatrix} 0 \\ 0 \end{bmatrix} F_{31}^3 + \begin{bmatrix} -\cos\alpha_1^4 \\ -\cos\beta_1^4 \end{bmatrix} F_{11}^4 + \begin{bmatrix} -\cos\alpha_1^5 \\ -\cos\beta_1^5 \end{bmatrix} F_{11}^5 + \begin{bmatrix} -\cos\alpha_1^6 \\ -\cos\beta_1^6 \end{bmatrix} F_{21}^6 = \begin{bmatrix} 0 \\ P \end{bmatrix}$$

将所有节点的平衡方程放在一起形成总的平衡方程组并采用矩阵表示，即

$$\begin{array}{c} 0 \\ 1 \\ 2 \\ 3 \end{array} \begin{bmatrix} \begin{matrix} 0 \\ 0 \end{matrix} & \begin{matrix} 0 \\ 0 \end{matrix} & \begin{matrix} 0 \\ 0 \end{matrix} & \begin{matrix} -\cos\alpha_1^4 \\ -\cos\beta_1^4 \end{matrix} & \begin{matrix} -\cos\alpha_1^5 \\ -\cos\beta_1^5 \end{matrix} & \begin{matrix} -\cos\alpha_1^6 \\ -\cos\beta_1^6 \end{matrix} \\ \begin{matrix} -\cos\alpha_1^1 \\ -\cos\beta_1^1 \end{matrix} & \begin{matrix} -\cos\alpha_1^2 \\ -\cos\beta_1^2 \end{matrix} & \begin{matrix} 0 \\ 0 \end{matrix} & \begin{matrix} \cos\alpha_1^4 \\ \cos\beta_1^4 \end{matrix} & \begin{matrix} \cos\alpha_1^5 \\ \cos\beta_1^5 \end{matrix} & \begin{matrix} 0 \\ 0 \end{matrix} \\ \begin{matrix} 0 \\ 0 \end{matrix} & \begin{matrix} \cos\alpha_1^2 \\ \cos\beta_1^2 \end{matrix} & \begin{matrix} -\cos\alpha_1^3 \\ -\cos\beta_1^3 \end{matrix} & \begin{matrix} 0 \\ 0 \end{matrix} & \begin{matrix} 0 \\ 0 \end{matrix} & \begin{matrix} \cos\alpha_1^6 \\ \cos\beta_1^6 \end{matrix} \\ \begin{matrix} \cos\alpha_1^1 \\ \cos\beta_1^1 \end{matrix} & \begin{matrix} 0 \\ 0 \end{matrix} & \begin{matrix} \cos\alpha_1^3 \\ \cos\beta_1^3 \end{matrix} & \begin{matrix} 0 \\ 0 \end{matrix} & \begin{matrix} 0 \\ 0 \end{matrix} & \begin{matrix} 0 \\ 0 \end{matrix} \end{bmatrix} \begin{pmatrix} F_{31}^1 \\ F_{21}^2 \\ F_{31}^3 \\ F_{11}^4 \\ F_{11}^5 \\ F_{21}^6 \end{pmatrix} = \begin{pmatrix} \begin{matrix} 0 \\ P \end{matrix} \\ \begin{matrix} 0 \\ 0 \end{matrix} \\ \begin{matrix} 0 \\ 0 \end{matrix} \\ \begin{matrix} 0 \\ -P \end{matrix} \end{pmatrix}$$

总平衡矩阵的行数等于各节点自由度数之和，列数等于各构件独立杆端截面内力数之和。注意上式左端未知杆端截面内力矢量是在局部坐标系中。

⑤总平衡矩阵去掉形状几何信息，即长度、角度、面积和体积等，或者想象每根构件都变成可任意弯曲、伸缩的橡皮筋，体系坍塌到地面上像一团乱麻，也可以认为二维平面收缩为一个零维的点（$\alpha_1 = \beta_1 = 0$，等于零表示不存在），则将 $\begin{bmatrix} \cos\alpha_1 \\ \cos\beta_1 \end{bmatrix} \rightarrow \begin{bmatrix} 1 \\ 1 \end{bmatrix}$ 代之以 1（二维平面维数收缩到零维），$\begin{bmatrix} -\cos\alpha_1 \\ -\cos\beta_1 \end{bmatrix}$

$\rightarrow \begin{bmatrix} -1 \\ -1 \end{bmatrix}$ 代之以-1，$\begin{bmatrix} 0 \\ 0 \end{bmatrix}$ 代之以 0，得到如下形式：

$$
\begin{array}{c}
\begin{array}{cccccc} ① & ② & ③ & ④ & ⑤ & ⑥ \end{array} \\
\begin{array}{c} 0 \\ 1 \\ 2 \\ 3 \end{array}
\begin{bmatrix}
0 & 0 & 0 & -1 & -1 & -1 \\
-1 & -1 & 0 & 1 & 1 & 0 \\
0 & 1 & -1 & 0 & 0 & 1 \\
1 & 0 & 1 & 0 & 0 & 0
\end{bmatrix}
\end{array}
$$

显然，这是一个关联矩阵，将该矩阵的行看成顶点，列看成边，并按顺序编号，然后画出线性图，则得到图 2.23(b)去掉荷载边并添加方向的有向图，各边的方向就是图 2.26 任意添加的局部坐标系 x_1 轴的正向。因此，杆系力学模型的线性图可由体系总平衡矩阵的分块形式退化而来，本质上是将力学模型中包含的形状几何信息去掉。

⑥添加荷载边的原因。受高斯变换求解线性代数方程组时增广矩阵方法的启示，可以将右端外荷载矢量与左端的总平衡矩阵放在一起，即

$$
\begin{bmatrix}
\begin{bmatrix} 0 \\ 0 \end{bmatrix} & \begin{bmatrix} 0 \\ 0 \end{bmatrix} & \begin{bmatrix} 0 \\ 0 \end{bmatrix} & \begin{bmatrix} -\cos\alpha_1^4 \\ -\cos\beta_1^4 \end{bmatrix} & \begin{bmatrix} -\cos\alpha_1^5 \\ -\cos\beta_1^5 \end{bmatrix} & \begin{bmatrix} -\cos\alpha_1^6 \\ -\cos\beta_1^6 \end{bmatrix} & \begin{bmatrix} 0 \\ P \end{bmatrix} \\[18pt]
\begin{bmatrix} -\cos\alpha_1^1 \\ -\cos\beta_1^1 \end{bmatrix} & \begin{bmatrix} -\cos\alpha_1^2 \\ -\cos\beta_1^2 \end{bmatrix} & \begin{bmatrix} 0 \\ 0 \end{bmatrix} & \begin{bmatrix} \cos\alpha_1^4 \\ \cos\beta_1^4 \end{bmatrix} & \begin{bmatrix} \cos\alpha_1^5 \\ \cos\beta_1^5 \end{bmatrix} & \begin{bmatrix} 0 \\ 0 \end{bmatrix} & \begin{bmatrix} 0 \\ 0 \end{bmatrix} \\[18pt]
\begin{bmatrix} 0 \\ 0 \end{bmatrix} & \begin{bmatrix} \cos\alpha_1^2 \\ \cos\beta_1^2 \end{bmatrix} & \begin{bmatrix} -\cos\alpha_1^3 \\ -\cos\beta_1^3 \end{bmatrix} & \begin{bmatrix} 0 \\ 0 \end{bmatrix} & \begin{bmatrix} 0 \\ 0 \end{bmatrix} & \begin{bmatrix} \cos\alpha_1^6 \\ \cos\beta_1^6 \end{bmatrix} & \begin{bmatrix} 0 \\ 0 \end{bmatrix} \\[18pt]
\begin{bmatrix} \cos\alpha_1^1 \\ \cos\beta_1^1 \end{bmatrix} & \begin{bmatrix} 0 \\ 0 \end{bmatrix} & \begin{bmatrix} \cos\alpha_1^3 \\ \cos\beta_1^3 \end{bmatrix} & \begin{bmatrix} 0 \\ 0 \end{bmatrix} & \begin{bmatrix} 0 \\ 0 \end{bmatrix} & \begin{bmatrix} 0 \\ 0 \end{bmatrix} & \begin{bmatrix} 0 \\ -P \end{bmatrix}
\end{bmatrix}
$$

将 $\begin{bmatrix} 0 \\ P \end{bmatrix}$ 代之以 1，$\begin{bmatrix} 0 \\ -P \end{bmatrix}$ 代之以 -1，$\begin{bmatrix} 0 \\ 0 \end{bmatrix}$ 代之以 0，则得到如下包含节点集中荷载的关联矩阵：

$$
\begin{array}{c}
\begin{array}{ccccccc} ① & ② & ③ & ④ & ⑤ & ⑥ & ⑦ \end{array} \\
\begin{array}{c} 0 \\ 1 \\ 2 \\ 3 \end{array}
\begin{bmatrix}
0 & 0 & 0 & -1 & -1 & -1 & 1 \\
-1 & -1 & 0 & 1 & 1 & 0 & 0 \\
0 & 1 & -1 & 0 & 0 & 1 & 0 \\
1 & 0 & 1 & 0 & 0 & 0 & -1
\end{bmatrix}
\end{array}
\tag{2.6}
$$

式(2.6)中关联矩阵添加一列相当于线性图添加一条边，这就是添加荷载边的原因。添加荷载边之后，各顶点就没有外荷载，这样的线性图自动满足基尔霍夫电流定律。增广总平衡矩阵这一形式在体系构成分析时可以考虑外荷载的影响，增广总平衡矩阵的秩必然大于等于原总平衡矩阵的秩。由于图的秩与关联矩阵的秩相等，与增广总平衡矩阵对应的线性图(增广图或增广网络)的秩也必然大于等于原总平衡矩阵对应的线性图的秩，这可以解释动不定体系在某些特定荷载作用下可保持稳定的现象。这一点很重要，并将在基本问题 2 中展开讨论。

⑦杆系力学模型转化为线性图后的加权问题。由上述总平衡矩阵去掉形状几何信息、保留拓扑几何信息的过程可见，0、1、-1 替换的是矢量或张量，反过来，基于拓扑几何模型进行体系构成分析则必须加权，而这个权就是丢掉的形状几何信息和材料信息。因此，结构网络是其线性图的矢量加权，不需要将每根构件的权分别采用显式的边表示出来。

⑧总平衡矩阵的求解。由图论的基础知识可知，关联矩阵任意去掉一行称为基底关联矩阵。例如，去掉 0 号顶点所在的一行，对应总平衡矩阵就去掉了两行即第一行和第二行，这也是 0 号编号的原因。

图 2.23(b)的线性图的秩为 4–1=3，等于关联矩阵的秩。矩阵力法(见 5.2 节)中采用总平衡矩阵，若只求解杆件截面内力，还需要划掉第 4、5、6 列，这时其秩等于 6–3=3，若同时求解支座反力，则不应划列，其秩等于 3×2=6。总平衡矩阵划行或划列一般不同时进行，不划行的总平衡矩阵总是行秩亏的，划列则相当于去掉边的操作。

　　上述讨论可归纳为如下几点：①杆系的图或网络可以与力学模型或简图非常接近，节点、构件(二力杆、梁柱构件等双边约束构件)可以与图的顶点和边对应，基础或地面可通过添加一个代表地球的顶点来表示，荷载若需考虑，则添加荷载边(注：单边约束构件(如拉索)的图论表示没有深入讨论，将在基本问题 2 中进一步探讨)。结构网络分析一般选择顶点表示节点、边表示构件，仅需要对力学简图稍作修改。机构网络分析(机械设计)习惯上采用顶点表示构件、边表示节点。②杆系的网络是对其图的顶点和边的矢量或张量加权，加权的目的在于补充拓扑几何模型不能显式表达的形状几何信息和材料信息。③杆系的图论表示可以是无向图，也可以是有向图，采用有向图表示时边的方向表示构件局部坐标系 x_1 轴的正方向，可任意指定。④杆系的有向图表示非零元素与总平衡矩阵的非零分块一一对应。可以认为，总平衡矩阵是按照杆系有向图的关联矩阵组装、扩充而来，总平衡矩阵(未删掉多余行)隐含着体系完整的拓扑几何信息。一般情况下，杆系有向图的关联矩阵是不对称的稀疏长方形矩阵，力学模型的总平衡矩阵也是如此。⑤杆系总平衡矩阵的增广形式可考虑节点集中荷载，添加的各列相当于对其线性图添加荷载边。增广总平衡矩阵的分块形式对应的线性图可称为增广图，增广图自动满足基尔霍夫电流定律。因此，无论是采用结构网络还是力学简图，动不定体系构成分析时不应忽略集中荷载的影响，因为增广图或增广总平衡矩阵的秩有可能比不添加荷载边的图或不考虑荷载列矢量的总平衡矩阵的秩大(动定体系相等，为什么？)。

　　例题 2.2 实际上采用的是矩阵力法求解，总平衡矩阵(未删掉多余行)的分块形式可以得到力学简图对应的线性图。那么，采用矩阵位移法求解，由其总刚度矩阵是否可以得到力学简图对应的线性图？

　　①坐标变换同上，在此不赘述。因为杆端截面内力矢量与杆端截面位移矢量都是矢量，遵循相同的坐标变换。

　　②局部坐标系下两端刚接梁柱构件的杆端截面内力矢量与杆端截面位移矢量(图 2.27)的关系，此即单元刚度矩阵。注：伯努利梁(浅直梁，忽略剪切和耦合)的单元刚度矩阵推导可参考结构力学教材[11]或杆系有限元法方面的专著，在此直接给出，即

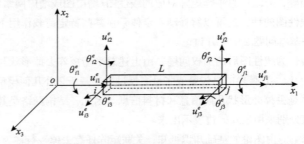

图 2.27　两端刚接梁柱构件在局部坐标下杆端截面位移

$$
\begin{pmatrix} F_{i1}^e \\ F_{i2}^e \\ F_{i3}^e \\ M_{i1}^e \\ M_{i2}^e \\ M_{i3}^e \\ F_{j1}^e \\ F_{j2}^e \\ F_{j3}^e \\ M_{j1}^e \\ M_{j2}^e \\ M_{j3}^e \end{pmatrix} =
\begin{bmatrix}
\dfrac{EA}{L} & & & & & & & & & & & \\[4pt]
0 & \dfrac{12EI_3}{L^3} & & & & & \text{对称} & & & & & \\[4pt]
0 & 0 & \dfrac{12EI_2}{L^3} & & & & & & & & & \\[4pt]
0 & 0 & 0 & \dfrac{GI_1}{L} & & & & & & & & \\[4pt]
0 & 0 & -\dfrac{6EI_2}{L^2} & 0 & \dfrac{4EI_2}{L} & & & & & & & \\[4pt]
0 & \dfrac{6EI_3}{L^2} & 0 & 0 & 0 & \dfrac{4EI_3}{L} & & & & & & \\[4pt]
-\dfrac{EA}{L} & 0 & 0 & 0 & 0 & 0 & \dfrac{EA}{L} & & & & & \\[4pt]
0 & -\dfrac{12EI_3}{L^3} & 0 & 0 & 0 & -\dfrac{6EI_3}{L^2} & 0 & \dfrac{12EI_3}{L^3} & & & & \\[4pt]
0 & 0 & -\dfrac{12EI_2}{L^3} & 0 & \dfrac{6EI_2}{L^2} & 0 & 0 & 0 & \dfrac{12EI_2}{L^3} & & & \\[4pt]
0 & 0 & 0 & -\dfrac{GI_1}{L} & 0 & 0 & 0 & 0 & 0 & \dfrac{GI_1}{L} & & \\[4pt]
0 & 0 & -\dfrac{6EI_2}{L^2} & 0 & \dfrac{2EI_2}{L} & 0 & 0 & 0 & \dfrac{6EI_2}{L^2} & 0 & \dfrac{4EI_2}{L} & \\[4pt]
0 & \dfrac{6EI_3}{L^2} & 0 & 0 & 0 & \dfrac{2EI_3}{L} & 0 & -\dfrac{6EI_3}{L^2} & 0 & 0 & 0 & \dfrac{4EI_3}{L}
\end{bmatrix}
\begin{pmatrix} u_{i1}^e \\ u_{i2}^e \\ u_{i3}^e \\ \theta_{i1}^e \\ \theta_{i2}^e \\ \theta_{i3}^e \\ u_{j1}^e \\ u_{j2}^e \\ u_{j3}^e \\ \theta_{j1}^e \\ \theta_{j2}^e \\ \theta_{j3}^e \end{pmatrix}
$$

退化可得两端铰接二力杆的单元刚度矩阵为

$$
\begin{pmatrix} F_{i1}^e \\ 0 \\ 0 \\ F_{j1}^e \\ 0 \\ 0 \end{pmatrix} =
\begin{bmatrix}
\dfrac{EA}{L} & & & & & \\[4pt]
0 & 0 & & \text{对称} & & \\[4pt]
0 & 0 & 0 & & & \\[4pt]
-\dfrac{EA}{L} & 0 & 0 & \dfrac{EA}{L} & & \\[4pt]
0 & 0 & 0 & 0 & 0 & \\[4pt]
0 & 0 & 0 & 0 & 0 & 0
\end{bmatrix}
\begin{pmatrix} u_{i1}^e \\ 0 \\ 0 \\ u_{j1}^e \\ 0 \\ 0 \end{pmatrix}
$$

可统一记为 $\boldsymbol{F}^e = \boldsymbol{K}^e \boldsymbol{u}^e$，$\boldsymbol{K}^e$ 是对称的奇异方阵。

③整体坐标系二力杆、梁柱构件的单元刚度矩阵。将构件端截面内力矢量和端截面位移矢量分别转换到整体坐标系中，即

$$\boldsymbol{TF} = \boldsymbol{F}^e = \boldsymbol{K}^e \boldsymbol{u}^e = \boldsymbol{K}^e \boldsymbol{Tu} \Rightarrow \boldsymbol{F} = \boldsymbol{T}^{\mathrm{T}} \boldsymbol{K}^e \boldsymbol{Tu} = \boldsymbol{Ku} \Rightarrow \boldsymbol{K} = \boldsymbol{T}^{\mathrm{T}} \boldsymbol{K}^e \boldsymbol{T} \tag{2.7}$$

将式(2.7)中整体坐标系下的单元刚度矩阵分开为左右节点处的杆端截面内力矢量和杆端截面位移矢量，变成分块形式，即

$$\begin{pmatrix} \boldsymbol{F}_i \\ \boldsymbol{F}_j \end{pmatrix} = \begin{bmatrix} \boldsymbol{K}_{ii} & \boldsymbol{K}_{ij} \\ \boldsymbol{K}_{ji} & \boldsymbol{K}_{jj} \end{bmatrix} \begin{pmatrix} \boldsymbol{u}_i \\ \boldsymbol{u}_j \end{pmatrix}$$

④建立图 2.23(a)所示力学模型在各节点处空间力系矢量平衡方程。各构件局部坐标系的设置同样如图 2.26 所示，每根构件的 i-j 节点编号为①：1-3、②：1-2、③：2-3、④：0-1、⑤：0-1、⑥：0-2。

几何相容条件：杆系要能够拼装成整体，隐含着一个几何条件，即各构件在相互连接节点处的杆端截面位移相同。

1 号节点(上标表示构件编号)：

$$F_1^1 + F_1^2 + F_1^4 + F_1^5 = 0 \Rightarrow K_{11}^1 u_1 + K_{13}^1 u_3 + K_{11}^2 u_1 + K_{12}^2 u_2 + K_{10}^4 u_0 + K_{11}^4 u_1 + K_{10}^5 u_0 + K_{11}^5 u_1 = 0$$

$$u_1^1 = u_1^2 = u_1^4 = u_1^5 = u_1 \Rightarrow \left(K_{10}^4 + K_{10}^5 \right) u_0 + \left(K_{11}^1 + K_{11}^2 + K_{11}^4 + K_{11}^5 \right) u_1 + K_{12}^2 u_2 + K_{13}^1 u_3 = 0$$

2 号节点：

$$F_2^2 + F_2^3 + F_2^6 = 0 \Rightarrow K_{21}^2 u_1 + K_{22}^2 u_2 + K_{22}^3 u_2 + K_{23}^3 u_3 + K_{20}^6 u_0 + K_{22}^6 u_2 = 0$$

$$\Rightarrow K_{20}^6 u_0 + K_{21}^2 u_1 + \left(K_{22}^2 + K_{22}^3 + K_{22}^6 \right) u_2 + K_{23}^3 u_3 = 0$$

3 号节点：

$$F_3^1 + F_3^3 = \begin{bmatrix} 0 \\ -P \end{bmatrix} \Rightarrow K_{31}^1 u_1 + K_{33}^1 u_3 + K_{32}^3 u_2 + K_{33}^3 u_3 = \begin{bmatrix} 0 \\ -P \end{bmatrix}$$

$$\Rightarrow 0 u_0 + K_{31}^1 u_1 + K_{32}^3 u_2 + \left(K_{33}^1 + K_{33}^3 \right) u_3 = \begin{bmatrix} 0 \\ -P \end{bmatrix}$$

因为 0 号节点实际上表示地球，所以有

$$F_0^4 + F_0^5 + F_0^6 = \begin{bmatrix} 0 \\ P \end{bmatrix} \Rightarrow K_{00}^4 u_0 + K_{01}^4 u_1 + K_{00}^5 u_0 + K_{01}^5 u_1 + K_{00}^6 u_0 + K_{01}^6 u_2 = \begin{bmatrix} 0 \\ P \end{bmatrix}$$

$$\Rightarrow \left(K_{00}^4 + K_{00}^5 + K_{00}^6 \right) u_0 + \left(K_{01}^4 + K_{01}^5 \right) u_1 + K_{01}^6 u_2 + 0 u_3 = \begin{bmatrix} 0 \\ P \end{bmatrix}$$

将上述节点空间平衡方程组按照节点位移矢量的编号顺序整理成总刚度矩阵的形式，即

$$\begin{matrix} & 0 & 1 & 2 & 3 \end{matrix}$$

$$\begin{matrix} 0 \\ 1 \\ 2 \\ 3 \end{matrix} \begin{bmatrix} K_{00}^4 + K_{00}^5 + K_{00}^6 & K_{01}^4 + K_{01}^5 & K_{01}^6 & 0 \\ K_{10}^4 + K_{10}^5 & K_{11}^1 + K_{11}^2 + K_{11}^4 + K_{11}^5 & K_{12}^2 & K_{13}^1 \\ K_{20}^6 & K_{21}^2 & K_{22}^2 + K_{22}^3 + K_{22}^6 & K_{23}^3 \\ 0 & K_{31}^1 & K_{32}^3 & K_{33}^1 + K_{33}^3 \end{bmatrix} \begin{pmatrix} u_0 \\ u_1 \\ u_2 \\ u_3 \end{pmatrix} = \begin{pmatrix} \begin{bmatrix} 0 \\ P \end{bmatrix} \\ \begin{bmatrix} 0 \\ 0 \end{bmatrix} \\ \begin{bmatrix} 0 \\ 0 \end{bmatrix} \\ \begin{bmatrix} 0 \\ -P \end{bmatrix} \end{pmatrix} \quad (2.8)$$

式 (2.8) 是以节点位移为未知量的平衡方程，记为 $Ku = P$，K 为总刚度矩阵，这是一个对称稀疏带状的奇异方阵。

⑤总刚度矩阵退化。将总刚度矩阵中包含的形状几何信息和材料信息都去掉，只保留构件编号信息，即

$$\begin{matrix} & 0 & 1 & 2 & 3 \end{matrix}$$

$$\begin{matrix} 0 \\ 1 \\ 2 \\ 3 \end{matrix} \begin{bmatrix} ④+⑤+⑥ & ④+⑤ & ⑥ & 0 \\ ④+⑤ & ①+②+④+⑤ & ② & ① \\ ⑥ & ② & ②+③+⑥ & ③ \\ 0 & ① & ③ & ①+③ \end{bmatrix} \quad (2.9)$$

观察式 (2.9) 可发现，上面矩阵对称且其对角元素为其所在行或列的非对角元素的和。将对角元置零可得

$$
\begin{array}{c}
\quad\begin{array}{cccc} 0 & 1 & 2 & 3 \end{array}\\
\begin{array}{c} 0 \\ 1 \\ 2 \\ 3 \end{array}
\left[
\begin{array}{cccc}
0 & ④+⑤ & ⑥ & 0 \\
④+⑤ & 0 & ② & ① \\
⑥ & ② & 0 & ③ \\
0 & ① & ③ & 0
\end{array}
\right]
\end{array}
\qquad (2.10)
$$

这就是图论中的连接矩阵，按照式 (2.10) 所示连接矩阵同样得到图 2.23 (b) 去掉荷载边后的无向图。连接信息：④、⑤、⑥号构件在 0 号节点处与地球连接，①、②、④、⑤号构件在 1 号节点处连接，②、③、⑥号构件在 2 号节点处连接，①、③号构件在 3 号节点处连接。

⑥上述总刚度矩阵的分块形式说明需要对杆系的图进行顶点和边的矢量加权。边的权是杆端截面内力矢量，顶点的权是节点位移矢量。

综上所述，采用矩阵位移法时杆系总刚度矩阵 (未经后处理删减) 的分块形式退化后对角元置零得到杆系无向图的连接矩阵。总刚度矩阵同样隐含了体系拓扑几何信息，去除形状几何信息和材料信息后连接矩阵具有总刚度矩阵的对称稀疏带状特征。

至此，本节采用例题 2.2 这一简单的平面铰接杆系详细介绍了杆系力学模型的图或网络表示方法的矩阵力法和矩阵位移法基础。同时，总平衡矩阵和总刚度矩阵的整体组装也有了恰当的数学基础，即结构图或网络的关联矩阵和连接矩阵。如图 2.28 所示，结构网络分析基于拓扑几何模型，丢掉的材料信息和形状几何信息必须通过加权的方法补充。

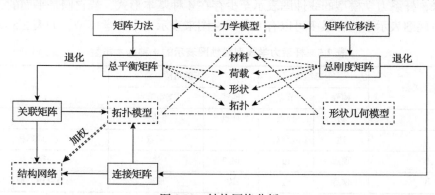

图 2.28　结构网络分析

方法四：由图论的知识可知，图和线性方程组相对应，并且图的等效方法可以用来求解线性方程组。那么，如果有了离散杆系的总平衡矩阵或总刚度矩阵 (未删除行或列)，也可以直接建立与之对应的图，而不需要力学模型，这在例题 2.2 中已有详细说明，在此不赘述。力学模型、结构网络或图和矩阵的关系如图 2.29 所示，杆系空间结构是三维的，表达为二维的结构网络或图和总平衡矩阵或总刚度矩阵的形式实际上是降维分析。

(3) 杆系简化力学模型的线性图表示方法。

杆系简化力学模型的线性图表示方法目前欠缺系统的研究，如本节前面的讨论中将构件看成边、节点看成顶点，是否还有其他选择？支座节点和地球如何表示？地球除了

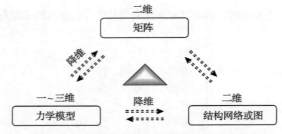

图 2.29　力学模型、结构网络或图和矩阵的关系

看成顶点，是否还可以看成边？如果将地球看成边，那么是一条边还是多条边？多条边之间的顶点表示支座节点吗？多条边和支座节点一起形成的子图有何特点？当需要将杆系力学模型用线性图表示出来时，结构工程师面临的问题包括：①将构件看成边、节点看成顶点，还是将构件看成顶点、节点看成边？②地球看成一个顶点还是一条边、多条边？如果地球看成顶点，支座节点则应看成边，反之如果地球看成多条边，支座节点则仍然应看成顶点。支座节点既属于上部结构，也属于地球，其主要作用是将上部结构的非封闭力流传递到地球并可以提供位移和力的约束，因此支座节点的图论表示既要考虑上部结构的表示方法，也要考虑下部结构的表示方法。③当构件看成顶点、节点看成边时，节点如何表示为边？例如，与两根、三根以上二力杆相连的平面铰接节点如何表示为边？下面给出这三个问题的解答。

问题①：将构件看成边、节点看成顶点或者将构件看成顶点、节点看成边都是可以的。如此说来，杆系力学模型的线性图表示至少存在 4 种基本形式，若它们是平面的，则还有相应的对偶图表示形式，最多可以有 8 种线性图来表示一个力学模型，如表 2.5 所示。

表 2.5　杆系力学模型线性图表示的 4 种基本类型

线性图类型	上部结构		下部结构		备注
	构件	节点	地球	支座节点	
I	边	顶点	顶点	边	
II	边	顶点	边	顶点	地球树
III	顶点	边	顶点	边	节点树
IV	顶点	边	边	顶点	节点树、地球树

问题②：地球和支座节点线性图表示的主要问题是地球是否只能看成一个顶点，当将地球看成一个顶点时，支座节点应看成边，那么支座节点起到边的作用，即其有独立的支座反力，因此支座边总条数或加权维数之和应该与独立支座反力的数目相同。当将地球看成边、支座节点看成顶点时，支座节点可能有多个，此时地球边的条数就不止一条，地球边和支座顶点组成树状子图，这样顶点数总是比边数多 1，地球树仍然只表示一个地球。注：关于地球和支座节点的两种线性图表示在文献中虽然均有出现，但欠缺系统深入的图论解释(详见问题③以及例题 2.5，即问题②和问题③实际上是一个问题)。

问题③：将构件看成顶点比较简单，对应每一根构件添加顶点即可，但将节点看成边就不是那么直接，因为节点可以是两根构件也可以是三根或多根构件交叉而成。下面以铰接杆系为例进行详细分析。

　　一根二力杆的基本线性图表示如图 2.30 所示，因为不考虑支座，二力杆线性图表示Ⅰ、Ⅱ相同，Ⅲ、Ⅳ相同。这里着重讨论Ⅰ、Ⅱ表示的其他形式，例如，在Ⅰ、Ⅱ中一根构件采用一条边表示的线性图基础上，若采用串联边替换，相当于在这条边上添加一个顶点，得到另外一种线性图表示，继续添加两个、三个或任意多个顶点则形成树，这些都是二力杆正确的线性图表示。因此，一根二力杆的线性图表示有很多种且它们是同胚的，最基本也最简单的情况是一根构件看成一条边。(注：若采用下一节提出的式(2.16)会发现一个规律，即采用任一同胚的线性图表示来计算该二力杆的静不定次数得到的结果都相同，即同胚的线性图表示不影响体系整体静不定次数的计算。其证明比较简单，添加一个顶点的同时边数也增加一个，而增加的边的加权值之和与增加的顶点的加权值之和相等，因此式(2.16)中边的加权值总和需要减去顶点的加权值总和，二者增加的都相同，所以其差值不变。)

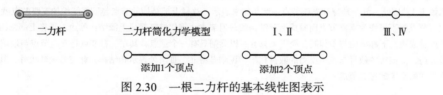

图 2.30　一根二力杆的基本线性图表示

　　接下来，考察二杆、三杆、四杆等一般多杆交叉铰接节点的Ⅲ、Ⅳ类线性图表示，如图 2.31 所示，将构件看成顶点后，节点的作用是将在此节点交叉的构件连接起来，二杆情况下的铰接节点传递两个方向的独立内力，但三杆及以上就不是那么直观，只有当把代表构件的顶点连成串联边或树后，Ⅰ、Ⅱ类线性图表示与Ⅲ、Ⅳ类线性图表示在应用式(2.16)时得出的计算结果才相等，因此多杆交叉铰接节点的边表示节点树或串联边。值得指出的是，三杆及以上的交叉节点的节点边形成的树状子图数目不是唯一的。

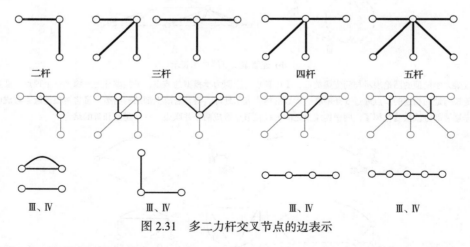

图 2.31　多二力杆交叉节点的边表示

　　图 2.32 中举例并详细说明了一些常见体系(包括简支梁、连续梁、三铰拱、平面铰接桁架、平面刚架和平面张弦梁结构等)的 4 类基本线性图表示方法。

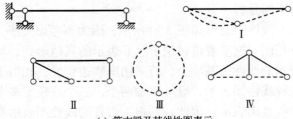

(a) 简支梁及其线性图表示

　　简支梁的左右两个节点既是上部结构的节点，又是下部结构的节点，因此支座节点具有双重节点特征。将所有支座节点等代为链杆，则它们是将上下部结构切割开来的最小集合。Ⅰ将构件看成边、节点看成顶点、地球看成一个顶点、支座节点看成边，上部结构的边和顶点与力学模型中的构件和节点一一对应，不需要改动。三根等代链杆约束实际上表示支座节点，需采用边来表示，称为支座边，支座边的数量可以与支座节点存在独立的支座反力数相同，也可以简化为每个支座节点连接一条支座边来表示。Ⅱ与Ⅰ的区别在于地球和支座节点的线性图表示不同，Ⅱ中需要将地球表示为边、支座节点表示为节点。从力学模型出发，将等代链杆约束与地面相连的节点(支座节点)看成顶点，然后用地球边(虚线)将这些顶点连接成树状图，则这一棵树表示整个地球，称为地球树。地球树的顶点数目与支座节点数目相同，地球树的边数始终比地球树的顶点数少1。因此，Ⅱ中地球和支座节点一起用树来表示，这样上部结构的节点与下部结构的支座节点就分离开来，简支梁的左右节点将不再视为支座节点而看成上部结构的普通节点。等代链杆看成上部结构的边。Ⅲ将上部结构的构件看成顶点、节点看成边，下部结构与Ⅰ相同，简支梁只有一根梁则只有一个顶点，其左、右节点是支座节点与地球顶点联系，支座节点看成边，支座边的数目与支座反力的数目相同。Ⅳ则是将Ⅱ、Ⅲ两种表示相结合，此时除地球边外，其他边同时表示支座节点和简支梁的左右节点

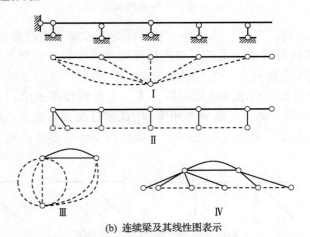

(b) 连续梁及其线性图表示

　　连续梁力学模型的图论表示与简支梁类似，Ⅰ中顶点对应原力学模型的节点，悬挑端部另外添加一个顶点。Ⅱ实际上将等代链杆与地面相连的节点通过5条串联边形成的树来表示地球，链杆看成上部结构的边。Ⅲ将两根连续梁看成两个顶点，这样悬挑部分就被简化掉了，两根连续梁之间的铰接节点看成两条并联边。Ⅳ则是Ⅱ和Ⅲ的结合

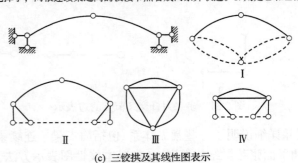

(c) 三铰拱及其线性图表示

该平面三铰拱的特点是平面曲梁两端铰接，则每根曲梁的独立截面内力数是 1。Ⅰ中支座边采用虚线表示，每条支座边表示的是支座节点处独立的支座反力。Ⅱ中地球树由 4 个顶点（支座节点）和 3 条地球边组成，地球树与上部结构之间的等代链杆要看成上部结构的构件，因此用边来表示。Ⅲ中地球顶点与代表两根曲线梁的顶点相连的边表示支座节点，是支座边，其数目与支座反力数相同。两曲线梁之间的平面铰接节点看成两条边，这里所有边的加权矢量的维数相同，都是 1。若将并联边合并用一条边来表示，则其加权矢量的维数变为 2

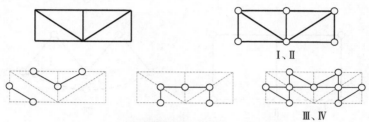

(d) 平面铰接桁架结构1及其线性图表示

Ⅰ、Ⅱ中顶点和边与力学模型的节点和构件一一对应。Ⅲ、Ⅳ中由于构件采用顶点来表示且该力学模型不考虑支座，与两根构件相连的节点看成一条边，与三根构件相连的节点看成两条串联边，同理与四根、五根构件相连的节点则形成三、四条边的树，注意除二杆交叉节点外，节点树的形式不唯一

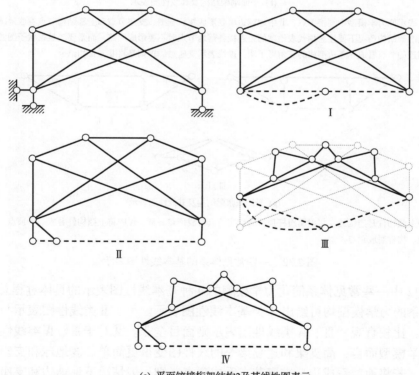

(e) 平面铰接桁架结构2及其线性图表示

Ⅰ中地球顶点和支座节点的线性图表示同简支梁模型。Ⅱ地球树线性图表示也与简支梁情况一样。Ⅲ中上部结构的节点均有三根构件相连，因此是三角形子图。虚线表示地球边，上部结构最下面的两个节点仍然看成普通的节点并用边来表示。Ⅳ是Ⅱ和Ⅲ的组合

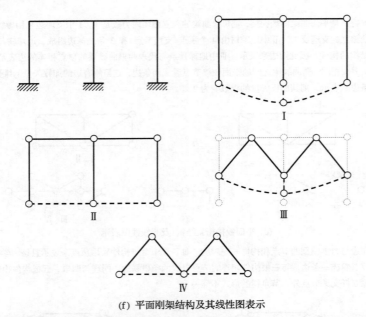

(f) 平面刚架结构及其线性图表示

Ⅰ中节点表示原力学模型中刚接节点。Ⅱ中地球边串联形成树状子图，支座节点和上部结构节点看成地球树的顶点。在空间框架或刚架结构情况下要注意用代表地球的边连接各落地节点时不要形成回路，而是要满足树状子图的要求。Ⅲ中与三根构件相连的节点看成三条边围成的三角形子图。虚线表示支座边。Ⅳ则是将Ⅱ和Ⅲ相结合

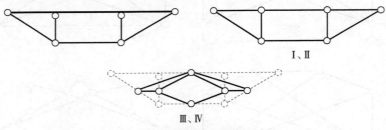

(g) 平面张弦梁结构及其线性图表示

Ⅰ、Ⅱ中上弦构件是连续的，将附属腹杆顶端的铰接节点看成顶点。Ⅲ、Ⅳ中将上弦构件看成一个顶点，原力学模型的节点看成边、构件看成顶点

图 2.32　一些常见体系的基本线性图表示

图 2.32 中一些常见体系简化力学模型的 4 种基本线性图表示的具体过程总结如下：①任意杆系的力学模型均可给出 4 类基本线性图表示。Ⅰ、Ⅱ类线性图表示与力学模型差别不大，比较直观，Ⅲ、Ⅳ类线性图表示则面目全非。②对于Ⅲ、Ⅳ类线性图表示，相对原力学模型而言，简支梁和连续梁等的线性图变得更简单。③地球和支座节点的线性图表示，若将地球看成边、支座节点看成顶点，则一般情况下地球边和支座顶点形成树状子图且该树状子图的形式一般不唯一。等代链杆约束与地面相连的节点是真正的支座节点，其余链杆本身和另一节点看成上部结构的边和普通节点。刚接支座节点可以直接采用代表地球的边形成树状子图，此时支座节点同时是上部结构的普通节点。④连续梁的悬挑部分，当将构件看成边时，其悬挑端部添加一个顶点；当将构件看成顶点时，悬挑部分可以不考虑，空间刚架的悬挑部分亦相同。⑤杆系简化力学模型的 4 类基本线

性图表示的正确性需要通过其力学应用来检验，例如，在接下来杆系整体冗余度的估计中，无论采用哪一种线性图表示，其计算结果都相同。⑥多杆铰接或刚接节点的Ⅲ、Ⅳ类线性图表示，其难以理解的是节点看成边时形成的树状子图且三杆及以上多杆交叉节点的树状子图表示不唯一。二杆节点最好理解，三杆及更多杆件交叉节点起到的传递内力作用本质上就是将所有连接该节点的杆件连通。⑦同一力学模型的每一类线性图表示都有无穷多个，它们可能是同胚的也可能是不同胚的。同一建筑物的力学模型理论上也有无穷多个，如有限元细分、任何体系都是无限自由度系统等。这再次说明数学或力学模型表示不会也不能改变力学问题的本质。

在上述基本问题 1 讨论的基础上，容易引出基本问题 2～4。如图 2.33 所示，体系形态抽象为力学模型、结构网络等，与之相应的代数结构是二者的共同归宿，因为最后都借助代数运算给出结果——算术。注意，采用图的等效方法也可以直接求解线性代数方程组——几何。基于拓扑几何模型的结构网络分析与基于力学模型的结构力学分析殊途同归，虽然拓扑几何模型与力学模型差别不大，但结构网络分析对于初步判断结构或机构设计方案阶段的问题具有计算量小、简单快速的优点，例如，空间分割数和图的零度都具有明确的建筑意义和力学意义，在实际工程体系构成分析中可以广泛应用。值得指出的是，矩阵位移法和矩阵力法既可以进行线性分析，也可以进行非线性分析，相应的结构网络分析也可分为线性和非线性两类。（注：结构的图还是线性图，但由于加权矢量之间或者顶点和边代表的对象之间的非线性关系而形成非线性结构网络。）从基本问题 1 出发，着重于体系既有拓扑性质的研究则是基本问题 2，将体系拓扑规律以及形状几何信息和材料信息表达为线性或非线性代数结构的研究则是基本问题 3，对体系拓扑时空演化而导致的形态生成规律的研究则是基本问题 4，这几个问题组成了拓扑力学的基本问题，此外，拓扑优化问题可看成基本问题 4 的子问题。

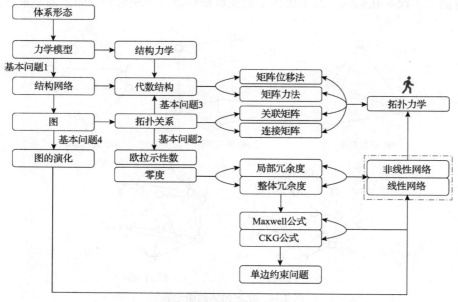

图 2.33　体系形态分析

2. 基本问题2

基本问题1给出了如何将体系抽象为图或网络的方法，那么抽象出来的结构网络或图是不是建筑、结构和机械工程师想要的？具体包括：①建筑工程师关心的问题——空间分割是否满足功能设置的需求。建筑功能的需求导致空间的分割，自然界新生命的诞生也需要分割空间，空间分割离不开点线面体形成的子空间数的计算。②结构工程师关心的问题——结构还是机构，即体系的几何判定问题或运动性分析问题。结构一般定义为可以承受任意荷载的体系，机构则定义为可运动的体系。什么样的体系拓扑构成可用来承载？若体系不能承受任意荷载，那么它可以承受什么样的荷载？③机械工程师关心的问题——机构可做什么样的运动？

上述三个问题可以归结为图论中两个代数公式，即欧拉示性数（Euler characteristic）χ 和图的零度 null(G) 公式在结构力学中的应用。本书作者认为线性结构网络分析可以粗略地但并不能深入或者准确地回答上述问题，如 Maxwell 公式或 CKG 公式的局限性[32-39]、平面桁架等平面图与机构的对偶性[40-43]等。本节涉及的非线性理论将在第3~5章给出，读者阅读文献时应独立思考，不可窥一斑而知全豹。

上述问题的展开或引申讨论如下。

(1)空间分割问题——欧拉示性数的建筑学意义。

由若干个平面多边形围成的几何体叫做多面体。把多面体的任何一个面伸展，如果其他各面都在这个平面的同一侧，就称这个多面体为凸多面体。由欧拉定理可知，正多面体只有正四面体、正六面体、正八面体、正十二面体、正二十面体五种，添加顶点得到其线性图，如图2.34所示。凸多面体或简单多面体可看成蒙在球面上的一张渔网或镶嵌在球面上，没有孔或洞的凸多面体上的顶点都可以一一映射到球面上而不重合。凸多

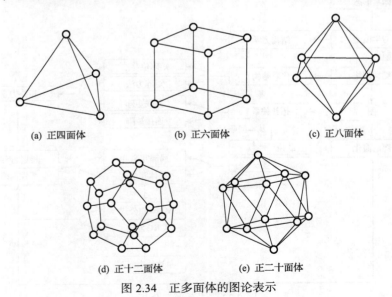

(a) 正四面体　　　　(b) 正六面体　　　　(c) 正八面体

(d) 正十二面体　　　　(e) 正二十面体

图 2.34　正多面体的图论表示

面体的线性图欧拉公式为 $n{-}b{+}f{=}2$，欧拉示性数 $\chi =n{-}b{+}f$，连通平面图的欧拉示性数等于 2，球面分割的子空间数恰好等于 2——球内、球外。因此，欧拉示性数可理解为子空间数，这是其建筑学的意义。

在代数拓扑中，欧拉示性数 χ 是一个拓扑不变量（同伦不变量）。对于所有和一个球面同胚的简单多面体：

$$\chi = n - b + f \tag{2.11}$$

式（2.11）表明，χ 与嵌入球面上的多边形剖分形式无关。表 2.6 给出了五种正多面体的顶点数、边数、面数和欧拉示性数，欧拉公式严格的数学证明以及欧拉示性数（如开洞或孔之后，要减去 2 倍的洞数）更深入的认识可参考代数拓扑学的相关专著。这里只关注结构网络或图的欧拉示性数与建筑空间分割的关系，如图 2.35（a）所示的两层框架结构，其线性图如图 2.35（b）所示，显然这不是平面图，那么计算得到其欧拉示性数等于 5，两层总共可提供 4 个房间，再加上室外空间，那么子空间数恰好等于 5。这就是欧拉示性数的建筑学意义，即功能空间数量的计算。

表 2.6　正多面体顶点数、边数、面数和欧拉示性数等统计

类型	面数 f	边数 b	顶点数 n	欧拉示性数 χ	每面边数	每顶点次数	备注
正四面体	4	6	4	2	3	3	
正六面体	6	12	8	2	4	3	
正八面体	8	12	6	2	3	4	
正十二面体	12	30	20	2	5	3	
正二十面体	20	30	12	2	3	5	

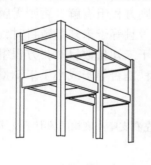
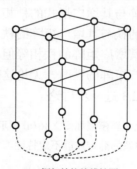

顶点数 n=19
边数 b=32
面数 f=18
子空间数 χ=5

(a) 框架结构实体模型　　　(b) 框架结构的线性图

图 2.35　多层框架结构的空间分割

简单多面体的图是连通的平面图，但不一定是最大平面图。若静定的空间铰接杆系的结构网络或图是连通的最大平面图，即 $2b{=}3f$，不考虑支座约束情况，静定结构满足 Maxwell 公式 $3n{-}b{=}6$，则欧拉示性数也等于 2，证明如下：

$$\begin{cases} 3n-b=6 \\ 2b=3f \end{cases} \Rightarrow 3n-3b=6-3f \Rightarrow 3(n-b+f)=6 \Rightarrow n-b+f=2=\chi$$

可见，由连通的最大平面图容易验证欧拉公式。

(2)基于拓扑几何模型的体系整体几何判定问题——图的零度的力学意义在于整体冗余度的计算，用于初步判断体系整体拓扑几何特征。

Maxwell公式：前面提到在结构力学教材[11]中普遍采用的、由Maxwell在1864年提出的空间铰接杆系计算自由度数的公式[12]，即$w=3n-b-k$，习惯上称为Maxwell公式。与Maxwell公式类似，机械设计中机构分析也有一个CKG公式。这两个公式本质上均基于体系的线性图或结构、机械网络模型。此外，结构力学教材中还补充了一些不符合Maxwell公式(如瞬变机构)的判别方法，如平行或延长线交于一点的三链杆形成瞬变机构等。

静定(static determinacy)、静不定(static indeterminacy)：文献[12]中"截面内力不确定"指的是空间铰接杆系杆件的独立截面内力数大于独立节点静平衡方程数，从而不能仅凭节点处力的静平衡条件得到所有杆件的截面内力，此时后处理过的静平衡方程组是欠定的。"截面内力确定"则是二者相等的情况。笼统而言，静定和静不定指的是在任意荷载作用下杆件截面内力能否仅通过节点处的静力平衡条件唯一确定[32-36]。注意，任意荷载这一点，对于可承载体系的要求是过分严格的。例如，平面内静定或超静定结构面内可承载，但若在承受面外荷载的情况下，线性静平衡方程组无解。

仅从数学的角度，线性代数方程组可能存在三种情况：适定、欠定和超定。静平衡方程组适定的情况下体系是静定的，静平衡方程组欠定的情况下体系是静不定的，那么静平衡方程组超定的情况下是静定的还是静不定的？适定、欠定和超定只比较方程的总数和未知量的总数，并没有考虑各方程之间的相关性或独立性，因此是粗略的、不严谨的。

严格意义上线性代数方程组解的情况应考察其系数矩阵及其增广形式的秩数与独立未知量总数的关系。换言之，线性代数方程组有解与否需要考察其系数矩阵本身以及是否与右端项相容，系数矩阵与其增广形式的秩相等则方程组有解，否则无解。具体可分为三种情况：当系数矩阵的秩与其增广矩阵的秩相等且等于未知量数目时，方程组有唯一解；当系数矩阵的秩与其增广矩阵的秩相等但小于未知量数目时，方程组有无穷解；当系数矩阵的秩小于其增广矩阵的秩时，无论这个秩是否等于或小于未知量数目，方程组都无解。下面通过例题2.3进一步讨论。

例题2.3 秋天的苹果简化力学模型如图2.36(a)所示，左右支座高度相同的绳子及其简化线模型如图2.36(b)所示，试给出这些体系的静定或静不定特性。

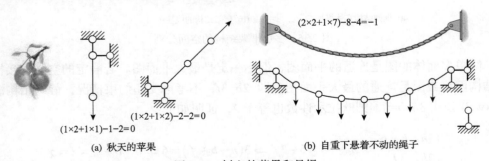

$(2\times2+1\times7)-8-4=-1$

$(1\times2+1\times2)-2-2=0$

$(1\times2+1\times1)-1-2=0$

(a) 秋天的苹果   (b) 自重下悬着不动的绳子

图2.36 树上的苹果和悬绳

图 2.36(a)中节点可建立 2 个平衡方程，但水平方向的平衡方程是没有用的，杆件内力在水平方向无分力，也无水平方向的荷载，只粗略地统计未知量数目和面内平衡方程数目进行体系构成分析就会得出错误的判断，认为体系静平衡方程组是超定的。秋天的苹果如果没有采摘，那么蒂枯萎后会落到地面上，因此苹果仅在重力作用下的运动自由度是 1，正确应用 Maxwell 公式应该是 $(1\times2+1\times1) - 1 - 2=0$，$1\times2$ 表示 1 个支座节点、每个支座节点有 2 个自由度，1×1 表示除支座节点外的其他节点只能做一维运动、自由度为 1。计算自由度数等于 0 可以得出体系是静定的，这与事实相符。然而，当下节点承受水平方向荷载时，仅依靠静平衡条件将无法确定杆件的截面内力而必须考虑体系的动平衡条件、质量分布等，此时静总平衡矩阵的秩小于其增广形式的秩。

再如图 2.36(b)所示的自重下理想柔软的绳子，每一节点处可建立 2 个静平衡方程共 $2\times9=18$ 个，未知绳段截面内力数为 8、支座约束反力数为 4，未知量的数目(12)小于静平衡方程的数目(18)，那么静平衡方程组是超定的。由悬链线理论(详见本书第 4 章)可知，自重下悬着不动的绳子实际上有且只有一个未知参数，即绳段原长或支座水平反力，是 1 次静不定体系。绳子仅在自重作用下达到平衡状态之后，除支座节点外，绳子上每一点的运动都是一维的，因此正确应用 Maxwell 公式应该是 $(2\times2+1\times7)-8-4=-1$，计算自由度数等于-1，体系为一次静不定的，这也与事实相符。(注：绳子的简化模型如果中间不是 7 个节点而是划分更多的绳段，仍然可以得出上述结论，即人为简化的力学模型不应改变力学问题的实质。)

图 2.36(b)有如下特点：①绳子的形状几何与荷载分布密切相关，但体系形态已处于稳定的静平衡状态；②理想柔软的绳子是单边约束；③支座节点做二维运动，但除了支座节点，绳子上的其他节点只能做一维运动，可看成算盘上的珠子或珠帘上的珠子，珠子只能沿空间或平面曲线运动。

由例题 2.3 的讨论至少可以提出如下三个问题并初步回答如下。

Maxwell 公式适用条件是什么？本书作者认为，Maxwell 公式的适用条件包括：体系处于静平衡状态、线弹性小位移小应变假设成立(线性分析)、体系形态与任意荷载静相容即静平衡矩阵的秩等于 $3n-k$、可以存在单边约束但单边约束不能退出工作。体系处于静平衡状态是前提，若体系形态处于静平衡但平衡不稳定或邻近分叉状态，形状几何会影响各静平衡方程之间的相关性，例如，结构力学教材中称为瞬变体系的情况，这便要求体系整体几何判定时最好能够识别平衡状态的稳定性，但稳定性问题本身是一个二阶或高阶变分问题。荷载分布和大小联系到基本问题 1 中添加荷载边或增广总平衡矩阵的情况，即静平衡方程组的右端项可能使增广总平衡矩阵的秩大于原静总平衡矩阵的秩，从而导致静平衡方程组不相容而无解。线弹性小位移假设提示 Maxwell 公式是一阶线性分析，忽略了几何和材料非线性即大位移大应变的影响以及预应力的作用。上面提到 Maxwell 公式基于不添加荷载边的线性图模型，除该线性图保持有效外(注：若存在单边约束，单边约束在特定荷载作用下可能退出工作，体系的线性图表示可能改变)，其他因素如形状几何和荷载、是否处于稳定的平衡状态、材料信息、有无大位移大应变等都不是线性图所必须涵盖的，因此 Maxwell 公式的局限性本质上是力学模型抽象为结构的线性图或网络过程中必要但过分简化造成的，无可厚非。

单边约束问题如何考虑？单边约束的数学意义是绳索等单向受力特性，如截面内力大于等于零这一不等式条件，如何计入等式方程组一起考虑？本节稍后会进行专题讨论。

　　体系形态与荷载在什么情况下静相容或静不相容？（注：若无特别说明，本章荷载指的是作用在节点处的集中荷载，荷载矢量的维数与节点位移矢量的维数相等。）在仅利用静平衡条件的情况下，体系能够承受的荷载矢量必然在其静平衡方程组系数矩阵的列空间中，因此系数矩阵的秩必然等于增广系数矩阵的秩（系数矩阵添加一列，其列空间的秩只会增大或不变），此时体系形态与荷载是静相容的。若荷载矢量不在系数矩阵的列空间中，则增广系数矩阵的秩将大于原系数矩阵的秩，方程组无解，是静不相容的，从力学角度来理解就是当前的体系形态无法承受这一种荷载分布而保持静平衡。任意荷载假定并不是不考虑外荷载的影响，而应当考虑任意荷载大小和分布情况，传统的体系构成分析中没有明确指出这一点，而静定和静不定的判断应考察各种可能荷载作用下体系静平衡方程组及其增广形式（注：可能荷载并不等同于任意荷载，实际工程设计时考虑极限状态下荷载工况数量总是有限的而后者却是无限的）。若体系形态与任意荷载静相容，则平衡矩阵的秩必然等于 $3n-k$。

　　另外，静定和静不定从字面意义上也可能会被理解为静平衡状态是否确定，但这不是结构力学中的真正含义。

　　动定（kinematic determinacy）、动不定（kinematic indeterminacy）：在线弹性小位移小应变假设下，体系相容矩阵与平衡矩阵互为转置，由虚功原理可知外力虚功与内力虚功相等，则

$$(\boldsymbol{F}^e)^{\mathrm{T}} \cdot \delta \boldsymbol{\varepsilon}^e = \boldsymbol{P}^{\mathrm{T}} \cdot \delta \boldsymbol{u} \Rightarrow (\boldsymbol{F}^e)^{\mathrm{T}} \cdot \delta \boldsymbol{\varepsilon}^e = (\boldsymbol{A}\boldsymbol{F}^e)^{\mathrm{T}} \cdot \delta \boldsymbol{u} = (\boldsymbol{F}^e)^{\mathrm{T}} \boldsymbol{A}^{\mathrm{T}} \cdot \delta \boldsymbol{u} \Rightarrow \boldsymbol{A}^{\mathrm{T}} \delta \boldsymbol{u} = \delta \boldsymbol{\varepsilon}^e \qquad (2.12)$$

　　动定和动不定的概念最初建立在相容矩阵与节点虚位移矢量乘积等于杆件的虚变形矢量这一相容方程组（即式(2.12)）基础上[38,39]。相容方程组也有适定、欠定和超定三种情况，但这是非常粗略的判断。动定和动不定的概念提出时指的是仅凭相容条件来判断体系节点虚位移是否会引起杆件的虚变形，杆件没有虚变形的情况则认定为机构。显然，基于势能的一阶变分得到线性相容方程组的局限性是一阶变分问题和线弹性小位移小应变假设所带来的，虚位移是满足相容条件的可能位移，并非真实的且是一个邻域的概念，是小的，不可将之等同于机构大位移，因此由线性相容矩阵的零空间给出的机构位移矢量都是一阶无穷小的，是否是机构大位移还需要二阶或高阶分析。线性相容方程组的数学意义是杆件的虚变形矢量必须在相容矩阵的列空间中，如果列空间秩亏，则相容矩阵的零空间不空，存在不等于零的虚位移，且不引起杆件的虚变形。至少还可以提出几个问题并初步回答如下。

　　相容条件的本质是什么？离散杆系任一节点位移等于所有汇交或连接于此节点的构件在该节点的位移，这是一个看似自然实际上却十分严格的假设。采用数学语言来描述则更准确一些，铰接节点可理解为位移函数在该节点处连续，刚接节点包含转角还要求位移函数在该节点处的一阶或二阶导数存在且连续，即在节点邻域范围内位移场连续甚至光滑。例如，弹性理论中二力杆的杆端内力与杆端位移函数的一阶导数有关，一般两端刚接梁的杆端弯矩与杆端曲率有关，即与位移函数的二阶导数有关，一旦材料进入塑

性，这些关系将产生很大的不同，应力与应变、内力与相对位移的关系将不再一一对应甚至相互独立。因此，相容方程组描述的是位移连续假设下的体系形状几何整体和局部变化之间的关系（线性或非线性），隐含着体系拓扑几何特征不发生变化，相容方程组本质上就是拓扑关系不变前提下的位移连续性假设。若存在单边约束退出工作的情况，则体系的线性图边数减少，关联矩阵、连接矩阵及其对应的总相容矩阵、总刚度矩阵都会发生变化。

既然相容方程组是体系运动描述的连续性假设，那么该方程组是体系内各空间点位移之间的关系，与外部输入无关。换言之，相容方程组只是一个体系内部的几何关系，一般情况下不需要单独求解，这一点与平衡方程组不同。更进一步而言，单独讨论相容方程组更多的是其数学意义而没有力学意义。另外，只有被动张拉或被动产生内力的赘余构件才需要相容条件，例如，在自平衡的体系同步施加预应力从而存在预应变的情况下，以初状态几何作为参考几何，相容方程组（含所有杆件）的右端项不等于零，而左端项中的位移矢量理论上可以等于零。这个过程实际上是一个强迫施工的过程，人为主动张拉的构件并不需要满足相容条件。

静定体系没有赘余构件，构件内力不受相容条件的影响或者说平衡了必然相容吗？先进行一点推导：任意体系运动描述的静平衡条件、相容条件和弹性本构关系之间的联系如图 2.37 所示，其中 m 和 n 表示静平衡矩阵的行数和列数，对空间铰接杆系而言，$m=3n-k$，$n=b$。$A_{m \times n}$ 表示体系静总平衡矩阵（去掉支座约束行后的），$F_{n \times 1}^e$ 表示体系各构件在其局部坐标系下的独立截面内力矢量，$P_{m \times 1}$ 表示体系各节点在整体坐标系下的外部荷载矢量，$u_{m \times 1}$ 表示体系各节点在整体坐标系下的独立节点位移矢量，$\varepsilon_{n \times 1}$ 表示体系各构件在其局部坐标系下的变形矢量或者说是构件左右节点的相对位移，$C_{n \times n}$ 表示局部坐标系下构件独立截面内力与其变形之间的关系，是非奇异的对称矩阵，对空间铰接杆系而言，这是一个对角阵，对应第 i 根构件的对角元素为 EA_i/L_i。

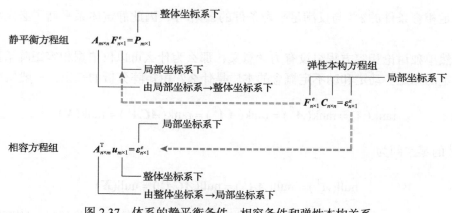

图 2.37　体系的静平衡条件、相容条件和弹性本构关系

由图 2.37 可见，静平衡状态下体系运动的完整描述包括静平衡条件、相容条件和弹性本构关系，其中静平衡条件、相容条件包含了拓扑几何信息、形状几何信息，弹性本

构关系则包含了材料信息。

将相容方程组的左右两端都左乘弹性本构矩阵得

$$A_{n\times m}^{\mathrm{T}} u_{m\times 1} = \varepsilon_{n\times 1}^{e} \Rightarrow C_{n\times n} A_{n\times m}^{\mathrm{T}} u_{m\times 1} = C_{n\times n} \varepsilon_{n\times 1}^{e} = F_{n\times 1}^{e} \Rightarrow C_{n\times n} A_{n\times m}^{\mathrm{T}} u_{m\times 1} = F_{n\times 1}^{e}$$

上式两端继续左乘总平衡矩阵得

$$A_{m\times n} C_{n\times n} A_{n\times m}^{\mathrm{T}} u_{m\times 1} = A_{m\times n} F_{n\times 1}^{e} = P_{m\times 1} \Rightarrow A_{m\times n} C_{n\times n} A_{n\times m}^{\mathrm{T}} u_{m\times 1} = P_{m\times 1}$$

而

$$K_{m\times m} u_{m\times 1} = P_{m\times 1} \Rightarrow K_{m\times m} = A_{m\times n} C_{n\times n} A_{n\times m}^{\mathrm{T}} \tag{2.13}$$

式(2.13)为体系总刚度矩阵与总平衡矩阵、弹性本构矩阵和相容矩阵之间的关系。可见，总刚度矩阵包含了静平衡状态下体系运动完整描述所需要的拓扑几何、形状几何和材料信息。上述讨论针对任意静定或静不定体系，具体到静定体系，下面回答一开始提出的问题，这实际上是要证明静定体系平衡了一定相容。

分析：静定体系的平衡矩阵($m=n$)是一个方阵(注：当 $m>n$ 时，去掉没用的行后仍然是一方阵)且满秩，因此可逆。

证明：由矩阵位移法可知，静定体系既满足平衡条件又满足相容条件的位移解为 $u^{*} = K^{-1} P = (ACA^{\mathrm{T}})^{-1} P$。仅满足平衡方程组的各杆件的内力为 $F^{e} = A^{-1} P$，由弹性本构关系可得各杆件的变形，即 $\varepsilon^{e} = C^{-1} F^{e} = C^{-1} A^{-1} P$，那么需要检查由这个 u^{*} 得到 ε^{e*} 和 ε^{e} 是否相等。

将 u^{*} 代入相容方程组左端得

$$A^{\mathrm{T}} u^{*} = A^{\mathrm{T}} (ACA^{\mathrm{T}})^{-1} P = C^{-1} A^{-1} P = \varepsilon^{e*} \Rightarrow \varepsilon^{e*} = C^{-1} A^{-1} P = \varepsilon^{e}$$

满足相容条件的 ε^{e*} 与仅满足平衡条件的 ε^{e} 相等，因此静定体系平衡了必定相容。证毕。

既然单独讨论相容方程组没有力学意义，那么为什么可以仅依据相容矩阵给出动定和动不定的判定？动定和动不定概念的本质是什么？由矩阵分析的知识，一般情况下

$$\mathrm{rank}(A) = \mathrm{rank}(A^{\mathrm{T}}) = \mathrm{rank}(AA^{\mathrm{T}}) = \mathrm{rank}(ACA^{\mathrm{T}}) = \mathrm{rank}(K) \tag{2.14}$$

A^{T} 的零空间为

$$\mathrm{null}(A^{\mathrm{T}}) = \mathrm{null}(AA^{\mathrm{T}}) = \mathrm{null}(ACA^{\mathrm{T}}) = \mathrm{null}(K) \tag{2.15}$$

由式(2.14)和式(2.15)可见，对相容矩阵零空间的讨论貌似可以代替对总刚度矩阵零空间的讨论，但是这只是一种计算分析的简化，本质上还是对 $Ku = P$ 这一方程组的讨论。因为动定和动不定的概念本质上是在任意荷载作用下能否确定各节点的位移，这就要求方程组以节点位移为未知量而右端项为外荷载，这与位移法或矩阵位移法的基本方程组

一致。

补充式 (2.15) 的数学证明如下：

引入总平衡矩阵的奇异值分解 $A = U\Sigma V^{\mathrm{T}}$，其中 U 和 V 为实的酉矩阵 $U^{\mathrm{T}}U = I$、$V^{\mathrm{T}}V = I$ 且零奇异值对应的 U 和 V 中的向量子空间分别为 A^{T} 和 A 的零空间，Σ 为实的对角矩阵，I 为单位矩阵。

方阵 $A^{\mathrm{T}}A = (U\Sigma V^{\mathrm{T}})^{\mathrm{T}}U\Sigma V^{\mathrm{T}} = V\Sigma U^{\mathrm{T}}U\Sigma V^{\mathrm{T}} = V\Sigma^2 V^{\mathrm{T}}$，因此 V 张成 $A^{\mathrm{T}}A$ 特征向量空间且 V 中与零奇异值对应的向量子空间为 $\mathrm{null}(A^{\mathrm{T}}A) = \mathrm{null}(A)$，同理可证明 $\mathrm{null}(AA^{\mathrm{T}}) = \mathrm{null}(A^{\mathrm{T}})$。

方阵 $ACA^{\mathrm{T}} = U\Sigma V^{\mathrm{T}}C(U\Sigma V^{\mathrm{T}})^{\mathrm{T}} = U\Sigma V^{\mathrm{T}}CV\Sigma^{\mathrm{T}}U^{\mathrm{T}}$，另外对空间铰接二力杆系 C 是对角阵且满秩，$V^{\mathrm{T}}CV = C$。因此，$ACA^{\mathrm{T}} = U\Sigma V^{\mathrm{T}}C(U\Sigma V^{\mathrm{T}})^{\mathrm{T}} = U\Sigma C\Sigma^{\mathrm{T}}U^{\mathrm{T}}$，其中 $\Sigma C\Sigma^{\mathrm{T}}$ 为三个对角阵相乘，仍然为对角矩阵，记 $\Lambda = \Sigma C\Sigma^{\mathrm{T}}$，则 $ACA^{\mathrm{T}} = U\Lambda U^{\mathrm{T}}$，因此 U 张成 ACA^{T} 的特征向量空间且 U 中与零奇异值对应的向量子空间为 $\mathrm{null}(ACA^{\mathrm{T}}) = \mathrm{null}(A^{\mathrm{T}})$。

证毕。

由上述证明过程可见，$A^{\mathrm{T}}A$、AA^{T}、ACA^{T} 的特征值只是 A 的特征值的平方或其他变化、特征值的个数与 A 的奇异值的个数相同，由奇异值个数与矩阵秩的关系可得 $\mathrm{rank}(A) = \mathrm{rank}(A^{\mathrm{T}}) = \mathrm{rank}(AA^{\mathrm{T}}) = \mathrm{rank}(ACA^{\mathrm{T}}) = \mathrm{rank}(K)$，式 (2.14) 也得到证明。

接下来采用例题 2.4 验证式 (2.15)。

例题 2.4　一简单平面三杆体系如图 2.38 所示。

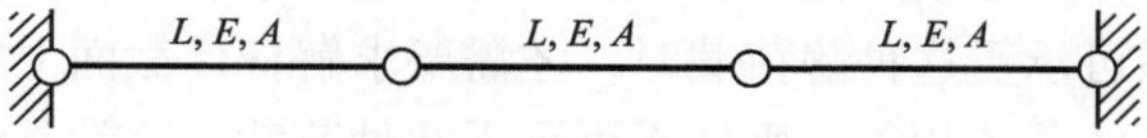

图 2.38　简单平面三杆体系

分析：对体系总平衡矩阵进行奇异值分解可得到其左零空间和右零空间，右零空间的维数为 1，基底为 $(1\ \ 1\ \ 1)^{\mathrm{T}}$，左零空间的维数为 2，基底为 $(0\ \ 1\ \ 0\ \ 0)^{\mathrm{T}}$ 和 $(0\ \ 0\ \ 0\ \ 1)^{\mathrm{T}}$。

此外，这一体系的线性总刚度矩阵为

$$K_{\mathrm{Linear}} = \frac{EA}{L}\begin{bmatrix} 2 & 0 & -1 & 0 \\ 0 & 0 & 0 & 0 \\ -1 & 0 & 2 & 0 \\ 0 & 0 & 0 & 0 \end{bmatrix}$$

显然，该线性总刚度矩阵的零空间可由 $(0\ \ 1\ \ 0\ \ 0)^{\mathrm{T}}$ 和 $(0\ \ 0\ \ 0\ \ 1)^{\mathrm{T}}$ 张成，而该基底恰好是总平衡矩阵左零空间的基底。（注：由几何非线性有限元方法延伸思考，即采用初始构形或即时构形的非线性刚度矩阵进行奇异值分解，则可考虑预应力的刚化效应和形状几何变化后的体系是否还存在有限机构位移模态，这样线性分析得到的可刚化的一阶或高阶机构位移模态将不再出现，从而更接近真实情况。）

综上所述，静定和静不定、动定和动不定的概念及其与体系静力学平衡条件和位移协调条件（变形相容条件）的关系如图 2.39 所示。

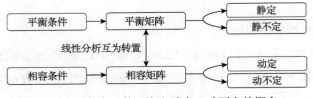

图 2.39　静定、静不定和动定、动不定的概念

　　空间铰接杆系的总平衡矩阵、相容矩阵、总刚度矩阵及其增广形式的秩之间的关系如表 2.7 所示。从表中可以看出，行数与列数之间有 3 种大小关系，行数与矩阵秩之间和列数与矩阵秩之间都有 2 种大小关系，矩阵秩与其增广形式的秩之间有 2 种大小关系，按数学组合共有 3×2×2×2=24 种可能情况，实际上只有 12 种情况甚至更少（注：非线性的平衡矩阵和相容矩阵不再互为转置关系，几何刚度或应力刚度若存在，则总刚度矩阵始终满秩且等于 m）。由表 2.7 可得到如下几点认识：①线性平衡矩阵或相容矩阵的秩若等于 m，那么任意荷载矢量必定在平衡矩阵或总刚度矩阵的列空间中，不存在 $\mathrm{rank}(A) < \mathrm{rank}(AP)$ 的情形，即体系可以承受任意荷载。这么说来，Maxwell 公式适用于平衡矩阵或相容矩阵的秩等于 m 的情况，对应表 2.7 中共有 4 种情况，可用来计算静不定次数或计算自由度数。②当平衡矩阵行秩亏列满秩或相容矩阵行满秩列秩亏时，直接应用 Maxwell 公式可能得出错误结论。③当 $m > \mathrm{rank}(A)$ 且 $n > \mathrm{rank}(A)$ 时，再比较行数和列数的大小就没有意义了。④线性静平衡方程组无解情况的力学意义在于线弹性小位移小应变假设下此种体系不能承受这一种荷载分布。换言之，当体系无法承受这一种荷载分布时，体系可能整体倾覆或产生机构位移，再讨论体系静定和静不定其实已经没有静力学意义，只有体系可承受这种静荷载时，才需要求解杆件截面上的静内力。总刚度矩阵的秩与其增广形式的秩若相等，则体系可承受此种荷载，这就是线性小位移小应变假设下的动定。若总刚度矩阵的秩小于其增广形式的秩，则是线性小位移小应变假设下的动不定。⑤当 $\mathrm{rank}(K) = \mathrm{rank}(KP) = n < m$ 时，仅从方程组求解的角度会有无穷多个解，实际上只存在唯一确定的解，因为此时对应某一机构位移矢量方向的荷载为零，线性刚度也为零，总刚度矩阵的这一行和这一列也都可以划掉，这样处理后的总刚度矩阵的秩和行、列数最终都等于 n。当 $\mathrm{rank}(A) = \mathrm{rank}(AP) = n < m$ 时，总平衡矩阵有些行是没有用的，可以划掉，这样处理后的总平衡矩阵的秩和行、列数最终也都等于 n。

表 2.7　杆系的总平衡矩阵、相容矩阵、总刚度矩阵及其增广形式的秩之间的关系

矩阵	m 与矩阵秩	n 与矩阵秩	m 与 n	矩阵秩与增广矩阵的秩	静动性	备注
平衡	$m = \mathrm{rank}(A)$	$n = \mathrm{rank}(A)$	$m = n$	$\mathrm{rank}(A) = \mathrm{rank}(AP) = m = n$ 不存在 $\mathrm{rank}(A) < \mathrm{rank}(AP)$	静定	任意荷载
	$m > \mathrm{rank}(A)$	$n = \mathrm{rank}(A)$	$m > n$	$\mathrm{rank}(A) = \mathrm{rank}(AP) = n < m$	静定	某些荷载
				$\mathrm{rank}(A) < \mathrm{rank}(AP)$		无解
	$m = \mathrm{rank}(A)$	$n > \mathrm{rank}(A)$	$m < n$	$\mathrm{rank}(A) = \mathrm{rank}(AP) = m < n$ 不存在 $\mathrm{rank}(A) < \mathrm{rank}(AP)$	静不定	任意荷载

续表

矩阵	m 与矩阵秩	n 与矩阵秩	m 与 n	矩阵秩与增广矩阵的秩	静动性	备注
平衡	$m > \text{rank}(A)$	$n > \text{rank}(A)$	无意义	$\text{rank}(A) = \text{rank}(AP) < m$ 且 $\text{rank}(A) = \text{rank}(AP) < n$	静不定	某些荷载
				$\text{rank}(A) < \text{rank}(AP)$		无解
相容	$n = \text{rank}(A^{\text{T}})$	$m = \text{rank}(A^{\text{T}})$	$m = n$	$\text{rank}(K) = \text{rank}(KP) = m = n$ 不存在 $\text{rank}(K) < \text{rank}(KP)$	动定	任意荷载
	$n > \text{rank}(A^{\text{T}})$	$m = \text{rank}(A^{\text{T}})$	$m < n$	$\text{rank}(K) = \text{rank}(KP) = m < n$ 不存在 $\text{rank}(K) < \text{rank}(KP)$	动定	任意荷载
	$n = \text{rank}(A^{\text{T}})$	$m > \text{rank}(A^{\text{T}})$	$m > n$	$\text{rank}(K) = \text{rank}(KP) = n < m$	动定	某些荷载
				$\text{rank}(K) < \text{rank}(KP)$	动不定	无解
	$n > \text{rank}(A^{\text{T}})$	$m > \text{rank}(A^{\text{T}})$	无意义	$\text{rank}(K) = \text{rank}(KP) < m$ 且 $\text{rank}(K) = \text{rank}(KP) < n$	动定	某些荷载
				$\text{rank}(K) < \text{rank}(KP)$	动不定	无解

值得指出的是，静定和静不定只依赖于静平衡条件，不是对体系运动的完整描述，静不定也不是指杆件的截面内力真的无法确定，例如，超静定结构若补充相容条件和材料本构关系建立较为完整的静平衡方程组，则杆件截面内力可以确定（如整体力法，详见 5.2 节），真正无法确定所有杆件截面静内力的情况是整体力法的静平衡方程组不相容、无解，而必须考虑动平衡条件即依据牛顿第二定律建立的运动方程。动定和动不定概念的最初提出只依据相容条件，若仅考察线性相容方程组，除线性相容矩阵的零空间外，没有任何的力学意义，动定和动不定的概念应依据体系静止状态的完整运动描述，如总刚度矩阵及其增广形式。

注意，上述静定和静不定、动定和动不定的讨论以承受节点集中荷载的空间铰接杆系为例，以线弹性小位移小应变假设为前提，不存在单边约束或单边约束不退出工作，忽略几何非线性大位移效应以及初始预应力的作用。

在上述静定和静不定、动定和动不定两组概念中讨论了 Maxwell 公式在结构力学应用中的局限性，这是向下求索，反过来，向上追溯 Maxwell 公式的来源会发现它和图论或网络理论关系密切。下面通过例题 2.5 先初步引出问题，再给出证明。

路径、割集和回路：在图中，从某一个顶点出发，不返回到已经通过的相同交叉点，而到达另外某个顶点的边的链，就叫做路径（path）。最初的顶点称为始点（initial vertex），最后的顶点称为终点（terminal vertex）。一旦去掉适当数量的边，两点间就不存在路径，并且去掉边的集合是最小（若把属于此集合的边保留一条不去掉，则在所研究的两个顶点间就肯定存在着路径）时，这种边集合就叫做分割两个顶点的割集或者切断集合。与某个顶点相连接的全部边叫做该顶点的关联集合（incidence set）。路径的起点与终点是同一个点时就叫做回路（loop circuit），图的回路是全部顶点次数都为 2 的连通子图。

例题 2.5　一条独立的路径和一条独立的回路中顶点数、边数以及连通数的关系如图 2.40 (a) 所示，排成一行的树抽象为图之后，一个顶点表示一棵树，一条边表示一个树空，那么无论这一行树有多少棵（>2 棵），顶点数和边数的关系始终为 $b+1=n$。若这些树围成圈即形成回路，记回路数为 R，那么顶点数、边数和回路数的关系为 $b+1-R=n$。

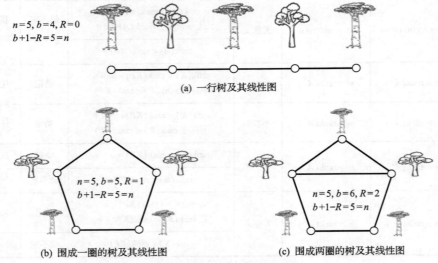

$$n=5, b=4, R=0$$
$$b+1-R=5=n$$

(a) 一行树及其线性图

$$n=5, b=5, R=1$$
$$b+1-R=5=n$$

(b) 围成一圈的树及其线性图

$$n=5, b=6, R=2$$
$$b+1-R=5=n$$

(c) 围成两圈的树及其线性图

图 2.40　树和树空的数量关系

如图 2.40(b)、(c)所示围成一圈、两圈都满足这一关系式，将该关系式变换得 $b-n+1=R$。而在图论中 $\text{rank}(G)=n-\rho(G)=n-1$，$\text{null}(G)=b-\text{rank}(G)=b-n+1\Rightarrow\text{null}(G)=R$，这就证明了线性图的零度就是图中独立回路的条数。

在结构力学中如果将图 2.40 中的线性图看成全部是刚接节点的杆系，那么二维或三维情况下静不定次数分别等于 $3R$ 或 $6R^{[32]}$。

进一步，如果将图 2.40 中的线性图加权成为结构网络，那么全部采用刚接节点(包括支座节点)的空间刚架的网络图，其顶点加权矢量为该顶点的节点位移矢量，维数为 $w_n=6$，边加权矢量为构件的独立截面内力矢量，维数也为 $w_b=6$，每一连通片的加权矢量是刚体运动的位移矢量，维数为 $w_\rho=6$(三维)或 3(平面二维)，每条回路的静不定次数为 $w_b=6$。因此，空间刚架总的静不定次数等于

$$w_b\times R=w_b\times\text{null}(G)=w_b\times(b-n+1)=6b-6n+6=w_b\times b-w_n\times n+w_\rho\times1，\quad w_b=w_n=w_\rho=6$$

同理，平面刚架的静不定次数等于

$$w_b\times R=3b-3n+3=w_b\times b-w_n\times n+w_\rho\times1，\quad w_b=w_n=w_\rho=3$$

若将图 2.40 中的线性图看成全部三维空间铰接节点二力杆系的结构网络，每个顶点加权位移矢量的维数为 $w_n=3$(相对于刚接情况维数减少 3)，每条边加权独立截面内力矢量的维数为 $w_b=1$(相对于刚接情况维数减少 5)，每条回路的静不定次数为 $w_b=1$，但是结构网络的静不定次数为 $w_b\times b-w_n\times n+w_\rho\times1=b-3n+6\neq w_b\times R$，因为 $w_b\neq w_n\neq w_\rho$，而 $b-3n+6$ 即 Maxwell 公式用来计算静不定次数的另一种形式。这就是 Maxwell 公式的结构网络理论来源。(注：由于 $w_b\neq w_n\neq w_\rho$，由线性图零度公式计算的回路数与结构网络的回路数不

再相等，此时正确的自内力回路数为 $R' = b - 3n + 6 = R - 2n + 5$。）

归纳上述对刚架和二力杆系这些特例静不定次数的讨论，可以将静不定次数估计公式一般化，任意荷载、各平衡方程之间相互独立即平衡矩阵行满秩、单边约束未退出工作情况下处于静平衡状态的体系的静不定次数等于：

$$\sum_{i=1}^{b} w_{bi} - \sum_{j=1}^{n} w_{nj} + \sum_{k=1}^{\rho(G)} w_{\rho k} \tag{2.16}$$

式 (2.16) 实际上应为总平衡矩阵的列数减去其独立的行数，显然，只比较行数和列数之间的关系并不能准确地判断体系真正的静不定次数，这只是一种粗略的估计。下面通过一些例题验证式 (2.16)。

（注：式 (2.16) 参考了 Kaveh[35,36]、Gogu[37] 提出的杆系整体几何判定分析类似公式，但式 (2.16) 源于力学模型完整的线性图表示和图的零度公式以及对结构网络分析中加权矢量的认识，其基本思想和计算方法都不一样。例如，式 (2.16) 可自然包含地球和支座节点，此外，本节进一步明确了式 (2.16) 的一般性和局限性，例如，力学模型的 Ⅰ～Ⅳ 类线性图表示以及各类组合空间结构均可采用式 (2.16) 进行粗略的体系构成分析。）

例题 2.6　某平面简支梁力学模型如图 2.41 (a) 所示，试求其静不定次数。

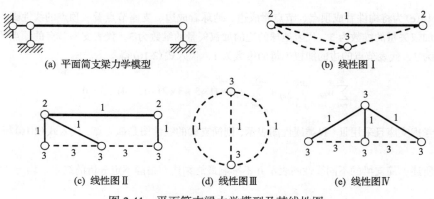

(a) 平面简支梁力学模型　　　　　　　　　(b) 线性图 Ⅰ

(c) 线性图 Ⅱ　　　　　　(d) 线性图 Ⅲ　　　　　　(e) 线性图 Ⅳ

图 2.41　平面简支梁力学模型及其线性图

根据 Maxwell 公式，图 2.41 (a) 所示力学模型的静不定次数等于 $b - 2n + k = 1 - 2 \times 2 + 3 = 0$，计算自由度数为 $2n - b - k = 0$，体系静定。

图 2.41 (b) 为将构件看成边、节点看成顶点并考虑支座的线性图，各顶点之间的加权矢量及其维数并不相同，代表节点的顶点的加权矢量为平面内的节点位移，维数为 2，而代表地球的顶点的加权矢量为一个球在平面内刚体运动的位移矢量，维数为 3。只有一条边的加权矢量为其独立截面内力矢量，在节点集中荷载作用下，维数为 1，则代入式 (2.16) 得

$$\sum_{i=1}^{b} w_{bi} - \sum_{j=1}^{n} w_{nj} + \sum_{k=1}^{\rho(G)} w_{\rho k} = (2 + 1 + 1) - (2 + 2 + 3) + 3 = 0$$

图 2.41 (c) 为将构件看成边、节点看成顶点、地球看成边、支座节点看成顶点的线性图。将等代链杆看成上部结构的边，注意这里地球树同时包含了代表地球的边和代表支座节点的顶点且它们的加权

矢量的维数都为3，代入式(2.16)得

$$\sum_{i=1}^{b} w_{bi} - \sum_{j=1}^{n} w_{nj} + \sum_{k=1}^{\rho(G)} w_{\rho k} = (1 \times 4 + 3 \times 2) - (2 \times 2 + 3 \times 3) + 3 = 0$$

图 2.41(d)为将构件看成顶点、节点看成边并考虑支座的线性图，代表构件的顶点的加权矢量是其平面位移矢量，维数为3，代表地球的顶点的加权矢量也是地球的平面内做刚体运动的位移矢量，维数也为3，代表节点的三条边表示节点支座反力矢量，维数都为1，代入式(2.16)得

$$\sum_{i=1}^{b} w_{bi} - \sum_{j=1}^{n} w_{nj} + \sum_{k=1}^{\rho(G)} w_{\rho k} = (1+1+1) - (3+3) + 3 = 0$$

图 2.41(d)所示的线性图表示并不影响式(2.16)的应用，后面的一些例题中也会发现将构件看成顶点、节点看成边的线性图表示尤其适合简支梁、连续梁、张弦梁等体系的静不定次数分析。此外，支座边的添加及其加权维数的确定应根据支座的约束情况确定，当支座约束数与连通片做刚体运动的加权位移矢量的维数相同时，不考虑支座情况下，式(2.16)仍然可以用。例如，若将平面简支梁的构件看成顶点、节点看成边且忽略支座约束情况的线性图表示为一孤立点，采用式(2.16)，其静不定次数为

$$\sum_{i=1}^{b} w_{bi} - \sum_{j=1}^{n} w_{nj} + \sum_{k=1}^{\rho(G)} w_{\rho k} = 0 - 3 + 3 = 0$$

图 2.41(e)为将构件看成顶点、节点看成边、地球看成边、支座节点看成顶点的线性图。代表构件的顶点的加权矢量的维数为3，代表地球的边的加权矢量的维数为3，代表支座节点的顶点的加权矢量的维数也为3，代表节点的边的加权矢量的维数为1，代入式(2.16)得

$$\sum_{i=1}^{b} w_{bi} - \sum_{j=1}^{n} w_{nj} + \sum_{k=1}^{\rho(G)} w_{\rho k} = (1 \times 3 + 3 \times 2) - (3 \times 4) + 3 = 0$$

若不考虑支座且采用Ⅲ、Ⅳ类线性图表示，则简支梁的线性图是孤立点，代入式(2.16)得 0−3+3=0，体系静定。

综上所述，简支梁的不同线性图表示并不影响最终结构网络静不定分析的结果，均与 Maxwell 公式相符。

例题 2.7 某平面连续梁力学模型如图 2.42(a)所示，试求其静不定次数。

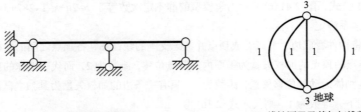

(a) 连续梁力学模型 (b) 线性图Ⅲ及其加权维数

图 2.42 平面连续梁力学模型及其线性图

由 Maxwell 公式或例题 2.6 结果可得，图 2.42(a)所示平面连续梁的静不定次数等于 1。如图 2.42(b)所示，将构件看成顶点、节点看成边抽象出来的线性图顶点(边)的加权矢量的维数是相等的，这让平面连续梁静不定次数的计算变得简单。由式(2.16)可得

$$\sum_{i=1}^{b} w_{bi} - \sum_{j=1}^{n} w_{nj} + \sum_{k=1}^{\rho(G)} w_{\rho k} = (1+1+1+1) - (3+3) + 3 = 1$$

例题 2.8 一些不考虑支座单连通的平面刚架结构[32]如图 2.43 所示，试求其静不定次数。

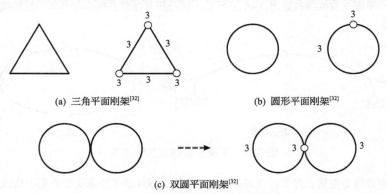

(a) 三角平面刚架[32]   (b) 圆形平面刚架[32]

(c) 双圆平面刚架[32]

图 2.43 一些不考虑支座单连通的平面刚架结构

图 2.43(a)所示的三角平面刚架的线性图加权后得到其结构网络的顶点、边和连通片的加权矢量的维数都相同，在这种情况下可直接应用 $3R$ 公式，该线性图的零度等于 3−3+1=1，则其静不定次数等于 3。同理，图 2.43(b)所示的圆形平面刚架的静不定次数也等于 3R=3×1=3，该线性图是一个自环。图 2.43(c)所示的双圆平面刚架的线性图为两个自环，其静不定次数等于 3R=3×2=6。

注意，图 2.43(a)的线性图可看成图 2.43(b)的线性图串联边替换后的情况，二者同胚。同胚线性图的零度是一个拓扑不变量，因此它们的静不定次数相同。

本例题主要说明，当 $w_b=w_n=w_\rho$ 时，图的零度公式可直接用来计算体系的静不定次数，具有力学意义。

例题 2.9 带支座的螺旋空间刚架结构如图 2.44(a)所示，试求其静不定次数。

(a) 带支座的螺旋空间刚架[32]   (b) 线性图 I

图 2.44 带支座的螺旋空间刚架结构及其线性图

该螺旋空间刚架结构的线性图如图 2.44(b)所示，其顶点、边和连通片加权矢量的维数均等于 6，该线性图的零度为 $b-n+1=3-3+1=1=R$，因此其静不定次数等于 6R=6×1=6。

例题 2.10 不考虑支座的平面桁架结构如图 2.45(a)所示，试分析其在节点全部刚接和全部铰接两种情况下的静不定次数。

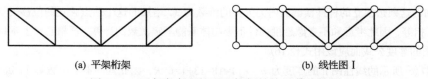

(a) 平架桁架   (b) 线性图 I

图 2.45 不考虑支座的平面桁架结构及其线性图

该平面桁架结构的线性图如图 2.45(b)所示,可得该线性图的零度等于 $b-n+1=17-10+1=8=R$。因此,所有节点全部刚接的情况下体系的静不定次数等于 $3R=3×8=24$。当全部节点铰接时,构件为二力杆,则由式(2.16)计算得体系的静不定次数为 $17-2×10+3=0$,体系平面内静定。

例题 2.11 平面三铰拱结构如图 2.46(a)所示,试分析其在节点集中荷载和沿拱轴线均布竖向荷载下的静不定次数。

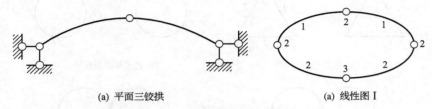

(a) 平面三铰拱   (a) 线性图 I

图 2.46   平面三铰拱及其线性图

三铰拱的拱轴线是曲线,除了在合理拱轴线情况下,该体系无论承受节点集中荷载还是沿跨度方向的竖向均布荷载,拱横截面上一般都存在轴力、弯矩和剪力,但是它们不是独立的,两端铰接的曲线梁构件的独立截面内力仍然只有一个轴力。因此,由图 2.46(b)所示的线性图得到顶点和边的加权矢量的维数,代入式(2.16)得静不定次数为 $6-9+3=0$,所以平面三铰拱是静定体系。

例题 2.12 空间刚架结构如图 2.47(a)所示,试求其静不定次数。

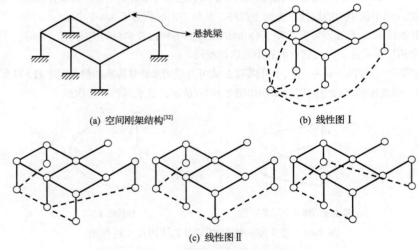

(a) 空间刚架结构[32]   (b) 线性图 I

(c) 线性图 II

图 2.47   空间刚架结构及其线性图

图 2.47(b)所示的线性图 I 的零度为 $b-n+1=19-14+1=6=R$,因此其静不定次数等于 $6R=6×6=36$。本例题说明空间刚架悬挑梁的图论表示为在其悬挑端部添加顶点且可以将该顶点的加权矢量的维数看成 6 而直接采用线性图的零度公式。然而,单独的悬挑构件的线性图表示可看成增加了一条边和一个顶点,增加的这条边独立的杆件横截面内力矢量的维数为 3,增加的这个顶点独立的位移矢量的维数也为 3,二者相等,因此考虑和不考虑悬挑构件不影响体系静不定次数的计算。严格意义上本例题已不能直接应用图的零度公式而应该用式(2.16)。

图 2.47(c)所示的线性图 II 的零度为 $b-n+1=18-13+1=6=R$,因此其静不定次数等于 $6R=6×6=36$,这与线性图 I 的结果相同。注意,图 2.47(c)只给出了三种地球树形式,由图论可知将 5 个顶点连接成

树的数目还有很多。

例题 2.13 由四角锥组成的空间桁架结构如图 2.48(a)所示,试求其静不定次数。

(a) 四角锥空间桁架结构　　　　(b) 线性图 I　　　　(c) 加权后网络

图 2.48　四角锥空间桁架结构及其线性图

图 2.48(b)所示的线性图的零度为 $b-n+1=16-8+1=9$,若该体系的节点全部为刚接节点,则其静不定次数等于 $6R=6×9=54$。若该体系的节点全部为铰接节点,所有杆件为二力杆,则其静不定次数等于 $1×16-3×8+6×1=-2$,该体系是机构,每一个四边形欠一个约束,若将四边形一条对角线连接起来,则体系静定(注:连续拆掉三元体,最后只剩下一个三角锥,而一个完全铰接的三角锥是静定的。此外,也可以这样分析:两个四角锥之间形成一个三角锥,则左右两侧各依次添加了两个三元体),这提示四角锥网架结构设计时要注意边界条件的设置。

若正交的上弦杆有一个方向是连续的通长构件,这时如何计算其静不定次数?此时,上弦平面内中间的节点可看成刚接节点,上弦边界节点和下弦节点仍然看成铰接节点,连续的上弦杆是空间梁式构件,其余构件包括不连续的上弦杆均看成二力杆,图 2.48(c)标注了顶点的加权维数,上弦构件是一端刚接、一端铰接的梁式构件(如果是三个四角锥,则中间的通长上弦杆为两端均为刚接的梁式构件),其加权矢量的维数为 3,其余未标注的边都是二力杆,加权矢量的维数为 1,由式(2.16)得其静不定次数等于 $(3×4+1×12)-(6×2+3×6)+6×1=0$,体系静定,但这只是初步的判断。

例题 2.14 平面张弦梁结构如图 2.49(a)所示,试求其静不定次数。

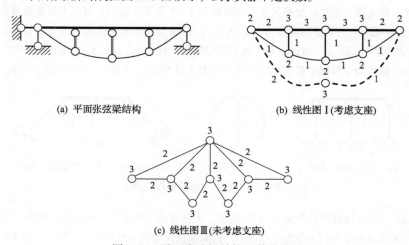

(a) 平面张弦梁结构　　　　(b) 线性图 I(考虑支座)

(c) 线性图Ⅲ(未考虑支座)

图 2.49　平面张弦梁结构及其线性图

考虑支座的平面张弦梁结构的线性图如图 2.49(b)所示,由式(2.16)得其静不定次数等于 $(2×2+3×2+1×7+2+1)-(2×5+3×3+3)+3=1$,因此平面张弦梁结构是 1 次静不定的。容易证明,无论下弦索分为多少段,所有平面张弦梁结构的静不定次数都等于 1。例如,结构力学教材中的方法则是将上弦梁与支座一起看成静定结构，下弦各索段和竖杆看成自左而右顺序添加上去的二元体，那么最终右端多出一个索段，因此为 1 次静不定。采用式(2.16)证明：添加 1 根竖杆和 1 条索段后，上弦刚接节点数目增加 1，下弦平面铰接节点数目增加 1，顶点增加权重值为 3×1+2×1=5，边(上弦和下弦某个节间串联边替换)增加权重值为 3×1+1×1+1=5，5 – 5=0，因此静不定次数不变。

本例题两条支座边的加权值之和为 3，代表地球的顶点的加权值也等于 3，3 – 3=0，因此本例题可以不考虑支座。

另外，不考虑支座且将构件看成顶点、节点看成边得到的线性图如图 2.49(c)所示，该线性图顶点加权矢量为构件的独立位移矢量，维数均为 3，边的加权矢量为节点传递的独立内力矢量，维数为 2，代入式(2.16)可得静不定次数为 11×2 – 8×3+3=1。注意，图 2.49(c)只是第Ⅲ类线性图表示中的一种，因为三个下弦节点都是三杆交叉节点，其节点树的形式多样，这一点将导致同一类线性图表示之间既不同构也不同胚。

例题 2.15　三榀肋环型小索穹顶结构的简化力学模型如图 2.50(a)所示，试求其静不定次数。

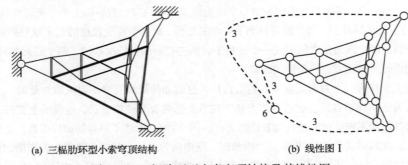

(a) 三榀肋环型小索穹顶结构　　　　　　　(b) 线性图Ⅰ

图 2.50　三榀肋环型小索穹顶结构及其线性图

图 2.50(b)所示的线性图忽略了拉索的单边约束特性，即假设所有拉索都没有退出工作，该线性图除地球顶点外，所有顶点的加权位移矢量的维数都为 3，3 条支座边的加权反力矢量的维数均为 3，其余 27 条边的加权截面内力矢量的维数为 1，代入式(2.16)得其静不定次数为(3×3+27×1) – (15×3+6)+6= – 9，该体系动不定？实际上，该体系是 1 次静不定体系。式(2.16)以及 Maxwell 公式在本例题失效。

例题 2.16　结构力学教材中提到的瞬变体系如图 2.51 所示，试采用式(2.16)进行分析。

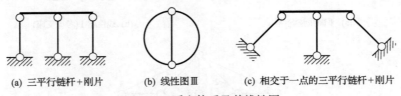

(a) 三平行链杆+刚片　　　　(b) 线性图Ⅲ　　　　(c) 相交于一点的三平行链杆+刚片

图 2.51　瞬变体系及其线性图

图 2.51(a)、(c)的线性图均如图 2.51(b)所示，上顶点表示刚片，下顶点表示地球，三条边表示链杆的上节点，那么顶点的加权矢量的维数为 3，边的加权矢量的维数均为 1，代入式(2.16)可得静不定次数为 3×1 – 2×3+3=0，体系静定。可见，式(2.16)和 Maxwell 公式无法判断体系平衡状态的稳定性，若图 2.51(a)中的平行链杆数目继续增加，则其线性图顶点数不变，顶点之间的边数与平行链杆数相同，由式(2.16)和 Maxwell 公式都可以得出其静不定次数等于总的平行链杆数减去 3，但是在面内水平荷载作用下体系会发生面内倾覆，无法确定各链杆的静内力，因此式(2.16)和 Maxwell 公式均已失效。

例题 2.17　某连杆滑动机构如图 2.52 所示，试验证式(2.16)在机动性分析中的应用。

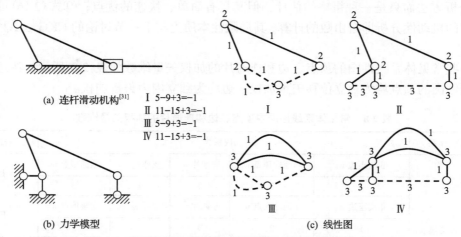

(a) 连杆滑动机构[31]　Ⅰ 5−9+3=−1
　　　　　　　　　　　Ⅱ 11−15+3=−1
　　　　　　　　　　　Ⅲ 5−9+3=−1
　　　　　　　　　　　Ⅳ 11−15+3=−1

(b) 力学模型　　　　　　　　　　(c) 线性图

图 2.52　某连杆滑动机构及其线性图

将图 2.52(a)所示的连杆滑动机构表示为力学模型图 2.52(b)后，可以给出其四类基本的线性图表示(图 2.52(c))，然后分别对Ⅰ～Ⅳ类线性图的顶点和边加权、顶点独立位移矢量维数和边的独立内力矢量维数标注后，代入式(2.16)得到静不定次数均为−1，因此该机构有一个运动自由度。

由例题 2.6～例题 2.17 初步归纳一些常见体系力学模型的线性图表示及式(2.16)的应用情况，具体如下：①Maxwell 公式是式(2.16)在空间铰接杆系中的应用特例，均基于体系的结构网络模型，用来进行体系构成分析也都无法涵盖所有的体系且未考虑荷载分布情况；②常见体系力学模型的线性图表示有无穷多个，它们可以是同构、同胚的，也可以是不同构、不同胚的，在此基础上的加权图或其混合表示形式即结构网络模型均可采用式(2.16)(注：Ⅰ～Ⅳ类线性图中顶点的加权矢量均为独立位移，边的加权矢量均为独立内力)；③对于空间或平面刚架结构(支座全部刚接)，可直接应用线性图的零度公式，此时线性图的零度公式具有力学意义；④对于平面简支梁、平面连续梁、平面张弦梁结构等，采用将构件看成顶点、节点看成边的线性图表示来计算静不定次数较为方便，例如，平面简支梁的第Ⅲ类线性图表示为一孤立点(不考虑支座)；⑤对于单根悬索、索穹顶结构、瞬变体系等体系平衡状态的形状几何与荷载分布和大小相关、体系形态处于不稳定的临界平衡状态、预应力和大位移等非线性效应明显的体系，基于结构网络的式(2.16)和 Maxwell 公式将失效；⑥体系力学模型的线性图表示中，若支座约束数等于体系整体运动的独立位移矢量的维数，则可以不考虑支座，否则应该考虑支座；⑦若两个体系拓扑同胚，则其线性图的零度相同，由于同一力学模型的线性图表示即使在同胚的意义下也有无穷多个，Ⅰ～Ⅳ类线性图表示以及它们可能存在的对偶图是最基本的，并且力学模型的线性图表示正确与否必须通过式(2.16)来检验，即力学模型所有正确的线性图表示均可采用式(2.16)进行整体冗余度的估计且计算结果应同；⑧式(2.16)和 Maxwell 公式是结构网络分析且忽略了形状几何信息、材料信息和外部荷载输入，不是物体运动问题的完整描述，是对力学模型进一步简化后的结构网络的数学方法，即拓扑意义上的静定、静不定和动定、动不定分析的仅仅是拓扑几何的特征，不可当成严格的力学分析方法而只是一种粗略的估计，但其具有简单、快速的优点；⑨式(2.16)可应用于机构的机动性分析即自由数的计算，其局限性本质上与下一节讨论的 CKG 公式[31,37,38] 相同。

  一些常见体系线性图的顶点、边和连通片的加权矢量维数如表 2.8 所示，注意 I ～ IV 类线性图的顶点均为独立位移矢量加权，边均为独立内力矢量加权。

表 2.8　常见体系线性图中顶点、边和连通片的加权矢量维数

荷载	体系	加权系数					备注
平面	简支梁、连续梁	非支座边 w_b	非地球顶点 w_n	连通片 w_p	支座边 w_b	地球顶点 w_n	I
		1	2	3	1	3	
		非支座边 w_b	非地球顶点 w_n	连通片 w_p	地球边 w_b	支座顶点 w_n	II
		1	2	3	3	3	
		非支座节点边 w_b	构件顶点 w_n	连通片 w_p	支座边 w_b	地球顶点 w_n	III
		1	3	3	1	3	
		非支座节点边 w_b	构件顶点 w_n	连通片 w_p	地球边 w_b	支座顶点 w_n	IV
		1	3	3	3	3	
	张弦梁	非支座边 w_b	非地球顶点 w_n	连通片 w_p	支座边 w_b	地球顶点 w_n	I
		1, 2, 3	2,3	3	1, 2	3	
		非支座节点边 w_b	构件顶点 w_n	连通片 w_p	支座边 w_b	地球顶点 w_n	III
		2	3	3	1, 2	3	
	平面刚架	非支座边 w_b	非地球顶点 w_n	连通片 w_p	支座边 w_b	地球顶点 w_n	I、全刚接
		3	3	3	3	3	
	平面桁架	非支座边 w_b	非地球顶点 w_n	连通片 w_p	支座边 w_b	地球顶点 w_n	I、全铰接
		1	2	3	1, 2	3	
	三铰拱	非支座边 w_b	非地球顶点 w_n	连通片 w_p	支座边 w_b	地球顶点 w_n	I
		1	2	3	2	3	
	单根悬索	非支座边 w_b	非地球顶点 w_n	连通片 w_p	支座边 w_b	地球顶点 w_n	I
		1	1	3	2	3	
空间	空间刚架	非支座边 w_b	非地球顶点 w_n	连通片 w_p	支座边 w_b	地球顶点 w_n	I
		6	6	6	6	6	
	网架	非支座边 w_b	非地球顶点 w_n	连通片 w_p	支座边 w_b	地球顶点 w_n	I、全铰接
		1	3	6		6	
	空间桁架	非支座边 w_b	非地球顶点 w_n	连通片 w_p	支座边 w_b	地球顶点 w_n	I、全铰接
		1	3	6		6	

  机械设计中机构运动性或机动性拓扑分析文献众多且有 30 多个公式[37]，CKG 公式是机械设计中机构计算自由度数的估计公式[38]。注意，Maxwell 公式和 CKG 公式仅是结

构或机械网络的拓扑几何特征的描述，与形状几何、材料、荷载等无关。例如，拓扑同构或同胚的体系可以有连续或不连续的形状几何、材料等变化。与 Maxwell 公式一样，CKG 公式也有多种形式，本节引用文献[38]中公式并采用本书中符号表示如下：

$$w_\rho(n-1) - \sum_{j=1}^{b}\left(w_\rho - f_j\right) \tag{2.17}$$

式(2.17)得到的是计算自由度数(与本章及第 5 章中线性分析的独立机构位移数可能相同也可能不同)，w_ρ 即文献[38]中的 g，表示物体运动空间的独立位移矢量维数，如一维曲线运动为 1，二维曲面平动为 2，二维平移和旋转运动为 3，三维空间平移和旋转运动为 6 等；f_j 为节点的运动自由度数。

式(2.17)除符号相反外，其实是式(2.16)的特例，下面给出证明。

证明：单独的一个结构或机构，一般情况下连通片数等于 1，即 $\rho=1$。

CKG 公式中将节点看成边，与式(2.16)中相同，$w_{bj}(j=1\sim b)$ 为边的加权独立内力矢量维数，当节点在某一方向可以自由运动时，其在该方向上可以传递的独立内力等于零，即 $w_{bj} = w_\rho - f_j$。

CKG 公式中构件假设为刚体且看成顶点，若 $w_\rho = w_{ni}(i=1\sim n)$，式(2.17)就可以写成

$$-\sum_{j=1}^{b} w_{bj} + \sum_{i=1}^{n} w_{ni} - \sum_{k=1}^{\rho} w_{\rho k} \tag{2.18}$$

可见式(2.18)与式(2.16)恰好符号相反，或者说式(2.18)才是 CKG 公式的一般形式，而 CKG 公式是式(2.18)在 $w_\rho = w_{ni}$ 条件下的特例。

证毕。

与式(2.16)一样，式(2.18)烦琐的地方在于各种复杂机械关节(节点)的第Ⅲ、Ⅳ类图论表示(边)及其加权值的计算，如基本问题 1 中第Ⅲ、Ⅳ类线性图中多杆交叉节点(multiple joints)的图论表示问题，这一问题在机构设计中尤为突出，因为机械关节(如球关节、柱面铰、凸轮等节点比)结构连接节点(如铰接和刚接节点)要复杂。

例题 2.18　包含多边形板片的平面机构如图 2.53(a)所示，试分析其计算自由度数。

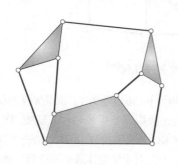
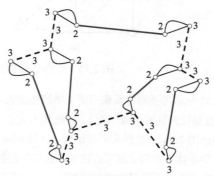

(a) 包含多边形板片(刚片)的平面机构[31]　　　　(b) 线性图Ⅱ

图 2.53　包含多边形板片的平面机构及其线性图

图 2.53(a)所示的多个多边形板片的平面机构的第 II 类线性图表示如图 2.53(b)所示。这里每个多边形板片(结构力学教材中称为刚片)与地球和支座节点的线性图表示相同,除加权矢量维数为 1 的顶点和边外,加权值都已标注,代入式(2.18)得该平面机构的计算自由度数为–46+50–3=1。

例题 2.19 包含一个板片的平面机构如图 2.54(a)所示,试分析其计算自由度数。

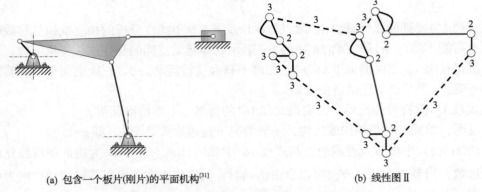

(a) 包含一个板片(刚片)的平面机构[31]   (b) 线性图 II

图 2.54　包含一个板片的平面机构及其线性图

图 2.54(a)所示的含一个板片的平面机构,将支座约束等代为链杆后采用第 II 类线性图表示,如图 2.54(b)所示,顶点和边的加权矢量维数(不等于 1)已标注,代入式(2.18)可得该平面机构的计算自由度数为–32+36–3=1。

　　变拓扑几何问题——下面先通过例题 2.20 引出 Maxwell 公式、CKG 公式和式(2.16)均失效的一种较为普遍的变拓扑几何问题,然后尝试将一个连通片切割为多个连通片的方法,最后基于图和网络理论证明这一方法的正确性。

例题 2.20 一平面铰接桁架结构如图 2.55(a)所示,其变拓扑几何如图 2.55(b)所示,采用式(2.16)得到的静不定次数都等于零,但是图 2.55(b)实际上是机构,因此 Maxwell 公式和 CKG 公式以及式(2.16)和式(2.18)均已失效且这是一种普遍的情况,为什么? 如何解决这个问题?

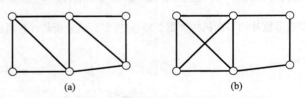

(a)   (b)

图 2.55　平面铰接桁架结构及其变拓扑几何[38]

图 2.55 所示的平面体系采用第 I 类线性图表示,顶点数均为 6,边数均为 1,顶点加权矢量的维数均为 2,边加权矢量的维数均为 1,因此代入式(2.16),静不定次数均等于 9–12+3=0。显然,图 2.55(b)是一机构而图 2.55(a)是静定桁架结构。这是 Maxwell 公式、CKG 公式和式(2.16)失效的一种较为常见的情况,简单体系结构工程师或机械工程师可根据经验判断,但是对于复杂体系必须找到合适的方法。本书将仅连接关系不同其他都相同的体系整体几何判定问题称为变拓扑几何问题。

　　猜想:对比图 2.55(a)和(b),其主要区别是二者的线性图不同构,关联矩阵或连接矩阵不同,但顶点数、边数以及顶点和边的加权矢量维数等都相同,属于变拓扑几何问题。既然变拓扑几何问题的本质是拓扑几何不同，那么就可以从图论的角度来寻求解决办法。受图论中基本割集矩阵以及割集之间环和运算的启发，既然式(2.16)将体系看成一个连通片不可行，那么将其切割，看成两个或多个连通片是否可行？

将图 2.55(b) 的线性图按照图 2.56(a) 所示割集切割，得到左右两个连通片，两个连通片之间的连接关系只有割集边，两个连通片之间的相互作用假设为地球，这样分别补充地球树和割集边得到图 2.56(b)、(c) 所示的两个线性图，对这两个线性图分别应用式(2.16)，图 2.56(b) 的静不定次数等于 0，图 2.56(c) 的静不定次数等于–1，二者之和等于–1。此外，两连通片之间的相对运动自由度数等于 3，而割集边只有 2 条，因此这一对连通片之间的相对运动自由度数为 2–3×(2–1)=–1，这与体系整体的计算自由度数相等。

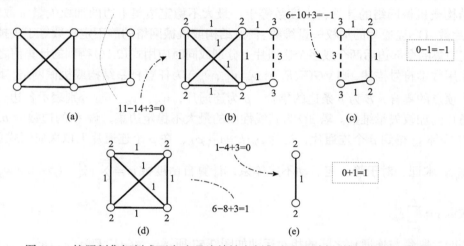

图 2.56 按照割集切割成两个连通片并补充割集边和地球树(第 II 类线性图表示)

那么静不定次数呢？将割集边全部去掉得到如图 2.56(d)、(e) 所示的两个独立的连通片，分别或同时应用式(2.16)，得到左右连通片的静不定次数之和为 1，这与体系整体的静不定次数相等。

为叙述方便，引入如下定义：

不稳定割集——结构或机械网络线性图的任意割集，若该割集边的加权矢量维数之和小于连通片加权矢量维数，则将该割集称为不稳定割集；反之，称为稳定割集。(注：图论中一般将孤立点也看成连通片，但本节连通片不包括孤立点，否则切割后补充地球树就不合理。)

最大不稳定边集——结构或机械网络所有不稳定割集的环和。

初步梳理一下上述切割分片方法的步骤，具体如下：①建立体系力学模型并将其采用线性图表示出来，对线性图顶点和边的加权矢量维数进行标注形成结构或机械网络，对体系整体采用式(2.16)得到其静不定次数的估计值；②将边数小于 3 的割集(不稳定割集)全部找出来，求其环和生成一不稳定割集边的集合，计算最大不稳定边集中边的加权矢量维数之和；③计算由最大不稳定边集切割后生成连通片的个数，则体系的计算自由度数就等于：最大不稳定边集中边的加权矢量维数之和–(连通片数–1)×连通片的加权矢量维数；④去掉最大不稳定边集后的线性图成为两个或多个连通片，分别或同时对所有连通片应用式(2.16)，得到体系整体的静不定次数；⑤给出体系整体几何判定分析的初步结论。(注：对处于形状几何影响拓扑几何有效性的情况需采用 5.2 节的方法进一步检验。)

至此，上述切割分片方法或最大不稳定边集方法解决了一般的变拓扑几何问题并且可以同时给出体系更为真实的静不定次数和计算自由度数，那么这一方法是否是比式(2.16)或式(2.18)更为一般的体系整体几何判定方法?

在一平面体系的变拓扑几何问题(例题 2.20)中初步提出并得以验证的最大不稳定边集方法源于图论中的割集概念,但仅做到这一点是不严谨的,即最大不稳定边集方法到此仍然只是一种猜想,是否普遍适用于任意体系需要严格的数学证明。归纳为数学问题的文字描述如下:

已知任意杆系结构或机械的力学模型及其线性图表示,对线性图的顶点和边进行矢量加权后得到其结构或机械网络模型。对线性图的基本割集进行环和运算得到割集边数小于 w_ρ 的所有可能的不稳定割集,由这些不稳定割集的环和得到最大不稳定边集。求证任意结构或机械网络的计算自由度数等于:最大不稳定边集中边的加权矢量维数之和–(连通片数–1)×连通片的加权矢量维数。任意结构或机械网络的静不定次数等于去掉最大不稳定边集的全部边后两个或多个连通片上分别或同时应用式(2.16)得到的计算值之和。

采用数学符号描述,则 $\forall G(V,E,\rho:w_{bi},w_{nj},w_{\rho k})$ 为任意杆系结构或机械网络,其中 V 为 n 个顶点的集合,E 为 b 条边的集合,ρ 为连通片,w_{bi}、w_{nj}、$w_{\rho k}$ 分别表示各边、顶点和连通片的加权矢量维数。若 $\exists Q$ 为其线性图的最大不稳定边集,设 Q 的边数为 b_{ns},线性图 G 去掉 Q 得到 ρ 个连通片,记为 $\rho_k(k=1\sim\rho)$,在 ρ 个连通片上依次应用式(2.16)得到 s_{ρ_k}。求证:对于静不定、动不定体系,计算自由度数 $m=\sum_{k=1}^{b_{ns}} w_{bk}^Q -(\rho-1)\times w_\rho$,静不定次数 $s=\sum_{k=1}^{\rho} s_{\rho_k}$。

证明:割集与连通片之间的相对运动如图 2.57 所示,$\forall G(V,E,\rho:w_{bi},w_{nj},w_{\rho k})$,若 $\exists\{Q_l\}$ 为其线性图的不稳定割集,注意到割集 Q_l 只是边的集合而不包含顶点,则 $G-Q_l$ 表示去掉 Q_l 包含的边后形成的两个连通片 Q_{l1} 和 Q_{l2}。设 Q_l 的边数为 b_l,则 $Q_{l1}+Q_{l2}=G-Q_l$,$Q_{l1}+Q_{l2}$ 包含的顶点数分别为 n_1 和 n_2 且 $n_1+n_2=n$,边数分别为 b_1 和 b_2 且 $b_1+b_2=b-b_l$。Q_{l1} 和 Q_{l2} 补充地球树和割集边表示后得到一对连通片分别为 g_l 和 $\overline{g}_l$,对应割集 Q_l 的地球树(第 II 类线性图表示)T_l 有 b_l 个顶点、b_l-1 条边,注意到该树状子图顶点和边的加权矢量维数相同且等于 w_ρ,这样在该树状子图上应用式(2.16)得到其静不定次数始终等于零。

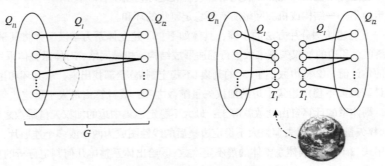

图 2.57　单连通图的割集

Q_{l1} 添加地球树和割集边后得到 $g_l=T_l+Q_l+Q_{l1}$,相当于将连通片 Q_{l2} 看成地球来单

独考察连通片 Q_{l1}。对 g_l 应用式 (2.16) 得 m_{g_l} 等于 Q_l 中割集边的加权矢量之和加上 Q_{l1} 中边和顶点的作用 (注：不再考虑第三项即连通片的作用已在地球树中计入)，即

$$m_{g_l} = \sum_{k=1}^{b_l} w_{bk}^{Q_l} + \sum_{i=1}^{b_1} w_{bi}^{Q_{l1}} - \sum_{j=1}^{n_1} w_{nj}^{Q_{l1}}$$

Q_{l2} 添加地球树和割集边后得到 $\overline{g}_l = T_l + Q_l + Q_{l2}$，相当于将连通片 Q_{l1} 看成地球来单独考察连通片 Q_{l2}。对 $\overline{g}_l$ 应用式 (2.16) 得 $m_{\overline{g}_l}$ 等于 Q_l 中割集边的加权矢量之和加上 Q_{l2} 中边和顶点的作用 (注：不再考虑第三项即连通片的作用已在地球树中计入)，即

$$m_{\overline{g}_l} = \sum_{k=1}^{b_l} w_{bk}^{Q_l} + \sum_{i=1}^{b_2} w_{bi}^{Q_{l2}} - \sum_{j=1}^{n_2} w_{nj}^{Q_{l2}}$$

因此，有

$$\begin{aligned}
m &= m_{g_l} + m_{\overline{g}_l} \\
&= \left(\sum_{k=1}^{b_l} w_{bk}^{Q_l} + \sum_{i=1}^{b_1} w_{bi}^{Q_{l1}} - \sum_{j=1}^{n_1} w_{nj}^{Q_{l1}} \right) + \left(\sum_{k=1}^{b_l} w_{bk}^{Q_l} + \sum_{i=1}^{b_2} w_{bi}^{Q_{l2}} - \sum_{j=1}^{n_2} w_{nj}^{Q_{l2}} \right) \\
&= \left(\sum_{i=1}^{b_1} w_{bi}^{Q_{l1}} + \sum_{k=1}^{b_l} w_{bk}^{Q_l} + \sum_{i=1}^{b_2} w_{bi}^{Q_{l2}} \right) - \left(\sum_{j=1}^{n_1} w_{nj}^{Q_{l1}} + \sum_{j=1}^{n_2} w_{nj}^{Q_{l2}} \right) + \sum_{k=1}^{b_l} w_{bk}^{Q_l} \\
&= \sum_{i=1}^{b} w_{bi}^{G} - \sum_{j=1}^{n} w_{nj}^{G} + \sum_{k=1}^{b_l} w_{bk}^{Q_l}
\end{aligned}$$

将上式右端项与式 (2.16) 比较，其区别在于第三项。上式右端第三项为割集 Q_l 中边的加权矢量维数之和，而式 (2.16) 的第三项是连通片的加权矢量维数之和。将上式的右端项减去式 (2.16)，即

$$\sum_{k=1}^{b_l} w_{bk}^{Q_l} - w_{\rho} \tag{2.19}$$

仔细观察，式 (2.19) 本质上是考察割集的连接作用，即连通片 Q_{l1} 和 Q_{l2} 之间的相对运动情况。在连通片 Q_{l1} 和 Q_{l2} 之间没有任何连接的情况下，相对运动自由度数等于 w_{ρ}，当割集边的加权矢量维数之和大于等于 w_{ρ} 时，连通片 Q_{l1} 和 Q_{l2} 之间无相对运动，反之，二者之间将有相对运动发生。

最大不稳定边集可以理解为广义的割集，割集将连通片一分为二，最大不稳定边集将体系分为多个连通片。将式 (2.19) 推广到最大不稳定边集则得到体系总的计算自由度数，即

$$m = \sum_{k=1}^{b_{ns}} w_{bk}^{Q} - (\rho - 1) \times w_{\rho} \tag{2.20}$$

推论 1：当结构或机械网络不稳定割集的集合为空时，采用式(2.16)或式(2.18)在一般情况下(特殊情况，如形状几何奇异导致拓扑几何的有效性发生变化)是有效的。

推论 2：当结构或机械网络所有割集都是不稳定割集时，采用式(2.16)或式(2.18)在一般情况下也是有效的。

因此，最大不稳定边集中的边全部去掉后，体系的线性图被切割为多个独立的线性子图，且各线性子图中均不含有不稳定割集。因此，由推论 1 可知，体系静不定次数为

$$s = \sum_{k=1}^{\rho} s_{\rho_k} \tag{2.21}$$

证毕。

例题 2.21 平面铰接体系的线性图如图 2.58 所示，其不稳定割集有两个，最大不稳定边集是二者的环和。最大不稳定边集中边的加权矢量维数之和为 4，最大不稳定边集将一个连通片分成 3 个，连通片的加权矢量维数为 3，因此由式(2.20)可得该体系的计算自由度数等于 4−(3−1)×3=−2。去掉最大不稳定边集后的 3 个连通片上分应用式(2.21)可得体系静不定次数等于 2。

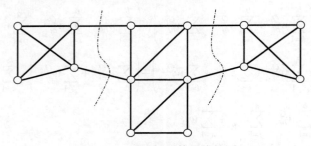

图 2.58　平面铰接体系线性图

例题 2.22 平面机构如图 2.59(a)所示，图 2.59(b)为其第 Ⅱ 类线性图表示，试分析其计算自由度数。

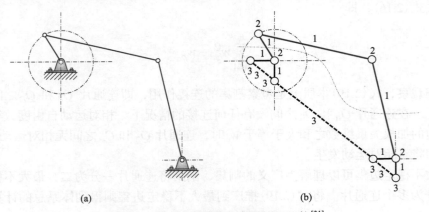

(a)　　　　　　　　　　(b)

图 2.59　只包含不稳定割集的平面机构[31]

对图 2.59(b)所示线性图进行割集分析可知，该体系只包含一个不稳定割集(地球看成一个连通片，不必也不可切割)，由式(2.20)得该体系的计算自由度数为 2−3=−1，同时应用式(2.16)得该体系的静不

定次数为 $(7×1+3×3)-(3×4+2×4)+3=-1$，二者一致，推论 2 得以验证。

变有效拓扑几何问题——平面铰接杆系结构两种特殊情况[39]如图 2.60 所示，结构力学教材中一般称为瞬变体系。这两种情况下是形状几何因素的影响，或者说是形状几何奇异，按照最大不稳定边集方法得出计算自由度数也都等于零，但这与实际不符。

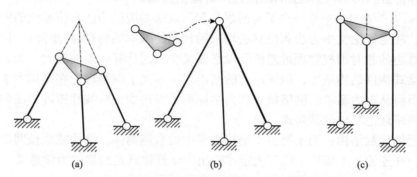

图 2.60　平面铰接杆系结构两种特殊情况

图 2.60（a）所示线性图的不稳定割集即其最大不稳定边集，当这三条割集边延伸线交于一点时，三条割集边的加权内力矢量就具备了在不远处相交于一点这种关系，即三条割集边的连接作用不再相互独立，这样三条边的作用相当于两条边的作用，代入式（2.20）得 $2-3=-1$，即体系计算自由度数等于 1。然而，换一种角度来解释，三条割集边与连通片（即顶上托着的三角形刚片）相连接，其在当前形状几何下可看成连接不远处的那一交点即一个顶点，如图 2.60（b）所示，一个顶点在平面内的加权位移矢量维数为 2，即采用式（2.20）时 $w_\rho=2$，因此 $3-2=1$ 为静不定次数，即体系为 1 次静不定的。综上，该体系在这一形状几何下是静不定、动不定的。若形状几何发生微小改变从而三条割集边不再交于一点，则三条割集边的作用就完全独立了，按照式（2.20）计算结果给出的判断就是正确的，这就是无穷小机构。这一类问题是形状几何奇异，但实质是有效拓扑几何随着形状几何发生了变化，应当看成变有效拓扑几何问题。

图 2.60（c）所示线性图的不稳定割集中的三条割集边相互平行，则割集边的加权内力矢量相互平行，因此其水平方向不能起到有效连接作用，割集边的有效连接作用实际上只有竖向和旋转，这样应用式（2.20）得计算自由度数为 $2-3=-1$。此外，若将三条割集边看成相交于无穷远处的一个顶点，应用式（2.20）得计算自由度数为 $3-2=1$。因此该体系在当前形状几何下也是静不定、动不定的。总之，图 2.60（c）也不能按照三条割集边相互独立来认定有效拓扑几何，当三条割集边在不同的形状几何下始终平行时，其有效拓扑几何始终不变，而当三条割集边不再平行时，其有效拓扑几何会发生变化，为变有效拓扑几何问题。

注意，变有效拓扑几何问题揭示了拓扑几何与形状几何的相互耦合现象。

3. 基本问题 3：结构或机械网络的代数结构

网络是加权的线性图，线性图唯一的目的是描述对象之间的连接关系。作为这种相互联系的直接结果，描述单个构件行为的变量以一种特有的方式相互关联，无论考虑哪种网络，交通、电气、液压、声学、机械、结构都是如此。因此，网络概念包含两种数学成分：①称为线性图的拓扑结构；②叠加在该图上的相关代数结构。

1)结构或机械网络的线性代数结构

(1)矩阵力法和矩阵位移法的图论或网络理论基础[41-47]。

Fenves 等[42]在 1963 年提出了与网眼法和顶点法对应的力法和位移法的图论或网络理论列式，注意该论文中力法和位移法均采用相同的基本结构(回路矩阵)、以图的基点为参照计算边的相对加权物理量差值既没必要又会引起计算误差的放大、未区分二力杆系和包含梁式构件的体系等，但该论文的基本思路照亮了网络理论在结构力学中发展的道路。本节将从更为基本的网络概念和力学原理出发再次剖析线性矩阵力法和线性矩阵位移法的网络理论基础及其列式。

割集上的代数结构：割集类似于结构力学中的取隔离体。结构或机械网络按照割集切割之后，在连通片上应用牛顿三大定律得出力学规律就是割集的力学意义。

牛顿三大定律由牛顿(Newton)在 1687 年于《自然哲学的数学原理》[40]一书中提出，具体如下。

牛顿第一定律——在没有外力作用下孤立质点保持静止或做匀速直线运动。用数学符号表示为 $\sum F_i = m\dfrac{\mathrm{d}v}{\mathrm{d}t} = 0$，其中 $\sum F_i$ 为合力，v 为速度，t 为时间。

牛顿第二定律——动量为 p 的质点，在外力 F 的作用下，其动量随时间的变化率与该质点所受的外力成正比，并与外力的方向相同。用数学符号表示为 $F = \dfrac{\mathrm{d}p}{\mathrm{d}t}$。

牛顿第三定律——相互作用的两个质点之间的作用力和反作用力总是大小相等，方向相反，作用在同一条直线上。用数学符号表示为 $F_{12} = -F_{21}$，其中 F_{12} 表示质点 1 对质点 2 的作用，F_{21} 表示质点 2 对质点 1 的作用。

如图 2.61(a)所示，单连通图 G 的任意割集 Q_l 将其分为两个单独的连通片 Q_{l1} 和 Q_{l2}(图 2.61(b))且 $G = Q_{l1} + Q_{l2}$。把每个连通片看成质点应用牛顿第一、第三定律，可见割集边的加权内力矢量之和表示两连通片之间的相互作用，二者大小相等、方向相反。对于做静止或匀速直线运动的连通片，割集边的加权内力矢量之和等于零(注：若存在外荷载且外荷载不采用边来表示，则应包含各连通片上外荷载的矢量和 $\sum p^{Q_{l1}}$、$\sum p^{Q_{l2}}$，此外，若不将每一子连通片看成质点，还应考虑力矩的平衡，但这与图论中顶点和边的简化相矛盾，即线性图表示并不考虑度量信息)，即

$$\sum F_{21}^{Q_l} = 0，\quad \sum F_{12}^{Q_l} = 0 \text{ 或} -\sum F_{21}^{Q_l} + \sum p^{Q_{l1}} = 0，\quad -\sum F_{12}^{Q_l} + \sum p^{Q_{l2}} = 0$$

注：左端第一项的负号表示边加权矢量的正向与其反作用于顶点上的加权矢量符号相反。

将上式采用基本割集矩阵 Q 和整体坐标系中边的加权内力矢量 F 表示出来，则为

$$QF = 0 \text{ 或 } QF = p^Q$$

其中，p^Q 表示对应每一个割集切割图后子连通片上外荷载的矢量和。

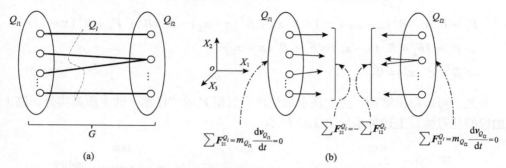

图 2.61 割集切割连通片后应用牛顿三大运动定律

因此，割集的力学意义在于揭示连通片之间的相互作用。由于基本割集矩阵等于关联矩阵的正则变换即 $Q = DA$，割集切割后子连通片上的外荷载矢量和 $p^Q = Dp$，D 为正则变换方阵（关联集合的环和运算）、可逆。因此，$D^{-1}QF = AF$，$D^{-1}p^Q = D^{-1}Dp = p$，可得到采用关联矩阵 A 和整体坐标系中边的加权内力矢量表示的平衡方程组（注：总平衡矩阵也采用 A 表示，需注意区分。另外，采用关联矩阵表示后，上述将割集看成质点的假设变为将顶点看成质点，貌似更合理一些）：

$$AF = p$$

上式可以看成平衡方程的图论形式（若将矢量 F 在各边的局部坐标系中描述且在 A 中包含其由局部坐标系到整体坐标系的坐标变换操作，并在右端项中考虑整体坐标系下的外荷载矢量，则上式可记为式 (2.4) 所表示的同时包含拓扑几何信息和形状几何信息的静力平衡方程组）。此外，上式可以看成电网络理论中的基尔霍夫电流定律。

边的任意加权内力矢量 F 的"任意"的本质：关联矩阵 A 将边的任意加权内力矢量 F 变换为顶点上集中荷载矢量 p，但是一般情况下由顶点上的集中荷载矢量 p 不可逆变换得到原边上的任意加权内力矢量 F。由线性代数的知识可知，A 一般情况下是长方形矩阵，不可逆，但必定存在 Moore-Penrose 广义逆 A^+，即

$$F_0 = A^+ p, \quad \diamondsuit F_x = F - F_0$$
$$\Rightarrow AF_0 = AA^+ p = p, AF_x = AF - AF_0 = p - p = 0$$
$$\Rightarrow AF_0 = p, AF_x = 0$$

这样边的任意加权内力矢量 F 就分成了两部分，$F = F_0 + F_x$，其中 F_0 由已知顶点上的集中荷载矢量 p 唯一确定，即 F_0 并不是任意的，F 的任意性只可能存在于 F_x 之中，而 $AF_x = 0$ 意味着 F_x 自平衡、与顶点上的外荷载无关且 F_x 应在 A 的零空间中。由图论可知关联矩阵 A 与回路矩阵 B^T 是正交的（证明见文献 [14]），因此可令

$$F_x = B^T x \Rightarrow AF_x = AB^T x = 0x = 0$$

其中，若记 $x_0 = (B^T)^+ F_x$，x_0 由 F_x 唯一确定，因此只有 $x - x_0$ 可以是任意的。

$$F_x = B^T x = B^T(x - x_0 + x_0) = B^T x_0 + B^T(x - x_0) = B^T(B^T)^+ F_x + B^T(x - x_0)$$

$$\Rightarrow F_x = IF_x + B^T(x - x_0) = F_x + B^T(x - x_0)$$

$$\Rightarrow B^T(x - x_0) = 0$$

至此，可以得出结论：边上任意加权内力矢量 F 的"任意"的本质其实是回路上边的加权的任意性，上述关系如图 2.62 所示。

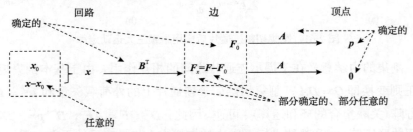

图 2.62　所有边任意加权与回路上的边任意加权的关系

回路上的代数结构：由图论知识可知图的零度等于独立回路的数目，从上面静定和静不定分析也可以看出回路的力学意义，那么回路是否还有更为一般的网络理论特征？

方法一：考察图 2.63 所示回路上各顶点的任意加权位移矢量，令 v_j 表示回路上的顶点，j 为顶点编号，将节点的位移矢量加权给各相应的顶点(第 I、II 类线性图表示)，取回路上任意顶点为开始顶点且编号 1，则顶点 1 相对于顶点 1 的位移在连续性假设下等于零，即 $\Delta u_{11} = u_1 - u_1 = 0$。同理，回路上任意顶点相对自身的位移都等于零且它们的矢量和也等于零，即 $\Delta u_{11} + \Delta u_{22} + \cdots + \Delta u_{jj} = (u_1 - u_1) + (u_2 - u_2) + \cdots + (u_j - u_j) = 0$ 恒成立，将 u_1 放到最后并重新两两组合，得

$$(u_1 - u_1) + (u_2 - u_2) + \cdots + (u_j - u_j) = -u_1 + u_2 - u_2 + \cdots + u_j - u_j + u_1$$

$$= (-u_1 + u_2) + (-u_2 + u_3) + \cdots + (-u_{j-1} + u_j) + (-u_j + u_1)$$

$$= (u_2 - u_1) + (u_3 - u_2) + \cdots + (u_j - u_{j-1}) + (u_1 - u_j)$$

$$= \Delta u_{12} + \Delta u_{23} + \cdots + \Delta u_{j1} = 0$$

上式每一个小括号里面表示回路上一条边的起始顶点和终末顶点的相对位移矢量，可见回路上所有边起始顶点和终末顶点的相对位移矢量之和恒等于零。因此，若线性图存在回路，则任意回路都满足这一规律。这一规律采用回路矩阵 B 和线性图中所有边起始顶点和终末顶点(边的起始顶点可任意指定，可按照局部坐标系 x_1 轴的正向)的相对位移矢量按顺序组装的矢量 Δu 来表示，则可记作

$$B\Delta u = 0$$

上式可看成回路上的代数结构，这是回路上顶点的任意加权矢量所遵循的连续性假

设（位移协调条件或相容条件）的代数表示。若取顶点的加权值为标量，如电网络中的电势，则回路上的电势差之和等于零，这就是基尔霍夫电压定律。

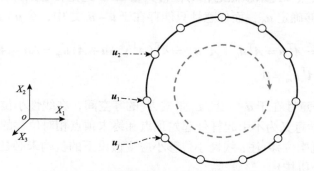

图 2.63　回路上各顶点的任意加权位移矢量

方法二：若不局限于回路上的顶点和边，取线性图的全部 n 个顶点和全部 b 条边，对其顶点加权任意物理量 u_j $(j=1\sim n)$。设第 $i(i=1\sim b)$ 条边的起始顶点和终末顶点编号为 p 和 q，该边起始顶点和终末顶点加权物理量的相对值为 Δu^i，则由隐含的物理场连续性假设可得

$$u_{j+} = u_{j-} = u_j, \quad \forall \Delta u^i \equiv (u_q^i - u_p^i) \Rightarrow \begin{pmatrix} \Delta u^1 \\ \Delta u^2 \\ \vdots \\ \Delta u^i \\ \vdots \\ \Delta u^b \end{pmatrix}_{b\times 1} = A_{b\times n}^{\mathrm{T}} \begin{pmatrix} u_1 \\ u_2 \\ \vdots \\ u_p \\ \vdots \\ u_q \\ \vdots \\ u_n \end{pmatrix}_{n\times 1} \Rightarrow A_{b\times n}^{\mathrm{T}} u = \Delta u$$

上式即采用关联矩阵的转置表示的结构或机械网络上相容关系的矩阵表示（若上式右端项 Δu 采用杆件局部坐标系中的各分量来表示，左端项矩阵 $A_{b\times n}^{\mathrm{T}}$ 中扩大维数以包含坐标变换信息，顶点加权位移矢量采用整体坐标系中的各分量来表示，再对左右两端取变分，若拓扑几何不变且与形状几何相互独立，可得到式(2.12)），且是对图的顶点矢量加权后更为一般的代数结构（注：上式中 A 是关联矩阵，可看成总平衡矩阵的图论表示，需注意区分）。上式右端是每条边起始顶点和终末顶点的加权物理量的相对值，左端则是关联矩阵的转置与顶点上任意加权物理量组成的矢量的乘积，描述的是加权物理量在顶点与边之间的转换关系。注意，任意指的是加权物理量可以是标量、矢量或任意张量，其唯一限制条件就是连续性假设。

由图论知识可知，回路矩阵与关联矩阵（割集矩阵）是正交的，因此：

$$B\Delta u = BA^{\mathrm{T}} u = 0u = 0$$

这与方法一中得到的回路上的代数结构相同。

顶点的任意加权位移矢量"任意"的本质：顶点任意加权位移矢量 u，由连续性假设得出边的起始顶点和终末顶点的相对位移矢量 Δu，这是相容条件。令 $u_0 = (A^T)^+ \Delta u$，那么由 Δu 唯一能够确定 u_0，而任意性只能存在于 $u - u_0$ 之中，令 $u - u_0 = u_m$，则有

$$\Delta u = A^T u = A^T u_0 + A^T u_m = A^T (A^T)^+ \Delta u + A^T u_m = \Delta u + A^T u_m$$
$$\Rightarrow A^T u_m = 0$$

这说明 u 的任意性在于 u_m，且 u_m 张成 A^T 的零空间，在线性小位移小应变假设下，A^T 的零空间的力学意义为不引起杆件起始顶点和终末顶点相对位移的顶点位移，或者说是这一假设下的机构位移(注：线性小位移小应变假设下的机构未必是有限机构，可能是一阶或高阶无穷小机构)。

回路上各顶点任意加权位移矢量 y 的由来及其本质：由图 2.62 可知，回路上边的加权内力矢量具有任意性，因此由材料本构关系知其起始顶点和终末顶点的相对位移矢量加权也应具有任意性，这就是回路上各顶点任意加权位移矢量 y 的由来，即 $B\Delta u_y = y$，其中 $\Delta u_y = \Delta U - \Delta u$，$\Delta U$ 为各边起始顶点和终末顶点之间总的相对位移矢量。这里的任意性更多的是指主观任意，Δu 与 Δu_y 的区别在于前者是杆件或边已经连接在一起后发生的(拓扑几何已经生成)，而后者是杆件或边还没有连接在一起之前发生的(拓扑几何还没有生成)，如下料误差等，其力学实质是回路上杆件的任意预应变或预变形的引入。若回路上杆件预应变或预变形产生的预应力满足自平衡条件，则不会引起节点不平衡力，进而节点不会产生位移，即 $y = 0$，否则 $y \neq 0$ 且 $y = B\Delta u_y \neq 0$ 并不需要满足相容条件。

综上，顶点上任意加权位移矢量和回路上边的任意加权相对位移矢量的关系如图 2.64 所示。

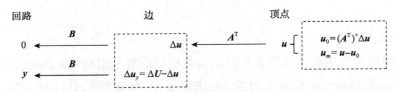

图 2.64　顶点上的任意加权位移矢量和回路上边的任意加权相对位移矢量的关系

至此，从网络理论的角度剖析了结构或机械线性图上顶点、边上任意加权位移矢量之后的代数结构，特别是回路上的代数结构。引入材料信息，即本构关系，也即边的起始顶点和终末顶点相对位移矢量与其加权内力矢量之间的柔度矩阵或刚度矩阵，进一步归纳成网络问题[41-43]。

已知：

①线性图表示及其关联矩阵 A 和回路矩阵 B，边上的任意加权内力矢量 F，顶点上的任意加权位移矢量 u，外荷载矢量 p。

②回路上任意加权矢量 x 和 y。设 $F = F_0 + F_x$，其中 $AF = p$，$F_0 = A^+ p$，$AF_0 = p$，$AF_x = 0$，$F_x = B^T x$。另设 $\Delta U = \Delta u + \Delta u_y$，其中 $A^T u = \Delta u$，$B\Delta u = 0$，$B\Delta u_y = y$。

③采用整体坐标系下柔度矩阵的材料本构关系 $\Delta U = \delta F$ 或采用整体坐标系下刚度矩阵的材料本构关系 $F = C_{nw}\Delta U$，其中 δ 为整体坐标系下的柔度矩阵，C_{nw} 为整体坐标下的刚度矩阵，二者均为方阵且互为逆阵。（注：对二力杆系，C_{nw} 和 δ 均为对角矩阵，但对包含梁式构件的体系，C_{nw} 和 δ 均为对角分块矩阵，同时关联矩阵和回路矩阵的元素 1 或–1 应代之以单位矩阵 I 或 $-I$。）

求：F 或 u。

解：关于该网络问题解存在且唯一性的数学证明见文献[41]，文献[42]和[43]提出了对应网眼法和顶点法的力法和位移法的网络列式，但力法和位移法采用相同的基本结构，而目前结构力学教材中力法和位移法采用不同的基本结构。力法"拆"思想与 Kron 的撕裂方法[18,44]（Kron's tearing method）类似，由拓扑几何性质拆除补树只留最大树，最大树（注：不唯一）即力法的基本结构。

与经典线性矩阵力法一致的网络理论列式推导[42,43]如下：

$$\Delta U = \delta F \Rightarrow B\Delta U = B\delta F \Rightarrow B(\Delta u + \Delta u_y) = B\delta(F_0 + F_x) \Rightarrow B\Delta u + B\Delta u_y = B\delta F_0 + B\delta F_x$$

$$\Rightarrow 0 + B\Delta u_y = B\delta F_0 + B\delta B^{\mathrm{T}}x \Rightarrow y = B\delta F_0 + B\delta B^{\mathrm{T}}x$$

$$\Rightarrow x = (B\delta B^{\mathrm{T}})^{-1}y - (B\delta B^{\mathrm{T}})^{-1}B\delta F_0$$

$$F = F_0 + F_x = F_0 + B^{\mathrm{T}}x = F_0 + B^{\mathrm{T}}\left((B\delta B^{\mathrm{T}})^{-1}y - (B\delta B^{\mathrm{T}})^{-1}B\delta F_0\right)$$

$$= B^{\mathrm{T}}(B\delta B^{\mathrm{T}})^{-1}y + \left(I - B^{\mathrm{T}}(B\delta B^{\mathrm{T}})^{-1}B\delta\right)F_0$$

将 $F_0 = A^+p$、$B\Delta u_y = y$ 进一步代入上式，可得

$$F = B^{\mathrm{T}}(B\delta B^{\mathrm{T}})^{-1}B\Delta u_y + \left(I - B^{\mathrm{T}}(B\delta B^{\mathrm{T}})^{-1}B\delta\right)A^+p \tag{2.22}$$

式（2.22）即经典线性矩阵力法的网络理论列式。式中，第一项可看成回路上的自应力，第二项为外荷载作用下引起的体系各杆件内力。值得指出的是，式中第二项可分为两部分，第一部分 A^+p 对应平衡条件，第二部分 $-B^{\mathrm{T}}(B\delta B^{\mathrm{T}})^{-1}B\delta A^+p$ 源于相容条件，在无初始预内力/预变形的情况下，体系在外部荷载或作用下的内力是这两部分的叠加（线性小位移小应变假设），若体系由刚性构件（如弹性模量假设为无穷大）组成或体系参考构形假定不变，则第二部分中柔度矩阵等于零或位移等于零（如预应力设计），此时第二部分的作用消失，各构件在整体坐标系中的内力矢量可直接通过关联矩阵的广义逆求得。此外，源于相容条件的第二部分一般会降低各构件仅由平衡条件给出的内力峰值。

与结构力学教材中线性矩阵位移法一致的网络理论列式[45]推导如下：

线性矩阵位移法采用平衡矩阵或相容矩阵，局部坐标系下本构关系 C 的推导过程见式（2.12）和式（2.13）。下面从网络理论直接推导采用关联矩阵、整体坐标系下本构关系 C_{nw} 的线性矩阵位移法的网络理论列式，具体如下：

$$AF = p, \quad F = C_{nw}\Delta U \Rightarrow AC_{nw}\Delta U = p \Rightarrow AC_{nw}(\Delta u + \Delta u_y) = p$$

将 $A^{\mathrm{T}}u = \Delta u$ 代入上式，可得

$$AC_{\text{nw}}\left(A^{\text{T}}u + \Delta u_y\right) = p \Rightarrow AC_{\text{nw}}A^{\text{T}}u + AC_{\text{nw}}\Delta u_y = p \Rightarrow AC_{\text{nw}}A^{\text{T}}u = p - AC_{\text{nw}}\Delta u_y$$

$$\Rightarrow u = \left(AC_{\text{nw}}A^{\text{T}}\right)^{-1}p - \left(AC_{\text{nw}}A^{\text{T}}\right)^{-1}AC_{\text{nw}}\Delta u_y \tag{2.23}$$

式(2.23)可以直接求解得到所有顶点的加权位移矢量且不显含回路矩阵,这样就不需要深入了解体系的拓扑几何性质。

仔细观察可发现,式(2.22)和式(2.23)中均包含两项,与已知外荷载矢量 p 相关的一项是客观的,而与 Δu_y 相关的另一项具有部分主观性,因为 Δu_y 允许人为的、强迫施加的预变形(由此引起的预应力必须满足平衡条件)。

总平衡矩阵与关联矩阵的关系:本节中没有区分关联矩阵和总平衡矩阵,本书作者认为关联矩阵可看成总平衡矩阵的图论形式。在采用总平衡矩阵表示的平衡方程(式(2.4)和式(2.5))中,总平衡矩阵与局部坐标系下的杆件独立内力矢量各个分量组成的矢量相乘,而在采用关联矩阵表示的平衡方程中,关联矩阵与整体坐标系下的各杆件独立内力矢量相乘。因此,总平衡矩阵与关联矩阵之间不仅存在一个坐标变换过程,还有一个维数扩大的问题。此外,关联矩阵表示的平衡方程实际上是空间力系的矢量和,因为矢量与坐标系的选择并无关系,即形状几何信息包含在各矢量之中。与总平衡矩阵表示的平衡方程描述的是同一种静力平衡状态,只不过形状几何信息包含在总平衡矩阵之中。

将关联矩阵 A 中的元素代之以单位矩阵 I 或 $-I$,扩大其维数并记为 A_I,则总平衡矩阵 $A_{\text{equilibrium}}$ 与扩维关联矩阵 A_I 的关系推导如下(以二力杆系为例):

$$p = A_{\text{equilibrium}}F_j^e = A_{\text{equilibrium}}\begin{pmatrix} F_j^{e1} \\ F_j^{e2} \\ \vdots \\ F_j^{eb} \end{pmatrix} = AF_j = A\begin{pmatrix} F_j^1 \\ F_j^2 \\ \vdots \\ F_j^b \end{pmatrix} = A_I\begin{pmatrix} \left(T_j^1\right)^{\text{T}}B_{\text{bar},j}F_j^{e1} \\ \left(T_j^2\right)^{\text{T}}B_{\text{bar},j}F_j^{e2} \\ \vdots \\ \left(T_j^b\right)^{\text{T}}B_{\text{bar},j}F_j^{eb} \end{pmatrix}$$

$$= A_I\begin{bmatrix} \left(T_j^1\right)^{\text{T}}B_{\text{bar},j} & 0 & \cdots & 0 \\ 0 & \left(T_j^2\right)^{\text{T}}B_{\text{bar},j} & \cdots & 0 \\ \vdots & \vdots & & \vdots \\ 0 & 0 & 0 & \left(T_j^b\right)^{\text{T}}B_{\text{bar},j} \end{bmatrix}\begin{bmatrix} F_j^{e1} \\ F_j^{e2} \\ \vdots \\ F_j^{eb} \end{bmatrix}$$

$$\Rightarrow A_{\text{equilibrium}} = A_I\begin{bmatrix} \left(T_j^1\right)^{\text{T}} & 0 & \cdots & 0 \\ 0 & \left(T_j^2\right)^{\text{T}} & \cdots & 0 \\ \vdots & \vdots & & \vdots \\ 0 & 0 & 0 & \left(T_j^b\right)^{\text{T}} \end{bmatrix}\begin{bmatrix} B_{\text{bar},j} & 0 & \cdots & 0 \\ 0 & B_{\text{bar},j} & \cdots & 0 \\ \vdots & & & \vdots \\ 0 & 0 & 0 & B_{\text{bar},j} \end{bmatrix} \tag{2.24}$$

其中，$\boldsymbol{F}_j^i = \begin{pmatrix} F_{j1}^i & F_{j1}^i & F_{j1}^i \end{pmatrix}^{\mathrm{T}}$ 表示第 i 根杆件整体坐标系下的独立截面内力矢量，j 表示采用其右端节点；$\boldsymbol{F}_j^{ei}$ 表示第 i 根杆件局部坐标系下的独立截面内力矢量，j 表示采用其右端节点；$\boldsymbol{B}_{\mathrm{bar},j} = \begin{pmatrix} 1 & 0 & 0 \end{pmatrix}^{\mathrm{T}}$ 表示二力杆的局部静态矩阵；$\boldsymbol{T}_j^i$ 表示第 i 根杆件右端节点内力矢量由整体坐标系到局部坐标系的坐标变换矩阵，如对第 i 根二力杆，有

$$\boldsymbol{T}_j^i = \begin{bmatrix} \cos\alpha_1^i & \cos\beta_1^i & \cos\gamma_1^i \\ \cos\alpha_2^i & \cos\beta_2^i & \cos\gamma_2^i \\ \cos\alpha_3^i & \cos\beta_3^i & \cos\gamma_3^i \end{bmatrix}$$

由式 (2.24) 可见，体系总平衡矩阵的组装过程实际上是按照扩维关联矩阵 $\boldsymbol{A}_I$ 指定的连接关系对号入座。

由式 (2.23) 可见，体系总刚度矩阵 $\boldsymbol{K}$ 与关联矩阵的关系比较简单，即

$$\boldsymbol{K} = \boldsymbol{A}\boldsymbol{C}_{\mathrm{nw}}\boldsymbol{A}^{\mathrm{T}} \text{ 或 } \boldsymbol{K} = \boldsymbol{A}_I\boldsymbol{C}_{\mathrm{nw}}\boldsymbol{A}_I^T \tag{2.25}$$

与式 (2.13) 的区别在于式 (2.25) 是采用关联矩阵和整体坐标系下的本构关系矩阵表示的。

除上述列式外，还有基于图论的多刚体动力学分析列式[46]以及结构静力学与机构运动学之间的对偶性[47]等，限于篇幅，在此不再赘述。

由上述矩阵力法和矩阵位移法的图论认识以及矩阵分析知识可推论：①线性总平衡矩阵及其转置 (相容矩阵) 包含了弹性小位移小应变假设下描述体系线性运动的拓扑几何信息、形状几何信息，线性总刚度矩阵还包含了材料本构关系，从而更为完整，这说明对体系构成分析而言，仅采用关联矩阵或简化的拓扑几何信息是不完整的、粗略的；②基于线性总平衡矩阵及其转置、线性总刚度矩阵的秩数、零空间等就可以得到弹性小位移小应变假设下体系运动自由度、自平衡内力回路和机构位移信息；③线性总刚度矩阵与回路矩阵无关 (式 (2.25)) 且是对称的，其左、右零空间相同，因此由线性总刚度矩阵零空间得到的只是弹性小位移小应变假设下的机构位移信息。

(2) 线性总平衡矩阵、总刚度矩阵的左、右零空间[48-77]——体系分类、机构分类以及无穷小机构刚化和阶数问题。

1978 年，Calladine[48]从体系构成分析的角度分析了 Maxwell 公式在张拉整体结构中应用时失效的原因，并基于线性代数中的维数定理 (dimension theorem) 发现：①独立自应力模态数 s=线性总平衡矩阵 $\boldsymbol{A}$ 的列数 $-\mathrm{rank}(\boldsymbol{A})$；②独立机构位移模态数 m=线性总平衡矩阵 $\boldsymbol{A}$ 的行数 $-\mathrm{rank}(\boldsymbol{A})$；③铰接二力杆系中，Maxwell 公式的计算结果$=s-m$；④自应力可以将一个或多个无穷小机构 (infinitesimal mechanisms) 刚化。显然，在矩阵分析中，s 为线性总平衡矩阵右零空间的维数，m 为线性总平衡矩阵左零空间的维数。自此，基于拓扑几何模型的 Maxwell 公式的适用范围得以明确。

1982 年，Calladine[49]在讨论单层正交索网结构时，基于一阶线性分析下的独立自应力模态数和独立机构位移模态数将铰接二力杆系体系分为四类：

①静不定动定体系，$s>0$、$m=0$；②静定动定体系，$s=0$、$m=0$；③静定动不定体系，$s=0$、$m>0$；④静不定动不定体系，$s>0$、$m>0$。

此外，独立机构位移模态分为伸长模态、无伸长模态(extensional modes and inextensitonal modes)和耦合模态(Tarnai 称为无穷小机构和大位移机构[50])，这可看成一阶线性独立机构位移模态的初步分类。与此同时，从经典矩阵力法列式出发，Kaneko 等[51]对独立自应力模态以及总平衡矩阵的奇异值分解等做了深入研究。

1984~1986 年，Pellegrino 和 Calladine 进一步对线性总平衡矩阵的四个子空间(行空间、列空间、左零空间和右零空间)进行了讨论，从而进一步完善了线性小位移小应变假设下独立自应力模态数和独立机构位移模态数的计算公式。此外，基于经典稳定理论提出了线性小位移分析得到的机构稳定性判定问题并提出了乘积力方法，Tarnai 和 Calladine 私下交流中明确了一阶无穷小机构的概念[52-55]。然而，乘积力方法的提出偏重于线性规划和组合数学等概念，其力学概念不容易理解且计算麻烦。2005 年，邓华基于虚功原理严格证明了乘积力矩阵的对称性，且乘积力矩阵与几何非线性有限元方法中的应力刚度矩阵形式上相同[56-57]。

除了这些开拓性的基础研究工作，国内外众多学者基于线性总平衡矩阵及其子空间的研究主要围绕静不定动不定体系中机构的分类、阶数和可否刚化问题，即线性小位移分析得到的机构稳定性问题[58-77]。

上述内容笼统称为线性平衡矩阵理论，从属于经典矩阵力法的范畴，本书将在 5.2 节中详细介绍。

前面关于 Maxwell 公式讨论中曾提到右端项的影响即线性方程组的相容性，这里再补充解释如下。

外荷载的刚化效应问题：由式(2.22)可见，外荷载引起的体系内力一般情况下包含两部分，一部分在回路上的自内力有可能将无穷小机构刚化，另一部分静定部分的内力也有可能将大位移机构刚化。另外，线性方程组的解本来就应包括右端项的影响。外荷载的刚化效应问题对体系构成分析的意义在于：体系构成满足任意外部作用下有解可能并不总是必须的。外荷载的刚化效应问题可采用增广总平衡矩阵和增广总刚度矩阵代替总平衡矩阵或总刚度矩阵进行分解，并讨论其四个子空间。

基于扩维关联矩阵分解的体系构成分析方法：由式(2.24)扩维关联矩阵与总平衡矩阵的关系可见，二者从力学角度是能否考虑形状几何信息的问题，从线性代数角度则是一种变换。不妨设想先建立关联矩阵的左、右零空间与总平衡矩阵的左、右零空间之间的关系，然后仅对关联矩阵或扩维关联矩阵进行分解，最终再考虑形状几何信息的思路。这实际上需要找到与图的简化相反的逆变换，将关联矩阵的左、右零空间还原为平衡矩阵的左、右零空间，从而计入形状几何信息。

扩维关联矩阵的左、右零空间与总平衡矩阵的左、右零空间之间的关系推导如下。

式(2.24)可记为 $A_{equilibrium} = A_I T_j^T B_{lsm,j}$，其中

$$T_j^{\mathrm{T}} = \begin{bmatrix} \left(T_j^1\right)^{\mathrm{T}} & 0 & \cdots & 0 \\ 0 & \left(T_j^2\right)^{\mathrm{T}} & \cdots & 0 \\ \vdots & \vdots & & \vdots \\ 0 & 0 & 0 & \left(T_j^b\right)^{\mathrm{T}} \end{bmatrix}, \quad B_{\mathrm{lsm},j} = \begin{bmatrix} B_{\mathrm{bar},j} & 0 & \cdots & 0 \\ 0 & B_{\mathrm{bar},j} & \cdots & 0 \\ \vdots & \vdots & & \vdots \\ 0 & 0 & 0 & B_{\mathrm{bar},j} \end{bmatrix}$$

对总平衡矩阵进行奇异值分解，即 $A_{\mathrm{equilibrium}} = U\Sigma V^{\mathrm{T}}$，其中 U 和 V 为实的酉矩阵，$U^{\mathrm{T}}U = I$、$V^{\mathrm{T}}V = I$，且零奇异值对应的 U 和 V 中的向量子空间分别为 A_I^{T} 和 A_I 的零空间，Σ 为实的对角矩阵，I 为单位矩阵，则

$$A_{\mathrm{equilibrium}} = A_I T_j^{\mathrm{T}} B_{\mathrm{lsm},j} = U\Sigma V^{\mathrm{T}} \Rightarrow V^{\mathrm{T}} = \Sigma^+ U^{\mathrm{T}} A_I T_j^{\mathrm{T}} B_{\mathrm{lsm},j} \tag{2.26}$$

另外，将 $A_I = U_I \Sigma_I V_I^{\mathrm{T}}$ 代入 $A_{\mathrm{equilibirum}} = A_I T_j^{\mathrm{T}} B_{\mathrm{lsm},j}$ 得

$$A_{\mathrm{equilibirum}} = A_I T_j^{\mathrm{T}} B_{\mathrm{lsm},j} = U_I \Sigma_I V_I^{\mathrm{T}} T_j^{\mathrm{T}} B_{\mathrm{lsm},j} = U_I \Sigma_I \left(B_{\mathrm{lsm},j}^{\mathrm{T}} T_j V_I\right)^{\mathrm{T}}$$

$$\Rightarrow A_{\mathrm{equilibirum}}^{\mathrm{T}} = \left(B_{\mathrm{lsm},j}^{\mathrm{T}} T_j V_I\right) \Sigma_I^{\mathrm{T}} U_I^{\mathrm{T}}$$

可见 U_I 张成 $A_{\mathrm{equilibirum}}^{\mathrm{T}}$ 的列空间，U_I^{T} 中与 Σ 中零奇异值对应的列向量张成 $A_{\mathrm{equilibirum}}^{\mathrm{T}}$ 的右零空间，这样 $A_{\mathrm{equilibirum}}^{\mathrm{T}}$ 与 A_I^{T} 的右零空间相同，即

$$\mathrm{null}\left(A_{\mathrm{equilibirum}}^{\mathrm{T}}\right) = \mathrm{null}(A_I^{\mathrm{T}}) \tag{2.27}$$

下面通过例题 2.23 验证式 (2.24)、式 (2.26) 和式 (2.27) 是否正确。

例题 2.23　一平面静不定动不定体系如图 2.65 所示，试采用扩维关联矩阵给出其独立自应力模态和独立机构位移模态。

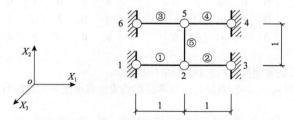

图 2.65　某平面静不定动不定体系

分析如下。

节点编号及坐标信息：节点编号 X_1 坐标 X_2 坐标 X_3 坐标，即 1 0.0 0.0 0.0；2 1.0 0.0 0.0；3 2.0 0.0 0.0；4 2.0 1.0 0.0；5 1.0 1.0 0.0；6 0.0 1.0 0.0

单元编号及单元连接节点信息：单元编号　左节点编号　右节点编号，即①1 2；②2 3；③6 5；④5 4；⑤2 5

由以上信息建立总平衡矩阵并根据节点约束情况划行处理后如下：

$$A_{\text{equilibrium}} = \begin{bmatrix} 1 & -1 & 0 & 0 & 0 \\ 0 & 0 & 0 & 0 & -1 \\ 0 & 0 & 1 & -1 & 0 \\ 0 & 0 & 0 & 0 & 1 \end{bmatrix}$$

对 $A_{\text{equilibrium}}$ 进行奇异值分解，即 $A_{\text{equilibrium}} = U_{\text{equilibrium}} \Sigma_{\text{equilibrium}} V_{\text{equilibrium}}^{\text{T}}$，得到

$$U_{\text{equilibrium}} = \begin{bmatrix} 0 & 0 & -1 & 0 \\ -0.707 & 0 & 0 & -0.707 \\ 0 & -1 & 0 & 0 \\ 0.707 & 0 & 0 & -0.707 \end{bmatrix}, \quad \Sigma_{\text{equilibrium}} = \begin{bmatrix} 1.414 & 0 & 0 & 0 & 0 \\ 0 & 1.414 & 0 & 0 & 0 \\ 0 & 0 & 1.414 & 0 & 0 \\ 0 & 0 & 0 & 0 & 0 \end{bmatrix},$$

$$V_{\text{equilibrium}}^{\text{T}} = \begin{bmatrix} 0 & 0 & -0.707 & 0 & 0.707 \\ 0 & 0 & 0.707 & 0 & 0.707 \\ 0 & -0.707 & 0 & -0.707 & 0 \\ 0 & 0.707 & 0 & -0.707 & 0 \\ 1 & 0 & 0 & 0 & 0 \end{bmatrix}$$

可见总平衡矩阵 $A_{\text{equilibrium}}$ 的秩等于 3，存在 5–3=2 个独立的自应力模态，即 $V_{\text{equilibrium}}^{\text{T}}$ 的最后 2 列，存在 4–3=1 个独立的机构位移模态，即 $U_{\text{equilibrium}}$ 的最后 1 列。

式(2.24)验证如下。

①由节点编号、单元编号顺序依次建立力学模型的关联矩阵 A(注意：这一关联矩阵描述的是力学模型的连接关系而非严格意义上该体系的线性图表示)，按照有向图指定每条边的方向，每一个单元左节点为–1，右节点为 1，然后扩维，得到

$$A = \begin{bmatrix} -1 & 0 & 0 & 0 & 0 \\ 1 & -1 & 0 & 0 & -1 \\ 0 & 1 & 0 & 0 & 0 \\ 0 & 0 & 0 & 1 & 0 \\ 0 & 0 & 1 & -1 & 1 \\ 0 & 0 & -1 & 0 & 0 \end{bmatrix} \Rightarrow A_I = \begin{bmatrix} -I & 0 & 0 & 0 & 0 \\ I & -I & 0 & 0 & -I \\ 0 & I & 0 & 0 & 0 \\ 0 & 0 & 0 & I & 0 \\ 0 & 0 & I & -I & I \\ 0 & 0 & -I & 0 & 0 \end{bmatrix}$$

注意 A_I 中 0 是 3×3 的零矩阵，I 是 3×3 的单位矩阵。

②将节点约束条件引入 A_I，即划掉与存在零位移约束的自由度所对应的行，得

$$A_I = \begin{bmatrix} 1 & 0 & 0 & -1 & 0 & 0 & 0 & 0 & 0 & 0 & 0 & 0 & -1 & 0 & 0 \\ 0 & 1 & 0 & 0 & -1 & 0 & 0 & 0 & 0 & 0 & 0 & 0 & 0 & -1 & 0 \\ 0 & 0 & 0 & 0 & 0 & 0 & 1 & 0 & 0 & -1 & 0 & 0 & 1 & 0 & 0 \\ 0 & 0 & 0 & 0 & 0 & 0 & 0 & 1 & 0 & 0 & -1 & 0 & 0 & 1 & 0 \end{bmatrix}$$

③依次计算各个单元从整体坐标系到局部坐标系的坐标变换矩阵。

$$T_j^1 = T_j^2 = T_j^3 = T_j^4 = \begin{bmatrix} 1 & 0 & 0 \\ 0 & 1 & 0 \\ 0 & 0 & 1 \end{bmatrix}, \quad T_j^5 = \begin{bmatrix} 0 & 1 & 0 \\ -1 & 0 & 0 \\ 0 & 0 & 1 \end{bmatrix}$$

已知 $\boldsymbol{B}_{\mathrm{bar},j} = \begin{bmatrix} 1 & 0 & 0 \end{bmatrix}^{\mathrm{T}}$。

④按单元顺序组装 $\boldsymbol{T}_j^{\mathrm{T}}$ 和 $\boldsymbol{B}_{\mathrm{lsm},j}$。

$$\boldsymbol{T}_j^{\mathrm{T}} = \begin{bmatrix} \left(\boldsymbol{T}_j^1\right)^{\mathrm{T}} & 0 & 0 & 0 & 0 \\ 0 & \left(\boldsymbol{T}_j^2\right)^{\mathrm{T}} & 0 & 0 & 0 \\ 0 & 0 & \left(\boldsymbol{T}_j^3\right)^{\mathrm{T}} & 0 & 0 \\ 0 & 0 & 0 & \left(\boldsymbol{T}_j^4\right)^{\mathrm{T}} & 0 \\ 0 & 0 & 0 & 0 & \left(\boldsymbol{T}_j^5\right)^{\mathrm{T}} \end{bmatrix}, \quad \boldsymbol{B}_{\mathrm{lsm},j} = \begin{bmatrix} \boldsymbol{B}_{\mathrm{bar},j} & 0 & 0 & 0 & 0 \\ 0 & \boldsymbol{B}_{\mathrm{bar},j} & 0 & 0 & 0 \\ 0 & 0 & \boldsymbol{B}_{\mathrm{bar},j} & 0 & 0 \\ 0 & 0 & 0 & \boldsymbol{B}_{\mathrm{bar},j} & 0 \\ 0 & 0 & 0 & 0 & \boldsymbol{B}_{\mathrm{bar},j} \end{bmatrix}$$

⑤计算 $\boldsymbol{A}_I \boldsymbol{T}_j^{\mathrm{T}} \boldsymbol{B}_{\mathrm{lsm},j} = \begin{bmatrix} 1 & -1 & 0 & 0 & 0 \\ 0 & 0 & 0 & 0 & -1 \\ 0 & 0 & 1 & -1 & 0 \\ 0 & 0 & 0 & 0 & 1 \end{bmatrix}$，这与直接建立的总平衡矩阵 $\boldsymbol{A}_{\mathrm{equilibrium}}$ 一致。式 (2.24) 得

以验证。

式 (2.26) 验证如下。

对 $\boldsymbol{A}_I$ 进行奇异值分解，即 $\boldsymbol{A}_I = \boldsymbol{U}_I \boldsymbol{\Sigma}_I \boldsymbol{V}_I^{\mathrm{T}}$，得到

$$\boldsymbol{U}_I = \begin{bmatrix} 0 & -0.707 & 0.707 & 0 \\ 0.707 & 0 & 0 & -0.707 \\ 0 & 0.707 & 0.707 & 0 \\ -0.707 & 0 & 0 & -0.707 \end{bmatrix}, \quad \boldsymbol{\Sigma}_I = \begin{bmatrix} 2.0 & 0 & 0 & 0 & 0 & 0 & 0 & 0 & 0 & 0 & 0 & 0 & 0 & 0 & 0 \\ 0 & 2.0 & 0 & 0 & 0 & 0 & 0 & 0 & 0 & 0 & 0 & 0 & 0 & 0 & 0 \\ 0 & 0 & 1.414 & 0 & 0 & 0 & 0 & 0 & 0 & 0 & 0 & 0 & 0 & 0 & 0 \\ 0 & 0 & 0 & 1.414 & 0 & 0 & 0 & 0 & 0 & 0 & 0 & 0 & 0 & 0 & 0 \end{bmatrix}$$

$$\boldsymbol{V}_I^{\mathrm{T}} = \begin{bmatrix} 0 & -0.354 & 0.5 & 0 & 0.078 & 0 & -0.125 & -0.370 & 0 & 0.125 & 0.370 & 0 & 0.479 & -0.292 & 0 \\ 0.354 & 0 & 0 & -0.5 & 0.604 & 0 & 0 & -0.125 & 0 & 0.125 & 0 & 0 & 0.479 & 0 \\ 0 & 0 & 0 & 0 & 0.017 & 0 & -0.612 & -0.079 & 0 & 0.612 & 0.079 & 0 & -0.483 & -0.063 & 0 \\ 0 & 0.354 & -0.5 & 0 & 0.099 & 0 & 0.125 & -0.467 & 0 & -0.125 & 0.467 & 0 & -0.113 & -0.368 & 0 \\ -0.354 & 0 & 0 & 0.5 & 0.762 & 0 & 0 & 0.125 & 0 & 0 & -0.125 & 0 & 0 & -0.113 & 0 \\ 0 & 0 & 0 & 0 & 0 & 1 & 0 & 0 & 0 & 0 & 0 & 0 & 0 & 0 & 0 \\ 0 & 0.354 & 0.5 & 0 & 0.010 & 0 & 0.625 & -0.049 & 0 & 0.375 & 0.049 & 0 & -0.296 & -0.038 & 0 \\ -0.354 & 0 & 0 & -0.5 & 0.079 & 0 & 0 & 0.625 & 0 & 0 & 0.375 & 0 & 0 & -0.296 & 0 \\ 0 & 0 & 0 & 0 & 0 & 0 & 0 & 0 & 1 & 0 & 0 & 0 & 0 & 0 & 0 \\ 0 & -0.354 & -0.5 & 0 & -0.010 & 0 & 0.375 & 0.049 & 0 & 0.625 & -0.049 & 0 & 0.296 & 0.038 & 0 \\ 0.354 & 0 & 0 & 0.5 & -0.079 & 0 & 0 & 0.375 & 0 & 0 & 0.625 & 0 & 0 & 0.296 & 0 \\ 0 & 0 & 0 & 0 & 0 & 0 & 0 & 0 & 0 & 0 & 0 & 1 & 0 & 0 & 0 \\ 0 & 0.707 & 0 & 0 & -0.021 & 0 & -0.250 & 0.097 & 0 & 0.250 & -0.097 & 0 & 0.592 & 0.077 & 0 \\ -0.707 & 0 & 0 & 0 & -0.158 & 0 & -0.250 & 0 & 0 & 0.250 & 0 & 0 & 0.592 & 0 \\ 0 & 0 & 0 & 0 & 0 & 0 & 0 & 0 & 0 & 0 & 0 & 0 & 0 & 0 & 1 \end{bmatrix}$$

$$V_{\text{equilibrium}}^{\text{T}} = \Sigma_{\text{equilibrium}}^{+} U_{\text{equilibrium}}^{\text{T}} A_I T_j^{\text{T}} B_{\text{lsm},j} = \begin{bmatrix} 0 & 0 & 0 & 0 & 1 \\ 0 & 0 & -0.707 & 0.707 & 0 \\ -0.707 & 0.707 & 0 & 0 & 0 \\ 0 & 0 & 0 & 0 & 0 \\ 0 & 0 & 0 & 0 & 0 \end{bmatrix}$$ ，这与前面得到的

$V_{\text{equilibrium}}^{\text{T}}$ 不同，但它们是等价的。式(2.26)得到验证，然而式(2.26)本质上仍然是总平衡矩阵的奇异值分解而非直接通过扩维关联矩阵进行分析。

式(2.27)验证如下。

比较 $U_{\text{equilibrium}}$ 和 U_I 的最后一列，可见二者完全一致，式(2.27)得到验证。

注意，本例题验证过程并没有采用严格意义上的线性图表示，因此关联矩阵或扩维关联矩阵的秩与平衡矩阵的秩不相等，式(2.27)求解独立机构位移模态需要知道平衡矩阵的秩。因此，采用式(2.26)求取独立自应力模态本质上仍然是总平衡矩阵的奇异值分解方法，而采用式(2.27)则可以通过扩维关联矩阵的奇异值分解直接得到体系的独立机构位移模态(注：总平衡矩阵通过式(2.24)得到或组装)。

关联矩阵与扩维关联矩阵之间的关系：由割集上的代数结构可得到采用关联矩阵的平衡方程 $AF = p$，其中 F 为整体坐标系中各边的加权截面内力矢量，p 为整体坐标系中各顶点处加权外荷载矢量。关联矩阵 A 的行数是顶点的个数，列数是边的个数，而每一条边和每一个顶点的加权矢量维数一般是 2、3 甚至 6，采用关联矩阵表达平衡方程时，F 和 p 其实都是一个矩阵，对每条边和每个顶点的加权矢量应记为行矢量，而不是列矢量。

以例题 2.23 为例，假设 2、5 号顶点存在集中荷载矢量 $p_2 = p_5 = (0 \quad 1 \quad 0)$，采用关联矩阵表示的平衡方程具体形式如下：

$$AF = p \Rightarrow \begin{bmatrix} -1 & 0 & 0 & 0 & 0 \\ 1 & -1 & 0 & 0 & -1 \\ 0 & 1 & 0 & 0 & 0 \\ 0 & 0 & 0 & 1 & 0 \\ 0 & 0 & 1 & -1 & 1 \\ 0 & 0 & -1 & 0 & 0 \end{bmatrix} \begin{pmatrix} F_1 \\ F_2 \\ F_3 \\ F_4 \\ F_5 \end{pmatrix} = \begin{pmatrix} p_1 \\ p_2 \\ p_3 \\ p_4 \\ p_5 \\ p_6 \end{pmatrix}$$

其中，

$$\begin{pmatrix} F_1 \\ F_2 \\ F_3 \\ F_4 \\ F_5 \end{pmatrix} = \begin{bmatrix} F_{11} & F_{12} & F_{13} \\ F_{21} & F_{22} & F_{23} \\ F_{31} & F_{32} & F_{33} \\ F_{41} & F_{42} & F_{43} \\ F_{51} & F_{52} & F_{53} \end{bmatrix}, \quad \begin{pmatrix} p_1 \\ p_2 \\ p_3 \\ p_4 \\ p_5 \\ p_6 \end{pmatrix} = \begin{bmatrix} 0 & 0 & 0 \\ 0 & 1 & 0 \\ 0 & 0 & 0 \\ 0 & 0 & 0 \\ 0 & 1 & 0 \\ 0 & 0 & 0 \end{bmatrix}$$

可见，采用关联矩阵表示的平衡方程 $AF = p$ 是整体坐标系三个坐标轴方向单独平衡方程组的组合，即

$$AF = p \Leftrightarrow A\begin{bmatrix} F_{X_1} & F_{X_2} & F_{X_3} \end{bmatrix} = \begin{bmatrix} p_{X_1} & p_{X_2} & p_{X_3} \end{bmatrix} \Rightarrow \begin{cases} AF_{X_1} = p_{X_1} \\ AF_{X_2} = p_{X_2} \\ AF_{X_3} = p_{X_3} \end{cases} \quad (2.28)$$

式 (2.28) 即将边的加权截面内力矢量和顶点的加权外荷载矢量记为行矢量的形式，而扩维关联矩阵是将边的加权截面内力矢量和顶点的加权外荷载矢量记为列矢量形式，二者是等价的。式 (2.28) 在只需要考虑整体坐标系中单独一个坐标轴方向的平衡条件时比较方便。因此，结构或机械的图论和网络理论列式非常自然地将三维问题 (矢量加权的线性图) 分解为三个一维问题 (三层标量加权的线性图)，从而实现了降维分析。

基于上述关联矩阵和扩维关联矩阵的关系，有兴趣的读者可延伸思考关联矩阵、扩维关联矩阵的广义逆以及矩阵力法中平衡矩阵的广义逆之间的关系。

多独立自应力模态的组合问题：式 (2.22) 为多自应力模态组合进行初状态几何上整体预应力设计的基础，解释如下。

记外部荷载或作用 (各工况) 引起的内力矢量 $F_p = \left(I - B^{\mathrm{T}}(B\delta B^{\mathrm{T}})^{-1}B\delta\right)A^+ p$，将式 (2.22) 中右端项的第一项仅看成整体预应力而不包含施工误差，即 $F_{\text{prestress}} = B^{\mathrm{T}}(B\delta B^{\mathrm{T}})^{-1}B\Delta u_y$ (注：在 5.2 节矩阵力法列式中，$F_{\text{prestress}} = B_x\alpha$，$B_x$ 为独立自应力模态组成的矩阵，α 为组合因子)，则式 (2.22) 可改写为 $F - F_p = F_{\text{prestress}}$，此时应将 F 看成各构件的极限承载力矢量。因此，整体预应力设计必须满足 $F - F_p \geqslant F_{\text{prestress}}$。

显然，整体预应力设计时自应力矩阵的列空间越完备越好，即独立自应力模态越多越好，而不是想当然的单一自应力模态。这样，多自应力模态的组合问题本质上是一个优化问题，设计时还需要考虑如何给出自动满足对称性的模态组合以及如何挑选和使用可使体系刚化或柔化的自应力模态等。此外，由于索、刚拉杆等构件内在的单边约束性质，整体预应力设计时需要保证索、刚拉杆退出工作后体系有效拓扑几何、现时形状几何等仍然满足可正常使用、可承载两方面的要求。

(3) 局部构成分析的图论或网络理论列式。

本章前面内容着重于讨论体系构成分析或体系的整体几何判定问题，未提及构件、节点等局部构成对整体构成的作用。事实上，完整的结构或机械网络分析不能只有整体构成分析而忽略局部构成分析。体系构成分析让结构或机械工程师可以判断用多少构件和连接节点能搭起来，构件和节点层面的局部构成分析则进一步给出每一条边或每一个顶点对体系构成的定量认识，从而不再依靠经验和直觉。

下面先给出构件层面上局部构成分析的图论或网络列式。

已知：式 (2.22) 两端均左乘整体坐标系下的柔度矩阵 δ，得

$$\delta F = \delta\left(B^{\mathrm{T}}(B\delta B^{\mathrm{T}})^{-1}B\Delta u_y + \left(I - B^{\mathrm{T}}(B\delta B^{\mathrm{T}})^{-1}B\delta\right)A^+ p\right)$$

$$\Rightarrow \delta F = \delta B^{\mathrm{T}}(B\delta B^{\mathrm{T}})^{-1}B\Delta u_y + \left(I - \delta B^{\mathrm{T}}(B\delta B^{\mathrm{T}})^{-1}B\right)\delta A^+ p$$

令

$$\boldsymbol{\Omega} = \delta\boldsymbol{B}^{\mathrm{T}}(\boldsymbol{B}\delta\boldsymbol{B}^{\mathrm{T}})^{-1}\boldsymbol{B} \tag{2.29}$$

可得

$$\delta\boldsymbol{F} = \boldsymbol{\Omega}\Delta\boldsymbol{u}_y + (\boldsymbol{I} - \boldsymbol{\Omega})\delta\boldsymbol{A}^+\boldsymbol{p} \tag{2.30}$$

若假设 $\delta = \boldsymbol{I}$，则 $\boldsymbol{\Omega}$ 退化为 $\boldsymbol{B}^{\mathrm{T}}(\boldsymbol{B}\boldsymbol{B}^{\mathrm{T}})^{-1}\boldsymbol{B}$。

求证：$\boldsymbol{\Omega}$ 的迹等于其秩数且等于回路矩阵 $\boldsymbol{B}$ 的秩数。

证明：

$$\boldsymbol{\Omega}^2 = \delta\boldsymbol{B}^{\mathrm{T}}(\boldsymbol{B}\delta\boldsymbol{B}^{\mathrm{T}})^{-1}\boldsymbol{B}\delta\boldsymbol{B}^{\mathrm{T}}(\boldsymbol{B}\delta\boldsymbol{B}^{\mathrm{T}})^{-1}\boldsymbol{B} = \delta\boldsymbol{B}^{\mathrm{T}}(\boldsymbol{B}\delta\boldsymbol{B}^{\mathrm{T}})^{-1}\boldsymbol{B} = \boldsymbol{\Omega} \Rightarrow \boldsymbol{\Omega}^2 = \boldsymbol{\Omega}$$

$$\Rightarrow \boldsymbol{\Omega}^n = \boldsymbol{\Omega}$$

即 $\boldsymbol{\Omega}$ 为幂等矩阵，由幂等矩阵的性质可知幂等矩阵的迹等于其秩数，即 $\mathrm{tr}(\boldsymbol{\Omega}) = \mathrm{rank}(\boldsymbol{\Omega})$。

由于回路矩阵 $\boldsymbol{B}$ 列满秩，若柔度矩阵 δ 也列满秩，则

$$\begin{cases} \mathrm{rank}(\boldsymbol{B}) = s \\ \mathrm{rank}(\delta) = n \end{cases} \Rightarrow \mathrm{rank}(\boldsymbol{\Omega}) = s = \mathrm{tr}(\boldsymbol{\Omega})$$

证毕。

由上述证明可见，体系总的静不定次数即回路的总条数分布在 $\boldsymbol{\Omega}$ 的主对角元上，而 $\boldsymbol{\Omega}$ 的每一个主对角元都对应着一个构件，因此文献[78]～[90]将式(2.29)中回路矩阵 $\boldsymbol{B}$ 代之以自应力矩阵并将 $\boldsymbol{\Omega}$ 称为分布式静不定矩阵，每一个构件对应 $\boldsymbol{\Omega}$ 的主对角元则看成该构件的局部静不定次数，所有构件的局部静不定次数之和等于体系整体总的静不定次数。此外，对拓扑几何与形状几何相互独立的二力杆系而言，柔度矩阵 δ 列满秩，δ 的存在对总的静不定次数并没有影响，仅影响各构件局部静不定值，但在拓扑几何与形状几何耦合或者形状几何奇异的情况下，δ 的存在将对总的静不定次数产生影响，式(2.29)同时包含了拓扑几何、形状几何和材料等信息，从而更为完整。式(2.30)则揭示了分布式静不定矩阵的力学意义，其左端项为整体坐标下每根构件产生的变形，右端第二项可分为两部分且分别对应静定部分和静不定部分。既然 $\boldsymbol{\Omega}$ 为分布式或局部静不定矩阵，则 $\boldsymbol{I} - \boldsymbol{\Omega}$ 即为分布式或局部静定矩阵，二者之和就是单位矩阵。此外，文献[90]通过 $\boldsymbol{\Omega}$ 的主对角元素是否相等来判断体系的对称性，满足对称性的构件的局部静不定次数相等，但反之不亦然。

例题 2.24　试采用回路矩阵求图 2.65 所示的平面静不定动不定体系各构件的局部静不定次数。

解：①给出体系的第 II 类线性图表示，如图 2.66 所示。

②建立图 2.66 所示线性图(无向图)的关联矩阵，即

$$\boldsymbol{A} = \begin{bmatrix} 1 & 0 & 0 & 0 & 0 & 1 & 0 & 1 \\ 1 & 1 & 0 & 0 & 1 & 0 & 0 & 0 \\ 0 & 1 & 0 & 0 & 0 & 0 & 1 & 1 \\ 0 & 0 & 0 & 1 & 0 & 0 & 1 & 0 \\ 0 & 0 & 1 & 1 & 1 & 0 & 0 & 0 \\ 0 & 0 & 1 & 0 & 0 & 1 & 0 & 0 \end{bmatrix}$$

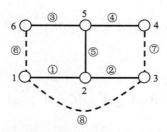

图 2.66 某静不定动不定体系的第 Ⅱ 类线性图表示

③由图论可知，回路矩阵与关联矩阵正交，即

$$AB^{\mathrm{T}} = 0 \Rightarrow B^{\mathrm{T}} = \mathrm{null}(A) = \begin{bmatrix} 0.274 & 0.438 \\ -0.492 & 0.156 \\ 0.274 & 0.438 \\ -0.492 & 0.156 \\ 0.218 & -0.594 \\ -0.274 & -0.438 \\ 0.492 & -0.156 \\ 0 & 0 \end{bmatrix}$$

④不考虑各构件的柔度，即 $\delta = I$，则分布式静不定矩阵为

$$\Omega = B^{\mathrm{T}}(BB^{\mathrm{T}})^{-1}B = \begin{bmatrix} 0.267 & -0.067 & 0.267 & -0.067 & -0.200 & -0.267 & 0.067 & 0 \\ -0.067 & 0.267 & -0.067 & 0.267 & -0.200 & 0.067 & -0.267 & 0 \\ 0.267 & -0.067 & 0.267 & -0.067 & -0.200 & -0.267 & 0.067 & 0 \\ -0.067 & 0.267 & -0.067 & 0.267 & -0.200 & 0.067 & -0.267 & 0 \\ -0.200 & -0.200 & -0.200 & -0.200 & 0.400 & 0.200 & 0.200 & 0 \\ -0.267 & 0.067 & -0.267 & 0.067 & 0.200 & 0.267 & -0.067 & 0 \\ 0.067 & -0.267 & 0.067 & -0.267 & 0.200 & -0.067 & 0.267 & 0 \\ 0 & 0 & 0 & 0 & 0 & 0 & 0 & 0 \end{bmatrix}$$

将矩阵 Ω 的主对角元素加起来，即 $\mathrm{tr}(\Omega) = 2.0$，此即为体系整体静不定次数。仔细观察矩阵 Ω 各主对角元素，可见构件⑤的局部静不定值最大为 0.4，构件⑧的局部静不定值最大为零，这意味从体系拓扑几何构成角度而言，构件⑤最为重要，构件⑧不重要或者说拿掉构件⑧不影响总的回路条数，仅此而已。

从式 (2.23) 也可以得出局部静定矩阵的另一表达式。

已知：将式 (2.23) 两端乘以整体坐标系下的刚度矩阵或本构关系矩阵 $C_{\mathrm{nw}}A^{\mathrm{T}}$，得

$$C_{\mathrm{nw}}A^{\mathrm{T}}u = C_{\mathrm{nw}}A^{\mathrm{T}}\left(AC_{\mathrm{nw}}A^{\mathrm{T}}\right)^{-1}p - C_{\mathrm{nw}}A^{\mathrm{T}}\left(AC_{\mathrm{nw}}A^{\mathrm{T}}\right)^{-1}AC_{\mathrm{nw}}\Delta u_y$$

代入平衡方程 $AF = p$，可得

$$C_{\mathrm{nw}}A^{\mathrm{T}}u = C_{\mathrm{nw}}A^{\mathrm{T}}\left(AC_{\mathrm{nw}}A^{\mathrm{T}}\right)^{-1}AF - C_{\mathrm{nw}}A^{\mathrm{T}}\left(AC_{\mathrm{nw}}A^{\mathrm{T}}\right)^{-1}AC_{\mathrm{nw}}\Delta u_y$$

$$\Rightarrow C_{nw}A^{T}u = C_{nw}A^{T}\left(AC_{nw}A^{T}\right)^{-1}A\left(F - C_{nw}\Delta u_{y}\right)$$

令

$$\Phi = C_{nw}A^{T}\left(AC_{nw}A^{T}\right)^{-1}A \tag{2.31}$$

则

$$C_{nw}A^{T}u = \Phi\left(F - C_{nw}\Delta u_{y}\right) \tag{2.32}$$

求证:矩阵 Φ 的迹等于其秩数且等于关联矩阵 A 的秩数。

证明:

$$\Phi^{2} = C_{nw}A^{T}\left(AC_{nw}A^{T}\right)^{-1}AC_{nw}A^{T}\left(AC_{nw}A^{T}\right)^{-1}A = C_{nw}A^{T}\left(AC_{nw}A^{T}\right)^{-1}A = \Phi$$

$$\Rightarrow \Phi^{3} = \Phi^{2}\Phi = \Phi\Phi = \Phi^{2} = \Phi \Rightarrow \Phi^{n} = \Phi$$

因此, Φ 为幂等矩阵。假设 $C_{nw} = I$,则 Φ 退化为 $A^{T}(AA^{T})^{-1}A$。

若 C_{nw} 列满秩(一般情况下拓扑几何与形状几何相互独立),则 $\text{rank}(\Phi) = \text{rank}(A) = \text{tr}(\Phi)$。

证毕。

矩阵 Φ 各主对角元素之和为关联矩阵 A 的秩,矩阵 Φ 各主对角元素则反映了各构件的局部静定次数,可定义 Φ 为局部静定矩阵。同样,整体坐标系下的刚度矩阵 C_{nw} 若列满秩,则不影响体系总的静定次数或者说 Φ 的秩,在拓扑几何与形状几何不独立的情况下,采用式(2.31)准确一些,因为式(2.31)对体系局部静定的描述同时包含了形状几何和材料的影响,因此更为完整。式(2.32)对理解局部静定分析的力学意义是有帮助的,式(2.32)的左端项是每根构件的内力,右端项则揭示了各构件内力之间的分布以及组合,或者说是力流的分布。由于关联矩阵 A 实际上是平衡矩阵不考虑形状几何和材料影响的退化形式,关于以上初步结论,有兴趣的读者可自行验证。

将式(2.29)、式(2.31)以及线性平衡矩阵理论中独立自应力模态数的计算公式联系起来,可得如下公式:

总平衡矩阵或关联矩阵(二力杆系)的列数 $= \text{rank}(\Omega) + \text{rank}(\Phi) = \text{tr}(\Omega) + \text{tr}(\Phi) \tag{2.33}$

至此,读者可能已经发现上面给出了两个分布式或局部静定矩阵,即 Φ 和 $I - \Omega$,那么二者是否相等?答案是肯定的,数学推导如下。

若

$$I - \Omega = \Phi \tag{2.34}$$

则

$$\Phi(I - \Omega) = \Phi\Phi = \Phi^{2} = \Phi \Rightarrow \Phi\Omega = 0$$

或

$$\Omega(I-\Omega)=\Omega\Phi \Rightarrow \Omega-\Omega^2=\Omega\Phi \Rightarrow \Omega\Phi=0$$

反过来，若

$$\Phi\Omega=0 \text{ 或 } \Omega\Phi=0 \tag{2.35}$$

则

$$\Phi=\Phi \Rightarrow \Phi-0=\Phi \Rightarrow \Phi-\Phi\Omega=\Phi \Rightarrow \Phi-\Phi\Omega=\Phi^2 \Rightarrow \Phi(I-\Omega)=\Phi^2$$

$$\Omega=\Omega \Rightarrow \Omega-0=\Omega \Rightarrow \Omega-\Omega\Phi=\Omega \Rightarrow \Omega-\Omega\Phi=\Omega^2 \Rightarrow \Omega(I-\Phi)=\Omega^2$$

若 Φ 可逆、Ω 可逆，则

$$\Phi^{-1}\Phi(I-\Omega)=\Phi^{-1}\Phi^2 \Rightarrow I-\Omega=\Phi$$

$$\Omega^{-1}\Omega(I-\Phi)=\Omega^{-1}\Omega^2 \Rightarrow I-\Phi=\Omega$$

因此，$I-\Omega=\Phi \Leftrightarrow \Phi\Omega=0$ 或 $\Omega\Phi=0$，那么 $\Phi\Omega=0$ 或 $\Omega\Phi=0$ 是否成立？

$$\Phi\Omega=C_{nw}A^T\left(AC_{nw}A^T\right)^{-1}A\delta B^T(B\delta B^T)^{-1}B$$

若 $\delta=I$，则 $A\delta B^T=AIB^T=AB^T=0$ 成立。对于二力杆系，δ 为对角方阵，$A\delta B^T=0$ 一般情况下也成立，所以 $\Phi\Omega=0$ 成立，同理可证 $\Omega\Phi=0$。Ω 与 Φ 互为零空间，这样式 (2.33) 也再次得到证明。

如果 Φ 和 Ω 均退化，二者之间实际上就是纯粹拓扑几何意义上关联矩阵和回路矩阵的关系，若不退化，Φ 和 Ω 中含有刚度矩阵或柔度矩阵，囊括了拓扑几何、形状几何、材料等多方面的信息，从而具有了某种力学意义，即构件层面上的分布式静定或静不定矩阵。

此外，若采用式 (2.30) 和式 (2.32) 另外定义分布式或局部静定矩阵 $\Phi\left(F-C_{nw}\Delta u_y\right)$ 或静不定矢量 $\Omega\Delta u_y+(I-\Omega)\delta A^+ p$，则可以同时考虑外部荷载或作用的影响，这一点需要注意。

值得指出的是，式 (2.34) 和式 (2.35) 的证明依据图论或网络理论，其实依据经典矩阵力法及平衡矩阵与自应力矩阵的正交性也可以得出上述结论，有兴趣的读者可在 5.2 节内容基础上加以证明或验证。

接下来，讨论节点层面局部构成分析的图论或网络理论列式。

由式 (2.23) 可知，$\left(AC_{nw}A^T\right)u=p-AC_{nw}\Delta u_y$，其中 $C_{nw}=C_l+C_g$，C_l 为线性部分，C_g 为几何非线性部分。一般情况下，$\mathrm{null}(AC_lA^T)=\mathrm{null}(A^T)$，$\mathrm{null}(AC_{nw}A^T)\neq\mathrm{null}(A^T)$。

令 $M_{\text{echanism}} = \text{null}(AC_l A^{\text{T}}) = \text{null}(A^{\text{T}})$，则 M_{echanism} 为线性小位移小应变情况下的独立机构位移模态矩阵，任意线性小位移小应变情况下的机构位移记为 $M_{\text{echanism}} \lambda$，$\lambda \neq 0$ 为组合因子矢量。

由 $M_{\text{echanism}} = \text{null}(AC_l A^{\text{T}}) \Rightarrow AC_l A^{\text{T}} M_{\text{echanism}} \lambda = 0$，然而，$AC_g A^{\text{T}} M_{\text{echanism}} \lambda$ 对当前参考构形上的有限机构位移等于零，对当前参考构形上可刚化或柔化的一阶或高阶无穷小机构不等于零(注：C_l 和 C_g 会随着参考构形的变化而变化，只有采用完整的非线性描述，才有可能给出有限机构位移的准确判断，然而，非线性代数方程组解的存在性和唯一性以及问题本身确定与否都需要更为深入的研究)。

假设 $AC_g A^{\text{T}} M_{\text{echanism}} \lambda = f \neq 0$，则 f 就是各顶点处由于应力刚度存在产生的恢复力。

若 $AC_g A^{\text{T}} M_{\text{echanism}} \lambda = f \neq 0$，计算 f 在任意虚位移 $M_{\text{echanism}} \delta \lambda$ 上做的功，可得

$$\delta\lambda^{\text{T}} M_{\text{echanism}}^{\text{T}} AC_g A^{\text{T}} M_{\text{echanism}} \lambda = \delta\lambda^{\text{T}} M_{\text{echanism}}^{\text{T}} f \neq 0$$

由 $\delta\lambda^{\text{T}}$ 的任意性可知，若 $M_{\text{echanism}}^{\text{T}} AC_g A^{\text{T}} M_{\text{echanism}}$ 可逆，则

$$\lambda = \left(M_{\text{echanism}}^{\text{T}} AC_g A^{\text{T}} M_{\text{echanism}} \right)^{-1} M_{\text{echanism}}^{\text{T}} f$$

$$\Rightarrow M_{\text{echanism}} \lambda = M_{\text{echanism}} \left(M_{\text{echanism}}^{\text{T}} AC_g A^{\text{T}} M_{\text{echanism}} \right)^{-1} M_{\text{echanism}}^{\text{T}} f$$

上式两端再乘以 $AC_g A^{\text{T}}$ 得

$$AC_g A^{\text{T}} M_{\text{echanism}} \lambda = AC_g A^{\text{T}} M_{\text{echanism}} \left(M_{\text{echanism}}^{\text{T}} AC_g A^{\text{T}} M_{\text{echanism}} \right)^{-1} M_{\text{echanism}}^{\text{T}} f$$

令

$$\Gamma = AC_g A^{\text{T}} M_{\text{echanism}} \left(M_{\text{echanism}}^{\text{T}} AC_g A^{\text{T}} M_{\text{echanism}} \right)^{-1} M_{\text{echanism}}^{\text{T}} \tag{2.36}$$

可得

$$AC_g A^{\text{T}} M_{\text{echanism}} \lambda = \Gamma f \tag{2.37}$$

然而，$AC_g A^{\text{T}} M_{\text{echanism}} \lambda = f \neq 0$ 是假设，那么二者相减得 $0 = (I - \Gamma) f$，因此 $f = \text{null}(I - \Gamma)$ 即非零矢量 f 张成 $I - \Gamma$ 矩阵的零空间。

与 Ω 和 Φ 类似，可以证明式 (2.36) 定义的 Γ 矩阵为幂等矩阵，因此 $\text{rank}(\Gamma) = \text{tr}(\Gamma) = \text{rank}(M_{\text{echanism}})$。式 (2.37) 说明 Γ 为由于应力刚度存在引起的恢复力的分布情况。$\text{rank}(M_{\text{echanism}})$ 为体系的动不定次数，因此矩阵 Γ 可看成各顶点或节点层面的分布式或局部动不定矩阵。注意到 M_{echanism} 是线性小位移小应变假设下的，并没有区分有限机构位移模态和可刚化的一阶或高阶无穷小机构位移模态，因此 $I - \Gamma$ 矩阵零空间的维数可

以估计有限机构位移模态数。此外，$(I-\Gamma)\Gamma = \Gamma - \Gamma^2 = 0 \Rightarrow (I-\Gamma)\Gamma = 0$，$I-\Gamma$ 矩阵可看成分布式或局部动定矩阵。

2) 结构或机械网络的非线性代数结构

结构、机械的图论表示可看成工程物内在的一种秩序，一旦建立了体系的图论表示，那么这一连接关系是否会变化，即拓扑关系是与体系相伴终生的吗？显然，拓扑几何特征并非是一成不变的，且拓扑几何与形状几何存在耦合现象。在形状几何奇异的情况下，如形成直线的多个串联边、平行的并联边等价于一条边的连接作用，有效拓扑几何可能变化。另外，实际工程物外在的形状几何始终在变。结构或机械网络渐变和突变的过程一般是非线性的或者混沌的或者完全随机的。结构或机械线性图描述的是某一时刻或者这一时刻邻域内的拓扑几何特征，当结构或机械的拓扑几何、形状几何或材料发生大的变化时，应采用结构或机械网络的非线性代数结构进行描述。

叠加在结构或机械线性图上的非线性代数结构与线性代数结构的最大区别是边和顶点的加权矢量不再是相互独立的。由于结构或机械网络的图论表示始终是线性的，因此体系的拓扑几何描述始终是线性的，除非有效拓扑几何发生变化。与形状几何、材料相关的形状几何非线性、材料非线性存在于整体坐标系下的本构关系中。因此，叠加在结构或机械网络上的非线性代数结构与线性代数结构在形式上并无差别。

本节主要讨论：力密度法的图论或网络理论列式及其几何非线性本质；二力杆系在构件局部坐标系中的非线性平衡矩阵的显式；体系构成分析中索、刚拉杆等仅能受拉的构件带来的单边约束问题。

(1) 力密度法的图论或网络理论列式及其几何非线性本质。

与矩阵位移法的图论和网络列式即式 (2.25) 关系最为密切的是经典力密度法[91-96]，或者说直接采用拓扑几何特征的显式对体系运动状态进行描述的方法为力密度法。原因非常简单，若式 (2.23)、式 (2.25) $K = AC_{nw}A^T$ 中整体坐标系下的本构关系矩阵 C_{nw} 采用考虑几何非线性的本构关系，即将 C_{nw} 分成线性部分 C_l 和几何非线性部分 C_g 之和。单纯找形分析过程中各节点的运动并不受构件弹性刚度的阻碍，即构件的弹性刚度等于零，则 $C_l = 0$，节点位移 U 为前后两个时刻（如 0 时刻和 1 时刻）之间的坐标差，记为 $X_1 - X_0$，则

$$\begin{cases} KU = AC_{nw}A^TU = p - AC_{nw}\Delta u_y \\ C_{nw} = C_l + C_g \\ K = K_l + K_g \end{cases} \Rightarrow \begin{cases} K_l = AC_lA^T \\ K_g = AC_gA^T \end{cases}$$

忽略施工误差的影响，即 $AC_{nw}\Delta u_y = 0$，由 $C_l = 0$ 和 $U = X_1 - X_0$ 可得

$$AC_gA^T(X_1 - X_0) = p \Rightarrow \begin{cases} AC_gA^TX_1 = p? \\ AC_gA^TX_0 = ? \end{cases}$$

其中，$AC_gA^TX_0$ 中的 X_0 并不清楚，假设体系的形态是从一个点开始或者 X_0 坍塌为一

个点，不妨设 $X_0 = 0$，则 $ACg_gA^TX_0 = 0$，式(2.25)即退化为力密度法的标准形式——在文献[76]~[81]中一般记为 $C^TQCX = p$，该式中 C 即关联矩阵 A 的转置。此外，从上述推导可见，$C^TQC = K_g$，即 C^TQC 是几何刚度矩阵的图论或网络形式，单纯的找形分析问题采用几何非线性有限元法与力密度法在理论上是完全等价的。读者需区别此处 K_g 与几何非线性有限元法中应力刚度矩阵在形式上相同，但本质上不同。

上述推导过程中假设 $X_0 = 0$ 非常有趣。一方面，这一假设弥补了力密度法的理论缺陷，另一方面，$X_0 = 0$ 难道仅仅是数学推导的需要吗？这是否启示自然或人造物形态生成的理论起点只能是一个点呢？这与宇宙的起源或生物个体由胚胎、种子发育而来等问题相联系就更容易引起广泛的遐想，如图 2.67 所示。

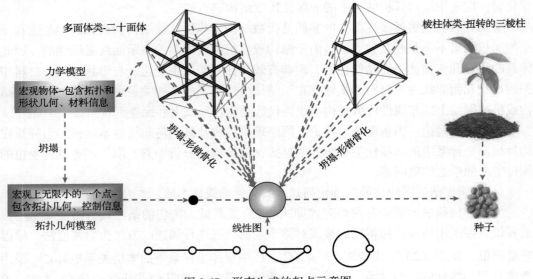

图 2.67　形态生成的起点示意图

有关力密度法的其他内容和形态生成方面的研究见本书第 5 章，在此不再赘述。

(2)非线性平衡矩阵、非线性刚度矩阵及其相互关系。

非线性平衡矩阵可由非线性矩阵力法得来，其采用有限元法的一般形式和具体推导见 5.2 节，本节给出另一更为简单的方法，但这需要读者熟悉基于修正的拉格朗日(updated Lagrange)描述的几何非线性二节点杆单元的单元刚度矩阵 ${}_t^tK^e$，为节省篇幅，直接引用如下：

$$ {}_t^tK^e \mathrm{d}u^e = \left({}_t^tK_l^e + {}_t^tK_g^e \right) \mathrm{d}u^e = \mathrm{d}P^e $$

其中，${}_t^tK_l^e$ 为局部坐标系下的单元线性刚度矩阵；${}_t^tK_g^e$ 为局部坐标系下的单元应力刚度矩阵或单元几何刚度矩阵。

在 t 时刻其具体形式如下：

$$
{}_{t}^{t}\boldsymbol{K}_{l}^{e} = \frac{EA}{{}_{t}^{t}L}\begin{bmatrix} 1 & 0 & 0 & -1 & 0 & 0 \\ 0 & 0 & 0 & 0 & 0 & 0 \\ 0 & 0 & 0 & 0 & 0 & 0 \\ -1 & 0 & 0 & 1 & 0 & 0 \\ 0 & 0 & 0 & 0 & 0 & 0 \\ 0 & 0 & 0 & 0 & 0 & 0 \end{bmatrix}, \quad {}_{t}^{t}\boldsymbol{K}_{g}^{e} = \frac{{}_{t}^{t}F_{j1}^{e}}{{}_{t}^{t}L}\begin{bmatrix} 1 & 0 & 0 & -1 & 0 & 0 \\ 0 & 1 & 0 & 0 & -1 & 0 \\ 0 & 0 & 1 & 0 & 0 & -1 \\ -1 & 0 & 0 & 1 & 0 & 0 \\ 0 & -1 & 0 & 0 & 1 & 0 \\ 0 & 0 & -1 & 0 & 0 & 1 \end{bmatrix}
$$

注意，修正的拉格朗日描述以 t 时刻的位形为参考位形，其中 ${}_{t}^{t}F_{j1}^{e}$ 为 t 时刻局部坐标系下单元右节点 j 沿 x_1 轴方向的截面内力，左下脚标表示以 t 时刻的位形为参考位形，左上脚标表示 t 时刻；E 为弹性模量；A 为二力杆横截面面积；${}_{t}^{t}L$ 为杆件 t 时刻的长度。

节点位移增量 $\mathrm{d}\boldsymbol{u}^e = \begin{pmatrix} \mathrm{d}u_{i1}^e & 0 & 0 & \mathrm{d}u_{j1}^e & 0 & 0 \end{pmatrix}^{\mathrm{T}}$，则

$$
{}_{t}^{t}\boldsymbol{K}_{l}^{e}\mathrm{d}\boldsymbol{u}^e = \frac{EA}{{}_{t}^{t}L}\begin{bmatrix} 1 & 0 & 0 & -1 & 0 & 0 \\ 0 & 0 & 0 & 0 & 0 & 0 \\ 0 & 0 & 0 & 0 & 0 & 0 \\ -1 & 0 & 0 & 1 & 0 & 0 \\ 0 & 0 & 0 & 0 & 0 & 0 \\ 0 & 0 & 0 & 0 & 0 & 0 \end{bmatrix}\begin{pmatrix} \mathrm{d}u_{i1}^e \\ 0 \\ 0 \\ \mathrm{d}u_{j1}^e \\ 0 \\ 0 \end{pmatrix} = \frac{EA}{{}_{t}^{t}L}\begin{bmatrix} \mathrm{d}u_{i1}^e - \mathrm{d}u_{j1}^e \\ 0 \\ 0 \\ \mathrm{d}u_{j1}^e - \mathrm{d}u_{i1}^e \\ 0 \\ 0 \end{bmatrix} = \begin{bmatrix} \mathrm{d}F_{i1}^e \\ 0 \\ 0 \\ \mathrm{d}F_{j1}^e \\ 0 \\ 0 \end{bmatrix} = \begin{bmatrix} -1 \\ 0 \\ 0 \\ 1 \\ 0 \\ 0 \end{bmatrix}\mathrm{d}F_{j1}^e
$$

$$
\Rightarrow {}_{t}^{t}\boldsymbol{K}_{l}^{e}\mathrm{d}\boldsymbol{u}^e = \boldsymbol{B}_{\mathrm{bar},l}\mathrm{d}F_{j1}^e, \quad \boldsymbol{B}_{\mathrm{bar},l} = \begin{bmatrix} -1 \\ 0 \\ 0 \\ 1 \\ 0 \\ 0 \end{bmatrix}
$$

将 $\mathrm{d}F_{j1}^e = {}_{t}^{t+\Delta t}F_{j1}^e - {}_{t}^{t}F_{j1}^e$ 代入上式，得

$$
{}_{t}^{t}\boldsymbol{K}_{l}^{e}\mathrm{d}\boldsymbol{u}^e = \boldsymbol{B}_{\mathrm{bar},l}\left({}_{t}^{t+\Delta t}F_{j1}^e - {}_{t}^{t}F_{j1}^e\right) = \boldsymbol{B}_{\mathrm{bar},l}\,{}_{t}^{t+\Delta t}F_{j1}^e - \boldsymbol{B}_{\mathrm{bar},l}\,{}_{t}^{t}F_{j1}^e
$$

$$
{}_{t}^{t}\boldsymbol{K}_{g}^{e}\mathrm{d}\boldsymbol{u}^e = \frac{{}_{t}^{t}F_{j1}^e}{{}_{t}^{t}L}\begin{bmatrix} 1 & 0 & 0 & -1 & 0 & 0 \\ 0 & 1 & 0 & 0 & -1 & 0 \\ 0 & 0 & 1 & 0 & 0 & -1 \\ -1 & 0 & 0 & 1 & 0 & 0 \\ 0 & -1 & 0 & 0 & 1 & 0 \\ 0 & 0 & -1 & 0 & 0 & 1 \end{bmatrix}\begin{pmatrix} \mathrm{d}u_{i1}^e \\ 0 \\ 0 \\ \mathrm{d}u_{j1}^e \\ 0 \\ 0 \end{pmatrix} = \begin{bmatrix} \dfrac{\mathrm{d}u_{i1}^e - \mathrm{d}u_{j1}^e}{{}_{t}^{t}L} \\ 0 \\ 0 \\ \dfrac{\mathrm{d}u_{j1}^e - \mathrm{d}u_{i1}^e}{{}_{t}^{t}L} \\ 0 \\ 0 \end{bmatrix}{}_{t}^{t}F_{j1}^e
$$

$$\Rightarrow {}_{t}^{t}\boldsymbol{K}_{g}^{e}\mathrm{d}\boldsymbol{u}^{e} = \boldsymbol{B}_{\mathrm{bar},g} \, {}_{t}^{t}F_{j1}^{e}, \quad \boldsymbol{B}_{\mathrm{bar},g} = \begin{bmatrix} \dfrac{\mathrm{d}u_{i1}^{e} - \mathrm{d}u_{j1}^{e}}{{}_{t}^{t}L} \\[3mm] 0 \\ 0 \\ \dfrac{\mathrm{d}u_{j1}^{e} - \mathrm{d}u_{i1}^{e}}{{}_{t}^{t}L} \\[3mm] 0 \\ 0 \end{bmatrix}$$

因此，$\left({}_{t}^{t}\boldsymbol{K}_{l}^{e} + {}_{t}^{t}\boldsymbol{K}_{g}^{e} \right)\mathrm{d}\boldsymbol{u}^{e} = \boldsymbol{B}_{\mathrm{bar},l} \, {}_{t}^{t+\Delta t}F_{j1}^{e} - \boldsymbol{B}_{\mathrm{bar},l} \, {}_{t}^{t}F_{j1}^{e} + \boldsymbol{B}_{\mathrm{bar},g} \, {}_{t}^{t}F_{j1}^{e} = \mathrm{d}\boldsymbol{P}^{e} = {}_{t}^{t+\Delta t}\boldsymbol{P}^{e} - {}_{t}^{t}\boldsymbol{P}^{e}$。

注意到 $\boldsymbol{B}_{\mathrm{bar},l} \, {}_{t}^{t}F_{j1}^{e} = {}_{t}^{t}\boldsymbol{P}^{e}$，代入上式可得 $\boldsymbol{B}_{\mathrm{bar},l} \, {}_{t}^{t+\Delta t}F_{j1}^{e} + \boldsymbol{B}_{\mathrm{bar},g} \, {}_{t}^{t}F_{j1}^{e} = {}_{t}^{t+\Delta t}\boldsymbol{P}^{e}$，推导出现问题，即左边第二项不是 $t+\Delta t$ 时刻的，其原因在于 ${}_{t}^{t}\boldsymbol{K}^{e}$ 推导时为方便增量迭代省略了三项(详见第 4 章内容)，其中有两项和 ${}_{t}^{t}\boldsymbol{K}_{g}^{e}\mathrm{d}\boldsymbol{u}^{e}$ 所在的一项合并后可得 ${}_{t}^{t}\boldsymbol{K}_{g}^{e}\mathrm{d}\boldsymbol{u}^{e} = \boldsymbol{B}_{\mathrm{bar},g} \, {}_{t}^{t+\Delta t}F_{j1}^{e}$，但 ${}_{t}^{t+\Delta t}F_{j1}^{e}$ 在增量分析时是未知的，即

$$ {}_{t}^{t}\boldsymbol{K}_{g}^{e}\mathrm{d}\boldsymbol{u}^{e} = \frac{{}_{t}^{t+\Delta t}F_{j1}^{e}}{{}_{t}^{t}L} \begin{bmatrix} 1 & 0 & 0 & -1 & 0 & 0 \\ 0 & 1 & 0 & 0 & -1 & 0 \\ 0 & 0 & 1 & 0 & 0 & -1 \\ -1 & 0 & 0 & 1 & 0 & 0 \\ 0 & -1 & 0 & 0 & 1 & 0 \\ 0 & 0 & -1 & 0 & 0 & 1 \end{bmatrix} \begin{pmatrix} \mathrm{d}u_{i1}^{e} \\ 0 \\ 0 \\ \mathrm{d}u_{j1}^{e} \\ 0 \\ 0 \end{pmatrix} = \boldsymbol{B}_{\mathrm{bar},g} \, {}_{t}^{t+\Delta t}F_{j1}^{e} \tag{2.38}$$

$$\boldsymbol{B}_{\mathrm{bar},l} \, {}_{t}^{t+\Delta t}F_{j1}^{e} + \boldsymbol{B}_{\mathrm{bar},g} \, {}_{t}^{t+\Delta t}F_{j1}^{e} = {}_{t}^{t+\Delta t}\boldsymbol{P}^{e} \Rightarrow \left(\boldsymbol{B}_{\mathrm{bar},l} + \boldsymbol{B}_{\mathrm{bar},g} \right) {}_{t}^{t+\Delta t}F_{j1}^{e} = {}_{t}^{t+\Delta t}\boldsymbol{P}^{e}$$

至此，我们得到了二力杆在局部坐标系下基于修正的拉格朗日描述的非线性单元平衡矩阵，即

$$\boldsymbol{B}_{\mathrm{bar}} = \boldsymbol{B}_{\mathrm{bar},l} + \boldsymbol{B}_{\mathrm{bar},g} = \begin{bmatrix} -1 \\ 0 \\ 0 \\ 1 \\ 0 \\ 0 \end{bmatrix} + \begin{bmatrix} \dfrac{\mathrm{d}u_{i1}^{e} - \mathrm{d}u_{j1}^{e}}{{}_{t}^{t}L} \\[3mm] 0 \\ 0 \\ \dfrac{\mathrm{d}u_{j1}^{e} - \mathrm{d}u_{i1}^{e}}{{}_{t}^{t}L} \\[3mm] 0 \\ 0 \end{bmatrix} = \begin{bmatrix} -1 + \dfrac{\mathrm{d}u_{i1}^{e} - \mathrm{d}u_{j1}^{e}}{{}_{t}^{t}L} \\[3mm] 0 \\ 0 \\ 1 + \dfrac{\mathrm{d}u_{j1}^{e} - \mathrm{d}u_{i1}^{e}}{{}_{t}^{t}L} \\[3mm] 0 \\ 0 \end{bmatrix} \tag{2.39}$$

由切线意义下的单元刚度矩阵得到的是割线意义下的单元平衡矩阵，这是考虑几何

非线性后需要注意的一点。非线性单元平衡矩阵可以考虑预应变的刚化效应或者判断体系的独立机构位移模态是否为一阶无穷小机构。注意，上面推导的是以 t 时刻构形为参考构形、局部坐标系下的几何非线性单元平衡矩阵，可以明确的一点是割线意义上的非线性单元平衡矩阵与切线意义上的非线性单元刚度矩阵的力学意义是相同的，均为局部坐标系下单元平衡方程的非线性代数结构或非线性方程组，只是表示形式不同。

　　将上述非线性单元平衡矩阵转换到整体坐标系中，并采用关联矩阵组装可得到结构或机械网络的整体非线性平衡方程组，可以跟踪或描述大位移情况下的运动状态，如荷载可能引起的大位移或者人为放大的机构位移模态等。此外，利用非线性平衡矩阵进行的找力分析称为非线性找力分析。

　　(3) 单边约束 (unilateral constraints) 问题。

　　若将钢管等拉、压应力均可传递的构件看成双边约束 (bilateral constraints) 构件，则索、刚拉杆等只能承受拉力的构件可称为单边约束构件。结构和机械网络分析中单边约束构件引起的问题称为单边约束问题。注意，单边约束问题是将构件或节点看成约束[97-100]，而非弹性力学中特指的力或位移边界约束。

　　交通网络分析中的单行道采用有向图描述。结构或机械的图论表示本质上是无向图，也可以采用有向图表示 (边的方向实际上是局部坐标系 x_1 轴的正方向)，但这不是必要的。单边约束构件若退出工作 (没有断开)，将引起有效拓扑几何发生突变，对体系构成分析的重要性不言而喻。然而，由于单边约束问题是一不等式条件，除了将其添加在结构或机械网络的图论或网络列式中从而对解的范围进行限制外，貌似别无它法。例如，对于索、刚拉杆等单向受拉构件，假设应力和应变是一一对应的关系且不考虑温度作用，则单边约束条件可表示为

$$\Delta U^{\text{cable}} = \Delta u^{\text{cable}} + \Delta u_y^{\text{cable}} \geqslant 0 \text{ 或 } F^{\text{cable}} \geqslant 0 \qquad (2.40)$$

　　然而，线性不等式组式 (2.40) 与式 (2.22) 和式 (2.23) 难以同时考虑。注意，工程设计时单边约束构件退出工作是一种粗略的说法，并不严谨，例如，完全松弛的理想柔索的索段两端仍然会存在自重引起的拉力，也就是说这里存在一个索力到了多少就可以看成完全松弛了的问题。完全松弛了的单边约束构件虽然拓扑几何没有发生变化，但有效拓扑几何发生了改变，即单边约束构件松弛过程中约束作用减弱，仍然是一个连续变化的过程。为此，单边约束问题至少应该回答以下两个子问题：①结构或机械的图论或网络理论列式自然地将三维问题分解为三组一维问题，那么对于索、刚拉杆等单向受拉构件，是否可以通过图论或网络理论从而显式地描述。②结构或机械网络中某单边约束构件退出工作对体系构成有何影响，结构或机械网络是否允许单边约束构件退出工作？若允许，则多少单边约束构件退出工作后还可以继续承载或正常使用。

　　含单边约束构件的修正关联矩阵：单边约束构件的有效连接作用依赖于其横截面内力或者说物理意义上的"生死"取决于横截面内力，联系到人工神经网络中的激活函数，如 ReLU 函数、符号函数、Sigmoid 函数等，可以将单边约束构件在关联矩阵中等于 1 的元素表示为 0-1 函数，这样式 (2.40) 就可以显式包含在式 (2.22) 中。

单边约束问题中修正关联矩阵的作用：采用修正关联矩阵对单边约束构件的有效拓扑几何进行描述之后，式(2.22)和式(2.23)将再也不是线性代数方程组，而是非线性代数方程组，其求解只能通过增量分析迭代求解。在增量分析过程中，修正的关联矩阵自动判断单边约束构件是否被激活，易产生计算结果的不确定性。

当足够多的单边约束构件退出工作之后，结构或机械网络的有效拓扑几何将不能满足可承载、可正常使用的要求。从图论的角度来看，图的连通数不发生变化，要求该图中有效边数不能小于其秩，而图的秩等于顶点数减去连通数，因此粗略而言，退出工作的单边约束构件的边集不能成为图的割集，但这仅仅是数学意义上的判断，单边约束构件退出工作后的结构或机械网络还必须满足可承载或可正常使用的要求，即式(2.22)和式(2.23)有确定性的解且解的大小满足设计标准。

4. 基本问题 4：结构或机械网络的动态演化[101-106]

自然界中竹子生长有一个有趣的现象：长出地面的竹笋有多少节，长成后的竹子就有多少节，竹笋有多粗，长大后的竹子就有多粗。此外，图的各种操作包括添加或去掉顶点和边的操作、短接操作，例如，添加顶点和边操作之后，图的秩和零度不减。本书作者由此联想到结构或机械网络动态演化问题，该问题将在本书第 5 章第Ⅳ类形态生成问题中进一步讨论。

2.4　结　语

本章主要阐述了体系选型的一些定性认识以及形状几何建模方法、结构或机械的图论或网络理论列式，主要目的在于追根溯源——结构力学教材未深入讨论的几何判定问题、上下求索——结构或机械形态的起源问题等。

值得指出的是，体系构成分析一般假设体系的拓扑几何或形状几何已知，若材料和外部作用等也已知，则是第 3、4 章讨论的物体运动分析问题，而在这之前，体系的拓扑几何或形状几何或结构材料未知情况下的形态生成问题更为有趣，这一问题主要在第 5 章讨论。

参 考 文 献

[1] 梁志强. 大跨度建筑结构形态的形式美研究[J]. 科技信息, 2010, 27(11): 302-306.

[2] 王光远, 吕大刚, 张世海. 论结构选型的若干关键问题[J]. 哈尔滨建筑大学学报, 2000, 33(1): 1-7.

[3] 陆赐麟. 科学的结构选型是催生精品设计的保证[J]. 工业建筑, 2012, 42(9): 134-137.

[4] 黄鲁成, 郑大伟. 交易费用对大跨度空间结构选型的影响[J]. 重庆建筑大学学报, 2007, 29(6): 126-131.

[5] 林同炎, 斯多台斯伯利 S D. 结构概念和体系[M]. 2 版. 高立人, 方鄂华, 钱稼茹, 译. 北京: 中国建筑工业出版社, 1999.

[6] Gallagher R H, Zienkiewicz O C. Optimum Structural Design[M]. New York: John Wiley, 1973.

[7] Bendsøe M P, Kikuchi N. Generating optimal topologies in structural design using a homogenization

method[J]. Computer Methods in Applied Mechanics and Engineering, 1988, 71 (2): 197-224.

[8] 段宝岩, 叶尚辉. 考虑性态约束时多工况桁架结构拓扑优化设计[J]. 力学学报, 1992, 24 (1): 59-70.

[9] 张东旭. 连续体结构拓扑优化及形状优化若干问题[D]. 大连: 大连理工大学, 1992.

[10] 谭中富. 关于桁架结构形状、拓扑与布局优化设计的探讨[D]. 大连: 大连理工大学, 1995.

[11] 龙驭球, 包世华, 袁驷主. 结构力学 I[M]. 4 版. 北京: 高等教育出版社, 2018.

[12] Maxwell J C. On the calculation of the equilibrium and stiffness of frames[J]. The London, Edinburgh, and Dublin Philosophical Magazine and Journal of Science, 1864, 27 (182): 294-299.

[13] 孙训方, 方孝淑, 关来泰. 材料力学 (I) [M]. 4 版. 北京: 高等教育出版社, 2002.

[14] 前田渡, 伊东正安. 现代图论基础[M]. 陶思雨, 王缉惠, 译. 北京: 高等教育出版社, 1987.

[15] Firestone F A. A new analogy between mechanical and electrical systems[J]. The Journal of the Acoustical Society of America, 1933, 4 (3): 249-267.

[16] Kron G. Tensorial analysis and equivalent circuits of elastic structures[J]. Journal of the Franklin Institute, 1944, 238 (6): 399-442.

[17] Herrmann F, Schmid G B. Analogy between mechanics and electricity[J]. European Journal of Physics, 1985, 6 (1): 16-21.

[18] Kron G. A method of solving very large physical systems in easy stages[J]. Proceedings of the IRE, 1954, 42 (4): 680-686.

[19] 哈尔滨船舶工程学院电工教研室. 网络分析导论[M]. 北京: 国防工业出版社, 1986.

[20] 师和. 电网络图论[M]. 西安: 西安电子科技大学出版社, 1988.

[21] Spillers W R. Network analogy for the truss problem[J]. Journal of the Engineering Mechanics Division, 1962, 88 (6): 33-40.

[22] Spillers W R. Network analogy for linear structures[J]. Journal of the Engineering Mechanics Division, 1963, 89 (4): 21-30.

[23] Di Maggio F L, Spillers W R. Network analysis of structures[J]. Journal of the Engineering Mechanics Division, 1965, 91 (3): 169-188.

[24] Wojnarowski J. Graph representation of mechanical systems[J]. Mechanism and Machine Theory, 1995, 30 (7): 1099-1112.

[25] Shai O, Preiss K. Graph theory representations of engineering systems and their embedded knowledge[J]. Artificial Intelligence in Engineering, 1999, 13 (3): 273-285.

[26] Shai O, Preiss K. Isomorphic representations and well-formedness of engineering systems[J]. Engineering with Computers, 1999, 15 (4): 303-314.

[27] Shai O. Combinatorial representations in structural analysis[J]. Journal of Computing in Civil Engineering, 2001, 15 (3): 193-207.

[28] Shai O. Transforming engineering problems through graph representations[J]. Advanced Engineering Informatics, 2003, 17 (2): 77-93.

[29] Neighbors A, Oden J T. Network-topological formulation of analyses of geometrically and materially nonlinear space frames[C]//Proceedings of International Conference on Space Structures, Surrey, 1966: 1-33.

[30] Ta'aseh N, Shai O. Network graph theory perspective on skeletal structures for theoretical and

educational purposes[J]. International Journal of Mechanical Engineering Education, 2008, 36(4): 294-319.

[31] Uicker J J, Pennock G R, Shigley J E. Theory of Machines and Mechanisms[M]. 5th ed. New York: Oxford University Press, 2017.

[32] Henderson C, Bickley W G. Statical indeterminacy of a structure[J]. Aircraft Engineering and Aerospace Technology, 1955, 27(12): 400-402.

[33] Di Maggio F L . Statical indeterminacy and stability of structures[J]. Journal of the Structural Division, 1963, 89(3): 63-76.

[34] Henderson C. On the statical indeterminacy of a planar skeletal structure highed at the nodes[J]. Engineering Structures, 1978, 1(1): 53-54.

[35] Kaveh A. The application of topology and matroid theory to the analysis of structures[D]. London: University of London, 1974.

[36] Kaveh A. Topology and skeletal structures[J]. Journal of Applied Mathematics and Mechanics, 1988, 68(8): 347-353.

[37] Gogu G. Mobility of mechanisms: A critical review[J]. Mechanism and Machine Theory, 2005, 40(9): 1068-1097.

[38] Müller A, Shai O. Constraint graphs for combinatorial mobility determination[J]. Mechanism and Machine Theory, 2017, 108: 260-275.

[39] Shai O. The correction to Grubler criterion for calculating the degrees of freedoms of mechanisms[C]// ASME 2011 International Design Engineering Technical Conferences and Computers and Information in Engineering Conference, Washington DC, 2011: 413-416.

[40] 牛顿. 自然哲学的数学原理[M]. 王克迪, 译. 西安: 陕西人民出版社, 2001.

[41] Roth J P. An application of algebraic topology to numerical analysis: on the existence of a solution to the network problem[J]. Proceedings of the National Academy of Sciences of the United States of America, 1955, 41(7): 518-521.

[42] Fenves S J, Branin F H. Network-topological formulation of structural analysis[J]. Journal of the Structural Division, 1963, 89(4): 483-514.

[43] Fenves S J, Gonzalez-Caro A. Network-topological formulation of analysis and design of rigid-plastic framed structures[J]. International Journal for Numerical Methods in Engineering, 1971, 3(3): 425-441.

[44] Spillers W R. Application of topology in structural analysis[J]. Journal of the Structural Division, 1963, 89(4): 301-313.

[45] Fuchs M B. Topological structural analysis[J]. Structural Optimization, 1997, 13(2-3): 104-111.

[46] Ramon H, Baerdemaeker J D. A modelling procedure for linearized motions of tree structured multibodies—1: Derivation of the equations of motion[J]. Computers & Structures, 1996, 59(2): 347-360.

[47] Shai O, Pennock G R. Extension of graph theory to the duality between static systems and mechanisms[J]. Journal of Mechanical Design, 2006, 128(1): 179-191.

[48] Calladine C R. Buckminster Fuller's "Tensegrity" structures and Clerk Maxwell's rules for the construction of stiff frames[J]. International Journal of Solids and Structures, 1978, 14(2): 161-172.

[49] Calladine C R. Modal stiffnesses of a pretensioned cable net[J]. International Journal of Solids and Structures, 1982, 18(10): 829-846.

[50] Tarnai T. Simultaneous static and kinematic indeterminacy of space trusses with cyclic symmetry[J]. International Journal of Solids and Structures, 1980, 16(4): 347-359.

[51] Kaneko I, Lawo M, Thierauf G. On computational procedures for the force method[J]. International Journal for Numerical Methods in Engineering, 1982, 18(10): 1469-1495.

[52] Pellegrino S, Calladine C R. Two-step matrix analysis of prestressed cable nets[C]//Proceedings of the Third International Conference on Space Structures, London, 1984: 744-749.

[53] Pellegrino S, Calladine C R. Matrix analysis of statically and kinematically indeterminate frameworks[J]. International Journal of Solids and Structures, 1986, 22(4): 409-428.

[54] Pellegrino S. Mechanics of kinematically indeterminate structures[D]. Cambridge: University of Cambridge, 1986.

[55] Pellegrino S. Analysis of prestressed mechanisms[J]. International Journal of Solids and Structures, 1990, 26(12): 1329-1350.

[56] Deng H, Kwan A S K. Unified classification of stability of pin-jointed bar assemblies[J]. International Journal of Solids and Structures, 2005, 42(15): 4393-4413.

[57] 邓华. 索杆系统分析——理论和方法[M]. 北京: 科学出版社, 2017.

[58] Kuznetsov E N. On the physical realizability of singular structural systems[J]. International Journal of Solids and Structures, 2000, 37(21): 2937-2950.

[59] Rico J M, Cervantes-Sánchez J J, Tadeo-Chávez A, et al. New considerations on the theory of type synthesis of fully parallel platforms[J]. Journal of Mechanical Design, 2008, 130(11): 1123021-1123029.

[60] Chen Y, Feng J, Zhang Y T. A necessary condition for stability of kinematically indeterminate pin-jointed structures with symmetry[J]. Mechanics Research Communications, 2014, 60: 64-73.

[61] Kaveh A. Structural Mechanics: Graph and Matrix Methods[M]. 3rd ed. Taunton: Research Studies Press, 2004.

[62] Kaveh A. Computational Structural Analysis and Finite Element Methods[M]. Switzerland: Springer International Publishing, 2014.

[63] Siko L, Kopenetz L. The extended rule of Maxwell and rigidity conditions for infinitesimal mechanisms[J]. Bulletin of the Transilvania University of Brasov, 2016, 9(58): 53-58.

[64] Hanaor A. Prestressed pin-jointed structures—Flexibility analysis and prestress design[J]. Computers & Structures, 1988, 28(6): 757-769.

[65] Calladine C R, Pellegrino S. First-order infinitesimal mechanisms[J]. International Journal of Solids and Structures, 1991, 27(4): 505-515.

[66] Kuznetsov E N. Compound infinitesimal mechanisms[J]. Journal of Applied Mechanics, 1993, 60(1): 244-246.

[67] Kuznetsov E N. Orthogonal load resolution and statical-kinematic stiffness matrix[J]. International Journal of Solids and Structures, 1997, 34(28): 3657-3672.

[68] Garcea G, Formica G, Casciaro R. A numerical analysis of infinitesimal mechanisms[J]. International

Journal for Numerical Methods in Engineering, 2005, 62(8): 979-1012.

[69] Kuznetsov E N. Systems with infinitesimal mobility: Part I—Matrix analysis and first-order infinitesimal mobility[J]. Journal of Applied Mechanics, 1991, 58(2): 513-519.

[70] Kuznetsov E N. Systems with infinitesimal mobility: Part II—Compound and higher-order infinitesimal mechanisms[J]. Journal of Applied Mechanics, 1991, 58(2): 520-526.

[71] Salerno G. How to recognize the order of infinitesimal mechanisms: A numerical approach[J]. International Journal for Numerical Methods in Engineering, 1992, 35(7): 1351-1395.

[72] Volokh K Y, Vilnay O. "Natural", "kinematic" and "elastic" displacements of underconstrained structures[J]. International Journal of Solids and Structures, 1997, 34(8): 911-930.

[73] Kuznetsov E N. Singular configurations of structural systems[J]. International Journal of Solids and Structures, 1999, 36(6): 885-897.

[74] Kumar P, Pellegrino S. Computation of kinematic paths and bifurcation points[J]. International Journal of Solids and Structures, 2000, 37(46-47): 7003-7027.

[75] Vassart N, Laporte R, Motro R. Determination of mechanism's order for kinematically and statically indetermined systems[J]. International Journal of Solids and Structures, 2000, 37(28): 3807-3839.

[76] Muller A, Piipponen S. The geometric vs algebraic definition of mobility[C]//Proceedings of 13th World Congress in Mechanism and Machine Science, Mexico, 2011: A7-517, 1-8.

[77] Shai O, Müller A. A novel combinatorial algorithm for determining the generic/topological mobility of planar and spherical mechanisms[C]//Proceedings of ASME 2013 International Design Engineering Technical Conferences and Computers and Information in Engineering Conference, Portland, 2013: 1-10.

[78] Ströbel D. Die anwendung der ausgleichungsrechnung auf elastomechanische systeme[D]. Stuttgart: Universität Stuttgart, 1995.

[79] 朱红飞. 索杆体系的冗余度及其特性分析[D]. 上海: 上海交通大学, 2012.

[80] Zhou J Y, Chen W J, Zhao B, et al. Distributed indeterminacy evaluation of cable-strut structures: Formulations and applications[J]. Journal of Zhejiang University: Science A, 2015, 16(9): 737-748.

[81] 袁行飞, 蒋淑慧, 丁锐. 梁系结构冗余度及其特性分析[J]. 建筑结构学报, 2016, 37(11): 167-173.

[82] 周锦瑜, 陈务军, 杜斌, 等. 预张力索杆体系分布式静不定与动不定分析[J]. 上海交通大学学报, 2016, 50(3): 345-350.

[83] 周锦瑜, 陈务军, 胡建辉, 等. 考虑预应力作用的索杆张力结构冗余度分析[J]. 上海交通大学学报, 2017, 51(7): 774-780.

[84] 蒋淑慧, 袁行飞, 马烁. 考虑冗余度的杆系结构构件重要性评价方法[J]. 哈尔滨工业大学学报, 2018, 50(12): 187-192.

[85] Zhou J Y, Chen W J, Hu J H, et al. Force finding of cable-strut structures using a symmetry-based method[J]. Archive of Applied Mechanics, 2019, 89(8): 1473-1484.

[86] Fan L Z, Sun Y, Fan W Y, et al. Determination of active members and zero-stress states for symmetric prestressed cable-strut structures[J]. Acta Mechanica, 2020, 231(9): 3607-3620.

[87] 朱南海, 李杰明, 贺小玲, 等. 基于易损性与冗余度分析的构件重要性评价方法[J]. 计算力学学报, 2020, 37(5): 608-615.

[88] 蒋淑慧, 袁行飞, 马烁. 索杆体系冗余特性及评价指标研究[J]. 建筑结构学报, 2020, 41(3):

132-139.

[89] von Scheven M, Ramm E, Bischoff M. Quantification of the redundancy distribution in truss and beam structures[J]. International Journal of Solids and Structures, 2021, 213(15): 41-49.

[90] 周锦瑜. 索杆张力结构体系的力学特征与成形分析方法[D]. 上海: 上海交通大学, 2018.

[91] Linkwitz K, Schek H J. Einige bemerkungen zur berechnung von vorgespannten seilnetzkonstruktionen[J]. Ingenieur-Archiv, 1971, 40(3): 145-158.

[92] Linkwitz K. About formfinding of double-curved structures[J]. Engineering Structures, 1999, 21(8): 709-718.

[93] Tibert A G. Optimal design of tension truss antennas[C]//Proceedings of the 44th AIAA/ASME/ASCE/ AHS/ASC Structures, Structural Dynamics and Materials Conference, Norfolk, 2003: 1-8.

[94] Tibert A G, Pellegrino S. Review of form-finding methods for tensegrity structures[J]. International Journal of Space Structures, 2003, 18(4): 209-223.

[95] Masic M, Skelton R E, Gill P E. Algebraic tensegrity form-finding[J]. International Journal of Solids and Structures, 2005, 42(16-17): 4833-4858.

[96] Fraddosio A, Pavone G, Piccioni M D. A novel method for determining the feasible integral self-stress states for tensegrity structures[J]. Curved and Layered Structures, 2021, 8(1): 70-88.

[97] Kuznetsov E N. Statistical-kinematic analysis and limit equilibrium of systems with unilateral constraints[J]. International Journal of Solids and Structures, 1979, 15(10): 761-767.

[98] Quirant J. Selfstressed systems comprising elements with unilateral rigidity: Selfstress states, mechanisms and tension setting[J]. International Journal of Space Structures, 2007, 22(4): 203-214.

[99] Maurin B, Bagneris M, Motro R. Mechanisms of prestressed reticulate systems with unilateral stiffened components[J]. European Journal of Mechanics—A/Solids, 2008, 27(1): 61-68.

[100] Shekastehband B. Determining the bilateral and unilateral mechanisms of tensegrity systems[J]. International Journal of Steel Structures, 2017, 17(3): 1049-1058.

[101] Bendsøe M P, Kikuchi N. Generating optimal topologies in structural design using a homogenization method[J]. Computer Methods in Applied Mechanics and Engineering, 1988, 71(2): 197-224.

[102] Vucina D, Freudenstein F. An application of graph theory and nonlinear programming to the kinematic synthesis of mechanisms[J]. Mechanism and Machine Theory, 1991, 26(6): 553-563.

[103] Klarbring A, Petersson J, Torstenfelt B, et al. Topology optimization of flow networks[J]. Computer Methods in Applied Mechanics and Engineering, 2003, 192(35-36): 3909-3932.

[104] Ohtsuki H, Pacheco J M, Nowak M A. Evolutionary graph theory: Breaking the symmetry between interaction and replacement[J]. Journal of Theoretical Biology, 2007, 246(4): 681-694.

[105] Boguñá M, Bonamassa I, de Domenico M, et al. Network geometry[J]. Nature Reviews Physics, 2021, 3(2): 114-135.

[106] Barreto R L P, Morlin F V, de Souza M B, et al. Multiloop origami inspired spherical mechanisms[J]. Mechanism and Machine Theory, 2021, 155: 104063.

附　　录

附录 2.1　　多面体填充-嵌填法通用 Python 代码（以水立方为例）

```python
# coding=utf-8
# 本程序基于嵌填式建模方法生成水立方的多面体空间刚架结构几何模型

import rhinoscriptsyntax as rs
import math
import Rhino
import sqlite3
import os


def main () :
    # ========================================
    # 默认参数
    cub_length=14422
    slice_weight=4/3
    axis=[1,1,1]
    theta=60
    tol=5
    merge_flag=1                  #是否需要合并重复点和线
    rs.EnableRedraw (False)
    # -----------------
    # 预处理
    factor=cub_length/4
    c=slice_weight*factor
    a=2*c/3
    b=0.5*c
    # -----------------
    # 默认参数
    # 外轮廓参考点在局部坐标系中的坐标
    bottom_ref_point=[0,-b,-c]
    left_ref_point=[-a,a,a]
    front_ref_point=[a,-a,a]
    # 外轮廓几何尺寸:[x,y,z]
```

```
outer_size=[176539,176539,29379]
# 内部空间，整体坐标系，多维列表：[参考点,几何尺寸]
# 参考点为左下角点距离外轮廓左下角点的相对坐标
inner_space=[
    [[3472,3472,-10],[39795,169595,22178]],
    [[46739,3472,-10],[126328,116713,22178]],
    [[46739,126061,-10],[126328,47006,22178]]
]
# ===========================================
# 文件名
title='模型保存为'
default_dir = os.path.dirname(os.path.realpath(__file__))
file_filter = '模型文件(*.db)| *.db||'
file_name=rs.SaveFileName(title,file_filter,default_dir,'Model','.db')
# ===========================================
node_no=0
elem_no=0
delete_obj_list=[]
# ===========================================
# 建立 12 面体和 14 面体
# -------------------------------------
# 12 面体
point_list,line_list,face_list=DodecahedronInformation(cub_length,slice_weight)
orig_12_id=Polyhedron(point_list,line_list,face_list)
# -------------------------------------
# 14 面体
point_list,line_list,face_list=TetrahedronInformation(cub_length,slice_weight)
orig_14_id=Polyhedron(point_list,line_list,face_list)

# ===========================================
# 建立 6+2 单元组
basic_group=CreatBasicGroup(orig_12_id,orig_14_id,factor)
rs.HideObjects(basic_group)
delete_obj_list=delete_obj_list+basic_group

# ===========================================
# 将 6+2 单元组绕 axis 轴旋转 theta 度
rs.RotateObjects(basic_group,[0,0,0],theta,axis,False)
```

```
# ==========================================
# 创建建筑轮廓
# ----------------------------------------
# 参考点坐标
bottom_ref_point=rs.VectorRotate(bottom_ref_point,theta,axis)
left_ref_point=rs.VectorRotate(left_ref_point,theta,axis)
front_ref_point=rs.VectorRotate(front_ref_point,theta,axis)
base_point=[left_ref_point[0],front_ref_point[1],bottom_ref_point[2]]
# ----------------------------------------
# 外轮廓
# 角点坐标
corners=[]
for i in range(2):
    for j in range(2):
        for k in range(2):
            corners.append([base_point[0]+k*outer_size[0],base_point[1]+
                j*outer_size[1],base_point[2]+i*outer_size[2]])
corners1=rs.SortPointList(corners[0:4])
corners2=rs.SortPointList(corners[4:])
out_corners=corners1+corners2
model_id=rs.AddBox(out_corners)
# ----------------------------------------
# 缩放视图
rs.ZoomBoundingBox(out_corners)
# ----------------------------------------
# 减去内部空间
for i_body in inner_space:
    # 角点坐标
    corners=[]
    i_base_point=rs.PointAdd(i_body[0],base_point)
    i_size=i_body[1]
    for i in range(2):
        for j in range(2):
            for k in range(2):
                corners.append([i_base_point[0]+k*i_size[0],i_base_point[1]+
                    j*i_size[1],i_base_point[2]+i*i_size[2]])
    corners1=rs.SortPointList(corners[0:4])
```

```
            corners2=rs.SortPointList(corners[4:])

            i_id=rs.AddBox(corners1+corners2)

            model_id=rs.BooleanDifference(model_id,i_id,True)

    # 关闭结构线

    rs.SurfaceIsocurveDensity(model_id,-1)

# delete_obj_list.append(model_id)

    # ====================================

    # 6+2 单元组局部坐标系在整体坐标系中的方向向量

    x_dir=rs.VectorRotate([1,0,0],theta,axis)

    y_dir=rs.VectorRotate([0,1,0],theta,axis)

    z_dir=rs.VectorRotate([0,0,1],theta,axis)

    ucs=[x_dir,y_dir,z_dir]

    # 整体坐标系在局部坐标系中的方向向量

    x_dir=rs.VectorRotate([1,0,0],-theta,axis)

    y_dir=rs.VectorRotate([0,1,0],-theta,axis)

    z_dir=rs.VectorRotate([0,0,1],-theta,axis)

    local_ucs=[x_dir,y_dir,z_dir]

    # ====================================

    # 计算建筑物轮廓在单元组局部坐标系中的坐标

    local_cors=[]

    for i_corner in out_corners:

            local_cors.append(World2Local(cub_length,i_corner,local_ucs))

    # 确定局部坐标系中各方向的最大最小值

    extreme_list=[]

    for i in range(3):

            i_min=min(temp[i] for temp in local_cors)

            i_max=max(temp[i] for temp in local_cors)

            i_min=int(math.floor(i_min))

            i_max=int(math.ceil(i_max))

            extreme_list.append([i_min,i_max])

    # ====================================

    # 6+2 单元组的轮廓

    outline_id=BasicGroupOutline(cub_length,c)

    rs.RotateObject(outline_id,[0,0,0],theta,axis,False)

    rs.HideObject(outline_id)

    delete_obj_list.append(outline_id)

    # ====================================

    # 复制、切割基本单元组,并生成结构几何模型
```

```python
# --------------------------------------
# 创建数据库
mydb=CreatDatabase()
# --------------------------------------
for i in range(extreme_list[0][0],extreme_list[0][1]+1):
    print('已完成(%)：')
    print((i-extreme_list[0][0])*100/(extreme_list[0][1]-extreme_list[0][0]+1))
    for j in range(extreme_list[1][0],extreme_list[1][1]+1):
        for k in range(extreme_list[2][0],extreme_list[2][1]+1):
            new_box_center=BoxCenterCoordinate(cub_length,[i,j,k],ucs)
            new_outline_id=rs.CopyObject(outline_id,new_box_center)
            # --------------------------------------
            # 判断基本单元组外包轮廓与建筑轮廓的关系
            result=rs.BooleanIntersection(model_id,new_outline_id,False)
            delete_obj_list.append(new_outline_id)
            if result:
                rs.DeleteObjects(result)
                # --------------------------------------
                # 复制基本单元组
                new_basic_group=rs.CopyObjects(basic_group,new_box_
                center)
                # --------------------------------------
                # 基本单元组嵌填
                for i_body in new_basic_group:
                    result=rs.BooleanIntersection(model_id,i_body,False)
                    if result:
                        # 获取节点和棱边
                        # 获取边界曲线
                        if rs.IsBrep(result):
                            # 单个体
                            curve_list=rs.DuplicateEdgeCurves(result)
                            if merge_flag==1:
                                Save2Db(mydb,curve_list,tol)
                        else:
                            # 多个体
                            for j_body in result:
                                curve_list=rs.DuplicateEdgeCurves(j_body)
                                if merge_flag==1:
```

```
                    Save2Db(mydb,curve_list,tol)
              rs.DeleteObjects(result)
              rs.DeleteObjects(new_basic_group)
   # =========================================
   # 保存合并后的模型
   if merge_flag==1:
       SaveModel(mydb,file_name)
   # =========================================
   # 提示程序运行进程
   rs.DeleteObjects(delete_obj_list)
   mydb.close()
   rs.MessageBox('程序运行结束!')


def SaveModel(mydb,file_name):
   # 保存模型
   # =========================================
   # 创建文件数据库
   new_db=sqlite3.connect(file_name)
   new_cursor=new_db.cursor()
   # -----------------------------------------
   # 创建数据表
   # -----------------------------------------
   # 创建 Node 表[节点号，X，Y，Z]
   new_cursor.execute('CREATE TABLE IF NOT EXISTS Node(node_no INT primary key,X real,Y real,Z real)')
   # -----------------------------------------
   # 创建 Line 表[线号，i 节点号，j 节点号]
   sql='CREATE TABLE IF NOT EXISTS Line(line_no INT primary key,i_node_no INT,j_node_no INT)'
   new_cursor.execute(sql)
   # =========================================
   # 读取内存数据库的数据，并转存到文件数据库
   # -----------------------------------------
   # 读取节点
   cursor=mydb.cursor()
   sql='SELECT node_no,round(X,0),round(Y,0),round(Z,0) FROM Node'
   cursor.execute(sql)
   result=cursor.fetchall()
   # 保存
   sql='INSERT OR REPLACE INTO Node values(?,?,?,?) '
```

```
    new_cursor.executemany (sql,result)

    new_db.commit ()

    # -------------------------------------------------------

    # 读取线

    sql='SELECT ROWID,i_node_no,j_node_no FROM（SELECT DISTINCT i_node_no, j_node_no FROM Line)'

    cursor.execute (sql)

    result=cursor.fetchall ()

    # 保存

    sql='INSERT OR REPLACE INTO Line values (?,?,?)'

    new_cursor.executemany (sql,result)

    new_db.commit ()

    cursor.close ()

    new_cursor.close ()

    new_db.close ()


def World2Local (cub_length,cor,ucs)：

    # 本函数将整体坐标系中的坐标转换为局部坐标系中的相对坐标（基本单元组的数量）

    # ===============================================

    # cor： [x,y,z]

    # ucs: [x_dir,y_dir,z_dir]

    x_dir=ucs[0]

    y_dir=ucs[1]

    z_dir=ucs[2]

    x=cor[0]

    y=cor[1]

    z=cor[2]

    local_cor=[]

    for n in range (3)：

        local_cor.append ((x_dir[n]*x+y_dir[n]*y+z_dir[n]*z)/cub_length)

    return local_cor


def BoxCenterCoordinate (cub_length,num,ucs)：

    # 计算沿局部坐标系第 i,j,k 个基本单元组的中心坐标

    # =========================================

    # num： [i,j,k]

    # ucs: [x_dir,y_dir,z_dir]

    x_dir=ucs[0]

    y_dir=ucs[1]
```

```
        z_dir=ucs[2]
        i=num[0]
        j=num[1]
        k=num[2]
        new_box_center=[]
        for n in range(3):
            new_box_center.append(int((x_dir[n]*i+y_dir[n]*j+z_dir[n]*k)*cub_
                length))
        return new_box_center


def Save2Db(mydb,curve_list,tol):
    # 本函数将曲线保存到数据库
    # =========================================
    # 获取最大节点号
    cursor = mydb.cursor()
    sql='SELECT node_no FROM Information WHERE id=1'
    cursor.execute(sql)
    result=cursor.fetchone()
    node_no=result[0]
    dist_tol=tol*1.7
    for i_line in curve_list:
        if rs.CurveLength(i_line)>dist_tol:
            #i 端节点
            pt1=rs.CurveStartPoint(i_line)
            i_node_no=IsPointInDb(mydb,pt1,tol)
            if not i_node_no:
                # 新节点，添加编号，并保存
                node_no=node_no+1
                i_node=(node_no,)+tuple(pt1)
                InsertNode(mydb,i_node)
                i_node_no=node_no
            #j 端节点
            pt2=rs.CurveEndPoint(i_line)
            j_node_no=IsPointInDb(mydb,pt2,tol)
            if not j_node_no:
                # 新节点，添加编号，并保存
                node_no=node_no+1
                i_node=(node_no,)+tuple(pt2)
```

```
                InsertNode(mydb,i_node)

                j_node_no=node_no
            # 在误差范围内消除重复节点
            if i_node_no!=j_node_no:
                # 两端节点号排序
                new_line=[i_node_no,j_node_no]
                new_line.sort()
                # 保存
                InsertLine(mydb,tuple(new_line))
    # ==========================================
    # 更新最大节点号
    cursor.execute('INSERT OR REPLACE INTO Information values(1,?)',(node_
        no,))
    cursor.close()


def CreatDatabase():
    # ==========================================
    # 创建指定的数据库
    mydb=sqlite3.connect(':memory:')
    cursor=mydb.cursor()
    # ------------------------------------------
    # 创建数据表
    # ------------------------------------------
    # 创建 Node 表[(节点号, X, Y, Z)]
    cursor.execute('CREATE TABLE IF NOT EXISTS Node(node_no INT primary key,X real,Y real,Z real)')
    # ------------------------------------------
    # 创建 Line 表[(i 节点号, j 节点号)]
    sql='CREATE TABLE IF NOT EXISTS Line(i_node_no INT,j_node_no INT)'
    cursor.execute(sql)
    # ------------------------------------------
    # 创建 Information 表(max_node_no)
    cursor.execute('CREATE TABLE IF NOT EXISTS Information(id INT primary key, node_no INT)')
    cursor.execute('INSERT OR REPLACE INTO Information values(1,0)')
    mydb.commit()
    cursor.close()
    return mydb


def IsPointInDb(mydb,point,tol):
```

```python
    # 将节点数据插入数据库
    # point：（X，Y，Z）
    temp=()
    for i in point:
        temp=temp+(i-tol,i+tol)
    cursor = mydb.cursor()
    sql='SELECT node_no FROM Node WHERE (X BETWEEN ? AND ?) AND (Y BETWEEN ? AND ?) AND (Z
        BETWEEN ? AND ?)'
    cursor.execute(sql,temp)
    result=cursor.fetchone()
    cursor.close()
    if result:
        return result[0]
    else:
        return False


def InsertLine(mydb,line):
    # 将线插入数据库
    # line：（线号，i 节点号，j 节点号）
    cursor = mydb.cursor()
    sql='INSERT OR REPLACE INTO Line values(?,?) '
    cursor.execute(sql,line)
    mydb.commit()
    cursor.close()


def InsertNode(mydb,node):
    # 将节点数据插入数据库
    # node：（节点号，X，Y，Z）
    cursor = mydb.cursor()
    sql='INSERT OR REPLACE INTO Node values(?,?,?,?) '
    cursor.execute(sql,node)
    mydb.commit()
    cursor.close()


def BasicGroupOutline(cub_length,c):
    # 创建 6+2 单元组的外包长方体
    # --------------------------------------
    L=cub_length/2
```

```
        m=L+c
        corners=[
            [-m,-L,-m],
            [L,-L,-m],
            [L,m,-m],
            [-m,m,-m],
            [-m,-L,L],
            [L,-L,L],
            [L,m,L],
            [-m,m,L]
        ]
        id=rs.AddBox(corners)
        return id


def CreatBasicGroup(orig_12_id,orig_14_id,factor):
        # 创建 6+2 单元组
        # --------------------------------------
        basic_group=[]
        n1=factor
        n2=2*factor
        # --------------------------------------
        # 第 1 个体,12 面体
        basic_group.append(orig_12_id)
        # --------------------------------------
        # 第 2 个体,12 面体
        # 绕 z 轴旋转 90 度，并移动到(-2,2,-2)
        basic_group.append(rs.RotateObject(orig_12_id,[0,0,0],90,[0,0,1],True))
        rs.MoveObject(basic_group[1],[-n2,n2,-n2])
        # --------------------------------------
        # 第 3 个体,14 面体
        basic_group.append(orig_14_id)
        # --------------------------------------
        # 第 4 个体,14 面体
        # 初始 14 面体绕 z 轴旋转 90 度，并移动到(-2,-1,0)
        basic_group.append(rs.RotateObject(orig_14_id,[0,0,0],90,[0,0,1],True))
        rs.MoveObject(basic_group[3],[-n2,-n1,0])
        # --------------------------------------
        # 第 5 个体,14 面体
```

```
    # 初始 14 面体绕 z 轴旋转-90 度，并移动到(-2,1,0)

    basic_group.append(rs.RotateObject(orig_14_id,[0,0,0],-90,[0,0,1],True))

    rs.MoveObject(basic_group[4],[-n2,n1,0])

    # -------------------------------------

    # 第 6 个体,14 面体

    # 初始 14 面体绕 y 轴旋转 90 度，并移动到(0,2,1)

    basic_group.append(rs.RotateObject(orig_14_id,[0,0,0],90,[0,1,0],True))

    rs.MoveObject(basic_group[5],[0,n2,n1])

    # -------------------------------------

    # 第 7 个体,14 面体

    # 初始 14 面体绕 y 轴旋转-90 度，并移动到(0,2,-1)

    basic_group.append(rs.RotateObject(orig_14_id,[0,0,0],-90,[0,1,0],True))

    rs.MoveObject(basic_group[6],[0,n2,-n1])

    # -------------------------------------

    # 第 8 个体,14 面体

    # 初始 14 面体绕 x 轴旋转 180 度，得到第 6 个 14 面体，并移动到(-1,0,-2)

    basic_group.append(rs.RotateObject(orig_14_id,[0,0,0],180,[0,1,0],True))

    rs.MoveObject(basic_group[7],[-n1,0,-n2])

    # -------------------------------------

    # 初始 14 面体移到(1,0,-2)

    rs.MoveObject(orig_14_id,[n1,0,-n2])

    #rs.HideObjects(basic_group)

    return basic_group


def DodecahedronInformation(cub_length,slice_weight):

    # 本函数生成 12 面体信息

    # 十二面体由立方体切割而得

    # **************************************************

    # 输入参数：

    # cub_length:        立方体边长，确定十二面体的大小

    # slice_weight:      立方体切割位置，确定十二面体的形状


    # **************************************************

    # 返回参数：

    # dodecahedron_id:   12 面体对象


    # ==================================================

    # 12 面体顶点坐标参数：
```

```
c=slice_weight*cub_length/4
a=2*c/3
b=0.5*c
# ===============================================
# 定义模型
# -------------------------------------
# 顶点坐标:
point_list=[
    [0,b,c],
    [0,b,-c],
    [a,a,a],
    [-a,a,a],
    [a,a,-a],
    [-a,a,-a],
    [-b,c,0],
    [b,c,0],
    [-c,0,b],
    [c,0,b],
    [-c,0,-b],
    [c,0,-b],
    [0,-b,c],
    [0,-b,-c],
    [-a,-a,a],
    [a,-a,a],
    [-a,-a,-a],
    [a,-a,-a],
    [-b,-c,0],
    [b,-c,0]
]
# -------------------------------------
# 定义线
line_list=[
    [1,1,3],
    [2,1,4],
    [3,2,5],
    [4,2,6],
    [5,7,8],
    [6,4,7],
```

```
        [7,6,7],
        [8,8,3],
        [9,5,8],
        [10,4,9],
        [11,6,11],
        [12,3,10],
        [13,5,12],
        [14,1,13],
        [15,2,14],
        [16,9,15],
        [17,11,17],
        [18,13,15],
        [19,14,17],
        [20,13,16],
        [21,18,14],
        [22,10,16],
        [23,12,18],
        [24,9,11],
        [25,10,12],
        [26,15,19],
        [27,17,19],
        [28,19,20],
        [29,16,20],
        [30,18,20]
]
# -------------------------------------
# 定义面
face_list=[
        [1,1,2,5,6,8],
        [2,3,4,5,7,9],
        [3,18,20,26,28,29],
        [4,19,21,27,28,30],
        [5,2,10,14,16,18],
        [6,4,11,15,17,19],
        [7,1,12,14,20,22],
        [8,3,13,15,21,23],
        [9,6,7,10,11,24],
        [10,8,9,12,13,25],
```

```
        [11,16,17,24,26,27],

        [12,22,23,25,29,30]

    ]

    return point_list,line_list,face_list


def TetrahedronInformation(cub_length,slice_weight):
    # 本函数生成 14 面体信息
    # ****************************************************
    # 输入参数:
    # cub_length:        立方体边长,确定十四面体的大小
    # slice_weight:      立方体切割位置,确定十四面体的形状


    # ****************************************************
    # 返回参数:
    # body_id:    14 面体对象


    # ******************12 面体编程原理*******************************
      ***********
    # 以 12 面体的体心为坐标原点,其顶点坐标根据是否和 14 面体的 6 边形面相连分别为(a a a)(0 b c),其中
    # 前一个坐标有正负号可以组合,共有 8 个点,后一个坐标也有正负号可以组合,并且三个分量可以
    # 进行轮换,共有 12 个点


    # ******************14 面体编程原理**********************************
      *********
    # 以 14 面体的体心为坐标原点,则 14 面体的 24 个顶点坐标分别为:有 20 个顶点为与 12 面体共用的,其坐标为
    # (1-a,正负 2-a,正负 a),(1-c,正负 2-b,0),(1,正负 2-c,正负 b),(a-1,正负 a,正负 2-a),(c-1,0,正负 2-b),(-1,正负 b,正负
2-c);
    # 另外 4 个顶点与两个六边形相连,其坐标为(1,0,正负 1),(-1,正负 1,0);


    # ===================================================
    # 14 面体顶点坐标参数:

    factor=cub_length/4

    n1=factor

    n2=2*factor

    c=slice_weight*factor

    a=2*c/3

    b=0.5*c

    # ===================================================
```

```
# 定义模型信息
# --------------------------------------
# 顶点坐标:
point_list=[
    [n1-a,a-n2,a],
    [n1-a,a-n2,-a],
    [n1-a,n2-a,a],
    [n1-a,n2-a,-a],
    [n1,c-n2,b],
    [n1,c-n2,-b],
    [n1,n2-c,b],
    [n1,n2-c,-b],
    [c-n1,0,n2-b],
    [c-n1,0,b-n2],
    [-n1,-n1,0],
    [-n1,n1,0],
    [n1,0,n1],
    [n1,0,-n1],
    [a-n1,-a,n2-a],
    [a-n1,-a,a-n2],
    [a-n1,a,n2-a],
    [a-n1,a,a-n2],
    [n1-c,b-n2,0],
    [n1-c,-b+n2,0],
    [-n1,-b,n2-c],
    [-n1,-b,-n2+c],
    [-n1,b,n2-c],
    [-n1,b,-n2+c]
]
# --------------------------------------
# 定义线
line_list=[
    [1,1,5],
    [2,3,7],
    [3,2,6],
    [4,4,8],
    [5,5,6],
    [6,7,8],
```

```
    [7,5,13],
    [8,7,13],
    [9,6,14],
    [10,8,14],
    [11,9,13],
    [12,10,14],
    [13,1,15],
    [14,3,17],
    [15,2,16],
    [16,4,18],
    [17,9,15],
    [18,9,17],
    [19,10,16],
    [20,10,18],
    [21,1,19],
    [22,3,20],
    [23,19,2],
    [24,4,20],
    [25,11,19],
    [26,12,20],
    [27,15,21],
    [28,17,23],
    [29,11,21],
    [30,12,23],
    [31,11,22],
    [32,12,24],
    [33,22,16],
    [34,18,24],
    [35,22,24],
    [36,21,23]
]
# ----------------------------------------
# 定义面
face_list=[
    [1,5,6,7,8,9,10],
    [2,29,30,31,32,35,36],
    [3,1,7,11,13,17],
    [4,2,8,11,14,18],
```

```
            [5,13,21,25,27,29],

            [6,14,22,26,28,30],

            [7,15,23,25,31,33],

            [8,16,24,26,32,34],

            [9,3,9,12,15,19],

            [10,4,10,12,16,20],

            [11,1,3,5,21,23],

            [12,2,4,6,22,24],

            [13,17,18,27,28,36],

            [14,19,20,33,34,35]

        ]

    return point_list,line_list,face_list


def Polyhedron (point_list,line_list,face_list) :

    # 本函数根据模型信息创建多面体

    # **************************************************

    # 输入参数:

    # point_list:          [[x,y,z]]

    # line_list:           [[线号，节点号 1，节点号 2]]

    # face_list:           [[面号，线号....]]


    # **************************************************

    # 返回参数:

    # body_id:             体对象 id

    #

    # ----------------------------------------

    # 生成棱边

    line_id_list=[]

    for i_line in line_list:

        # 端点坐标

        pt1=point_list[i_line[1]-1]

        pt2=point_list[i_line[2]-1]

        # 创建线，并保存 id

        line_id=rs.AddLine (pt1,pt2)

        line_id_list.append (line_id)

    # ----------------------------------------

    # 生成面

    face_id_list=[]
```

```
for i_face in face_list:
    face_id=rs.AddPlanarSrf ([line_id_list[i-1] for i in i_face[1:]])
    face_id_list.append (face_id)
# ------------------------------------
# 生成体
body_id=rs.JoinSurfaces (face_id_list,True)
# 关闭结构线
rs.SurfaceIsocurveDensity (body_id,-1)
# ------------------------------------
# 删除轮廓线
for i_line in line_id_list:
    rs.DeleteObject (i_line)
# ------------------------------------
# 返回 12 面体的 id
return body_id


if __name__ == '__main__':
main ()
```